Kroesen

Instandhaltungsplanung und Betriebsplankostenrechnung

Bochumer Beiträge
zur Unternehmungsführung und
Unternehmensforschung

Herausgegeben von

Prof. Dr. Hans Besters
Prof. Dr. Walther Busse von Colbe
Prof. Dr. Werner Engelhardt
Prof. Dr. Arno Jaeger
Prof. Dr. Gert Laßmann
Prof. Dr. Rolf Wartmann

Band 27

Institut für Unternehmungsführung
und Unternehmensforschung
der Ruhr-Universität Bochum

Alfred Kroesen

Instandhaltungsplanung und Betriebsplankostenrechnung

GABLER

CIP-Kurztitelaufnahme der Deutschen Bibliothek

Kroesen, Alfred:
Instandhaltungsplanung und Betriebsplankostenrechnung / Alfred Kroesen. – Wiesbaden : Gabler, 1983.
(Bochumer Beiträge zur Unternehmungsführung und Unternehmensforschung ; Bd. 27)
ISBN 978-3-409-12600-7 ISBN 978-3-322-91687-7 (eBook)
DOI 10.1007/978-3-322-91687-7
NE: GT

Umschlaggestaltung: H. Koblitz, Wiesbaden

ISBN 978-3-409-12600-7

Geleitwort

Maßgebend für den entstehenden *Instandhaltungsbedarf* von Anlagen sind deren *Konstruktion* und *Beanspruchung* im Produktionsprozeß. In langfristiger Sicht sind auf der Grundlage der Bedarfsermittlung notwendiger Instandhaltungsmaßnahmen insbesondere die *Instandhaltungsstrategie* sowie die *Ausgestaltung der Werkstätten* nach *Organisation* und *Kapazität* festzulegen. In diesem Zusammenhang ist auch über den Rahmen von *Eigen- und Fremdleistungsanteilen* zu entscheiden. Auf dieser Grundlage können die laufenden Maßnahmen zur Vorgabe und terminlichen Abstimmung des Instandhaltungsprogramms, zur Auftragsabwicklung sowie zum Einsatz des Personals und Materials disponiert werden.

Die *Plankostenrechnung* dient der betriebswirtschaftlichen Beurteilung und Überwachung von Instandhaltungsmaßnahmen. Monats-, quartals- und jahresbezogen werden auf ihrer Basis Vorgabekosten für Instandhaltungsprogramme und Durchführungsvarianten ermittelt, die effektiv entstehenden Kosten dokumentiert und die Wirtschaftlichkeit der erbrachten Instandhaltungsleistungen durch Soll-Ist-Vergleiche überwacht. Entgegen einer weit verbreiteten Auffassung weist der Verfasser nach, daß heute in den meisten Betrieben für Instandhaltungsleistungen ein hoher *Wiederholungsgrad* gegeben ist und auch für einen erheblichen Teil der Einmalleistungen die Voraussetzungen für Planungsvorgaben erfüllt sind. Daher können modifiziert die in der (Klein-)Serienfertigung üblichen *Zeitvorgabeverfahren* und Verfahren zur *Sollzahlenbestimmung* beim Materialverbrauch auch hier Anwendung finden. Die Ermittlung der Plankosten wird je Kostenart im einzelnen erläutert. Anschließend werden die Anwendungsmöglichkeiten der Plankostenrechnung zur Beurteilung von alternativen Instandhaltungsprogrammen und -verfahrensweisen (Ermittlungsrechnung) sowie zur *Optimierung* eingegrenzter Entscheidungssituationen aufgezeigt. Schließlich werden Ansätze zur *periodischen* und *operativen Kontrolle* der Planerfüllung und der Wirtschaftlichkeit der effektiv erbrachten Instandhaltungsleistungen vorgestellt.

Für die Praxis kommt dieser Arbeit deshalb Bedeutung zu, weil die Instandhaltungskosten in vielen Industrieunternehmen die Abschreibungs- und Zinskosten übersteigen und damit einen hohen Anteil an den Herstellkosten der Produkte ausmachen. Dies ist auf die zunehmende Anlagenintensität, insbesondere die rasch voranschreitende Automatisierung der Fertigung zurückzuführen. *Für die Wissenschaft* wird das Erfahrungsobjekt der Kostenrechnung in beachtlicher Weise erweitert.

Die Aussagen werden insbesondere durch *empirische Untersuchungen* in der Eisen- und Stahlindustrie, aber auch im Bergbau und in der Chemischen Industrie untermauert. Darüber hinaus werden die wissenschaftliche Literatur und die Berichterstattung über Ergebnisse von empirischen Studien in anderen Branchen ausgewertet. Viele Indizien sprechen für ein *bedeutsames Rationalisierungspotential im Instandhaltungssektor,* das jedoch wegen sozial- und arbeitsmarktpolitischer Gesichtspunkte bisher in manchen Unternehmen nicht ausgeschöpft werden kann. Die wissenschaftlich abgesicherten Ergebnisse dieser Untersuchung können dazu beitragen, die schwierigen innerbetrieblichen Diskussionen durch die für alle Seiten gedanklich nachvollziehbaren Erkenntnisse zu versachlichen.
Zahlreiche Schaubilder und *Tabellen* erleichtern die Umsetzung der Vorschläge in die Betriebspraxis. Zum Teil nehmen sie den Charakter von *Checklisten* an, die den Weg durch komplexe Zusammenhänge und Verfahrensweisen leichter finden lassen und die Vollständigkeit der zu beachtenden Punkte sicherstellen sollen.

Den Unternehmen, die die Untersuchung gefördert und Material zur Verfügung gestellt haben, *gebührt besonderer Dank.* Nur eine anwendungsorientierte Forschung kann zum Brückenschlag zwischen Theorie und Praxis beitragen. Neben der Förderung durch Unternehmen der Stahlindustrie und der Chemischen Industrie sei die intensive Hilfestellung des *Betriebswirtschaftlichen Instituts der Eisenhüttenindustrie* hervorgehoben. Der Verfasser hat in der Untersuchung auch die Ergebnisse eines Arbeitskreises, der sich aus Betriebswirten und Ingenieuren aus dem Eisenhüttenbereich zusammensetzte, berücksichtigt. Es ist daher zu hoffen, daß das Buch sowohl im Bereich der Wissenschaft als auch der Unternehmenswirtschaft Verbreitung findet und zur Fortentwicklung der betriebswirtschaftlichen Planung im Instandhaltungsbereich beiträgt.

GERT LASSMANN

Inhaltsverzeichnis

Abbildungsverzeichnis

Tabellenverzeichnis

Einleitung

I. Problemstellung

A. Ausgangspunkt der vorliegenden Arbeit

Der Einsatz von Produktionsanlagen in Fertigungsprozessen zur Erzeugung von Sachgütern war in den vergangenen Jahrzehnten in der Bundesrepublik Deutschland geprägt durch

- Substitution des Produktionsfaktors Arbeit durch den Faktor Fertigungsanlagen
- Umstrukturierung von Fertigungsprozessen
  = Automatisierung und Mechanisierung der Produktion
  = Zusammenfassung von Einzelaggregaten zu verketteten und komplexen Arbeitssystemen (z.B. Bearbeitungszentren, Transferstraßen).

Der Substitutionsprozeß zwischen den Einsatzfaktoren Arbeit und Fertigungsanlagen kam in den Industriebetrieben in sinkenden Beschäftigtenzahlen bei steigendem Produktionsvolumen, in steigenden Anlagenwerten je Beschäftigten sowie in wachsenden Produktionsergebnissen je Beschäftigten zum Ausdruck. So stieg der Index der Industriellen Produktion des Verarbeitenden Gewerbes von 78,9 Punkten im Jahre 1968 auf 125,5 Punkte im Jahre 1979[1], während sich die Anzahl der Beschäftigten im Verarbeitenden Gewerbe und im Bergbau (Produzierendes Gewerbe) im vergangenen Jahrzehnt rückläufig entwickelt hat: Rückgang der Beschäftigten in diesem Wirtschaftszweig von ca. 8,8 Mio. (197o) auf ungefähr 7,7 Mio. (1979)[2].

---

1) Industrielle Produktion im Jahre 197o = 1oo Punkte, vgl. Ifo-Institut für Wirtschaftsforschung e.V.: Ifo-Spiegel der Wirtschaft 198o/81, Frankfurt/New York 1979, G 1.

2) Vgl. ebenda, B 6.

Diese gegenläufige Entwicklung von industriellem Produktionsvolumen und Beschäftigtenzahl konnte sich nur auf der Grundlage von steigenden Produktionsergebnissen je Beschäftigten vollziehen. So entwickelte sich der Index der Nettoproduktion für das Produzierende Gewerbe bezogen auf die Anzahl der Beschäftigten in diesem Wirtschaftszweig im vergangenen Jahrzehnt von 98,5 Punkten auf 159,3 Punkte[1]. Eine Voraussetzung für diese Steigerung des Produktionsergebnisses je Beschäftigten bildete die verstärkte Substitution zwischen Arbeitskräften und Fertigungsanlagen. Dieser Substitutionsprozeß zwischen den Faktoren wurde einerseits bewerkstelligt durch die quantitative Anpassung der Produktionskapazitäten[2] und andererseits durch eine technologische Umstrukturierung der Fertigungsprozesse, d.h. durch Mechanisierung und Automatisierung der Produktion gelang es, Arbeitskräfte durch Fertigungsanlagen zu ersetzen. Beispielhaft sei hierzu die Entwicklung der fortschreitenden Mechanisierung bei der Kohlegewinnung und beim Strebausbau im Kohlebergbau im Zeitraum von 1965 - 1976 angeführt. Wurden im Jahre 1965 noch 18,78 % der verwertbaren Förderung der Zechen in der Bundesrepublik Deutschland durch Handarbeit gewonnen, so sank der Anteil der so geförderten Kohlemengen auf 1,62 % der Gesamtförderung im Jahre 1976. Der Anteil der voll mechanisiert geförderten Kohle (Gewinnung und Laden der Kohle durch Gewinnungsmaschinen, ggf. in Verbindung mit besonderen Räumvorrichtungen) stieg im genannten Zeitraum von 79,38 % auf 98,38 % der Gesamtförderung[3]. Der voll mechanisierte Strebausbau (Setzen und Verspannen sowie Verrücken der Ausbaurahmen mit Maschinenkraft sowie Rauben unter der Ausnutzung der Schwerkraft bzw. mit Maschinenkraft) nahm eine hierzu parallel verlaufende Entwicklung. Der Anteil der im voll mechanisierten Strebausbau gewonnenen verwertbaren Abbauförderung stieg von 5,1 % (1965) auf 86,3 % (1976) an der

---

1) Vgl. Ifo-Institut für Wirtschaftsforschung e.V.: Ifo-Spiegel der Wirtschaft 198o/81, Frankfurt/New York 1979, G 4.

2) Vgl. ebenda, G 1o.

3) Vgl. Statistik der Kohlenwirtschaft e.V.: Der Kohlenbergbau in der Energiewirtschaft der Bundesrepublik im Jahre 1976, Essen 1977, S. 23.

Gesamtförderung der Bundesrepublik Deutschland[1].

Steigende Anlagenkapazitäten, Mechanisierung und Automation sowie anwachsende leistungswirtschaftliche Verflechtungen der Anlagen zu komplexen Produktionseinheiten führen zwar einerseits - wie bereits erwähnt - zu erhöhten Produktionsergebnissen je Beschäftigten, aber andererseits erhöht sich durch diese Entwicklung ceteris paribus auch das Verschleißpotential der Unternehmen. Des weiteren verringert sich hierdurch die Zuverlässigkeit der Produktionsbetriebe im Hinblick auf ihre Einsatzbereitschaft zur Erzeugung von Sachgütern, da der Funktionsverlust einzelner Aggregate bei komplexen und verketteten Anlagensystemen u.U. den Verlust der Funktionsfähigkeit des Gesamtsystems bedingt[2]. Von daher ergeben sich durch diese Entwicklung des Anlageneinsatzes in Industriebetrieben erhöhte Anforderungen im Hinblick auf die Durchführung von Maßnahmen zur Erhaltung und Wiederherstellung der Funktionsfähigkeit von Fertigungsanlagen (Instandhaltungsmaßnahmen); diese Aussage bezieht sich sowohl auf den quantitativen als auch auf den qualitativen Umfang der Instandhaltungsmaßnahmen.

Der hohe Bedarf an Instandhaltungsleistungen spiegelt sich insbesondere in den Personalkapazitäten der Instandhaltungsbetriebe und in den finanziellen Aufwendungen zur Durchführung der Instandhaltungsmaßnahmen wider. So betrug beispielsweise in einem Unternehmen der Eisenhüttenindustrie im Jahre 1977 der Anteil der Instandhaltungsbelegschaft an der Gesamtbelegschaft nahezu 26 %. In einzelnen Teilbetrieben

---

1) Vgl. Statistik der Kohlenwirtschaft e.V.: Der Kohlenbergbau in der Energiewirtschaft der Bundesrepublik im Jahre 1976, Essen 1977, S. 24.

2) Je mehr Anlagenteilsysteme seriell miteinander verbunden sind und je geringer die Anzahl von Teilsystemen mit Parallelfunktionen ist, desto kleiner wird die Funktionswahrscheinlichkeit (Intaktwahrscheinlichkeit) des Gesamtsystems im Verhältnis zur Zuverlässigkeit der einzelnen Teilsysteme, vgl. Middelmann, U.: Planung der Anlageninstandhaltung, Wiesbaden 1977, S. 33f.; Höfle-Isophording, U.: Zuverlässigkeitsrechnung, Berlin/Heidelberg/New York 1978, S. 92-1o6; Hartmann, W.: Instrumente zur Risikoabschätzung in der Instandhaltung, in: Industrielle Organisation, 44. Jg., 1975,S. 216.

der Eisen- und Stahlindustrie besteht bereits ein Einsatzverhältnis von 1:1 zwischen Produktions- und Instandhaltungsarbeitern[1]. Ebenso ist der Kostenanteil - verursacht durch Instandhaltungsmaßnahmen - an den Gesamtherstellkosten für industrielle Erzeugnisse beachtlich. Dieser Anteil betrug bspw. im Jahre 1977 in dem bereits erwähnten Unternehmen der Eisen- und Stahlindustrie ca. 17%. Für Luftfahrtgesellschaften betragen die Flugzeug-Instandhaltungskosten zwischen 16%-18% der Gesamtkosten[2]. Die aufgezeigte Bedeutung der Instandhaltung für den Gesamterfolg unterstreicht eindringlich die Notwendigkeit einer unternehmenszielgerechten Planung und Durchführung des betrieblichen Instandhaltungsprozesses.

Der Instandhaltungsprozeß ist als ein spezifischer betrieblicher Produktionsprozeß anzusehen, in dem vorrangig Güter zur "Produktion" von Arbeitsleistungen eingesetzt werden, die der Erhaltung und Wiederherstellung der Leistungsfähigkeit von betrieblichen Fertigungsanlagen dienen[3]. Bei Instandhaltungsprozessen bestehen - wie auch bei Produktionsprozessen zur Erstellung von sonstigen Sachgütern und Dienstleistungen - zahlreiche realisierbare Handlungsalternativen. Hierbei lassen sich einerseits Handlungsmöglichkeiten mit unterschiedlicher zeitlicher Wirksamkeit auf den Instandhaltungsprozeß und andererseits mit verschiedenen Wirkungsbereichen aufzeigen. Nach Wirkungsbereichen können die Handlungsalternativen danach klassifiziert werden, ob sie auf die organisatorisch-betriebliche Einheit "Instandhaltungsbetrieb" oder auf die Abwicklung von Instandhaltungsmaßnahmen an Produktionsanlagen gerichtet sind.

Gemäß den genannten Kriterien läßt sich folgende Klassifikation von Instandhaltungsaktivitäten vornehmen:

1) Vgl. Kügler, F.: Die Steuerung dynamischer Instandhaltungs-Vorgehensweisen mit Betriebskennzahlen, Diss. Leoben 1978, S. 1.

2) Vgl. Nordhoff, G.: Instandhaltung von Flugzeugen bei der Deutschen Lufthansa AG, in: Werkstattstechnik, 63.Jg., 1973, S. 11.

3) Vgl. Herzig, N.: Die theoretischen Grundlagen betrieblicher Instandhaltung, Meisenheim 1975, S. 23-27.

- Handlungsmöglichkeiten bei der Abwicklung von Instandhaltungsmaßnahmen an den Produktionsanlagen
    = Festlegung von Instandhaltungsstrategien
    = Einflußnahme der Instandhaltung auf die übrigen Funktionsbereiche der Anlagenwirtschaft
- Handlungsmöglichkeiten bei der Erbringung von Instandhaltungsmaßnahmen in Instandhaltungsbetrieben
    = Festlegung der Instandhaltungsorganisation
    = Wahl des Instandhaltungsvollzuges
    = Dimensionierung von Instandhaltungskapazitäten
    = Bestimmung des Rahmens für die Fremdinstandhaltung.

Die Entscheidungen über diese langfristig wirksamen Aktionsvariablen bilden den Bedingungsrahmen für den Handlungsbereich bei der Bestimmung des Instandhaltungsprogramms für Fertigungsanlagen unter Berücksichtigung des sich kurzfristig (produktionsbedingt) verändernden Instandhaltungsbedarfs der Anlagen[1) und bei der Festlegung des Faktoreinsatzes in Instandhaltungsprozessen.
Im einzelnen erstreckt sich das kurzfristige Entscheidungsfeld
- im Anlagenbereich auf die
    = Bestimmung der Instandhaltungsleistungsarten und -mengen (Instandhaltungsprogramm)
    = Abstimmung von Produktions- und Instandhaltungsterminierung
- in Instandhaltungsbetrieben auf die
    = Festlegung des Einsatzes von unternehmenseigenem und -fremdem Instandhaltungspersonal
    = Wahl der Bearbeitungsreihenfolge von Instandhaltungsaufträgen
    = Disposition des Verbrauchsfaktoreinsatzes.

Die verschiedenen realisierbaren Vorgehensweisen zur Erhaltung und Wiederherstellung der Leistungsfähigkeit von

---

1) Vgl. Middelmann, U.: Planung der Anlageninstandhaltung, Wiesbaden 1977, S. 2o.

Fertigungsanlagen sind mit unterschiedlichen Auswirkungen auf den wirtschaftlichen Erfolg einer Unternehmung verbunden. Hieraus resultiert als Aufgabenstellung für ein entscheidungsorientiertes Rechnungswesen, die wirtschaftlichen Auswirkungen der alternativen Handlungsweisen aufzuzeigen[1]. Hierzu gehört sowohl die planerische Festlegung der Erfolgswirksamkeit relevanter Alternativen (Vorschaurechnung) als auch die Darstellung wirtschaftlicher Konsequenzen bereits getroffener Entscheidungen hinsichtlich der Festlegung von Handlungsalternativen (Dokumentationsrechnung). Durch den Abgleich von korrespondierenden Plan- und Isterfolgsgrößen können darüber hinaus Aussagen über den Grad der Erreichung des geplanten Beitrages zum (Gesamt-)Unternehmenserfolg durch die Instandhaltung gewonnen werden (Kontrollrechnung)[2].

B. Zielsetzung

Zur Beurteilung der wirtschaftlichen Auswirkungen der genannten Handlungsmöglichkeiten können zweckmäßigerweise für einen Teil der Maßnahmen in Abhängigkeit von ihrer Wirksamkeitsdauer und damit des zugrundezulegenden Betrachtungszeitraumes auf Zahlungsgrößen basierende Investitionskalküle (z.B. für Strategieentscheidungen) oder auf Kosten- und Erlösgrößen basierende Erfolgsrechnungen (z.B. für Personaleinsatz- oder Instandhaltungsprogrammentscheidungen) herangezogen werden. Für einen weiteren Teil der Handlungsmöglichkeiten im Instandhaltungsbereich lassen sich ihre Auswirkungen auf die Ein- und Auszahlungen bzw. auf die Kosten und Erlöse der Unternehmung nicht quantifizieren (z.B. Festlegung der Instandhaltungsorganisation, Einflußnahme der Instandhaltung auf Entscheidungen anderer Funktionsbereiche der Anlagenwirtschaft).

---

1) Vgl. bspw. zu den entscheidungsorientierten Aufgaben der betriebswirtschaftlichen Kostenrechnung: Heinen, E.: Betriebswirtschaftliche Kostenlehre, 5.Aufl., Wiesbaden 1978, S. 125f.

2) Vgl. zur Aufgabenstellung des Rechnungswesens u.a. Laßmann, G.: Die Kosten- und Erlösrechnung als Instrument der Planung und Kontrolle in Industriebetrieben, Düsseldorf 1968, S. 22 - 24.

Als geeignetes Instrument zur wirtschaftlichen Beurteilung von Handlungsalternativen in einem kurz- bis mittelfristigen Zeitraum (Monats- bis Jahreszeitraum) hat sich die betriebsbezogene Periodenerfolgsrechnung erwiesen, da hierbei die Beziehungen zwischen den betrieblichen Handlungsparametern und den verschiedenen Kosten- und Erlösarten durch (lineare) mathematische Funktionen berücksichtigt werden.
Darüber hinaus werden bei diesem Rechensystem auch die Beziehungen zwischen den weiteren Kosten- und Erlöseinflußgrößen wie Preisen, Periodenlänge etc. und den Kosten- und Erlösarten durch lineare bzw. linearisierte Faktoreinsatz-, Erlös- und Bewertungsfunktionen dargestellt. Von daher kann auch die Planung der Leistungsprogramme (Produktionsprogramme, Instandhaltungsprogramme etc.) und die des Leistungsvollzuges zusammen mit der Ermittlung betrieblicher Planerfolge für einen bestimmten Betrachtungszeitraum simultan in einem Planungsschritt erfolgen[1]. Des weiteren bietet eine derartige Betriebsplankostenrechnung die Möglichkeit, den Teil der Erfolgsabweichungen zwischen Ist- und Plangrößen - verursacht durch voneinander abweichende Programm- und Vollzugsentscheidungen in der Planung bzw. bei der Realisierung - differenziert nach einzelnen Handlungsparametern auszuweisen (Umplanungsabweichungen)[2].

1) Vgl. Laßmann, G.: Plankostenrechnung auf der Basis von Betriebsmodellen, in: Kilger, W. und Scheer, A.-W. (Hrsg.), Plankosten- und Deckungsbeitragsrechnung, Würzburg/Wien 198o, S. 118f.

2) Vgl. Laßmann, G.: Betriebsmodelle, in: Chmielewicz, K. (Hrsg.), Tagungsbericht der 3. Arbeitstagung der Kommission Rechnungswesen im Verband der Hochschullehrer für Betriebswirtschaft e.V. über Entwicklungslinien der Kosten- und Erlösrechnung, Stuttgart (in Vorbereitung).

Auf der Basis der grundlegenden Gedanken zum Aufbau und zur Anwendung einer Betriebsplankostenrechnung von Laßmann[1] und Wartmann [2] wurden für zahlreiche Produktionsbetriebe der Eisen- und Stahlindustrie derartige Rechensysteme entwickelt, und sie werden heute zur betriebswirtschaftlichen Steuerung der Produktionsprozesse eingesetzt[3]. Für Instandhaltungsbetriebe der Eisenhüttenindustrie wurde hingegen bisher nur ein globaler und auf spezifische Planungsaufgaben ausgerichteter Ansatz zum Aufbau einer Plankostenrechnung[4] bzw. von Plankostenfunktionen zur Ermittlung der Kostengüterverbräuche gefunden[5].

---

1) Vgl. Laßmann, G.: Die Kosten- und Erlösrechnung als Instrument der Planung und Kontrolle in Industriebetrieben, Düsseldorf 1968.

2) Vgl. Wartmann, R.: Rechnerische Erfassung der Vorgänge im Hochofen zur Planung und Steuerung der Betriebsweise sowie der Erzauswahl, in: Stahl und Eisen, 83.Jg., 1963, S. 1414-1426; Wartmann, R.; Steinecke, V. und Sehner, G.: System für Plankosten- und Planungsrechnung mit Matrizen, IBM-Schrift "Grundlagen für Anwendungsprogrammierung", IBM-Form GE 12-1343 bis 1345-, o.O., 1975.

3) Vgl. Franke, R.: Betriebsmodelle, Düsseldorf 1972; Wittenbrink, H.: Kurzfristige Erfolgsplanung und Erfolgskontrolle mit Betriebsmodellen, Wiesbaden 1975; ter Schüren, H. und Wartmann, R.: Richtkosten und Planungsrechnung mit Matrizen für den Hochofenbereich eines gemischten Hüttenwerkes, in: Jakob, H.(Hrsg.), Schriften zur Unternehmensführung, Bd.21, Wiesbaden 1976, S. 141-162; Distler, J.; Gorius, L.; Hoffmann H.-B. und Sandhöfer, K.-H.: Das Kostenrechnungssystem der Stahlwerke Röchling-Burbach als Hilfsmittel der Betriebssteuerung unter besonderer Berücksichtigung der Richtgrößenrechnung, in: Stahl und Eisen, 97.Jg., 1977, S. 342-349; Bleuel, B.: Untersuchungen des (kosten-) optimalen Anpassungsverhaltens in einem Hüttenwerk bei Veränderung interner oder externer Einflußgrößen mit Hilfe linearer parametrischer Optimierung, in: Zeitschrift für betriebswirtschaftliche Forschung (Kontaktstudium), 32.Jg., 198o, S. 669-68o.

4) Die Beschränkung auf die Ermittlung von Plankosten in den Instandhaltungsbetrieben kann als durchaus sinnvoll akzeptiert werden, da Erhaltungsbetriebe der Eisenhüttenindustrie i.d.R. ausschließlich ihre Leistungen für unternehmens- oder konzerneigene Haupt- und Hilfsbetriebe erbringen.

5) Vgl. Middelmann, U.: Aufbau und Anwendungsmöglichkeiten eines Rechensystems zur Planung und Kontrolle der Instandhaltungskosten auf der Grundlage von Einflußgrößenfunktionen, in: Stahl und Eisen, 97. Jg., 1977, S. 455-463.

Dieser Ansatz unterscheidet zwei Haupteinflußgrößenkategorien auf die Instandhaltungskosten: 1. den Bedarf an Instandhaltungsleistungen für die Fertigungsanlagen und 2. die Art und Weise der Bedarfsdeckung durch die Instandhaltungsbetriebe. Hierdurch gelingt es, Einflüsse auf die Höhe der Instandhaltungskosten wie z.B. nutzungsbedingte Inanspruchnahme und konstruktive Gestaltung der Fertigungsanlagen sowie die Festlegung der Größe und Zusammensetzung der Instandhaltungskapazität zu berücksichtigen[1]. Zur Planung der Instandhaltungskosten wird daher zum einen der Bedarf an Instandhaltungsleistungen für Fertigungsanlagen in Abhängigkeit von ihren wesentlichen Einflußgrößen ermittelt (Bedarfsermittlung) und zum anderen der Faktoreinsatz zur Deckung des Bedarfs an Instandhaltungsleistungen (Bedarfsdeckung). Der Bedarf an Instandhaltungsleistungen wird im wesentlichen bestimmt durch die Konstruktion der Anlagenelemente einer Fertigungsanlage, durch die verfolgte Instandhaltungsstrategie (-politik) und durch die produktionsbedingte Inanspruchnahme der Anlagen. Konstruktion und Strategie bestimmen den spezifisch qualitativen Bedarf an Instandhaltungsleistungen für eine Anlage. Dieser anlagenspezifische Bedarf bleibt für einen kurz- bis mittelfristigen Zeitraum nahezu konstant, da sich die technologische Struktur der Fertigungsanlage und die verfolgte Strategie in diesen Zeiträumen nicht wesentlich ändern. Die unterschiedliche Belastung der Fertigungsanlagen durch wechselnde Produktionsprogramme verändert im Zeitablauf die produktionsbedingte Inanspruchnahme der Anlagen und somit insbesondere den quantitativen Bedarf an Instandhaltungsleistungen während der Nutzungsphase (nutzungsspezifischer Bedarf)[2].

Dieses Rechensystem unterscheidet die Instandhaltungsleistungen in ordentliche oder laufende, d.h. Instandhaltungsmaßnahmen die sich kurzfristig wiederholen,und in außerordent-

1) Vgl. Middelmann, U.: Planung der Anlageninstandhaltung, Wiesbaden 1977, S. 164.

2) Vgl. ebenda, S. 2o.

liche Maßnahmen, die in größeren, unregelmäßigen Zeitabständen durchgeführt werden. Der Bedarf der Anlagen an ordentlichen Instandhaltungsleistungen in einer Planperiode (gemessen in Instandhaltungsmannstunden) wird global und anlagenweise mit Hilfe von Bedarfsfunktionen ermittelt. Als Einflußgrößen auf die Höhe des ordentlichen Instandhaltungsbedarfs können Erzeugungsmenge, Nutzungshauptzeit, Kalenderzeit und andere betriebsspezifische Einflußgrößen herangezogen werden. Der außerordentliche Instandhaltungsbedarf - ebenfalls gemessen in Mannstunden - wird auftragsweise für die betreffende Produktionsanlage geplant[1]. Für die Planung der Faktoreinsatzkosten, die im Zusammenhang mit der Deckung des gesamten Instandhaltungsbedarfs einer Anlage anfallen, werden zunächst die Verbrauchsmengen einzelner Kostengüterarten in Abhängigkeit von den Instandhaltungsmannstunden und der Periodenlänge ermittelt. Durch Bewertung der nach Kostenarten differenzierten Verbrauchsmengen mit den entsprechenden Preisen und anschließender Addition der Kostenarten werden die Periodenkosten für den Instandhaltungsbedarf einer Produktionsanlage abgeleitet.

Bei entsprechender Ausgestaltung dieser Plankostenrechnung (z.B. Verbrauchstandards für notwendige Instandhaltungsmannstunden differenziert nach Normal- und Mehrarbeit sowie nach ausführenden Betrieben) lassen sich die wirtschaftlichen Auswirkungen insbesondere der Maßnahmen

- Festlegung des Verhältnisses von Eigen- und Fremdinstandhaltung sowie zwischen Normal- und Überstunden,
- zeitliche Verschiebung von außerordentlichen Aufträgen

bestimmen.

Mit dieser Planungsrechnung gelingt es somit vor allem, den <u>Instandhaltungsbedarf</u> für Fertigungsanlagen (gemessen in Instandhaltungsmannstunden) in Abhängigkeit von der produktionsbedingten Anlagenbelastung abzuleiten und auf der Basis geplanter

---

1) Vgl. Middelmann, U.: Planung der Anlageninstandhaltung, Wiesbaden 1977, S. 89-1o2.

Periodenkosten eine wirtschaftlich vernünftige, mittelfristige Festlegung der Größe und Zusammensetzung der Instandhaltungskapazität unter Berücksichtigung des zu erwartenden Instandhaltungsbedarfs im Rahmen der Jahresplanung vorzunehmen. Hierzu gehört sowohl die wirtschaftliche Wahl des Verhältnisses von Eigen- und Fremdkapazitäten als auch die Festlegung der eigenen Personalstruktur hinsichtlich Normal- und Überstundenkapazität[1].

Zur wirtschaftlichen Beurteilung von Entscheidungen über Instandhaltungsprogramme und deren Durchführung (vor allem im Hinblick auf den Einsatz nach Herkunft unterschiedlicher und mittelfristig verfügbarer Personalkapazitäten) in unmittelbar bevorstehenden Planungsperioden (Monate oder Quartale) steht hingegen bisher kein geeigneter Ansatz einer Plankostenrechnung zur Verfügung. Von daher besteht zur ökonomischen Bewertung dieser Handlungsalternativen im Instandhaltungsbereich die Notwendigkeit, eine Plankostenrechnung aufzubauen, die u.a. die Abhängigkeiten der Kostengüterverbräuche von den genannten Handlungsmöglichkeiten abbildet. Die zu entwickelnde Planungs- und Kontrollrechnung trägt dieser Forderung dadurch Rechnung, daß sie auf Faktoreinsatzfunktionen beruht, die diese Abhängigkeiten als rechenbare Beziehungen in Form linearer Funktionen darstellen. Als Haupteinflußgröße wird hierbei das Instandhaltungsprogramm - gegliedert nach Leistungsarten - berücksichtigt, das für die betreffende(n) Produktionsanlage(n) zu erbringen ist. Die Wirkungen alternativer Handlungsweisen bei der Durchführung dieser Programme auf die Periodenkosten werden durch geeignete Dispositionsfunktionen, Verbrauchs- und Bewertungsstandards berücksichtigt.

Eine solche Plankostenrechnung eröffnet die Möglichkeit, für alternative Gestaltungen von Instandhaltungsprogrammen, die insbesondere aus der zeitlichen Verschiebbarkeit von außerordentlichen Instandhaltungsmaßnahmen resultieren, die zugehörigen Plan-Periodenkosten zu ermitteln. Auf der Grundlage dieser Alternativrechnungen können dann kostengünstige Instand-

---

1) Vgl. Middelmann, U.: Planung der Anlageninstandhaltung, Wiesbaden 1977, S. 154 - 157.

haltungsprogramme ausgewählt werden.

Durch diese Plankostenrechnung ist man weiterhin in der Lage, unter Berücksichtigung kurzfristiger Schwankungen des Instandhaltungsbedarfs den Einsatz des verfügbaren Instandhaltungspersonals kostengünstig festzulegen, d.h. auf der Grundlage von Periodenkosten wird planerisch ermittelt, welche Leistungen von welchem Instandhaltungs(teil)betrieb - ggf. in Normal- und Überstundenarbeit - zu erbringen sind. Ausgangspunkt einer solchen monats- oder quartalsweise durchzuführenden Personaleinsatzplanung bildet die im Rahmen von Jahresplanungen vorzunehmende Dimensionierung und Strukturierung der Instandhaltungskapazitäten.

Auch zur Kontrolle von Instandhaltungskosten können die Planverbrauchs- bzw. die Plankostenfunktionen dieses Rechensystems herangezogen werden. Zum Ausweis von Kostenabweichungen aufgrund von Planrevisionen werden den geplanten Kosten entsprechende Richtkosten unter Berücksichtigung des tatsächlich durchgeführten Instandhaltungsprogramms und der realisierten Durchführungsalternative gegenübergestellt. Kostenabweichungen, die auf Differenzen zwischen dem normalerweise erreichbaren Verbrauchsstandard an Faktoreinsätzen bei der Leistungserbringung und dem tatsächlich erreichten beruhen, werden durch Vergleich dieser Richtkosten mit den in der Dokumentationsrechnung festgehaltenen Istkosten ermittelt. Durch die Berücksichtigung einzelner Instandhaltungsleistungsarten für die betreffende(n) Produktionsanlage(n) als Kosteneinflußgrößen in der Planungsrechnung gelingt es, bei korrespondierender Ist-Kostenerfassung Entstehungsorte und Verantwortlichkeit von aufgetretenen Unwirtschaftlichkeiten bei der Leistungserbringung aufzudecken.

Auf der Grundlage der Verbrauchs- und Bewertungsfunktionen dieser Plankostenrechnung lassen sich des weiteren Plan-Kostensätze für einzelne Instandhaltungsleistungsarten kalkulieren. Die Plan-Kostensätze können als Anhaltspunkte zur Preisbildung für Instandhaltungsleistungen herangezogen werden, die Instandhaltungs(teil)betriebe für unternehmenseigene (Teil-)Betriebe oder für Fremdunternehmen erbringen. Weiterhin stellen diese leistungsbezogenen Plan-Kostensätze wirtschaftliche Kriterien zur Beurteilung von Fremdleistungen dar. Die Vorkalkulation außerordentlicher Instandhaltungsaufträge basiert ebenfalls auf diesen Plan-Kostensätzen.

II. Gang der Untersuchung

Instandhaltungskosten resultieren aus dem Verschleiß der Fertigungsanlagen und den Maßnahmen, die Unternehmen ergreifen, um die Leistungsfähigkeit der Anlagen zu erhalten bzw. wiederherzustellen. Für den Aufbau eines Rechenwerkes zur Ermittlung von Instandhaltungskosten auf Basis funktionaler Beziehungen zwischen Kosteneinflußgrößen und Kostengüterverbräuchen ist es zweckmäßig, den Potentialfaktorverbrauch, die Maßnahmen zu dessen Hemmung und Beseitigung sowie die Handlungsmöglichkeiten bei der Durchführung von Instandhaltungsmaßnahmen im Hinblick auf ihre Auswirkungen auf die Instandhaltungskosten zu analysieren. Mit dieser Bestandsaufnahme wird zum einen die erklärungstheoretische Basis für den Aufbau des Plankostenmodells (zur Ableitung der Faktoreinsatzfunktionen) gelegt[1), und zum anderen wird hierdurch das Spektrum der Aktionsparameter des Instandhaltungsbereiches sichtbar, deren Einsatz unter Erfolgsgesichtspunkten zweckmäßigerweise auf der Grundlage geplanter Instandhaltungskosten festgelegt werden sollte. Aus diesen Gründen werden in den ersten beiden Kapiteln des Hauptteiles der Potentialfaktorverbrauch und die Handlungsmöglichkeiten im Instandhaltungsbereich näher analysiert.

1) Vgl. Laßmann, G.: Die Produktionsfunktion und ihre Bedeutung für die betriebswirtschaftliche Kostentheorie, Köln/Opladen 1958, S. 5.

Hieran schließt sich in einem dritten Kapitel die Darstellung des Aufbaus und der Anwendungsbereiche (Einsatzbereiche) einer Plankostenrechnung für Instandhaltungsbetriebe an, die die Instandhaltungsleistungen für die Fertigungsanlagen als Haupteinflußgröße berücksichtigt. Bei der Beschreibung der Verbrauchs- und Bewertungsfunktionen wird vor allem auf die Ermittlung von Zeitstandards eingegangen, da die benötigten Instandhaltungsmannstunden die Verbräuche gewichtiger Kostengüterarten in diesem Unternehmensbereich beeinflussen. Im Mittelpunkt der Betrachtungen über die Anwendungsbereiche der Plankostenrechnung steht die Analyse ihres Einsatzes zur wirtschaftlichen Planung und Kontrolle von Instandhaltungsprozessen. Hierbei wird insbesondere auf die Anwendung des Rechensystems zur Planung des Instandhaltungsprogramms und des Personaleinsatzes zu seiner Durchführung sowie zur Kontrolle der Erbringung von Instandhaltungsleistungen eingegangen. Die Aussagen zu den genannten Themenstellungen sollen anhand ausgewählter Beispiele - insbesondere aus der Eisenhüttenindustrie - veranschaulicht werden. Eine abschließende Schlußbetrachtung faßt nochmals die wesentlichen Arbeitsergebnisse dieser Untersuchung zusammen und gibt Hinweise zur betrieblichen Implementierung einer derartigen Plankostenrechnung.

Hauptteil

I. Grundlagen

A. Aufbau und Merkmale von Fertigungsanlagen

Bei betrieblichen Fertigungsanlagen handelt es sich um Sachgüter, die in Unternehmen auf Dauer zur Leistungserstellung bereitstehen[1]. Sie wirken zum einen am Betriebsprozeß durch die Abgabe von Werkverrichtungen mit, die dem Produktionsfortschritt dienen (Drehbänke, Fräsmaschinen, Mehrspindeldrehzentren, Walzstaffeln, Hochöfen etc.). Zum anderen gilt für einen Teil der Anlagen, daß erst ihr Vorhandensein die Durchführung von Produktionsprozessen ermöglicht. Letztere haben i.d.R. keinen unmittelbaren Einfluß auf die Produktionsvorgänge (Gebäude, Einrichtungsgegenstände etc.)[2].

Eine Fertigungsanlage kann jeweils nur als ganzheitliche Einheit im Produktionsprozeß eingesetzt werden, da ein teilweiser Einsatz einer Anlage ohne Verlust ihrer Funktionsfähigkeit nicht möglich ist. Dieses gilt auch, wenn sie nur einen Teil der Funktionen, die sie grundsätzlich wahrnehmen kann, bei der Leistungserstellung erfüllen muß[3].

Die nur unteilbar einsetzbaren Anlagen bestehen i.d.R. aus mehreren Anlagenteileinheiten wie z.B. Antriebssystemen, Transportsystemen, Arbeitssystemen etc.[4], die sich ihrerseits wiederum aus einer Vielzahl von Anlagenbauteilen oder Anlagenelementen zusammensetzen.

---

1) Vgl. Steffen, R.: Analyse industrieller Elementarfaktoren in produktionstheoretischer Sicht, Berlin 1973, S. 21.

2) Vgl. Busse von Colbe, W. und Laßmann G.: Betriebswirtschaftstheorie, Bd. 1, Grundlagen, Produktions- und Kostentheorie, Berlin/Heidelberg/New York 1975, S. 67f.

3) Vgl. Bruhn, E.-E.: Die Bedeutung der Potentialfaktoren für die Unternehmungspolitik, Berlin 1965, S. 7o-73; Middelmann, U.: Planung der Anlageninstandhaltung, Wiesbaden 1977, S. 33.

4) Vgl. Redeker, G.: Technische und betriebswirtschaftliche Grundlagen für die Methodenwahl bei der Erhaltung betrieblicher Anlagen, Diss. TH Hannover 1969, S. 9.

Hierbei ist jedoch davon auszugehen, daß es sich häufig bei den für die jeweiligen Anlagen(teileinheiten) verwandten Bauelementen um eine weitgehend begrenzte Anzahl technologisch gleichartiger Elementtypen handelt: z.B. Läger, Wellen, Kupplungen, Bremsen, Getriebe, Elektromotoren etc.[1].

Zur detaillierten Aufzeichnung von Instandhaltungsprogrammen für Fertigungsanlagen, zum Aufbau von Zeitkatalogen für Instandhaltungsarbeiten, zur Erfassung von Schadensbildern und Schadensursachen oder zur Bevorratung von Reserveteilen müssen die Anlagenelemente einer Produktionsanlage - systematisiert nach Element- oder Bauteiltypen - erfaßt und in Bauteilekatalogen festgehalten werden[2]. Eine Verschlüsselung der Anlagen und ihrer Bauteile wird darüber hinaus dann notwendig, wenn bspw. eine maschinelle Verarbeitung von Schadensdaten erfolgen soll oder Instandhaltungskosten für eine Abrechnungsperiode mit Hilfe einer EDV-Anlage ermittelt werden sollen[3].

Der Einsatz von Fertigungsanlagen im Produktionsprozeß ist grundsätzlich mit weiteren Gütereinsätzen verbunden, deren Verbrauch notwendig ist, damit die Anlagen die ihnen zugedachten Funktionen (z.B. Abgabe von Werkverrichtungen, Schutzgewährung gegen Außeneinflüsse) auch erfüllen können. Es handelt sich hierbei vor allem um Betriebsstoffe wie Energie, Schmier-

---

1) Eine Darstellung mechanischer Teile einer Anlage findet sich bspw. bei Bouche, Ch.: Maschinenteile, in: Sass, F.; Bouche, Ch. und Leitner, A. (Hrsg.), Dubbels Taschenbuch für den Maschinenbau, Bd.1, 12.Aufl., Berlin/Heidelberg/ New York 1966, S. 678-796.

2) Vgl. Grothus, H.: Die Integration der Schadensabwehr - das neue Verständnis von der Vorbeugenden Instandhaltung, in: REFA-Nachrichten, 29.Jg., 1976, S. 285.

3) Vgl. Voigt, J.-P.: Erfassung, Auswertung und Nutzung von Schadendaten in der Eisen- und Stahlindstrie, Diss. TU Braunschweig 1973, S. 1oof.

und Kühlmittel sowie um Dienstleistungen wie Installationsarbeiten zur Inbetriebnahme der betreffenden Anlagen oder Instandhaltungsleistungen[1]. Für solche Einsatzfaktoren gilt, daß ihre Verbrauchsmengen in erster Linie durch die Art und den Umfang des Potentialfaktoreinsatzes bestimmt werden. Soweit es sich um Fertigungsanlagen mit Abgabe von Werkverrichtungen handelt, wird der qualitative und quantitative Anlageneinsatz seinerseits wiederum durch das Produktionsprogramm beeinflußt[2].

Der Einsatz einer Fertigungsanlage im Produktionsprozeß ist weiterhin gekennzeichnet durch die während der Nutzungsdauer auftretende Veränderung der Leistungsfähigkeit der Anlage und/oder des anlagenspezifischen Verbrauchsverhaltens bezüglich der zur Erzeugung notwendigen Betriebsstoffe und der Erzeugniseinsatzstoffe, die von der Anlage im Leistungserstellungsprozeß bearbeitet werden[3]. Diese Veränderungen sollen unter dem Begriff des "technischen Anlagenverschleißes" subsumiert werden. Der technische Verschleiß beeinträchtigt durch die Verringerung der Nutzungsmöglichkeiten von Produktionsanlagen und/oder durch steigende Faktorverbräuche (z.B. durch erhöhten Schmiermittelbedarf) regelmäßig die Möglichkeit, mit den Anlagen Beiträge zum Unternehmenserfolg zu erzielen. Von daher vermindert er auch den Wert der Anlagen.

Neben dem technischen Anlagenverschleiß kann noch ein "wirtschaftlicher" oder "ökonomischer" Anlagenverbrauch konstatiert werden, der ebenfalls zu einer Beeinträchtigung des Wertes der eingesetzten Anlagen führt[4]. Diese Wertminderung der Anlagen beruht nicht wie beim technischen Verschleiß auf einer Veränderung ihrer tech-

---

1) Vgl. Gutenberg, E.: Grundlagen der Betriebswirtschaftslehre, Bd. 1, Die Produktion, 19.Aufl., Berlin/Heidelberg/New York 1972, S. 326.
2) Zur Abhängigkeit des Bedarfs an Instandhaltungsleistungen vom Produktionsprogramm vgl. Middelmann, U.: Planung der Anlageninstandhaltung, Wiesbaden 1977, S. 94 und Anhang 1, Abb.18.
3) Vgl. Männel, W.: Wirtschaftlichkeitsfragen der Anlagenerhaltung, Wiesbaden 1968, S. 29f.; Herzig, N.: Die theoretischen Grundlagen betrieblicher Instandhaltung, Meisenheim 1975, S.52f.; Dahmen, U.: Die wirtschaftliche Nutzungsdauer von Anlagen unter Berücksichtigung von Instandhaltungsmaßnahmen, Meisenheim 1975, S.11.
4) Vgl. Middelmann, U.: Planung der Anlageninstandhaltung, Wiesbaden 1977, S. 39.

nisch-physikalischen Eignung zur Erfüllung der ihnen zugedachten Verwendungszwecke. Die wirtschaftliche Anlagenentwertung resultiert vielmehr u.a. aus einer relativen Verschlechterung der qualitativen und quantitativen Leistungsfähigkeit von Anlagen sowie ihres Faktorverbrauchsverhaltens im Vergleich mit vorhandenen (oder realisierbaren) Produktionsanlagen.

Zusammenfassend lassen sich die verschiedenen Ausprägungen des Anlagenverbrauches wie folgt darstellen:

Anlagenverbrauch

Technischer Anlagenverschleiß	Wirtschaftliche Anlagenentwertung
Sinkender Beitrag der Anlage zum Unternehmenserfolg durch Verschlechterung der quantitativen und qualitativen Anlagenkapazität und/oder des anlagenspezifischen Verbrauchsverhaltens sowie der Produktqualitäten	Sinkender Beitrag der Anlage zum Unternehmenserfolg im Vergleich mit vorhandenen oder realisierbaren Anlagen durch technischen Fortschritt, Änderung des Nachfragerverhaltens

B. Kennzeichnung des Anlagenverbrauchs

a) Technischer Anlagenverschleiß

Die Verschlechterung der qualitativen und quantitativen Leistungsfähigkeit und des Faktorverbrauchsverhaltens von Anlagen während ihrer Einsatzdauer im Betriebsprozeß ist die Folge einer Veränderung der stofflichen Beschaffenheit einzelner Elemente und Bauteile der Anlagen, d.h. das molekulare Gefüge der Anlagenelemente unterliegt im Nutzungszeitraum einer Veränderung in der Hinsicht, daß der molekulare Aufbau der Elemente umstrukturiert wird oder Bestandteile der Elemente aus diesen herausgelöst werden [1].

1) Vgl. Männel, W.: Wirtschaftlichkeitsfragen der Anlagenerhaltung, Wiesbaden 1968, S. 29; Luke, W.-R.: Die Ermittlung kalkulatorischer Abschreibungen von Maschinen und maschinellen Anlagen, Berlin 1971, S. 60; Middelmann, U.: Planung der Anlageninstandhaltung, Wiesbaden 1977, S. 39.

Bei der Veränderung der ursprünglichen stofflichen Eigenheiten von Anlagenteilen lassen sich wahrnehmbare und nicht wahrnehmbare physikalische oder chemische Vorgänge unterscheiden. Bei den wahrnehmbaren Beeinträchtigungen der Funktionsfähigkeit von Anlagenbauteilen handelt es sich um Abrieb, Korrosion, Materialermüdung etc. Der wahrnehmbare technische Anlagenverschleiß bietet die Möglichkeit, durch ständige Beobachtung der betreffenden Anlagenteile Informationen über die technischen Zustände der einzelnen Teile im Zeitablauf zu ermitteln und diese Daten für die Disposition betrieblicher Tätigkeiten heranzuziehen. Neben dem wahrnehmbaren Anlagenverschleiß treten auch Veränderungen an Anlagenbauteilen auf, die mit den bisher zur Verfügung stehenden Diagnoseinstrumenten nicht feststellbar sind, insbesondere gilt dieses für elektrotechnische Steuerungs-, Meß- und Regelungsbauteile (z.B. Oszillatorröhren) [1].

Unabhängig von der Möglichkeit der Wahrnehmbarkeit physikalischer und chemischer Veränderungen der Anlagenelemente führt der technische Anlagenverschleiß letztlich zum Verlust der Funktionsfähigkeit des einzelnen Elementes. Bei Anlagenteilen mit nicht meßbaren Zustandsveränderungen tritt der Funktionsverlust stets plötzlich und ohne sichtbare vorherige Beeinträchtigung der Funktionsfähigkeit auf, während der Ausfall von Teilen mit wahrnehmbaren Verschleißstadien bei Erreichen bestimmter Toleranzwerte vorhersehbar wird [2].

Das Verschleißverhalten von Anlagen wird im wesentlichen geprägt durch

- Anlagenkonstruktion,
- Produktionsprozeßart,
- Produktionsprozeßintensität,
- Bedienungs- und Überwachungsverhalten des Personals,
- Standard der Wartungsmaßnahmen,
- Umwelteinflüsse.

Die Anlagenkonstruktion beinhaltet die Festlegung der einzubauenden Anlagenelemente (z.B. starre oder schaltbare Kupplungen), der zu wählenden Materialqualitäten und der Anordnung von Bauteilen zueinander. Sie erfolgt in erster Linie im Hinblick auf die zu erwartende produktionsbedingte Beanspruchung der Anlage. Die gewählten Materialqualitäten beeinflussen insofern das Ver-

1) Vgl. Renkes, D.: Grundlagen der Inspektion, in: Deutsches Komitee Instandhaltung (Hrsg.), Inspektion, Wiesbaden 1978, S.I/8.

2) Männel unterscheidet von daher auch Verschleißwirkungen vom Typ A und B, vgl. Männel, W.: Wirtschaftlichkeitsfragen der Anlagenerhaltung, Wiesbaden 1968, S. 31-34.

schleißverhalten der Anlage, da hierdurch Festigkeit, Korrosionsbeständigkeit oder Zähigkeit der einzelnen Anlagenelemente determiniert werden. Die getroffene Anordnung der Anlagenbauteile zueinander beeinflußt darüber hinaus bspw., welchen Kräften nach Ausmaß und Richtung ein Bauteil beim Betreiben der Anlage standhalten muß. Hieraus wird deutlich, daß die getroffenen Entscheidungen über die Konstruktion der Anlage den auftretenden technischen Anlagenverschleiß nach Art und Umfang im Laufe der Einsatzzeit der Anlage weitgehend präjudizieren[1].

Die Art des Produktionsprozesses prägt ebenfalls den technischen Verschleiß der Anlagenbauteile. So hängt bspw. das Verschleißverhalten von Anlagenteilen auch von den auf der jeweiligen Produktionsstufe zu bearbeitenden Werkstoffen ab (z.B. Bearbeitung erhitzter Einsatzstoffe).

Weiterhin übt die Intensität der Anlagennutzung (Prozeßintensität) einen entscheidenden Einfluß vor allem auf das quantitative Ausmaß des auftretenden Anlagenverschleißes aus, d.h. das Produktionsprogramm und die Einsatzweise der Anlagen (z.B. intensitätsmäßige Anpassung) bestimmen vorrangig das Ausmaß der Anlagenbelastung und damit den mengenmäßigen Umfang des technischen Verschleißes. Insbesondere das Ausmaß mechanischer Belastung und damit der Verschleiß mechanischer Anlagenteile korreliert eng mit der produktionsbedingten Inanspruchnahme der Anlagen[2].

Als weitere Einflußgröße auf das Verschleißverhalten von Anlagenelementen ist noch das Bedienungs- und Überwachungsverhalten der Arbeitskräfte zu nennen. So fördert z.B. die unstetige Fahrweise einer Produktionsanlage durch das Bedienungspersonal im Sinne eines dauernden Wechsels zwischen technischer Maximalleistung und abrupt herbeigeführten Anlagenstillständen einen beschleunigten Abnutzungsprozeß bei Bremsbelägen, Lagern etc. im Vergleich zu einem kontinuierlichen, Spitzenbelastungen vermeidenden Einsatz der Anlagen.

---

1) Vgl. Männel, W.: Die Stellung der Instandhaltung im Rahmen der Anlagenwirtschaft, in: Schmalenbach-Gesellschaft (Hrsg.), Instandhaltung - Ein Managementproblem der Anlagenwirtschaft, 2. Aufl., Köln 1978, S. 39.

2) Vgl. Middelmann, U.: Planung der Anlageninstandhaltung, Wiesbaden 1977, S. 4o.

Bewirkt u.a. die betriebliche Aktivität der Durchführung von Produktionsprozessen den technischen Verschleiß von Anlagen, so wirken verschleißhemmende Instandhaltungsmaßnahmen (Wartungsleistungen) dem Anlagenverschleiß entgegen. Somit beeinflussen auch Qualität und Quantität von Wartungsmaßnahmen das Verschleißverhalten der Anlagenbauteile[1].

Des weiteren wirken noch Umweltbedingungen wie Staub, Luftfeuchtigkeit, Temperaturschwankungen etc. auf den technischen Verschleiß von Anlagenbauteilen ein (sog. "ruhender Verschleiß").

b) Wirtschaftliche Anlagenentwertung

Eine wesentliche Ursache für die Veränderung des Gefüges wirtschaftlicher Leistungspotentiale von Fertigungsanlagen liegt in der technologischen Verbesserung der Anlagenkonstruktionen. Die Möglichkeit zur technischen Verbesserung von Anlagen eröffnet sich durch den technischen Fortschritt, d.h. durch erweitertes Wissen über Werkstoffe für Anlagenbauteile und über konstruktive Zusammenhänge zwischen den Bauteilen wird es möglich, die technischen Qualitätskomponenten von Anlagen zu verbessern[2].
Im Hinblick auf die wirtschaftliche Entwertung bereits in Unternehmen vorhandener Anlagen sind nur qualitative Verbesserungen der Anlagen von Bedeutung, die zur

- Steigerung der quantitativen und qualitativen Leistungsfähigkeit,
- Reduktion des anlagenspezifischen Verbrauchs von Einsatzgütern,
- Verminderung der Beschaffungspreise oder Herstellkosten (für die Anlagen)

führen[3].

1) Warnecke rechnet vor allem Wartungsfehler zu den häufigen Ursachen für den Auftritt von Schäden an Fertigungsanlagen; vgl. Warnecke, H.-J.: Instandhaltungsgerechte Konstruktion, in: Industrial Engineering, 4. Jg., 1974, S. 316.

2) Vgl. Kortzfleisch, G.v.: Zur mikroökonomischen Problematik des technischen Fortschritts, in: Kortzfleisch, G.v. (Hrsg.), Die Betriebswirtschaftslehre in der zweiten industriellen Evolution, Berlin 1969, S. 329.

3) Vgl. Dahmen, U.: Die wirtschaftliche Nutzungsdauer von Anlagen unter Berücksichtigung von Instandhaltungsmaßnahmen, Meisenheim 1975, S. 16; Schneider, D.: Investition und Finanzierung, 5. Aufl., Wiesbaden 198o, S. 226f.

Die Steigerung der Leistungsfähigkeit von Anlagen beinhaltet z.B. eine erhöhte Präzision der Ausführung von Werkverrichtungen, zusätzliche Werkverrichtungsarten und eine Erhöhung der technisch möglichen (Dauer-)Leistungsintensität. Die Reduzierung des anlagenspezifischen Faktorverbrauchsverhaltens bezieht sich vor allem auf Materialeinsätze wie Erzeugnishaupt- und -hilfsstoffe sowie auf Betriebsstoffe und Energieverbräuche. Des weiteren lassen sich durch konstruktive Gestaltungsmaßnahmen wie Einbau von redundanten Bauteilen, Modulbauweise (konstruktive Zusammenfassung von Einzelteilen zu Baugruppen) und Erhöhung der Verschleißfestigkeit einzelner Anlagenelemente die Güterverbräuche für notwendige Instandhaltungsleistungen vermindern.

Neben dem technischen Fortschritt können auch noch Änderungen auf den Märkten, in die die Unternehmung eingebettet ist, eine wirtschaftliche Entwertung der in Unternehmen vorhandenen Anlagen bewirken. Hierzu gehören u.a. Preis- und Mengenänderungen auf den Beschaffungsmärkten für Einsatzstoffe. Die in den vergangenen Jahren außerordentlich gestiegenen Beschaffungspreise für Rohöl beeinträchtigen bspw. neben anderen Ursachen die Ertragskraft von SM - Stahlwerken, die vorwiegend auf der Basis von schwerem Heizöl Rohstahl erzeugen, im Vergleich zu den auf Sauerstoff-Basis arbeitenden LD - Stahlwerken. Veränderungen auf den Absatzmärkten können ebenfalls zur wirtschaftlichen Entwertung von Anlagen führen. Als Beispiele ließen sich hier anführen, daß veränderte Konsumgewohnheiten oder steigende Konkurrenzintensität die Erlöswirksamkeit von abzusetzenden Produkten beeinträchtigen und von daher auch ceteris paribus das wirtschaftliche Leistungsvermögen der Anlagen, die zur Herstellung dieser Produkte herangezogen werden, vermindern.

Weiterhin kann die wirtschaftliche Anlagenentwertung noch durch rechtliche Auflagen wie Umweltschutzbestimmungen oder steuerliche Vorschriften verursacht werden. Eine Änderung der Besteuerung von Heizöl würde bspw. die Einstandspreise für diesen Einsatzfaktor erhöhen und in gleicher Weise zu einer Wertminderung von

Anlagen beitragen, wie sie bei Erhöhung von Beschaffungspreisen durch die Lieferanten gegeben ist. Als Beispiel für rechtliche Auflagen, die zur wirtschaftlichen Entwertung von Anlagen führen können, lassen sich hier (verschärfte) Sicherheitsvorschriften für die Bearbeitung von Asbest-Werkstoffen oder für das Betreiben von Kernkraftanlagen zur Stromerzeugung anführen.

Während der wirtschaftliche Anlagenverbrauch, der durch den technischen Fortschritt verursacht wird, sich im Zeitablauf - nur gelegentlich durch große Erfindungen unterbrochen - in kontinuierlich wachsendem Ausmaß vollzieht, tritt die wirtschaftliche Anlagenentwertung aufgrund von rechtlichen Auflagen und Markteinflüssen durchaus plötzlich und in erheblichem Umfang auf (z.B. Preisexplosion bei den Preisen für Energieeinsätze)[1].

C. Erfolgswirkungen des Anlagenverbrauches

Bisher stand im Vordergrund der Betrachtungen über den Anlagenverbrauch die Analyse der Ursachen und Erscheinungsformen des technischen Verschleißes und der wirtschaftlichen Entwertung von Anlagen. Im folgenden soll untersucht werden, welche wirtschaftlichen Konsequenzen aus dem Anlagenverbrauch resultieren, d.h. es sollen mögliche Auswirkungen des Potentialfaktorverbrauchs auf den Erfolg der Unternehmung näher analysiert werden.

Der Einfluß des technischen Verschleißes eines einzelnen Anlagenteiles auf die Kapazität der Produktionsanlage ist abhängig von der Verschleißwirkung des Teiles auf dessen Funktionsfähigkeit und der Bedeutung des betreffenden

---

1) Vgl. Gutenberg, E.: Grundlagen der Betriebswirtschaftslehre, Bd.1, Die Produktion, 19. Aufl., Berlin/Heidelberg/New York 1972, S. 71f.

Anlagenelementes für die Leistungsfähigkeit der Gesamtanlage[1].

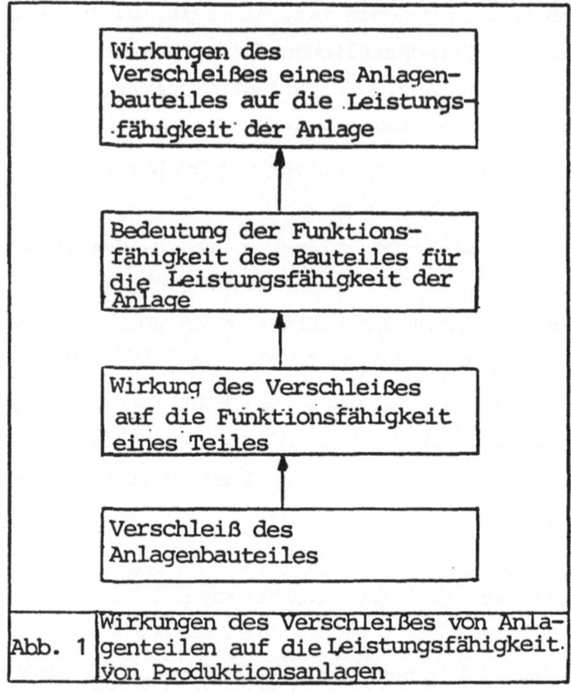

Abb. 1 Wirkungen des Verschleißes von Anlagenteilen auf die Leistungsfähigkeit von Produktionsanlagen

Aus der Beeinträchtigung der qualitativen Leistungsfähigkeit von Anlagen können sowohl Kostenerhöhungen als auch Erlösminderungen für die Unternehmung resultieren, wenn vom Verschleiß Komponenten der qualitativen Anlagenkapazitäten betroffen sind, die zur Erzeugung des geplanten Produktionsprogramms notwendig sind. Erlösminderungen können sich bspw. aus einer vom Kunden nicht akzeptierten Einbuße der Produktqualität aufgrund unzureichender Arbeitsgenauigkeit bei der Ausführung eines Arbeitsvorganges auf einer Fertigungsanlage ergeben, wenn der Abnehmer nur zum Kauf des betreffenden Produktes bei Einräumung eines entsprechenden Preisnachlasses bereit ist.

Erlösminderungen aufgrund mangelnder qualitativer Leistungsfähigkeit von Fertigungsanlagen treten nicht nur bei Potentialfaktoren mit Abgabe von Werkverrichtungen auf, sondern auch bei Anlagen ohne Abgabe von Werkverrichtungen.

---

1) Zur graphischen Darstellung eines möglichen Zusammenhangs zwischen der Leistungsfähigkeit einer Anlage und dem Verschleiß eines Anlagenbauteiles vgl. Herzig, N.: Die theoretischen Grundlagen betrieblicher Instandhaltung, Meisenheim 1975, S.78.

z.B. gewährleistet eine schadhafte Lagerhalle nicht ausreichenden Schutz für eingelagerte Erzeugniseinsatzstoffe vor Feuchtigkeit, so daß beim Einsatz dieser Faktoren im Produktionsprozeß - wenn man einmal von einer Beseitigung der Qualitätsminderung absieht - Produkte erzeugt werden, die den Qualitätsanforderungen der Kunden nicht genügen. Entsprechendes gilt für nicht sachgemäß gelagerte Fertigprodukte.
Kostenerhöhungen - verursacht durch die Beeinträchtigung der qualitativen Leistungsfähigkeit von Anlagen - lassen sich häufig aus der erforderlich werdenden Nacharbeit oder Verschrottung von Erzeugnissen bzw. aus einer Ausschußbeseitigung ableiten.

Eine Minderung der quantitativen Anlagenkapazitäten kann ebenfalls eine Beeinträchtigung der Ertragskraft einer Unternehmung bewirken. In Situationen der Vollbeschäftigung läßt sich bei hoher Nachfrage aufgrund verringerter Produktionsmengen das Erlöspotential des (Teil-)Marktes nicht in dem Umfang abschöpfen, wie es bei uneingeschränkter Leistungsfähigkeit der Anlagen möglich wäre. Erlösminderungen bzw. entgangene Erlöse aufgrund des verminderten Produktionsvolumens sind aber auch in Zeitabschnitten mit unterausgelasteten Kapazitäten denkbar. So können z.B. Eilaufträge, deren termingerechte Erledigung nur bei vollständiger Leistungsfähigkeit der Anlagen gewährleistet werden kann, nicht angenommen werden, bzw. bei deren Annahme drohen evtl. Erlösminderungen aufgrund vereinbarter Konventionalstrafen für nicht rechtzeitig gelieferte Produktmengen.
Der technische Anlagenverschleiß und die daraus folgende Reduktion der quantitativen Anlagenkapazitäten können weiterhin zu Beeinträchtigungen des Unternehmenserfolges durch Kostenerhöhungen führen. Die Steigerung der Herstellkosten aufgrund mangelnder Leistungsfähigkeit unternehmenseigener Produktionsanlagen wird hierbei z.B. durch erforderlich werdende Fremdvergaben von

Produktionsarbeiten, durch Zukäufe von Halb- und Fertigprodukten oder durch Anmieten zusätzlichen Lagerraumes ausgelöst. Mit der Verschlechterung des technischen Zustandes einzelner Anlagenelemente im Zeitablauf ist weiterhin häufig eine Erhöhung des Betriebsstoffeinsatzes verbunden. Dieser resultiert zum einen daraus, daß die Funktionsfähigkeit der betreffenden Teile ohne erhöhten Betriebsstoffeinsatz (z.B. Fette oder Öle) nicht mehr gewährleistet werden kann oder die Abgabe von Werkverrichtungen nur mit einem erhöhten Energieverbrauch (z.B. Strom, Kraftstoffe) erfolgen kann.

Die durch erweitertes Wissen bewirkten technischen Verbesserungen von Anlagen (technischer Fortschritt) führen nur dann zu einer wirtschaftlichen Entwertung bereits vorhandener Anlagen, wenn die technische Verbesserung einhergeht mit einer Steigerung der wirtschaftlichen Leistungsfähigkeit der technisch verbesserten Anlagen. Positive Effekte auf die Kosten- und/oder Erlösseite der Unternehmung sind durch anlagentechnische Verbesserungen nur dann zu erwarten, wenn hierdurch ceteris paribus z.B.

- die Anschaffungsauszahlungen für die Anlagen sinken,
- der Faktorverbrauch aufgrund bspw. geringeren Betriebsstoffeinsatzes oder Ausschusses sich reduziert und/oder
- die Erlöse durch eine Erhöhung der qualitativen und quantitativen Leistungsfähigkeit der Anlage verbessert werden können.

Änderungen wirtschaftlicher Rahmenbedingungen auf Absatz- und Beschaffungsmärkten sowie Modifikationen rechtlicher Regelungen sind ebenfalls nur unter bestimmten Voraussetzungen mit einer Wertminderung vorhandener Anlagen verbunden. So führen z.B. Kostensteigerungen, verursacht durch Preiserhöhungen auf den Beschaffungsmärkten oder durch die Erfüllung veränderter gesetzlicher Auflagen, nur dann zu einer Beeinträchtigung des Unternehmenserfolges bzw. der wirtschaftlichen Leistungsfähigkeit der betreffenden Anlagen, wenn die hierdurch gestiegenen Herstellkosten nicht durch Erlössteigerungen kompensiert werden können. Dieser

Kompensationseffekt tritt allerdings nur dann auf, wenn für die Produkte, zu deren Herstellung die Anlagen eingesetzt werden, keine Substitute am Markt vorhanden sind.
Besteht weiterhin bei Kostensteigerungen aufgrund gestiegener Beschaffungspreise für Einsatzgüter die Möglichkeit zur Substitution dieser Verbrauchsfaktoren, die jedoch von den vorhandenen Anlagen nicht be- und verarbeitet werden können, so ergibt sich für diese Potentialfaktoren ebenfalls eine Minderung der wirtschaftlichen Leistungsfähigkeit - i.S. von Opportunitätskosten - im Vergleich zu den entsprechenden Alternativanlagen.

Während steigende Herstellkosten - verursacht durch Änderungen der Rahmenbedingungen auf den Beschaffungsmärkten und/oder der rechtlichen Regelungen - nur unter den o.g. Prämissen zu einer wirtschaftlichen Entwertung der in Unternehmen vorhandenen Anlagen führen, sind Absatzrückgänge aufgrund von Veränderungen des Konsumverhaltens der Nachfrager regelmäßig mit Erlöseinbußen verbunden. Denn eine Erhöhung der Absatzpreise, die evtl. geeignet wäre, kompensatorisch dem Erlösentgang entgegenzuwirken, ist bei rückläufigen Absatzmengen i.d.R. nicht durchsetzbar.

Zur Vermeidung der bisher dargestellten negativen Auswirkungen des technischen Anlagenverschleißes und der wirtschaftlichen Anlagenentwertung durch Änderungen von Marktdaten und rechtlichen Regelungen auf den Unternehmenserfolg setzen Unternehmen u.a. Instandhaltungs- und Modernisierungsmaßnahmen ein.

D. Instandhaltungs- und Modernisierungsmaßnahmen

Unter Instandhaltung sollen jene betrieblichen Maßnahmen verstanden werden, die der Erhaltung und Wiederherstellung der ursprünglichen bzw. für kommende Produktionszwecke erforderlichen technischen Leistungsfähigkeit von Fertigungsanlagen dienen[1)], d.h. Zielsetzung dieser Maßnahmen ist die Hemmung bzw. die Beseitigung des technischen Anlagenverschleißes im erforderlichen Umfang[2)].

Nach ihren Arbeitsinhalten gliedern sich Instandhaltungsmaßnahmen in Inspektions-, Wartungs- und Instandsetzungsarbeiten. Inspektionen dienen der regelmäßigen Feststellung des Grades der Leistungsfähigkeit bzw. des eingetretenen technischen Verschleißes von Anlagen, indem Zustand und Funktionsfähigkeit einzelner Anlagenbauteile überprüft werden. Die Wartung hat die Aufgabe, durch verschleißhemmende Maßnahmen wie Reinigen, Schmieren, Nachstellen etc. Verschleißwirkungen an Anlagen zu verhindern bzw. zeitlich hinauszuzögern. Die Instandsetzung (Reparatur) umfaßt die Beseitigung bereits eingetretener Abnutzungserscheinungen an den Anlagenbauteilen mit der Zielsetzung, die erforderliche technische Leistungsfähigkeit der betreffenden Anlage wiederherzustellen. Bei der Instandsetzung sind zu unterscheiden:

1. Reparaturen, die in der Weise an abgenutzten Anlagenbauteilen erfolgen, daß durch herrichtende Arbeiten die Verschleißer-

---

1) Der Begriff "Instandhaltung" wird in der Praxis und zuweilen in der betriebswirtschaftlichen Literatur unterschiedlich abgegrenzt. Die inhaltliche Festlegung des Instandhaltungsbegriffes in dieser Arbeit entspricht der Fassung, die heute unter Technikern und Betriebswirten die breiteste Verwendung gefunden hat. Vgl. hierzu u.a.: DIN 31o51, Bl.1, (Dezember 1974). Deutsches Komitee Instandhaltung (Hrsg.), Entwurf DKIN-Empfehlungen, Nr.3, Düsseldorf 197o, S. 4; Männel, W.: Die Stellung der Instandhaltung im Rahmen der Anlagenwirtschaft, in: Schmalenbach-Gesellschaft (Hrsg.), Instandhaltung - ein Managementproblem der Anlagenwirtschaft, 2. Aufl., Köln 1978, S. 21; Herzig, N.: Die theoretischen Grundlagen betrieblicher Instandhaltung, Meisenheim 1975, S. 31; Ordelheide, D.: Instandhaltungsplanung, Wiesbaden 1973, S. 11; Mertens, P.: Die gegenwärtige Situation der betriebswirtschaftlichen Instandhaltungstheorie, in: Zeitschrift für Betriebswirtschaft, 38.Jg., 1968, S. 8o7f.

2) Vgl. Männel, W.: Wirtschaftlichkeitsfragen der Anlagenerhaltung, Wiesbaden 1968, S. 38-41.

scheinungen beseitigt werden (z.B. Schweißen gerissener Teile),

2. Reparaturen, bei denen abgenutzte Bauteile oder Baugruppen durch funktionsfähige ersetzt werden[1].

Nach dem Kriterium "Schadenszeitpunkt" lassen sich vorbeugende und schadensbedingte Instandhaltungsmaßnahmen unterscheiden. Vorbeugende Maßnahmen werden vor Eintritt eines Schadens an einem Bauteil oder einer Baugruppe, d.h. vor Beeinträchtigung der qualitativen und quantitativen Leistungsfähigkeit einer Fertigungsanlage über festgelegte Toleranzgrenzen hinaus durchgeführt[2] Schadensbedingte Instandhaltungsarbeiten werden erst nach Eintritt des Schadens vorgenommen. Der Zeitpunkt des Schadenseintrittes läßt sich nur begrenzt vorhersehen, da die Bestimmungsfaktoren des Verschleißes von Bauteilen nicht in ausreichendem Umfang bekannt sind und daher der Ausfall von Anlagen(teilen) als weitgehend zufallsbedingt zu betrachten ist. Da Instandhaltungsmaßnahmen, die erst nach Eintritt des Schadens ergriffen werden, nur eine Beseitigung des Verschleißes zum Inhalt haben können, stellen schadensbedingte Maßnahmen ausschließlich Reparaturen dar. Hingegen beinhalten vorbeugende Maßnahmen sowohl Inspektionen und Wartungsarbeiten als auch Instandsetzungen.

Nach der Häufigkeit der Durchführung von Instandhaltungsmaßnahmen lassen sich weiterhin laufende (sich ständig wiederholende) und sporadische (selten auftretende) Instandhaltungsarbeiten unterscheiden. Den weitaus größten Anteil von Instandhaltungsarbeiten für Produktionsanlagen bilden ständig wiederkehrende Arbeiten. Zu den laufend wiederkehrenden Instandhaltungsmaßnahmen gehören alle Inspektions- und Wartungsmaßnahmen, die regelmäßig in festen Zeitabständen (Kalenderzeit, Betriebsstunden) oder nach Erbringung einer bestimmten Anzahl von Produktionsleistungen (z.B. gefahrene Kilometer) durchgeführt werden[3].

1) Vgl. Steffen, R.: Analyse industrieller Elementarfaktoren in produktionstheoretischer Sicht, Berlin 1973, S.64.

2) Zur Festlegung eines für die Instandhaltung operationalen Schadensbegriffes vgl. Voigt, J.-P.: Erfassung, Auswertung und Nutzung von Schadendaten in der Eisen- und Stahlindustrie, Diss. TU Braunschweig 1973, S.82-85.

3) Vgl. zur Durchführung von Inspektions- und Wartungsarbeiten Tab. 1, S. 310.

Bei Instandsetzungen liegt der Wiederholgrad der Arbeiten nicht ganz so hoch wie bei den Inspektions- und Wartungsleistungen. Jedoch kann auch bei diesen Instandhaltungsleistungen davon ausgegangen werden, daß sich der überwiegende Anteil aus kurzfristig wiederkehrenden Maßnahmen zusammensetzt. Beispielsweise beträgt für Produktionsanlagen in der Eisen- und Stahlindustrie der Anteil von Instandsetzungsstunden für sich wiederholende Arbeiten an den insgesamt zu erbringenden Instandsetzungsstunden für eine Anlage ca. 80%[1].

Mit der Durchführung von Instandhaltungsmaßnahmen ist nicht nur die Verhinderung oder Beseitigung des Verschleißes von Produktionsanlagen verbunden, sondern zugleich werden für die Erbringung von Instandhaltungsleistungen verschiedene Einsatzgüter wie insbesondere Arbeitszeiten, Ersatzteile, Hilfs- und Betriebsstoffe etc. verbraucht. Für einen Teil der Instandhaltungsmaßnahmen gilt, daß sich vor Beginn der Durchführung dieser Arbeiten der notwendige Güterverbrauch nicht vollständig ermitteln läßt, weil der genaue Arbeitsumfang dieser Maßnahmen erst nach Inspektion und/oder Demontage bekannt wird. Insbesondere an komplexen Anlagen können das Ausmaß der Zeit- und Mengenverbräuche bei der Fehlersuche und der Beseitigung schadensbedingter, nur sporadisch anfallender Funktionsstörungen schwer vorhersehbar sein. Von daher lassen sich Instandhaltungsleistungen weiterhin danach unterscheiden, ob die mit ihrer Durchführung verbundenen Güterverbräuche relativ genau geplant werden können oder nicht.

---

1) Vgl. beispielhaft Tab. 4a u. 4b, S. 314 u. S. 319. Eine vergleichbare Relation ergibt sich in der Eisenhüttenindustrie auch zwischen den gesamten Instandhaltungskosten für eine Fertigungsanlage und den (instandhaltungsstundenabhängigen) Kosten, die durch sich kurzfristig wiederholende Instandhaltungsmaßnahmen verursacht werden, vgl. Middelmann, U.: Aufbau und Anwendungsmöglichkeiten eines Rechensystems zur Planung und Kontrolle der Instandhaltungskosten auf der Grundlage von Einflußgrößenfunktionen, in: Stahl und Eisen, 97. Jg., 1977, S. 457.

Modernisierungsmaßnahmen zielen im Gegensatz zu Instandhaltungsleistungen darauf ab, die konstruktiven Merkmale von Anlagen entsprechend dem eingetretenen technischen Fortschritt zu verändern. Hierdurch soll die wirtschaftliche Leistungsfähigkeit der betreffenden Anlage verbessert werden und die damit eingetretene wirtschaftliche Anlagenentwertung beseitigt werden. Die Arbeitsinhalte von Modernisierungsmaßnahmen richten sich nach Art und Ausmaß der eingetretenen wirtschaftlichen Entwertung. Hierzu genügt es häufig nicht, einzelne Anlagenelemente oder ihre konstruktive Zuordnung zueinander zu verändern - z.B. Ersatz eines Anlagenteiles durch ein anderes, das einen höheren Festigkeitsgrad aufweist - , sondern es sind u.U. komplette Anlagenteileinheiten (z.B. Antriebsysteme) umzubauen oder zu ersetzen.

Modernisierungsmaßnahmen, die nachhaltig die Konstruktionsmerkmale von Anlagen verändern, sollen in dieser Untersuchung keine Berücksichtigung finden. Denn die ökonomische Bewertung der Wirtschaftlichkeit ihrer Durchführung kann nicht auf der Basis von Plankosten beurteilt werden, da diese langfristig wirksamen Maßnahmen Güterverbräuche verursachen, die nach Art und Umfang nur einmalig während der Nutzungsdauer der betreffenden Anlage anfallen und daher grundsätzlich mit investitionstheoretischen Methoden zu analysieren sind. Hingegen weisen "instandhaltungsnahe" Modernisierungsmaßnahmen, die die Konstruktionsmerkmale der Anlage nur geringfügig beeinflussen und im Zuge von Instandhaltungsmaßnahmen durchgeführt werden, nur geringe Unterschiede zu diesen Maßnahmen auf. Daher können diese Grenzfälle zu den Instandhaltungsleistungen gerechnet werden.

Bisher wurden nur die zur Erhaltung bzw. Wiederherstellung der Leistungsfähigkeit von Anlagen grundsätzlich möglichen Aktivitäten (Inspektion, Wartung und Instandsetzung) betrachtet. Mit der Durchführung dieser Aktionen sind aber noch eine Fülle von Entscheidungen zu treffen - wie z.B. die Auswahl der Instandhaltungsmaßnahmen im einzelnen und deren Durchführungszeitpunkte, die Wahl des einzusetzenden Personals etc. Hierbei lassen sich einerseits Entscheidungen mit lang- und kurzfristiger Wirksamkeitsdauer auf den Instandhaltungsprozeß unterscheiden: Z.B. bestimmt die Organisationsstruktur der Instandhaltungsbetriebe einer Unternehmung die mögliche Verteilung der Instandhaltungsaufgaben über einen Zeitraum von mehreren Jahren hinweg, während die Entscheidung, ob eine bestimmte Instandhaltungsleistung in Mehr- oder Normalarbeit zu erledigen ist, nur eine zeitliche Wirksamkeitsdauer entsprechend der Arbeitszeit dieser Maßnahme hat. Andererseits lassen sich Aktivitäten im Instandhaltungsbereich danach differenzieren, ob sie den Bereich der Anlagen oder den der Instandhaltungsbetriebe tangieren. Bspw. beeinflußt das Instandhaltungsprogramm (Art, Menge und zeitliche Verteilung der Instandhaltungsmaßnahmen) unmittelbar die Funktionsfähigkeit und Zuverlässigkeit der einzelnen Anlagen bzw. Anlagenelemente, während die Einsatzweise der Potentialfaktoren zur Durchführung von Instandhaltungsmaßnahmen eine Aktion innerhalb der Instandhaltungsbetriebe darstellt.

Diese Handlungsmöglichkeiten bei der Durchführung von Instandhaltungsmaßnahmen sollen im folgenden näher erläutert werden. Hierdurch werden zum einen die Rahmenbedingungen für die Ableitung der Planverbrauchs- und Plankostenfunktionen für die aufzubauende Kostenrechnung festgelegt; zum anderen wird das Spektrum der Handlungsalternativen sichtbar, über deren Wahl unter wirtschaftlichen Gesichtspunkten auf der Grundlage geplanter Instandhaltungskosten entschieden werden kann. Hierbei soll auch geklärt werden, welchen Dispositionsspielraum die Unternehmung und insbesondere der Instandhaltungsbetrieb bei der Festlegung dieser Handlungsalternativen haben.

II. Handlungsmöglichkeiten im Instandhaltungsbereich

A. Aktivitäten mit mittel- bis langfristiger Wirksamkeitsdauer

a) Maßnahmen im Anlagenbereich

aa) Festlegung von Instandhaltungsstrategien

1) Strategiealternativen

Eine wichtige Entscheidung im Instandhaltungsbereich ist, welche Instandhaltungsmaßnahmen (Inspektionen, Wartungsmaßnahmen oder Instandsetzungen) zu welchen Zeitpunkten für die jeweilige Anlage bzw. für die jeweiligen Anlagenelemente zu erbringen sind. Es sind somit Regeln aufzustellen (Instandhaltungsstrategien), "mit denen die Instandhaltungsaktionen und Aktionszeitpunkte für die Anlagen und deren Elemente determiniert werden"[1].

Da mit der Strategieentscheidung der Aufbau von Betriebsmittel- und Personalkapazitäten verbunden ist (z.B. für Informationssysteme zur Gewinnung von Daten über den Zustand von Anlagenelementen), kann diese Entscheidung als eine Handlungsmöglichkeit angesprochen werden, die das Instandhaltungsgeschehen in einem Unternehmen längerfristig beeinflußt und die nur bei mittel- bis langfristiger Betrachtungsweise als Aktionsvariable der Instandhaltungsbetriebe anzusehen ist.

Feuerwehr- und Präventivstrategien

Grundsätzlich können Instandhaltungsmaßnahmen vor oder nach

1) Voigt , J.-P.: Erfassung, Auswertung und Nutzung von Schadendaten in der Eisen- und Stahlindustrie, Diss. TU Braunschweig 1973, S. 33; vgl. weiterhin zur Abgrenzung der Instandhaltungsstrategie: Barlow, R.E. und Hunter, L.C.: Optimum Preventive Maintenance Policies, in: Operations Research, Vol.8, 196o, S. 9of.; Mertens, P.: Die gegenwärtige Situation der betriebswirtschaftlichen Instandhaltungstheorie, in: Zeitschrift für Betriebswirtschaft, 38.Jg., 1968, S. 8o8; Mc.Call, J.J.: Maintenance Policies for stochastically failing Equipment - A Survey, in: Management Science, 11.Jg., 1965, S. 493 und S. 524; Wolff, M.: Optimale Instandhaltungspolitiken in einfachen Systemen, Berlin/Heidelberg/New York 197o, S. 36; Bussmann, K.F., Kress, H. und Kuhn, M.: Übersicht über die Strategien und deren Anwendung auf Fertigungsaggregate, in: Bussmann, K.F. und Mertens, P. (Hrsg.), Operations Research und Datenverarbeitung bei der Instandhaltungsplanung, Stuttgart 1968, S. 31.

Eintritt eines Schadens durchgeführt werden, d.h. vor oder nach dem Auftreten schadensbedingter Störungen[1]. Die Regelung, Instandsetzungsaktionen ausschließlich nach Eintritt eines Schadensfalles zu ergreifen, soll als Feuerwehrstrategie bezeichnet werden. Im Gegensatz dazu soll in dieser Arbeit unter einer Präventivstrategie verstanden werden, daß Instandsetzungsmaßnahmen prinzipiell vor Eintritt eines Schadens durchgeführt werden. Jedoch lassen sich auch im Rahmen dieser strategischen Vorgehensweise störungsbedingte Instandsetzungen nicht ausschließen, da Störungen nie ganz vermeidbar sein werden.

Die Feuerwehrstrategie empfiehlt sich bei konstanten oder sinkenden Ausfallraten eines Bauteiles im Zeitablauf; denn präventive (vorbeugende) Instandsetzungsaktionen hätten hierbei keinen oder einen negativen Einfluß auf das Ausfallverhalten des betreffenden Anlagenelementes[2] [3]. Bei sinkenden Ausfallraten vermindert sich das Ausfallrisiko eines Teiles mit fortschreitender Nutzungsdauer. Vorbeugende Instandsetzungen würden somit nur das Ausfallrisiko erhöhen. Bei konstanten Raten übt die Nutzungsdauer keinen Einfluß auf das Ausfallrisiko der betreffenden Teile aus. Sinkende Ausfallraten - zumindest für einen begrenzten Zeitraum ihrer Nutzung - weisen vor allem Hydraulikteile auf, während elektronische Steuerungs- und Regelungsbauteile häufig mit konstanten Ausfallraten ausfallen[4].

---

1) Zu den Begriffen "Schaden" und "Störung" vgl. Voigt, J.-P.: Erfassung, Auswertung und Nutzung von Schadendaten in der Eisen- und Stahlindustrie, Diss. TU Braunschweig 1973, S. 82-9o; Männel, W.: Wirtschaftlichkeitsfragen der Anlagenerhaltung, Wiesbaden 1968, S. 29f. und S. 39.

2) Die Entwicklung des Ausfallverhaltens von Betriebsmitteln läßt sich darstellen durch die Ausfallrate $q(t)$. Sie gibt die Wahrscheinlichkeit für den Anlagenausfall zum Zeitpunkt t an, wenn die Anlage bis zum Zeitpunkt t nicht bereits ausgefallen ist.

3) Vgl. Ordelheide, D.: Instandhaltungsplanung, Wiesbaden 1973, S. 6o.

4) Vgl. Wilke, F.L.: Bestimmung von Ausfällen und Störungen an Baugruppen der im Metallerzbergbau eingesetzten Fahrlader, Untersuchung ihrer Charakteristiken und Auswirkungen auf die Kosten des Gesamtbetriebs, Forschungsvorhaben Nr. 4397 der Arbeitsgemeinschaft industrieller Forschungsvereinigungen e.V., Clausthal-Zellerfeld 1981, S. 19 - 30 (unveröffentlicht).

Präventivstrategien sind hingegen dann für Anlagen in Erwägung zu ziehen, wenn die Ausfallwahrscheinlichkeiten der betreffenden Anlagenelemente im Zeitablauf steigen[1]. Denn bei diesen Elementen ergeben sich bei vorbeugender Instandsetzung im Vergleich zur nur schadensbedingten folgende positive Auswirkungen auf den Unternehmenserfolg[2]:

- im Bereich der Anlagen

  Vermeidung von Zerstörungen und Beschädigungen benachbarter Anlagenelemente bzw. Anlagen

- im Bereich des Instandhaltungsbetriebes

  = Senkung der Instandsetzungszeiten durch bessere Vorbereitung der Instandhaltungsaktionen, denn z.B. stehen bei Instandsetzungsbeginn Reserveteile, Reparaturmaterial und Personal am Arbeitsplatz zur Verfügung[3]

  = Reduktion der Instandsetzungszeiten für die Suche nach Ausfallursachen (Fehlersuche)

  = Verbesserte Möglichkeit zur Koordination hinsichtlich des zeitlichen Zusammenlegens mehrerer Instandhaltungsmaßnahmen an einer Anlage[4]

  = Gleichmäßigere Auslastung der personellen Instandhaltungskapazitäten, verbunden mit einer Reduktion der Personalkapazitäten, wenn die entsprechenden organisatorischen Voraussetzungen geschaffen werden (z.B. zentrale Einsatzkolonne)

  = Geringere Fehlerquote bei der Durchführung einer vorbeugenden Maßnahme im Vergleich zu einer schadensbedingten, da bspw. eine störungsbedingte Instandsetzung häufig unter Zeitdruck oder bei laufender Produktion durchgeführt werden muß

  = Verminderung des Bestandes an Reserveteilen (geringeres Ausfallrisiko)

  = Verbesserung der Aussagefähigkeit der Instandhaltungskostenplanung durch genauere Prognostizierbarkeit von zu planenden Mengen und Zeiten

---

1) Vgl. Mertens, P.: Die Auswahl einer Instandhaltungsstrategie, in: Zeitschrift für Organisation, 41.Jg., 1972, S. 298.

2) Vgl. Männel, W.: Die Stellung der Instandhaltung im Rahmen der Anlagenwirtschaft, in: Schmalenbach-Gesellschaft (Hrsg.), Instandhaltung - ein Managementproblem der Anlagenwirtschaft, 2. Aufl., Köln ,1978, S. 18-2o; Mertens, P.: Die Auswahl einer Instandhaltungsstrategie, in: Zeitschrift für Organisation, 41.Jg. 1972, S. 299.

3) Vgl.Schelo, S.J.: Integrierte Instandhaltungsplanung und -steuerung mit elektronischer Datenverarbeitung, Berlin 1972, S. 42.

4) Vgl. Männel, W.: Wirtschaftliche Vorteile und Möglichkeiten einer Koordination von Reparaturterminen, in: Zeitschrift für wirtschaftliche Fertigung, 69.Jg.,1974,Teil 1,S. 19o-193 und Teil 2, S. 264f.

- im Produktions- und Absatzbereich
  = Reduzierung von Zahlungsminderungen bzw. -ausfällen, Schadensersatzzahlungen, Konventionalstrafen etc. aufgrund ausgefallener oder verspäteter Lieferungen
  = Senkung von Zahlungsminderungen für schlechtere Qualitäten der Endprodukte
  = Reduktion von Ausschuß, Nachbesserung und Garantieleistungen
  = Vermeidung erhöhten Verbrauchs an Einsatzmaterialien
  = Reduktion der Wartezeiten für das Produktionspersonal
  = Durchführung vorbeugender Maßnahmen in Arbeitspausen, in Zwischenschichten, an Sonn- und Feiertagen, in Zeiten mit einem geringeren Produktionsvolumen

Präventivstrategien mit und ohne Inspektionen

Um die mögliche Standzeit (Zeitraum zwischen Einsatz- und Ausfallzeitpunkt) von Anlagenbauteilen auch weitgehend auszunutzen, sind die präventiven Instandsetzungszeitpunkte bzw. -zeitabstände so festzulegen, daß vorbeugende Instandsetzungen zeitlich unmittelbar vor Eintritt der Schadensereignisse durchgeführt werden. Im Hinblick auf die Vorgehensweise zur Terminierung vorbeugender Instandsetzungen unterscheiden sich präventive Instandhaltungsstrategien danach, ob vorbeugende Instandsetzungen grundsätzlich ohne vorangegangene Inspektion (Präventivstrategie im engeren Sinne) oder erst nach vorangegangener Inspektion (Inspektionsstrategie) durchgeführt werden sollen. Da im Rahmen von Präventivstrategien i.e.S. Bauteile ohne Kenntnis ihres Zustandes vorbeugend instand gesetzt werden, erfordert das Postulat der weitgehenden Ausnutzung ihrer möglichen Standzeiten, daß vorbeugende Maßnahmen nur auf der Grundlage empirisch fundierter Kenntnisse über die Ausfallzeitpunkte bzw. Standzeiten der betreffenden Teile vorgenommen werden können. Empirische Untersuchungen haben jedoch ergeben, daß die Standzeiten von Anlagenteilen gleicher Bauart i.d.R. beträchtlich schwanken. So ermittelte beispielsweise Voigt für Standzeiten von Hubseilen der Muldenkrane eines Stahlwerkes einen Mittelwert von 3.816 Std. und eine Standardabweichung von 2.634 Std.[1).

---

1) Vgl. Voigt, J.-P.: Erfassung, Auswertung und Nutzung von Schadendaten in der Eisen- und Stahlindustrie, Diss. TU Braunschweig 1973, S. 235.

Aus diesem Grunde scheitert auch der Einsatz einer Vielzahl von theoretisch entwickelten präventiven strategischen Vorgehensweisen in der Praxis[1]. Denn es hat sich bisher gezeigt, daß hierzu die benötigten Ausgangsdaten nicht mit einer statistisch befriedigenden Genauigkeit ermittelt werden können. Die Unternehmen sind von daher immer mehr davon abgegangen, auf der Grundlage empirisch ermittelter Standzeiten präventive Instandsetzungen zu planen und durchzuführen, sondern man führt vorbeugende Instandsetzungen grundsätzlich nur dann durch, wenn durch Inspektion des betreffenden Anlagenelementes ein Zustand ermittelt worden ist, der eine präventive Instandsetzung des Teiles erforderlich macht (z.B. strategische Vorgehensweise in der Eisen- und Stahlindustrie)[2].

Die Inspektionen können durch direkte Kontrolle der Anlagen bzw. der Anlagenelemente erfolgen oder anhand des jeweiligen Zustandes eines Werkstückes, das auf der betreffenden Anlage bearbeitet wurde. Da viele Anlagenelemente mit dem zu bearbeitenden Produkt im betrieblichen Leistungserstellungsprozeß nicht in Berührung kommen, ist der Anwendungsbereich indirekter Kontrollen doch erheblich eingeschränkt.

---

1) Als wichtige Veröffentlichungen wären zu den Instandhaltungsstrategien zu nennen: Mertens, P.: Die gegenwärtige Situation der betriebswirtschaftlichen Instandhaltungstheorie, in: Zeitschrift für Betriebswirtschaft, 38.Jg., 1968, S. 8o5-836; Bussmann, K.F. und Mertens, P. (Hrsg.): Operations Research und Datenverarbeitung bei der Instandhaltungsplanung, Stuttgart 1968; Männel, W.: Wirtschaftlichkeitsfragen der Anlagenerhaltung, Wiesbaden 1968; Wolff, M.: Optimale Instandhaltungspolitiken in einfachen Systemen, Berlin/Heidelberg/New York 197o; Ordelheide, D.: Instandhaltungsplanung, Wiesbaden 1973; Küpper, W.: Planung der Instandhaltung, Wiesbaden 1974; Scheer, A.-W.: Instandhaltungspolitik, Wiesbaden 1974; Beichelt, F.: Prophylaktische Erneuerung von Systemen, Berlin 1976; Schwinn, R.: Analytische Modelle zur Lösung von Problemen der Anlagenerhaltungswirtschaft, Meisenheim 1977; Jorgenson, D.W.; Mc.Call, J.-J. und Radner, R.: Optimum Replacement Policy, Amsterdam 1967; Mc. Call, J.-J.: Maintenance Policies for stochastically Failing Equipment - A Survey, in: Management Science, 11.Jg., 1965, S. 493-524; Gertsbakh, J.B.: Models of preventive maintenance, Amsterdam/New York 1977.

2) Vgl. Voigt, J.-P.: Erfassung, Auswertung und Nutzung von Schadendaten in der Eisen- und Stahlindustrie, Diss. TU Braunschweig 1973, S. 3f.; Wiegel, H.: Der Instandhaltungsbetrieb, in Stahl und Eisen, 85. Jg., 1965, S. 1441-1446; Renkes, D.: Grundlagen der Inspektion, in: Deutsches Komitee Instandhaltung (Hrsg.), Inspektion, Wiesbaden 1978, S.I/1.

Der Einsatz von Inspektionsstrategien ist nur für Anlagenbauteile sinnvoll, wenn für diese neben den Zuständen "voll funktionsfähig" und "nicht funktionsfähig" noch weitere Qualitätsabstufungen hinsichtlich ihrer Einsatzfähigkeit angegeben werden können, so daß eine dem jeweiligen Anlagenzustand angemessene Instandsetzungsmaßnahme geplant und realisiert werden kann (mehrstufige Strategie)[1]. Dieses trifft sicherlich für fast alle mechanischen Bauteile von Anlagen zu und auch für viele elektrotechnische Anlagenelemente. Allerdings können für elektronische Steuerungselemente i.d.R. unterschiedliche Qualitätsabstufungen bzgl. ihres Zustandes durch Inspektionen nicht nachgewiesen werden[2].

Für einen Teil von Anlagenelementen mit steigenden Ausfallraten sind vorbeugende Instandsetzungen unabhängig von Inspektionsergebnissen unter Berücksichtigung möglicher Streubereiche der Standzeiten vorzunehmen, da Sicherheitsüberlegungen, rechtliche Bestimmungen und Auflagen der Berufsgenossenschaften dieses erforderlich machen[3].

Periodische und sequentielle Präventivstrategien

Präventive Instandhaltungsmaßnahmen - Inspektionen, Wartungsmaßnahmen und vorbeugende Instandsetzungen - können zu festen Zeitpunkten bzw. in festen zeitlichen Abständen durchgeführt werden, die man zu Beginn der Nutzungsdauer einer Anlage festlegt (periodische Strategie), oder nach jeder Instandhaltungsaktion wird der Zeitpunkt/Zeitabstand der nächst folgenden vorbeugenden Instandhaltungsaktivität neu bestimmt (sequentielle Strategie). Die sequentielle Vorgehensweise hat in den

---

1) Vgl. Mertens, P.: Die gegenwärtige Situation der betriebswirtschaftlichen Instandhaltungstheorie, in: Zeitschrift für Betriebswirtschaft, 38.Jg., 1968, S. 823 und 826.

2) So werden in einem Hüttenwerk, in dem Voigt seine Untersuchungen durchführte, etwa 9o % aller mechanischen und ca. 8o % aller elektrischen Komponenten der Anlagen im Rahmen von Inspektionsstrategien instand gehalten; vgl. Voigt, J.-P.: Erfassung, Auswertung und Nutzung von Schadendaten in der Eisen- und Stahlindustrie, Diss. TU Braunschweig 1973, S. 39.

3) Vgl. Wiegel, H.: Modell einer geplanten Instandhaltung, in: Werkstattstechnik, 63.Jg., 1973, S.4; Zimmer, Th.J.M.: Instandhaltung - mehr als ein notwendiges Übel, in: Industrie-Anzeiger, 99.Jg., 1977, S.1198.

Unternehmen eine besondere Bedeutung erlangt, hierfür können folgende Gründe angeführt werden[1]:

1. Produktionsbeanspruchungen der Anlagen ändern sich im Zeitablauf: (1) quantitativ (z.B. Konjunkturlage), (2) qualitativ (z.B. veränderte Qualitätsanforderungen an Produkte).
2. Systematische Schwachstellenbeseitigung und Anlagenverbesserung ändern die Konstruktion der Anlagen.
3. Sich ändernde Zustände der Anlagen im Nutzungszeitraum erfordern eine Anpassung der Instandhaltungsaktionen und ihrer zeitlichen Abstände.
4. Umweltbedingungen des Anlageneinsatzbereiches (z.B. Staubbelastungen) unterliegen im Zeitablauf einer Veränderung.

Einfache und opportunistische Präventivstrategien

Vorbeugende Instandhaltungsmaßnahmen lassen sich weiterhin isoliert für einzelne Anlagenelemente planen und realisieren (einfache Präventivstrategie), oder mehrere Anlagenelemente werden zu einer Reparatureinheit zusammengefaßt und zu gleichen Zeitpunkten instand gehalten (opportunistische Präventivstrategie, Blockstrategie)[2].
Die zeitliche Zusammenlegung von Instandhaltungsmaßnahmen läßt positive Wirkungen auf den Unternehmenserfolg erwarten, wenn Anlagen(elemente) leistungswirtschaftlich eng verbunden sind (z.B. Reduzierung der Stillstandszeiten in Walzwerken durch zeitlich koordinierte Instandhaltungsarbeiten) oder wenn Maßnahmen an verschiedenen Anlagenteilen die gleichen vorbereitenden Arbeiten erfordern (Verminderung der "Rüstzeiten")[3].
Beeinträchtigungen des Unternehmenserfolges können bei Koordination von Instandhaltungsmaßnahmen eintreten, wenn mögliche

1) Vgl. zur Vorgehensweise bei der zeitlichen Festlegung vorbeugender Instandhaltungsmaßnahmen in Luftfahrtunternehmen bzw. in Unternehmen der Eisen- und Stahlindustrie Nordhoff, G.: Instandhaltung von Flugzeugen bei der Deutschen Lufthansa AG, in: Werkstattstechnik, 63. Jg., 1973, S. 11 f.; Voigt, J.-P.: Erfassung, Auswertung und Nutzung von Schadendaten in der Eisen- und Stahlindustrie, Diss. TU Braunschweig 1973, S. 48f.

2) Vgl. u.a. Gertsbakh, J.B.: Models of preventive maintenance, Amsterdam/New York/Oxford 1977, S. 81f.; Beichelt, F.: Prophylaktische Erneuerung von Systemen, Berlin 1976, S. 7; Mertens, P.: Die gegenwärtige Situation der betriebswirtschaftlichen Instandhaltungstheorie, in: Zeitschrift für Betriebswirtschaft, 38. Jg., 1969, S. 823-825; Männel, W.: Wirtschaftlichkeitsfragen der Anlagenerhaltung, Wiesbaden 1968, S. 139-17o.

3) Vgl. Männel, W.: Wirtschaftliche Vorteile und Möglichkeiten einer Koordination von Reparaturterminen, in: Zeitschrift für wirtschaftliche Fertigung, 69. Jg., 1974, S. 19o.

Standzeiten einzelner Teile nicht in der Weise genutzt werden, wie es bei isolierter Instandhaltung der Elemente zu realisieren wäre (z.B. zeitgleiche Reparaturzyklen für "kalte" und "heiße Sektionen" von Triebwerken) [1], oder wenn die gleichzeitige Instandhaltung mehrerer Anlagenteile zu Beschäftigungsschwankungen für den Instandhaltungsbetrieb führt, so daß sich hieraus Probleme hinsichtlich der wirtschaftlichen Auslastung des Instandhaltungspersonals ergeben.

2) Bestimmungsgrößen der Strategiewahl

Welche strategische Vorgehensweise für die jeweiligen Fertigungsanlagen am günstigsten ist, sollte anhand der hiermit verbundenen Wirkungen auf den Unternehmenserfolg beurteilt werden, und hängt von einer Vielzahl von Einflußgrößen ab. Hierbei handelt es sich einerseits um Bestimmungsgrößen, die von den Instandhaltungsbetrieben der Unternehmen (bedingt) disponiert werden können (endogene Einflußgrößen), und andererseits um Einflüsse, die weitgehend außerhalb ihres Dispositionsspielraumes liegen (exogene Einflußgrößen). Dispositionsrahmen und Kompetenzbereich von Instandhaltungsbetrieben hängen u.a. auch von der hierarchischen Eingliederung der Instandhaltung in die Unternehmensorganisation ab. Aufgrund der erheblichen Bedeutung der Fertigungsanlagen in Industriebetrieben erstreckt sich der Dispositionsbereich von Instandhaltungsbetrieben i.d.R. auf die eigenverantwortliche Erhaltung bzw. Wiederherstellung der erforderlichen Leistungsfähigkeit von Anlagen und in begrenztem Umfang auch deren Verbesserung [2]. Von daher wird den folgenden

1) Vgl. Zimmer, Th.J.M.: Instandhaltung - mehr als ein notwendiges Übel, in: Industrie-Anzeiger, 99.Jg., 1977, S. 1198f.

2) Vgl. u.a.: Verband der Chemischen Industrie e.V.: Planmäßige Instandhaltung in der Chemischen Industrie, Frankfurt 1975, S. 14-19; Vieregge, G.: Rationalisierung der Dienstleistungsbetriebe im Bereich Ost der Ruhrkohle AG, in: Glückauf, 112. Jg., 1976, S. 91o-915; Nordhoff, G.: Instandhaltung von Flugzeugen bei der Deutschen Lufthansa AG, in: Werkstattstechnik, 63. Jg., 1973, S. 11f.; Wiegel, H.: Instandhaltung von Hüttenwerksanlagen, in: Technische Mitteilungen, 67. Jg., 1974, S. 321; Gräfenstein, J.: Die Durchführung der planmäßig vorbeugenden Instandhaltung im Bauwesen durch mobile Einrichtungen, in: Bergbautechnik, 2o. Jg., 197o, S. 6o8f.; Preinfalk, F.H.: Die Werkstätten für die Instandsetzung von Hüttenwerksanlagen, in: Technische Mitteilungen, 67. Jg., 1974, S. 3oo-3o2; Männel, W.: Die Stellung der Instandhaltung im Rahmen der Anlagenwirtschaft, in: Schmalenbach-Gesellschaft (Hrsg.), Instandhaltung - ein Managementproblem der Anlagenwirtschaft, 2. Aufl., Köln 1978, S. 56.

Ausführungen dieser Kompetenz- und Verantwortungsbereich der Instandhaltungsbetriebe in der Unternehmensorganisation zugrundegelegt.

Als exogene Einflußgrößen auf die Strategiewahl sind dann zu nennen:

- Anlagenwirtschaftliche Größen
  = Anlagenverschleiß und -ausfall
  = Anlagenkonstruktion
  = Anlagenanordnung
- Produktions- und absatzwirtschaftliche Größen
  = Lieferbereitschaft
  = Produktqualitäten
  = Kapazitätsauslastung (Beschäftigungsgrad)
- Beschaffungswirtschaftliche Größen
  = Beschaffung und Bereitstellung von Einsatzmaterial
  = Beschaffung und Bereitstellung von unternehmenseigenem und -fremdem Personal
- Rechtliche und naturwissenschaftlich-technische Größen
  = Stand der Instandhaltungstechnologie
  = Rechtliche Auflagen

Verschleiß- und Ausfallverhalten der Anlagenbauteile sind für die Festlegung von Instandhaltungsstrategien von grundlegender Bedeutung; denn hierdurch wird die grundsätzliche strategische Vorgehensweise determiniert: Z.B. sind Präventivstrategien nur für Bauteile mit steigenden Ausfallraten geeignet, Inspektionsstrategien nur für Bauteile, bei denen neben steigenden Ausfallraten auch mehr als die zwei Anlagenzustände "funktionsfähig" und "nicht funktionsfähig" unterschieden werden können.
Der Instandhaltungsbetrieb kann nur sehr begrenzt auf den Verschleiß und den Ausfall von Anlagenbauteilen Einfluß nehmen (z.B. über den Standard von Wartungsmaßnahmen), da wesentliche Einflußgrößen des Verschleißes, wie z.B. die Anlagenkonstruktion, vorwiegend von anderen Unternehmensbereichen determiniert werden[1].

Die Anlagenkonstruktion beeinflußt nicht nur über das Verschleiß- und Ausfallverhalten der Anlagenbauteile die Festlegung der Instandhaltungsstrategie, sondern auch durch Instandhaltungsgerechte Bauweisen (z.B. Modulbauweise) sowie durch den

1) Vgl. im einzelnen zu den Einflußgrößen des technischen Verschleißes S. 19 - 21.

Einbau von redundanten Konstruktionselementen (z.B. einsatzbereiter Reservemotor am Walzgerüst) und von Anlagenbauteilen, die zur Durchführung bestimmter Strategien unerläßlich sind (z.B. in Anlagen eingebaute Meßgeräte, die zur Anzeige des Anlagenzustandes dienen, als Voraussetzung zur Durchführung von Inspektionen).

Die Anlagenkonstruktion hat einen wesentlichen Einfluß auf die Zugänglichkeit der Teile und damit auch auf die für Montage- und Demontagearbeiten notwendigen Arbeitszeiten. So empfiehlt es sich insbesondere bei Konstruktionen mit schwer zugänglichen Teilen, Instandhaltungsmaßnahmen zeitlich zu koordinieren, um hierdurch die Summe der Rüstzeiten zu vermindern. Bei konstruktiver Zusammenfassung von Bauteilen einer Anlage zu Baugruppen (zu Modulen) werden ebenfalls häufig verschiedene Instandhaltungsmaßnahmen zeitgleich durchgeführt, insbesondere bei Instandsetzungen von ausgebauten Modulen in zentralen Reparaturwerkstätten.

Der Einbau von redundanten Bauteilen in eine Anlage beinhaltet, daß für die Funktionsfähigkeit der Gesamtanlage wesentliche Teile i.d.R. zweifach vorhanden sind. Im Schadensfall steht somit ein Ersatzteil unmittelbar zur Verfügung, um so die eingetretene Funktionsbeeinträchtigung bzw. den eingetretenen Funktionsausfall der Fertigungsanlage ohne Zeitverzug zu beseitigen. Durch den Einbau redundanter Bauteile in Anlagenkonstruktionen wird deren Ausfallwahrscheinlichkeit wesentlich reduziert, da eine Funktionsstörung erst dann eintreten kann, wenn beide Bauteile zum gleichen Zeitpunkt ausfallen. Redundante Bauteile finden somit insbesondere bei der Konstruktion von Anlagen Verwendung, von denen eine hohe Einsatzbereitschaft gefordert wird (z.B. bei Aggregaten in Flugzeugen oder Kernkraftwerken).

Der Einbau von redundanten Teilen bildet häufig erst die Voraussetzung dafür, daß bestimmte strategische Vorgehensweisen unter Beachtung der erforderlichen Verfügbarkeitsgrade der betreffenden Anlagen überhaupt zum Einsatz gelangen können. So ermöglicht es beispielsweise erst der Einbau von Redundanzen, daß einige Teile von Flugzeugen im Rahmen von

Inspektionsstrategien instand gehalten werden können. Diese Elemente müßten ohne den Einbau von redundanten Bauteilen aus Sicherheitsgründen in streng periodischen Zeitabständen vorbeugend ausgetauscht werden. In gleicher Weise können Redundanzen auch die Voraussetzung im Hinblick auf die erforderliche Einsatzbereitschaft bilden, wenn aus Wirtschaftlichkeitsüberlegungen heraus der Übergang von einer Inspektionsstrategie auf die Feuerwehrstrategie ins Auge gefaßt wird[1].

Als weitere exogene Einflußgröße auf die Strategiewahl wäre noch die Anlagenanordnung zu nennen. Denn die Anlagenanordnung stellt eine wesentliche Einflußgröße für die Entscheidung dar, ob Instandhaltungszeitpunkte für die Durchführung präventiver Instandhaltungsmaßnahmen an verschiedenen Anlagenbauteilen zusammengelegt werden sollen (Blockstrategie). Auf die Grundkonzeption der Anlagenanordnung, d.h. auf die Basisorganisation des Produktionsvollzuges hat der Instandhaltungsbetrieb nur einen geringen Einfluß[2], da die grundlegende Organisation des Produktionsablaufs durch die Grundstruktur des Produktprogramms und von der Standortgebundenheit der zu fertigenden Produkte, der Produktionsanlagen und/oder der einzusetzenden Rohstoffe bestimmt wird[3].

Neben anlagenwirtschaftlichen Größen beeinflussen auch absatz- und produktionswirtschaftliche Bestimmungsgrößen die Strategiewahl. Erwähnenswert als absatzwirtschaftliche Einflußgröße ist sicherlich der Grad der gewünschten Lieferbereitschaft. Die Lieferbereitschaft stellt ein wichtiges absatzpolitisches Instrument dar, insbesondere für Anbieter mit gleichwertigen Produkten hinsichtlich ihrer Qualitäten und Preise. Sie hängt u.a. entscheidend von der Funktionsfähigkeit und der Einsatz-

---

1) Vgl. Harling, K. und Schürger, K.: Optimierung der Instandhaltung von Fluggerät, in: Flug-Revue+flugwelt international, 4. Jg., 1972, S. 27-31; Nordhoff, G.: Instandhaltung von Flugzeugen der Deutschen Lufthansa AG, in: Werkstattstechnik, 63.Jg., 1973, S. 11-16.
2) Vgl. S. 58.
3) Vgl. Laßmann, G.: Produktionsplanung, in: Grochla, E. und Wittmann, W. (Hrsg.), Handwörterbuch der Betriebswirtschaft, 4. Aufl., Stuttgart 1975, Sp. 31o8-3111.

bereitschaft der Anlagen ab[1]. Die Einsatzbereitschaft wird ihrerseits auch von der verfolgten Instandhaltungsstrategie beeinflußt. Hieraus resultiert, daß absatzpolitisch wünschenswerte Anlagenbereitschaftsgrade nur mit entsprechend geeigneten Instandhaltungsstrategien (i.d.R. Präventivstrategien) realisiert werden können.
Die Strategiewahl wird weiterhin durch die benötigten Produktqualitäten bestimmt. Die geforderte qualitative Leistungsfähigkeit der Anlagen kann nur durch deren ständige Überwachung (direkte Inspektionen) bzw. durch die Kontrolle der produzierten Erzeugnisse (indirekte Inspektionen durch Qualitätskontrollen) erreicht werden. Daher müssen Instandsetzungen, die u.a. die gewünschten Qualitätsstandards gewährleisten sollen, auf diesen Inspektionsergebnissen basieren.
Der gewünschte Beschäftigungsgrad der Fertigungsanlagen übt ebenfalls einen Einfluß auf die einzusetzende Instandhaltungsstrategie aus, d.h. beispielsweise kann eine nur schadensbedingte Vorgehensweise (Feuerwehrstrategie) den geforderten Beschäftigungsgrad nicht gewährleisten, oder zur Erreichung dieser Zielsetzung müssen (geplante) Produktionsstillstände zur Durchführung mehrerer Instandhaltungsmaßnahmen genutzt werden (Blockstrategie).

Die Beschaffungs- und Bereitstellungsmöglichkeiten von Einsatzmaterial und Personal determinieren auch die Entscheidung über die strategische Vorgehensweise in der Instandhaltung. So fördern z.B. lange Transportwege der Arbeitskräfte zu den Instandhaltungsobjekten, lange Lieferzeiten bei fremd zu beziehenden Ersatzteilen, hohe Lagerkosten für Reserveteile präventiv durchgeführte Instandhaltungsmaßnahmen. Nur bei Verfolgung einer Präventivstrategie ist es möglich, verschiedene Instandhaltungsmaßnahmen zeitlich zu koordinieren, um die Transportzeiten für Arbeitskräfte je Instandhaltungsleistung zu vermindern oder genaue Prognosewerte für den Ersatzteilbedarf zu ermitteln, um benötigte Bauteile rechtzeitig zu bestellen bzw. lange Lagerzeiten und hohe Lagerbestände zu vermeiden.

1) Weitere Bestimmungsgrößen für den Grad der Lieferbereitschaft wären z.B. vorgehaltene Lagerbestände, Übergangsmöglichkeiten zu anderen Produktionsverfahren und -anlagen.

Welche Instandhaltungsstrategie verfolgt werden sollte, ist darüber hinaus vom technologischen Wissensstand in der Instandhaltungstechnik abhängig. Dieses bedeutet, daß die technologischen Voraussetzungen zur Durchführung oder Ausgestaltung einer Strategie gegeben sein müssen, z.B. geeignete Diagnoseinstrumente zur Erkennung des Anlagenzustandes als Prämisse für die Durchführbarkeit einer Inspektionsstrategie.

Die Festlegung der strategischen Vorgehensweise für die Instandhaltung einzelner Anlagenbauteile erfolgt nicht nur unter Wirtschaftlichkeitsgesichtspunkten, sondern für eine Vielzahl von Anlagen/Anlagenelementen bestimmen Auflagen des Gesetzgebers, der Versicherungen und der Berufsgenossenschaften - vor allem unter Sicherheitsaspekten - die Gestaltung der Instandhaltungsstrategie.

Neben den bisher genannten exogenen Bestimmungsgrößen der Strategiewahl gibt es noch weitere Einflußgrößen auf die Strategieentscheidung, die weitgehend durch den Instandhaltungsbetrieb - evtl. in Abstimmung mit anderen Unternehmensbereichen - disponiert werden können (endogene Einflußgrößen).

Als endogene Einflußgrößen wären zu nennen:

- Anlagenverbesserung
- Betriebliches Know how im Bereich der Instandhaltung
- Instandhaltungspersonal
  = qualitative Kapazität
  = quantitative Kapazität.

Zu den endogenen Determinanten gehört die Anlagenverbesserung, d.h. die systematische Beseitigung von Schwachstellen. Durch die Schwachstellenbeseitigung wird die Anlagenkonstruktion und damit auch das Verschleiß- und Ausfallverhalten verändert. Hieraus resultiert, daß die Instandhaltungsmaßnahmen und -zeitpunkte den geänderten Eigenschaften der verbesserten Anlage angepaßt werden müssen (sequentielle Strategie). Die Beseitigung von Schwachstellen - soweit es sich hierbei um Verbesserungen durch "instandhaltungsnahe" Maßnahmen handelt (z.B. Ersatz eines Anlagenelementes durch ein neues mit nur geringfügig geänderten Konstruktionsmerkmalen) - liegt aufgrund der Kenntnis betrieblicher Schwachstellen (aus Inspektionsergebnissen und Schadensmeldungen und deren statistischer Auswertung) bei den Instandhaltungsbetrieben. Weitergehende Änderungen der Merkmale einer Anlage können nur in Abstimmung mit anderen Unternehmensbereichen (z.B. Produktion, Absatz oder Neubauabteilung) erfolgen.

Eine weitere Einflußgröße auf die Strategiewahl stellt das betriebliche "Know·how" auf dem Instandhaltungsgebiet dar. Hierzu gehören zum einen Kenntnisse über verfügbare technische Hilfsmittel zur Durchführung von Instandhaltungsmaßnahmen (z.B. Meßapparaturen für Inspektionen) und zum anderen das Wissen um wissenschaftlich-methodische Konzepte und organisatorische Möglichkeiten zur Instandhaltung von Produktionsanlagen (z.B. Einsatz der Netzplantechnik zur Ablaufplanung bei Großreparaturen[1]). Darüber hinaus spielt das Wissen über das Verschleiß- und Ausfallverhalten der Bauteile eine bedeutende Rolle für die Strategiewahl. Denn z.B. bei genauer Kenntnis der Einflußgrößen und deren Auswirkungen auf den Verschleiß von Anlagenteilen lassen sich durchaus vorbeugende Instandsetzungen ohne vorherige Inspektion des Anlagenzustandes zeitlich determinieren, wobei dann auch gewährleistet ist, daß die technisch möglichen Standzeiten der Teile in befriedigendem Umfange zur Produktion ausgenutzt werden.

Die Qualifikation des Instandhaltungspersonals übt ebenfalls einen wesentlichen Einfluß auf die Festlegung der Instandhaltungsstrategie aus. Zur Durchführung von Instandhaltungsmaßnahmen im Rahmen von Inspektionsstrategien in Verbindung mit sequentieller Vorgehensweise müssen geeignete Mitarbeiter zur Verfügung stehen (z.B. für die Erkennung des Istzustandes eines Teiles durch Schallemissionsmessungen, Schwingungsüberwachungen etc.[2]). Dieses gilt auch für die Verwaltung dieser strategischen Vorgehensweise, d.h. für die Erfassung der Inspektionsergebnisse auf geeigneten Belegen und vor allem für die ständige Auswertung der gemachten Aufzeichnungen (z.B. Korrektur der Instandsetzungszeitpunkte).

---

1) Vgl. Becker, E.: Netzplantechnik in der Instandhaltung, in: Schmalenbach-Gesellschaft (Hrsg.), Instandhaltung - Ein Managementproblem der Anlagenwirtschaft, 2. Aufl., Köln 1978, S. 145-162; Voigt, J.-P.: Termin- und Kapazitätsplanung für Instandsetzungs- und Montageprojekte durch Netzplantechnik, in: Stahl und Eisen, 91.Jg., 1971, S. 1121-1129.

2) Vgl. zu den einzelnen Verfahren moderner Inspektionstechniken Deutsches Komitee Instandhaltung (Hrsg.), Inspektion, Wiesbaden 1978.

Aus Wirtschaftlichkeitsüberlegungen heraus sollte weiterhin versucht werden, die vorhandene quantitative Kapazität des Instandhaltungspersonals auszulasten. Da Schadensfälle und Schadensumfänge i.d.R. nicht gleich verteilt über die Zeit hinweg anfallen, empfiehlt sich unter dem Aspekt eines mehr oder minder gleichmäßigen Anspruchs an die Instandhaltungskapazität eine präventive strategische Vorgehensweise. Für eine hohe Auslastung der Personalkapazität ist es ferner wesentlich, daß die Arbeitsabläufe für Instandhaltungsarbeiten vor ihrer Durchführung hinsichtlich Zeitverbrauch, Material- und Ersatzteilverbrauch etc. planbar sind, da nur auf der Grundlage dieser Planvorgaben eine wirtschaftliche Faktoreinsatzplanung betrieben werden kann. Hieraus resultiert ebenfalls eine Präferenz für präventive Instandhaltungsstrategien.

3) Entscheidungsansatz zur Strategieauswahl

Aufgrund der doch weitgehend gleichartigen Ausprägungen der genannten Bestimmungsgrößen lassen sich in Industriebetrieben für die Instandhaltung der Anlagen drei strategische Grundkonzeptionen konstatieren:

- Feuerwehrstrategie	ausschließlich schadensbedingte Instandsetzung mit und ohne Einbau redundanter Anlagenbauteile
- Präventivstrategie	
= Inspektionsstrategie	periodisch durchgeführte Inspektionen, Instandsetzungen grundsätzlich nur nach vorangegangener Inspektion (sequentielle Vorgehensweise), häufig zeitliche Zusammenlegung der präventiven Instandhaltungsarbeiten
= Präventivstrategie i.e.S.	präventive (periodische) Instandsetzungen, häufig zeitliche Zusammenlegung der präventiven Instandhaltungsarbeiten

Steigende Ausfallraten der weitaus meisten in Produktionsprozessen eingesetzten Anlagen(elemente) lassen präventive Instandhaltungsstrategien und Feuerwehrstrategien mit Einbau von redundanten Anlagenteilen als sinnvoll erscheinen, da i.d.R. nur diese strategischen Vorgehensweisen die erforderlichen Verfügbarkeitsgrade der Anlagen gewährleisten können. Als dominierende strategische Vorgehensweise hat sich in vielen wichtigen Industriebereichen (Stahl und Eisen, Bergbau, Chemie, Automobilbau, Luft- und Raumfahrt etc.) die Inspektionsstrategie herauskristallisiert[1)2)]. Diese vorrangige Stellung der Inspektionsstrategie ist begründet durch folgende vorherrschende Merkmale des Anlageneinsatzes:

- i.d.R. große Streubereiche möglicher Standzeiten für einzelne Anlagenelemente,
- Anlagenzustände nicht "auf den ersten Blick" erfaßbar, aber durch Inspektionen feststellbar, für die Kennzeichnung der Anlagenzustände reicht nicht die Beschreibung der Grenzfälle "funktionsfähig" und "nicht funktionsfähig" aus,
- wechselnde Produktions- und Umgebungseinflüsse auf die Anlagen(elemente).

Präventive Instandsetzungen - unabhängig vom jeweiligen Anlagenzustand - erfolgen i.d.R. nur aufgrund von rechtlichen Vorschriften oder aufgrund von Auflagen der Versicherer und Berufsgenossenschaften sowie aus Sicherheitserwägungen heraus. Die Feuerwehrstrategie gelangt insbesondere zum Einsatz, wenn Anlagenelemente ausschließlich zufallsbedingt ausfallen (z.B. elektronische Steuerungs- und Regelungselemente). Da für die Durchführung von Instandhaltungsarbeiten (vor allem Instand-

---

1) Vgl. Fußnote 2) auf S. 38 ; Meyer, F.W.: Die vorbeugende Instandhaltung in der chemischen Industrie, Köln 1978, S. 23f.; Wiegel, H.: Instandhaltung von Hüttenwerksanlagen, in: Technische Mitteilungen, 67.Jg., 1974, S. 321f.; Nordhoff, G.: Instandhaltung von Flugzeugen bei der Deutschen Lufthansa AG, in: Werkstattstechnik,63.Jg., 1973, S. 11-16; Klix , J.: Instandhaltung in der Härterei, in: Härtereitechnische Mitteilungen, 32.Jg., 1977, S. 123-13o,(Automobilindustrie); Arold, K.H.; Murmann, W. und Schulte, H.: Einführung und Erfolg eines Systems planmäßiger Instandhaltung in Tagesbetrieben und Kokereien, in: Glückauf, 1o6.Jg., 197o, S. 9o1-9o8; Bürger, H.: Die planmäßige Instandhaltung von Grubenlokomotiven, in: Glückauf, 1o5. Jg., 1969, S. 35o-352.

2) Die Bedeutung der Inspektionsstrategie für die industrielle Anlagenerhaltung wird auch dadurch unterstrichen, daß die Jahrestagung 1978 des Deutschen Komitees Instandhaltung sich ausschließlich mit der Inspektion in ihrer Bedeutung für die Instandhaltung und im Hinblick auf ihre technischen Durchführungsmöglichkeiten beschäftigte; vgl. Deutsches Komitee Instandhaltung (Hrsg.), Inspektion, Wiesbaden 1978.

setzungen) in Betrieben mit kontinuierlich ablaufenden Produktionsprozessen häufig der Herstellungsprozeß unterbrochen werden muß, ist man bestrebt, alle notwendigen Arbeiten in diesen Stillstandszeiten zu erledigen (zeitliche Zusammenlegung von Maßnahmen: Blockstrategie), um die erforderliche Verfügbarkeit der Anlagen auch gewährleisten zu können.

Die wirtschaftliche Beurteilung alternativ einsetzbarer Strategiekonzeptionen kann durch einen Vergleich der Periodenerfolge des Betriebes erfolgen, die sich bei Durchführung der jeweiligen Strategie ergeben, da die verfolgte Instandhaltungsstrategie sowohl die Herstellkosten (z.B. durch Lagerkosten für Reserveteile, Kosten für Instandhaltungspersonal etc.) als auch die Erlöse (z.B. durch bessere Produktqualitäten, kürzere Lieferzeiten, höhere Produktions- und Absatzmengen) eines Betriebes beeinflussen kann.

Jedoch sind mit der Durchführung einer Instandhaltungsstrategie eine Reihe von Kosten verbunden, die oftmals nur einmalig anfallen. Hierzu gehören insbesondere Ausbildungs- und Anlernkosten, Kosten der Arbeitsvorbereitung und der Aus- bzw. Umrüstung des Instandhaltungsbetriebes mit Betriebsmitteln und Werkzeugen sowie Organisationskosten, insbesondere für die Datenerfassung und -verarbeitung. Da die Wirksamkeit dieser Kostenarten auf den Instandhaltungsprozeß sich über einen längeren Zeitraum hinweg erstreckt, werden sie üblicherweise für die laufende Erfolgsrechnung und für die Kalkulation der Produkte bzw. der Instandhaltungsleistungen zeitratierlich den einzelnen Perioden ihrer wirtschaftlichen Nutzungsdauer zugeordnet. Durch die ratierliche Verteilung wird der Zeitbezug der anfallenden Kostenarten verwischt und hierdurch der ökonomische Vergleich zwischen alternativen Strategien anhand der jeweiligen Periodenerfolge beeinträchtigt.
Weiterhin wird die zeitliche Verteilung der anfallenden Periodenerfolge vernachlässigt. Beispielsweise wird bei diesem Ansatz eine steigende Reihe von Erfolgen (z.B. 100, 200, 300) nicht unterschieden von einer fallenden (z.B. 300, 200, 100), wenn die Mittelwerte beider Reihen gleich sind. Durch den Ansatz kalkulatorischer Zinsen können die genannten Mängel dieses Bewertungsansatzes beseitigt werden. Jedoch lassen sich diese

Zinsen exakt nur aus der Höhe und den Zeitpunkten der Ein- und Auszahlungen ermitteln. Von daher ist es methodisch zweckmäßiger, bei Wirtschaftlichkeitskalkülen zur Bewertung von Instandhaltungsstrategien nicht von periodisierten Größen (Kosten oder Erlöse) auszugehen, sondern von den ursprünglichen Größen, nämlich Einzahlungen und Auszahlungen[1]. Somit bietet sich die Kapitalwertmethode oder die modifizierte interne Zinsfußmethode zur wirtschaftlichen Beurteilung von Strategiealternativen an.

In der Praxis stellt sich in der Regel das Problem der Strategiewahl in der Weise, daß von einer bereits verfolgten strategischen Vorgehensweise abgegangen werden soll. Anlaß zum Überdenken der gewählten Instandhaltungsstrategie können z.B. die nur teilweise ausgeschöpften technischen Nutzungsdauern von Anlagenelementen und die damit verbundenen hohen Ersatzteilverbräuche bilden, wenn bisher Anlagenbauteile grundsätzlich nur in festen zeitlichen Abständen ausgetauscht wurden. Im Grunde handelt es sich bei dieser Entscheidung um eine Ersatzinvestition: Die bisherige Strategie soll durch eine andere ersetzt werden. In dieser Entscheidungssituation ist zunächst davon auszugehen, daß die in der langfristigen Produktionsplanung festgelegten Produktqualitäten und Produktmengen - vor allem aus absatzpolitischen Gründen - weiterhin hergestellt werden sollen. Die neue Instandhaltungsstrategie hat somit - ebenso wie die bisher durchgeführte - nur die zur geplanten Produktion erforderliche qualitative und quantitative Leistungsfähigkeit der Anlagen zu gewährleisten. Von daher bleiben die Einnahmeströme des Betriebes von der Strategieentscheidung im wesentlichen unberührt. Hieraus resultiert, daß sich die wirtschaftlichen Vor- und Nachteile einzelner Strategiealternativen vorrangig durch Gegenüberstellung ihrer Ausgabenströme während der geplanten wirtschaftlichen Nutzungsdauern der Anlagen darstellen lassen.

Als wichtige, den Auswahlprozeß bestimmende Zahlungsströme sind die Ausgaben für folgende Faktoreinsätze zu nennen:

---

1) Vgl. Busse von Colbe, W. und Laßmann G.: Betriebswirtschaftstheorie, Bd.2 , Absatz- und Investitionstheorie, Berlin/ Heidelberg/New York 1977, S. 27of.

- Einmalig anfallende Güterarten
  = Personaleinsatz für die Ermittlung der methodischen und organisatorischen Grundlagen zur Durchführung von Instandhaltungsstrategien (z.B. Untersuchung der Standzeiten von Bauteilen, Erstellen von Inspektions- und Wartungsplänen etc.)
  = EDV-Einsatz zur Datenauswertung im Rahmen der Festlegung und Ausgestaltung von Instandhaltungsstrategien
  = Personal- und Materialeinsatz zur Konstruktionsgestaltung (-veränderung) der Anlagen als technische Voraussetzung zur Durchführung von Strategien (z.B. Einbau von redundanten Teilen oder Fehleranzeigegeräten)
  = Personal- und Materialeinsatz für die Ausbildung von Instandhaltern zur Durchführung von Instandhaltungsstrategien (z.B. Anlernen von Instandhaltungsschlossern zu Inspekteuren)

.
.
.

- Laufend anfallende Güterarten
  = Arbeitszeiten (Tätigkeitszeiten, Rüstzeiten und Verteilzeiten) zur Durchführung von Instandhaltungsleistungen
  = Ersatzteile und Reparaturmaterialien zur Durchführung von Instandhaltungsleistungen
  = Personaleinsatz zur administrativen Begleitung des Instandhaltungsprozesses (z.B. Arbeitsvorbereitung, Auftragsplanung und -steuerung etc.)

.
.

Die planerische Festlegung der mit den genannten (oder weiteren) Gütereinsätzen verbundenen Ausgaben zur Durchführung von Instandhaltungsstrategien stößt bei einzelnen Güterarten z.T. auf Ermittlungsschwierigkeiten. Von daher sollen an dieser Stelle einige verfügbare Informationsquellen herausgestellt und deren Prognosegüten qualitativ beurteilt werden. Bei den einmalig anfallenden Güterarten handelt es sich i.d.R. um Personal- und Materialeinsätze, wie sie im Rahmen betrieblicher Planungsprozesse zur Neu- oder Umgestaltung von Fertigungsverfahren oder -abläufen, von Anlagenkonstruktionen, von Marketing-Mix-Strategien etc. in allen Unternehmensbereichen immer wieder anfallen. Diese Güterverbräuche lassen sich daher zweckmäßigerweise auf der Basis der bei der Erfüllung vergleichbarer Planungsaufgaben in der Vergangenheit angefallenen Verbräuche abschätzen. Die durch konstruktive Gestaltungsmaßnahmen zur Schaffung technischer Voraussetzungen für die Durchführung bestimmter Instandhaltungsstrategien - wie z.B. Einbau von Redundanzen - verursachten Materialeinsätze können aus Konstruktionszeichnungen und entsprechenden Stücklisten genau abgeleitet werden.

Zurplanerischen Ermittlung laufend anfallender Güterverbräuche - wie notwendige Arbeitszeiten und Ersatzteile zur Erbringung von Instandhaltungsleistungen - ist es erforderlich, zum einen die Verbräuche je Leistungsart und -einheit und zum anderen die Anzahl anfallender Leistungsmengen zu prognostizieren. Soweit es sich bei den Leistungsarten um wiederholende und planbare Tätigkeiten handelt, lassen sich die leistungsspezifischen Verbräuche grundsätzlich im voraus festlegen[1]. Die Anzahl der Einheiten dieser Instandhaltungsleistungsarten, die während der Nutzungsdauer der Anlage notwendig werden, kann für periodisch durchzuführende Leistungen (z.B. wöchentlich oder täglich zu erbringende Inspektionen, halbjährlicher Austausch von Bauteilen) exakt festgelegt werden. Die Anzahl zustandsabhängiger Instandsetzungen (Reparaturen im Anschluß an Inspektionen) läßt sich auf der Basis durchschnittlicher Standzeiten der Bauteile abschätzen, da hierbei davon auszugehen ist, daß die technisch möglichen Standzeiten der Teile weitgehend ausgenutzt werden können. Von daher stellt der Mittelwert möglicher Standzeiten grundsätzlich eine geeignete Prognosegröße für die zu erbringende Anzahl notwendiger zustandsabhängiger Instandsetzungen dar. Die empirische Bestimmung von durchschnittlichen Standzeiten der Bauteile stößt allerdings auf Schwierigkeiten, da die Mittelwerte von festgehaltenen Ist-Standzeiten (Stichprobe) i.d.R. große Streubereiche aufweisen [2]. Dieses bedingt, daß die Prognosegüte der Schätzung der Anzahl notwendiger zustandsabhängiger Instandsetzungen auf der Basis von durchschnittlichen Standzeiten erheblich eingeschränkt ist.
Bei der Festlegung der Anzahl vorbeugender Instandhaltungsleistungen ist weiterhin noch zu berücksichtigen, wie ihre Zahl ggf. durch die zeitliche Koordination dieser Maßnahmen beeinflußt wird.

Für seltene und/oder in ihren Arbeitsinhalten nicht festliegende Instandhaltungsleistungen (z.B. Fehlersuche, schadensbedingte Instandsetzungen) kann weder der leistungsbezogene Güterverbrauch

---

1) Vgl. zur Ermittlung von Zeit- und Ersatzteilverbrauchsstandards die Ausführungen auf S. 166 - 209.
2) Vgl. S. 36.

noch die Anzahl erforderlicher Leistungen mit befriedigender statistischer Genauigkeit geplant werden. Zur Prognose dieser Güterverbräuche ist man somit auf globale Schätzwerte auf der Basis von Vergangenheitsverbräuchen angewiesen, die bei gleichartigen Bauteiltypen an anderen Anlagen und bei korrespondierender strategischer Vorgehensweise angefallen sind (z.B. durchschnittliches Verhältnis dieser Güterverbräuche zu denen für planbare Arbeiten).

Als Resümee läßt sich aus der bisherigen Diskussion von Entscheidungsansätzen zur Strategieauswahl festhalten, daß investitionstheoretische Ansätze eine methodisch geeignete Kalkülform für die Gesamtbeurteilung der wirtschaftlichen Konsequenzen von langfristig wirksamen Strategieänderungen darstellen. Die angedeuteten, in der Praxis bisher nur schwer lösbaren Probleme bei der Beschaffung der Daten, die in diese Entscheidungsrechnungen eingehen, markieren die Grenzen für den praktischen Einsatz derartiger Wirtschaftlichkeitskalküle. Die Mängel bei der Informationsbeschaffung von Eingangsdaten für Investitionskalküle treten jedoch nicht nur bei der wirtschaftlichen Beurteilung von Strategiealternativen auf, sondern Zahlungen, die im Zusammenhang mit Investitionsobjekten erwartet werden, können in der Regel nicht mit voller Gewißheit im Planungszeitpunkt angegeben werden, d.h. es können mehrere Werte für eine Zahlung in Betracht kommen[1)]. Dieses gilt insbesondere, wenn Zahlungsströme von Marktdaten wie Konkurrenz- oder Nachfrageverhalten beeinflußt werden. Mehrwertige Zahlungsgrößen implizieren in Investitionskalkülen mehrwertige Zielgrößen (z.B. Kapitalwerte). Für die Inputgrößen von Investitionsrechnungen zur Beurteilung von Instandhaltungsstrategien lassen sich regelmäßig deren Wahrscheinlichkeitsverteilungen angeben, wie z.B. Verteilungen von Standzeiten einzelner Baugruppen oder von Häufigkeiten zustandsabhängiger Instandsetzungen nach vorausgegangener Inspektion. Von daher besteht hierbei grundsätzlich die Möglichkeit im Rahmen von Sensitivitäts- und Risikoanalysen die Empfindlichkeit der Zielgröße des Kalküls zu messen oder den möglichen Streubereich der Zielgröße aufzuzeigen. Da jedoch die Verteilungsfunktionen einzelner

1) Vgl. Busse von Colbe, W. und Laßmann, G.: Betriebswirtschaftstheorie, Bd.2, Absatz- und Investitionstheorie, Berlin/Heidelberg/New York 1977, S. 262 und 344.

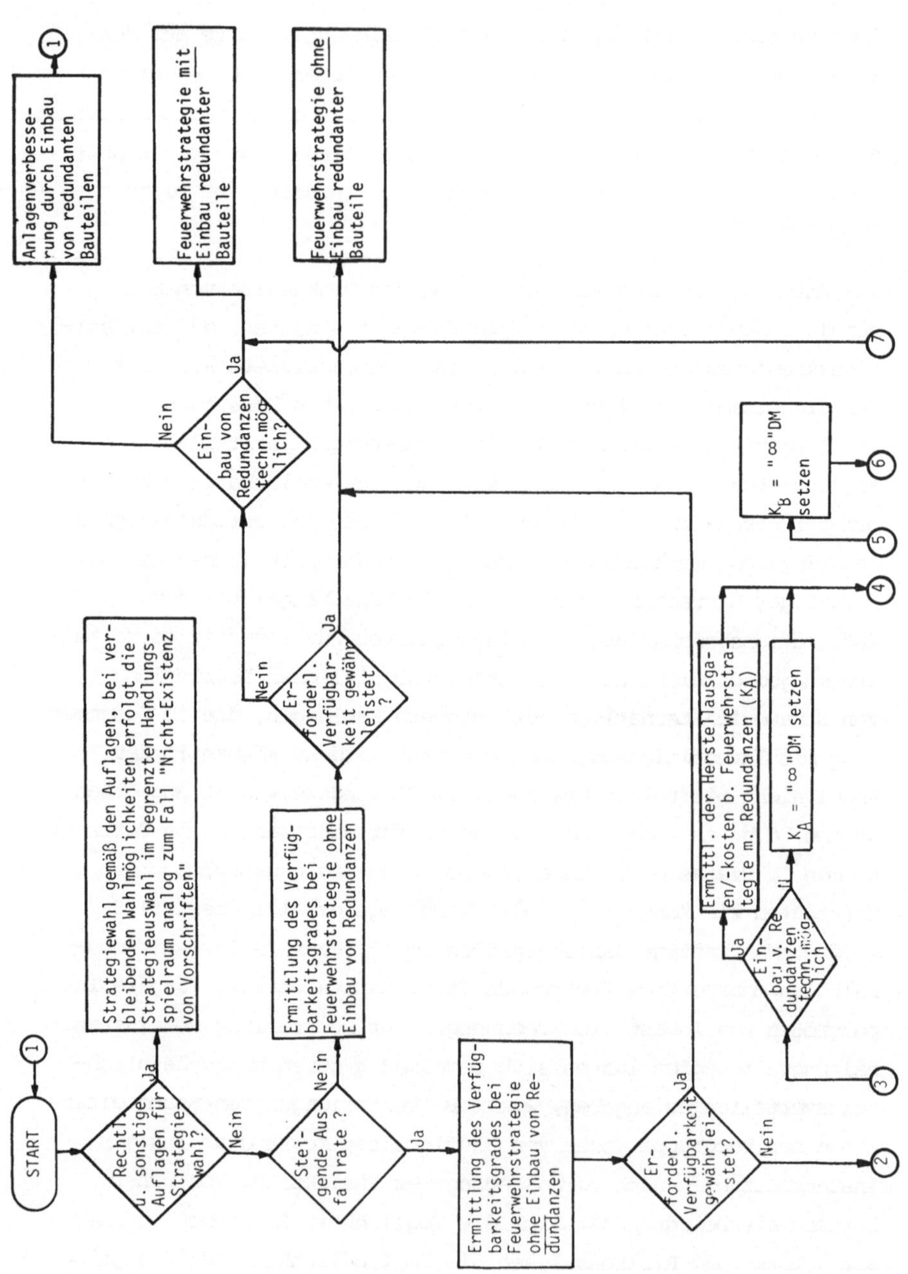

Abb. 2 Entscheidungsprozeß zur Festlegung

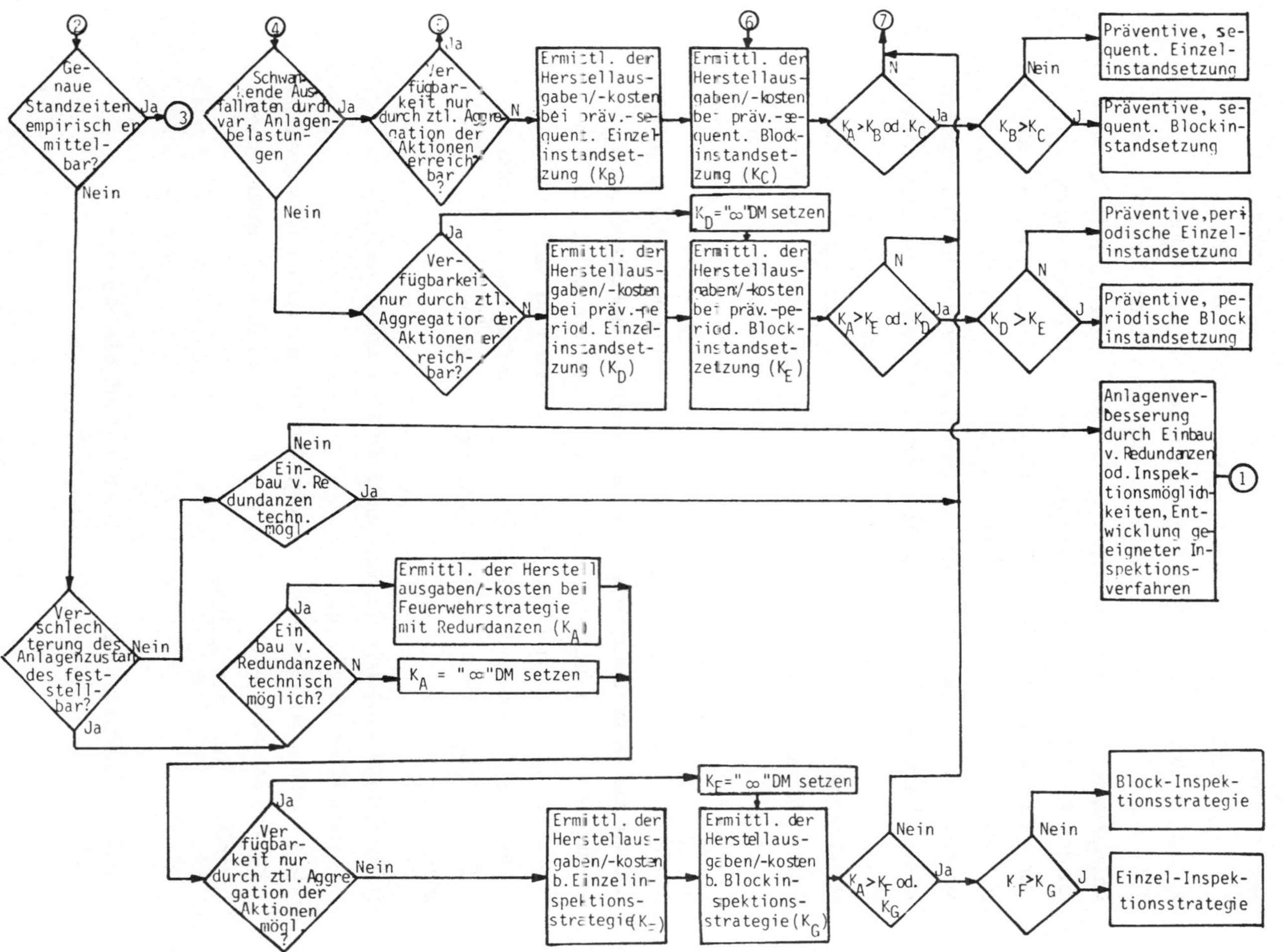

wirtschaftlicher Strategiekonzepte

Eingangsdaten wie z.B. die Anzahl zustandsabhängiger Reparaturen nach vorausgegangener Inspektion große Streubereiche aufweisen, werden die Zielgrößen ebenfalls beträchtlichen Streuungen unterliegen, zumal bspw. die Anzahl zustandsabhängiger Instandsetzungen in erheblichem Umfang die Höhe der Auszahlungen für (alle) Instandhaltungsmaßnahmen in den einzelnen Perioden der Anlagennutzungsdauer beeinflußt. Von daher läßt sich bisher in der Praxis aufgrund der eingeschränkten Informationsbasis nur selten die wirtschaftliche Vorteilhaftigkeit einer Strategiealternative mit befriedigender statistischer Genauigkeit nachweisen. Eine Verbesserung der Informationsbasis über Standzeiten, Ausfallhäufigkeiten etc. können jedoch in Zukunft von Neuerungen bei den Inspektionstechniken und der gezielten Auswertung ihrer Ergebnisse erwartet werden, so daß dann auch für die Wirtschaftlichkeitsbeurteilung von Strategiealternativen für einzelne Anlagen ausreichend genaue Informationen zur Verfügung stehen[1].

Die Abbildung 2 soll zusammenfassend verdeutlichen, durch welche Größen und in welcher Weise die Gestaltung von Instandhaltungsstrategien im wesentlichen beeinflußt wird. Sie zeigt auch anschaulich den Entscheidungsprozeß zur Festlegung wirtschaftlicher Strategiekonzepte auf. Zur Erläuterung der Graphik sei noch angeführt, daß hierbei von folgenden Prämissen ausgegangen wird:

- Die Anlagenelemente werden gemäß festliegender Wartungsvorschriften gepflegt.
- Der Einsatz von Redundanzen oder von präventiven Instandhaltungsmaßnahmen gewährleistet grundsätzlich die erforderliche Verfügbarkeit der Anlagen.

ab) Einflußnahme der Instandhaltung auf die übrigen Funktionsbereiche der Anlagenwirtschaft

Auf eine Reihe von Entscheidungen im Anlagenbereich, deren Bestimmungsgrößen im wesentlichen außerhalb der Instandhaltung zu

---

1) Vgl. Renkes, D.: Grundlagen der Inspektion, in: Deutsches Komitee Instandhaltung (Hrsg.), Inspektion, Wiesbaden 1978, S. I/7.

suchen sind, hat der Instandhaltungsbetrieb nur einen beratenden Einfluß, d.h. aufgrund seiner Kenntnisse aus Inspektionen und Schadensmeldungen über die eingesetzten Fertigungsanlagen ist er in der Lage, diese Entscheidungsfindungen so zu unterstützen, daß die Erreichung der Unternehmensziele positiv beeinflußt wird. Hierzu gehören Entscheidungen über

- Anlagenprojektierung und -konstruktion
- Anlagenbereitstellung
- Anlagenanordnung
- Anlagenkapazität
- Anlagenmodernisierung
- Anlagenausmusterung.

Bei der Durchführung der Anlagenerhaltung sammelt der Instandhaltungsbetrieb eine Vielzahl von Informationen darüber, welche Anlagenelemente besonders störanfällig sind, welche Verschleißursachen vorliegen oder welche Anlagen im Hinblick auf Instandhaltungsarbeiten ungünstig konstruiert oder ungünstig im Produktionsablauf angeordnet sind[1]. Diese Informationen sollten bei der Projektierung und Konstruktion von Anlagen Berücksichtigung finden. Einerseits können erhebliche Instandhaltungs- und Stillstandszeiten vermieden werden, wenn die Anlagen so ausgelegt sind, daß sie für Instandhaltungsmaßnahmen gut zugänglich sind. Andererseits lassen sich zukünftige Instandhaltungsleistungen durch eine "instandhaltungsgerechte" Konstruktion verringern, wenn beispielsweise wartungsarme Werkstoffe, gegen Verschmutzung geschützte Anlagenelemente etc. verwendet werden. Die Entscheidung über Projektierung und Konstruktion von Anlagen wird jedoch nicht in erster Linie unter Instandhaltungsgesichtspunkten getroffen, sondern auf der Grundlage produktions- und absatzwirtschaftlicher Anforderungen an das Anlagenobjekt. Von daher stellen Daten aus dem Instandhaltungsbereich zur wirtschaftlichen Beurteilung von Objekten nur Teilaspekte dar, die bei der Entscheidungsfindung neben anderen Bestimmungsgrößen Berücksichtigung finden sollten.

Das für die Anlagenprojektierung und -konstruktion Gesagte gilt in gleicher Weise auch für die Anlagenbereitstellung, d.h. für

---

1) Vgl. Männel, W.: Die Stellung der Instandhaltung im Rahmen der Anlagenwirtschaft, in: Schmalenbach-Gesellschaft (Hrsg.), Instandhaltung - ein Managementproblem der Anlagenwirtschaft, 2. Aufl., Köln 1978, S. 44.

die Entscheidung, ob eine Anlage selbst zu erstellen oder fremd zu beziehen ist und ggf. welcher Lieferant zu wählen ist. Diese Entscheidung kann der Instandhaltungsbetrieb durch ihm zur Verfügung stehende Informationen mitgestalten; denn er weiß, welche Instandhaltungsarbeiten von welchen Lieferanten durch Gewährleistung und Kulanz abgedeckt sind und in welchem Umfang sie in Anspruch genommen werden müssen. Darüber hinaus kennt er die Liefergeschwindigkeit einzelner Lieferanten bei der Bestellung evtl. benötigter Ersatzteile.

Die Anlagenanordnung, d.h. die Basisorganisation der Fertigung, sollte ebenfalls unter Berücksichtigung der Erfordernisse der Instandhaltung vorgenommen werden. Beispielsweise können Anlagen mit gleichem oder ähnlichem Ersatzteilbedarf an einem Betriebsort zusammengefaßt werden, um Reserveteilbestände gering zu halten (Mehrfachverwendung eines Reserveteiles), oder durch Zusammenstellen von Anlagen(teil)systemen mit annähernd gleichem Ausfallverhalten zu einem Anlagenobjekt können Montage- oder Demontagezeiten verringert werden. Da die Anlagenanordnung im wesentlichen von der Grundstruktur des Produktprogramms und von der Standortgebundenheit der zu fertigenden Produkte, der Produktionsanlagen und/oder der einzusetzenden Rohstoffe abhängig ist[1)], kann auch bei dieser Entscheidung der Instandhaltungsbetrieb nur die Auswirkungen möglicher Anlagenkonstellationen auf die Instandhaltung darstellen und ihre Berücksichtigung bei der Organisation des Produktionsvollzuges anregen.

Die Instandhaltung übt weiterhin einen Einfluß auf die Ausstattung einer Unternehmung mit Produktionsanlagen aus. Die Festlegung der qualitativen und quantitativen Fertigungskapazitäten erfolgt insbesondere auf der Grundlage von Entscheidungen über längerfristig herzustellende Güterarten und -mengen sowie über die einzusetzenden Produktionsverfahren[2)]. Da i.d.R. einzelne Anlagenelemente im Zeitablauf durch Verschleißwirkungen einer stofflichen Veränderung unterliegen, wandelt sich auch die qualitative und quantitative Kapazität einer Fertigungsanlage gegenüber derjenigen in ihrem Anschaffungszeitpunkt durch Einsatz im Pro-

1) Vgl. Laßmann, G.: Produktionsplanung, in: Grochla, E. und Wittmann, W. (Hrsg.), Handwörterbuch der Betriebswirtschaft, 4. Aufl., Stuttgart 1975, Sp. 3108.
2) Vgl. ebenda.

duktionsprozeß. Die Instandhaltung hat die Aufgabe, die Leistungsfähigkeit der Anlagen zu erhalten bzw. wiederherzustellen. Instandhaltungsbedingte Stillstandszeiten vermindern darüber hinaus die produktiv nutzbare Anlagenkapazität. Somit wird deutlich, daß die Instandhaltung einen wesentlichen Einfluß auf die in einem Zeitraum produktiv nutzbaren Kapazitäten von Fertigungsanlagen hat. Von daher ist sie auch bei der Planung der Ausstattung einer Unternehmung mit Produktionsanlagen zu berücksichtigen, d.h. der Aufbau von Fertigungskapazitäten im Produktionsbereich kann nur in Abstimmung mit vorhandenen oder geplanten Instandhaltungskapazitäten erfolgen und umgekehrt[1].

Die Anlagenmodernisierung - soweit sie über "instandhaltungsnahe" Verbesserungsmaßnahmen hinausgeht - wird von der Instandhaltungsseite in der Weise unterstützt, daß sie aufgrund ihrer Anlagenkenntnis Vorschläge zur technischen Realisierung der angestrebten Verbesserungen macht oder daß sie sich in Zusammenarbeit mit der Neubauabteilung, dem Konstruktionsbüro etc. an der Durchführung der Anlagenmodernisierung beteiligt. Die eigentliche Entscheidungskompetenz über die Realisierung solch tiefgreifender, langfristig wirksamer Modernisierungsmaßnahmen liegt jedoch nicht beim Instandhaltungsbetrieb, sondern bei anderen Unternehmensbereichen wie der Unternehmensleitung, dem Produktionsbereich (z.B. Übergang zu kostengünstigeren Herstellverfahren), dem Finanzbereich etc.

Ein ähnlicher Aufgabenbereich wie bei der Entscheidung über umfassende Modernisierungsmaßnahmen stellt sich dem Instandhaltungsbetrieb bei der Ausmusterung von Anlagen bzw. bei deren Ersatz. Die wesentlichen Bestimmungsgrößen für diese Entscheidungen entstammen auch hier dem Absatz-, Produktions- und Finanzierungsbereich, während die Instandhaltung die Lösung dieser Investitions- bzw. Desinvestitionsprobleme nur durch instandhaltungsspezifische Informationen wie z.B. voraussichtliche Entwicklung der Standzeiten einer Anlage etc. unterstützen kann.

---

1) Vgl. Männel, W.: Die Stellung der Instandhaltung im Rahmen der Anlagenwirtschaft, in: Schmalenbach-Gesellschaft (Hrsg.), Instandhaltung - ein Managementproblem der Anlagenwirtschaft, 2. Aufl., Köln 1978, S. 46 - 49; Herzig. N.: Die theoretischen Grundlagen betrieblicher Instandhaltung, Meisenheim 1975, S. 189 - 227.

b) Maßnahmen in den Instandhaltungsbetrieben

ba) Festlegung der Instandhaltungsorganisation

1) Organisatorische Eingliederung und Strukturierung von Instandhaltungsbetrieben

Bei den bisherigen Ausführungen zum Handlungsfeld der betrieblichen Instandhaltung wurde davon ausgegangen, daß die Instandhaltung eine relativ selbständige Position innerhalb der (Gesamt-) Unternehmung einnimmt, jedoch nur insoweit als es sich hierbei um Aufgaben der Wiederherstellung und im begrenzten Umfange der Verbesserung der Leistungsfähigkeit von Anlagen handelt. Diese organisatorische Stellung von Instandhaltungsbetrieben gilt für viele Unternehmen in verschiedenen Industriezweigen, insbesondere bei herausragender Bedeutung der Anlagen als Produktionsfaktoren. Von daher war es auch gerechtfertigt, bei der Diskussion der Disponierbarkeit von Einflußgrößen auf die Strategiewahl und der Beeinflussung von anderen Teilbereichen der Anlagenwirtschaft durch die Anlageninstandhaltung von dem skizzierten Kompetenzrahmen der Instandhaltung auszugehen. Allerdings trifft diese organisatorische Stellung des Instandhaltungsbetriebes nicht auf alle Unternehmen zu. Somit ergibt sich - will man das Handlungsfeld im Instandhaltungsbereich vollständig darstellen - an dieser Stelle die Notwendigkeit, grundsätzliche Möglichkeiten zur Festlegung von Instandhaltungsorganisationen und deren ökonomische Auswirkungen aufzuzeigen. Auf dieser Basis läßt sich dann auch der Einfluß der gefundenen Organisationsform auf die Planung und Kontrolle von Instandhaltungskosten analysieren[1].

Die Instandhaltung oder Teilbereiche der Instandhaltung können grundsätzlich als Stabs- und Servicestellen oder als Linienstellen in die Organisationsstruktur des Unternehmens eingeordnet werden[2].

---

1) Vgl. hierzu S. 147f.

2) Vgl. u.a. Männel, W.: Abgrenzung und organisatorische Einordnung der Anlagenwirtschaft im Industriebetrieb, in: Zeitschrift für betriebswirtschaftliche Forschung (Kontaktstudium), 3o. Jg., 1978, S. 54; Faller, S.: Aufbauorganisation der Instandhaltung, in: Schmalenbach-Gesellschaft (Hrsg.), Instandhaltung - ein Managementproblem der Anlagenwirtschaft, 2.Aufl., Köln 1978, S. 74f.

Bei der Linienkonzeption der Instandhaltung sind betriebliche Organisationseinheiten zu bilden, deren vorrangige Aufgabe es ist, weitgehend selbständig über die Durchführung von Instandhaltungsaktionen zu entscheiden und ihre Realisierung zu überwachen.
Im Gegensatz zur "Linienkonzeption" liegt die Entscheidung über die Instandhaltung der Fertigungsanlagen beim Anlagenbenutzer bzw. bei den Instanzen, die dem Benutzer in Linie übergeordnet sind, wenn Instandhaltungsaufgaben durch Stabs- oder Servicestellen erfüllt werden[1]. Stabsstellen können hierbei z.B. Instandhaltungsstrategien ausarbeiten, Verbrauchsstandards für Instandhaltungsleistungen ermitteln oder Aufgaben der Arbeitsvorbereitung zur Durchführung von Instandhaltungsmaßnahmen übernehmen. Service- oder Hilfsbetriebe würden bei dieser Organisationsstruktur der Instandhaltung zur Erledigung von Inspektions-, Wartungs- und Instandsetzungsarbeiten herangezogen[2].

Durch die "Installation" von Instandhaltungsstäben und -servicestellen wird einerseits der Produktionsbereich von vielen Instandhaltungsaufgaben befreit, und die Anlagenbenutzer können sich somit verstärkt ihrer eigentlichen Aufgabe - der Produktion von Sachgütern - widmen. Andererseits trägt diese hierarchische Bindung der Instandhaltung an den Produktionsbereich den vielfältigen Interdependenzen zwischen Produktion und Instandhaltung Rechnung: z.B. Abstimmung von Produktions- und Instandhaltungsterminierung, Sicherung der Produktqualitäten durch Inspektionen[3]. Jedoch sei zu den genannten Vorteilen dieser organisatorischen Eingliederung der Instandhaltung in die Unternehmenshierarchie zum einen angemerkt, daß sie auch mit entsprechenden "Linienkonzeptionen der Instandhaltung" erreichbar sind. Zum anderen ist die Zuordnung der Instandhaltung in Form von Stabs- oder Servicestellen zum Produktions-

---

1) Vgl. Wagner, H.: Modelle für organisatorische Lösungen zur Anlagenwirtschaft, in: Deutsches Komitee Instandhaltung (Hrsg.) Anlagenwirtschaft/Anlagenwesen, Wiesbaden 1977, S. III/8f.
2) Beispielhaft sind in Abb.3, S. 304, mögliche "Stabs- und Linienkonzeptionen" für die organisatorische Eingliederung von Instandhaltungsbetrieben in die Gesamtunternehmung aufgeführt.
3) Vgl. Herzig, N.: Die theoretischen Grundlagen betrieblicher Instandhaltung, Meisenheim 1975, S. 188-252.

bereich einer Unternehmung u.a. aus folgenden Gründen als problematisch anzusehen:

1. Allgemeine Führungsprobleme von Stab-Linien-Organisationen[1]

2. Instandhaltungsspezifische Probleme
   - Die einseitige Anbindung der Instandhaltung an den Produktionsbereich einer Unternehmung trägt nicht den vielfältigen Interdependenzen der Instandhaltung zu anderen Unternehmensfunktionen und -bereichen Rechnung
   - Fachliche Überforderung eines Fertigungsleiters bei der Planung und Kontrolle von Instandhaltungstätigkeiten an technisch komplexen Anlagen oder Anlagenkomponenten (z.B. Steuer- und Regelungskomponenten)

Aus diesen und ähnlichen Gründen ist man beispielsweise in der Eisenhüttenindustrie dazu übergegangen, die Verantwortung für die Funktionsfähigkeit der Anlagen weitgehend selbständigen Instandhaltungsbetrieben zu übertragen[2]. Diese haben dann die Aufgabe, die Verfügbarkeit der Anlagenkapazitäten zur Produktion von Gütern eigenverantwortlich zu gewährleisten.

Neben der Frage, ob der Instandhaltungsbetrieb als Stabs- oder Linienstelle in die Unternehmenshierarchie einzuordnen ist, ist bei der organisatorischen Eingliederung der Instandhaltung in die Gesamtunternehmung weiterhin zu klären, ob und inwieweit Instandhaltungsarbeiten zentralisiert oder dezentralisiert zu planen und zu überwachen sind. Zentralisierte Instandhaltung beinhaltet, daß die Entscheidungskompetenz in Instandhaltungsfragen nur bei einer betrieblichen Organisationseinheit liegt bzw. Instandhaltungsaufgaben unter einheitlicher Leitung erfüllt werden. Währenddessen ist die Entscheidungskompetenz bei dezentralisierter Instandhaltung zersplittert, d.h. Entscheidungen in bezug auf die Erhaltung und Wiederherstellung betrieblicher Anlagen werden von verschiedenen Organisationseinheiten der

1) Vgl. Wagner, H.: Modelle für organisatorische Lösungen zur Anlagenwirtschaft, in: Deutsches Komitee Instandhaltung (Hrsg.), Anlagenwirtschaft/Anlagenwesen, Wiesbaden 1977, S. III/1o.

2) Vgl. u.a. Wiegel, H.: Der Instandhaltungsbetrieb, in: Stahl und Eisen, 85.Jg., 1965, S. 1441.

Unternehmung getroffen. Hierbei ist zu unterscheiden nach[1]

- benutzerorientierter Dezentralisiserung (z.B. einzelne Anlagenbetreiber),
- objektorientierter Dezentralisiserung (z.B. Energieanlagen, Fuhrpark),
- funktionsorientierter Dezentralisiserung (z.B. Einkauf von Ersatzteilen durch die Einkaufsabteilung)[2].

Die nach Benutzern und Anlagenobjekten aufgeteilte Entscheidungskompetenz ermöglicht eine auf das jeweilige Objekt bzw. auf die jeweiligen Anlagen eines Benutzers ausgerichtete Instandhaltungspolitik sowie eine gemeinsame Planung und Überwachung aller Instandhaltungsarbeiten durch den Anlagenbenutzer bzw. durch die Organisationseinheit, die ein Instandhaltungsobjekt betreut (Job-enrichment). Weiterhin fördert die benutzerorientierte Dezentralisierung die Abstimmung zwischen Produktion und Instandhaltung, da die Entscheidungsträger für beide Aufgabenbereiche identisch sind. Die benutzer- und objektorientierte Dezentralisierung der Entscheidungskompetenz in der Instandhaltung bedingt aber auch:

- Verhinderung der Spezialisierung des Instandhaltungspersonals nach Instandhaltungstätigkeiten (Verrichtungsarten),
- Gefahr der Überforderung der Fachkompetenz des für die Instandhaltung Verantwortlichen.

Beides läßt sich zwar mit einer funktionsorientierten Dezentralisierung vermeiden, aber weitere wirtschaftliche Nachteile der Dezentralisierung bleiben dennoch bestehen. Hierzu gehören insbesondere:

- geringe Einheitlichkeit der Instandhaltungspolitik im Unternehmen
- Behinderung der Normierung von Anlagenbauteilen,
- Erschwerung der Kommunikation von Entscheidungsträgern in der Instandhaltung,
- hohe Reserveteil-, Maschinen- und Personalbestände für die Anlageninstandhaltung[3].

---

1) Vgl. u.a. Männel, W.: Die Stellung der Instandhaltung im Rahmen der Anlagenwirtschaft, in: Schmalenbach-Gesellschaft (Hrsg.), Instandhaltung - ein Managementproblem der Anlagenwirtschaft, 2. Aufl., Köln 1978, S. 54-56.
2) Beispielhaft sind in Abb. 4a und 4b auf S. 305f. mögliche Organisationsformen zentraler und dezentraler Instandhaltung aufgeführt.
3) Vgl. u.a. Müller-Oehring, H. und Herzig, N.: Wirtschaftlichkeitsprobleme der Instandhaltung, in: Schmalenbach-Gesellschaft (Hrsg.), Instandhaltung - ein Managementproblem der Anlagenwirtschaft, 2. Aufl., Köln 1978, S. 234; Hochstrate, H.: Die Vorteile eines zentralen Wartungs-, Instandsetzungs- und Werkstattdienstes bei hohem Grad der mechanischen Gewinnung, in: Glückauf, 97.Jg., 1961, S. 12o5-121o.

Mit einer einheitlichen Leitung für die Durchführung aller Instandhaltungsaufgaben lassen sich diese ökonomischen Nachteile weitgehend vermeiden. Die zentralisierte Instandhaltung ist somit charakterisiert durch [1]:

- Spezialisierung nach Verrichtungsarten
- Vereinheitlichung von Instandhaltungspolitik und Anlagenkonstruktion über Betriebe und Anlagenobjekte hinweg
- Austausch von Instandhaltungspersonal zwischen verschiedenen Unternehmensbereichen
- Kommunikation zwischen den Instandhaltern des Unternehmens (Erfahrungsaustausch und Abstimmung der Instandhaltungstätigkeiten).

Allerdings muß bei zentralisierter Instandhaltung auch gesehen werden, daß auf einen "Zentralbereich Instandhaltung" von allen Unternehmensteilen Anforderungen hinsichtlich der Erhaltung und Wiederherstellung der Leistungsfähigkeit betrieblicher Anlagen zukommen, so daß hieraus die Notwendigkeit zu einer zentralen Einsatzplanung für das Instandhaltungspersonal resultiert, um eine wirtschaftliche Auslastung der personellen Instandhaltungskapazitäten zu gewährleisten.

Ein weiteres organisatorisches Gestaltungsfeld im Instandhaltungsbereich bildet die Strukturierung des (Gesamt-)Instandhaltungsbetriebes in einzelne (Teil-)Betriebe und die Festlegung der Instandhaltungsaufgaben, die diese zu erfüllen haben. Die organisatorische Aufteilung des Instandhaltungsbetriebes kann hierbei nach Instandhaltungsobjekten (z.B. Anlagen eines Produktionsbetriebes oder Anlagen eines bestimmten Anlagentyps) oder nach der Art der zu verrichtenden Instandhaltungstätigkeiten (z.B. Schlosser-, Elektriker-, Hydraulikertätigkeiten) erfolgen. Auch Kombinationsformen dieser beiden Strukturierungsprinzipien für Instandhaltungsbetriebe sind denkbar und finden in der Praxis Anwendung[2].

---

1) Vgl. u.a. Kunz, R.: Der Instandhaltungsbetrieb aus der Sicht der Unternehmensleitung, in: Stahl und Eisen, 91.Jg., 1971, S. 959f.

2) Vgl. u.a. Faller, S.: Aufbauorganisation der Instandhaltung, in: Schmalenbach-Gesellschaft (Hrsg.), Instandhaltung - ein Managementproblem der Anlagenwirtschaft, 2.Aufl., Köln 1978, S. 72-74; Loef, C.: Organisationsformen der Instandhaltung, in: Aktuelle Probleme der Instandhaltung, VDI-Berichte Nr. 215, Düsseldorf 1974, S. 3of.

Der nach Instandhaltungstätigkeiten (identisch mit Berufsgruppen) strukturierte Instandhaltungsbetrieb ist gekennzeichnet durch:

- verrichtungsorientiert spezialisiertes Instandhaltungspersonal,
- "unternehmensweiten" Einsatzbereich der spezialisierten Instandhalter,
- regelmäßige Kopplung mit zentralisierter Instandhaltung,
- räumliche Zusammenfassung von Arbeitsgruppen nach Verrichtungsarten (Zentralkolonnen).

Die objektorientierte Strukturierung läßt sich hingegen charakterisieren durch:

- regelmäßige Verbindung mit dezentraler Entscheidungskompetenz,
- räumlich dezentralisierte, den Instandhaltungsobjekten zugeordnete Instandhaltungsgruppen,
- hohe Vertrautheitsgrade des Instandhaltungspersonals mit den Instandhaltungsobjekten.

Um den Vertrautheits- und Spezialisierungseffekt gleichzeitig realisieren zu können, werden in der Praxis Instandhaltungsaufgaben, die einen besonderen Vertrautheitsgrad mit der Anlage erfordern, von instandhaltungsobjektorientierten Instandhaltungsgruppen erfüllt, während alle anderen Instandhaltungsmaßnahmen zentral von - auf bestimmte Tätigkeiten - spezialisierten Fachkräften durchgeführt werden[1).]

Zusammenfassend stellt die folgende Graphik nochmals anschaulich die drei Ebenen für die organisatorische Gestaltung von Instandhaltungsbetrieben dar:

1) Vgl. Prüß, D., Renkes, D., Steinhauser, A. und Simon, H.: Der Instandhaltungs- und Reparaturbetrieb im Hüttenwerk, in: Stahl und Eisen, 84. Jg., 1964, S. 1o76.

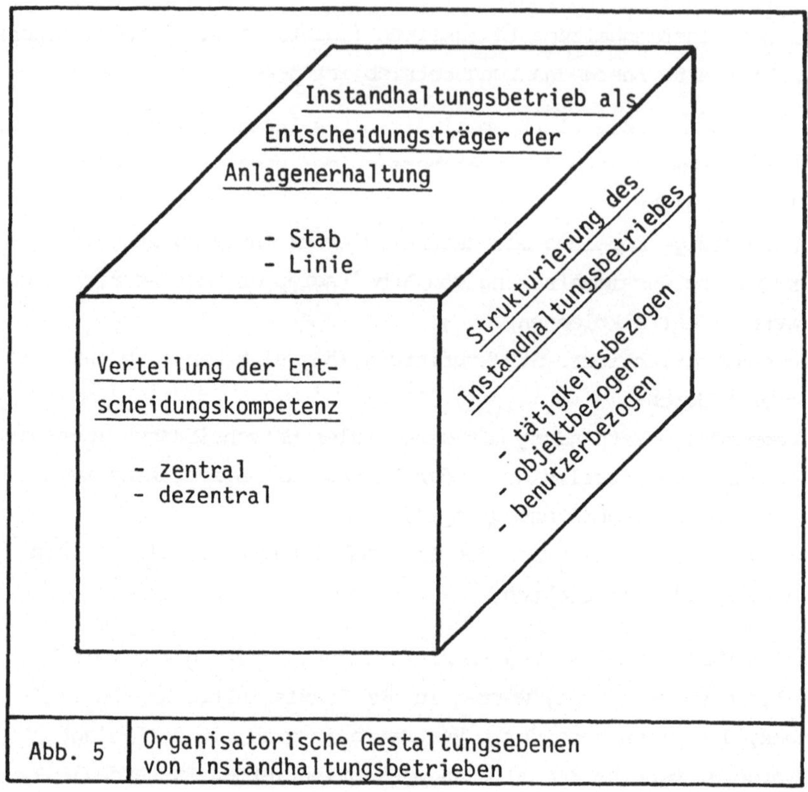

Abb. 5	Organisatorische Gestaltungsebenen von Instandhaltungsbetrieben

2) Bestimmungs- und Bewertungsgrößen für Organisationsformen

Die Ausgestaltung der Organisationsstruktur eines Instandhaltungsbetriebes wird einerseits determiniert durch die spezifische Situation, in der sich der Instandhaltungsbetrieb befindet (situativer Kontext), und andererseits durch organisatorische Gestaltungsziele, die sich als Resultanten aus den Unternehmenszielen ergeben. Die Gestaltungsziele bilden nicht nur Einflußgrößen für den Aufbau der Organisation, sondern stellen auch gleichzeitig Beurteilungsmaßstäbe für organisatorische Gestaltungsmaßnahmen dar[1].

Als wesentliche - von der Unternehmung disponierbare - situative Einflußkomponenten auf den organisatorischen Aufbau von

1) Vgl. Wollnik, M.: Einflußgrößen der Organisation, in: Grochla, E. (Hrsg.), Handwörterbuch der Organisation, 2.Aufl., Stuttgart 1980, Sp. 594f.; Wagner, H.: Modelle für organisatorische Lösungen zur Anlagenwirtschaft, in: Deutsches Komitee Instandhaltung (Hrsg.), Anlagenwirtschaft/Anlagenwesen, Wiesbaden 1977, S. III/1-3.

Instandhaltungsbetrieben gelten[1]:

- Instandhaltungsprogramm
- Instandhaltungsvollzug
- Größe des Instandhaltungsbereiches
- Organisationsstruktur des Gesamtunternehmens
- Historische Faktoren wie Alter der Organisation, Art und Weise der Gründung bzw. Einrichtung etc.

Das Instandhaltungsprogramm setzt sich aus Arbeiten zusammen, zu deren Durchführung unterschiedliche Anlagenkenntnisse erforderlich sind. Instandhaltungsarbeiten, die eine detaillierte Anlagenkenntnis erfordern (z.B. Fehlersuche, Regelungsarbeiten etc.), zwingen dazu, instandhaltungsobjektorientierte (Teil-)Betriebe vorzuhalten. Auf den Umfang der Arbeiten, für die spezielle Anlagenkenntnisse erforderlich sind, haben die Anlagenkonstruktion (Anlagen mit leicht wechselbaren Einheiten und mit automatisierter Fehleranzeige) und die verfolgte Instandhaltungsstrategie (präventive Vorgehensweise mit vielen standardisierbaren Arbeitsabläufen) einen entscheidenden Einfluß. Weiterhin prägt die zeitliche Verteilung des Anfalls von Instandhaltungsleistungen ebenfalls die Organisationsform des Instandhaltungsbetriebes. Denn "ausstoßweise" anfallender Bedarf an Instandhaltungsleistungen (Blockstrategie) sollte nicht ausschließlich von objektorientierten Instandhaltungs(teil)betrieben gedeckt werden (andernfalls Unterauslastung in den Zwischenzeiten), sondern ist nur ganz oder teilweise mit Zentralkolonnen wirtschaftlich zu bewältigen. Der Einsatz von Zentralkolonnen erfordert jedoch seinerseits Instandhaltungsarbeiten ohne detaillierte Anlagenkenntnisse und zentrale Entscheidungskompetenz im Instandhaltungsbereich, um eine gleichmäßige Auslastung dieser Zentraleinheiten zu gewährleisten[2].

---

1) In Anlehnung an Kieser, A. und Kubicek, H.: Organisation, Berlin/New York 1977, S. 191.

2) Ein Einsatz von Fremdunternehmen wäre auch noch in Betracht zu ziehen; vgl. Wiegel, H.: Modell einer geplanten Instandhaltung, in: Werkstattstechnik, 63. Jg., 1973, S. 3; ders.: Instandhaltung von Hüttenwerksanlagen, in: Technische Mitteilungen, 67.Jg., 1974, S. 321.

Der Instandhaltungsvollzug stellt eine weitere Bestimmungsgröße für die Instandhaltungsorganisation dar. Man unterscheidet bei der Instandsetzung von Anlagen zwei Vorgehensweisen[1]:

1. Ersatz des reparaturbedürftigen Bauteils durch ein funktionsfähiges, wobei die Instandsetzung von Bauteilen zeitlich und räumlich unabhängig von der Instandsetzung der Anlage erfolgt (austauschende Instandsetzung)

2. Demontage des reparaturbedürftigen Bauteils, zeitlich unmittelbar daran anschließende Reparatur des Bauteils an seinem Einbauort, Montage des instand gesetzten Bauteils (ausbessernde Instandsetzung)

Die Vorgehensweise der "austauschenden Instandhaltung" fördert die Einrichtung von objektorientierten, zentralen Reparaturwerkstätten, die oftmals auch räumlich dezentralisiert sind und eine Dezentralisierung der Entscheidungskompetenz in Instandhaltungsfragen auf mehrere betriebliche Organisationseinheiten (funktionsorientierte Dezentralisierung).

Neben Instandhaltungsprogramm und Instandhaltungsvollzug übt auch die Größe des Instandhaltungsbereiches (z.B. gemessen an der Anzahl der Mitarbeiter) einen Einfluß auf die Struktur der Instandhaltungsorganisation aus. Die Größe des gesamten Instandhaltungsbetriebes bewirkt eine verrichtungsartbezogene Spezialisierung ihrer Mitarbeiter, da die anfallenden verschiedenen Arbeitsinhalte auf eine mehr oder minder große Anzahl von Arbeitnehmern verteilt werden können[2]. Daneben besteht für große Organisationseinheiten eher die Möglichkeit des Einsatzes von qualifizierten Mitarbeitern, die sich ausschließlich mit einem speziellen Arbeitsgebiet dieser Organisationseinheit beschäftigen können. Den Instandhaltungsbetrieben der Eisenhüttenindustrie stehen z.B. Stabsabteilungen für Tribotechnik, Hydraulik, Meß- und Regeltechnik etc. zur Verfügung[3].

---

1) Vgl. im einzelnen zum Instandhaltungsvollzug die Ausführungen auf S. 75 - 78.

2) Vgl. Kieser, A. und Kubicek, H.: Organisation, Berlin/New York 1977, S. 222-226.

3) Vgl. Wiegel, H.: Instandhaltung von Hüttenwerksanlagen, in: Technische Mitteilungen, 67. Jg., 1974, S. 321.

Als letzte Einflußgrößen auf die Organisationsstruktur von Instandhaltungsbetrieben,die von der Unternehmung in weitem Maße mitbestimmbar sind, blieben noch zu erwähnen: der organisatorische Aufbau des Gesamtunternehmens und historische Einflüsse. Denn unter dem Gesichtspunkt einer unternehmenseinheitlichen Ausrichtung der Verteilung der Entscheidungskompetenzen im Unternehmen wird auch die Organisation des Instandhaltungsbereiches mitgeprägt. Ebenso wird die Ausgestaltung einer bestehenden Instandhaltungsorganisation bzw. ihre Veränderung vom organisatorischen Aufbau in der Vergangenheit und deren Effizienz im Hinblick auf die Erfüllung von Instandhaltungsaufgaben beeinflußt.

Zu den von der Unternehmung disponierbaren Bestimmungskomponenten der Organisationsstruktur von Instandhaltungsbetrieben treten noch Größen wie

- Konkurrenzintensität mit Fremdunternehmen
- Veränderungen in der Instandhaltungstechnologie

hinzu, auf die das Unternehmen keinen oder nur einen beschränkten Einfluß hat[1]. Das Auftreten bzw. das Vorhandensein von Konkurrenten, die in gleicher Weise Instandhaltungsleistungen wie unternehmenseigene Instandhaltungsbetriebe erbringen können, fördert zum einen die Bereitschaft, die bestehende Organisationsstruktur des Instandhaltungsbereiches umzugestalten, um u.a. hierdurch der Konkurrenzsituation effizienter begegnen zu können, und zum anderen eine Zentralisation der Entscheidungsbefugnisse und eine Spezialisierung einzelner Instandhaltungsabteilungen. Weiterhin besteht bei einer Intensivierung der Konkurrenzsituation die Tendenz zur Einrichtung bzw. Verbesserung von betrieblichen Informationssystemen (z.B. Implementierung einer Plankostenrechnung). Diese Thesen lassen sich u.a. anhand der Entwicklung des Instandhaltungsbereiches der Unternehmen der heutigen Ruhrkohle AG belegen[2].

---

1) In Anlehnung an Kieser, A. und Kubicek H.: Organisation, Berlin/New York 1977, S. 191.
2) Vgl. Vieregge, G.: Rationalisierung der Dienstleistungsbetriebe im Bereich Ost der Ruhrkohle AG, in: Glückauf, 112.Jg., 1976, S. 910 - 915.

Bis Anfang der 70er Jahre waren die Instandhaltungsbetriebe der Ruhrkohle AG gekennzeichnet durch mangelnde Konkurrenzfähigkeit gegenüber Fremdunternehmen, so daß die Zechen vielfach Instandhaltungsaufträge an Fremdunternehmen vergaben. Dieses führte letztlich dann auch zu einer Unterauslastung der eigenen Instandhaltungsbetriebe. Eine Verbesserung dieser Situation versucht man u.a. seit 1972 durch

- Schaffung von drei Werksdirektionen für alle Dienstleistungsbetriebe,
- Einrichtung kaufmännischer Verwaltungen bei den Werksdirektionen und Implementierung von Grenzkosten- und Deckungsbeitragsrechnungssystemen
- Einrichtung von zentralen Typenwerkstätten für Bauteileinstandsetzungen

herbeizuführen.

Neben dem situativen Kontext einer Unternehmung beeinflussen auch die verfolgten organisatorischen Gestaltungsziele den Aufbau der Organisationsstruktur eines Instandhaltungsbetriebes[1]. Diese Ziele stellen einerseits Bewertungsgrößen für organisatorische Gestaltungsmaßnahmen und andererseits Einflußgrößen auf die Organisationsstruktur dar[2]. Zum einen handelt es sich hierbei um formale organisatorische Ziele wie z.B. Produktivität, Wirtschaftlichkeit, Anpassungsfähigkeit und Flexibilität, die sich aus Formalzielen der Unternehmung ergeben[3], und zum anderen um sozio-emotionale Gestaltungsziele wie z.B. Zufriedenheit, Unabhängigkeit und Selbständigkeit, die aus Zielvorstellungen der Organisationsmitglieder resultieren[4].
Als dominierendes Ziel von Unternehmungen ist unabhängig vom jeweiligen gesellschaftspolitischen System das Gewinnstreben anzusehen. Die Gewinnerzielung

---

1) Vgl. Wagner, H.: Modelle für organisatorische Lösungen zur Anlagenwirtschaft, in: Deutsches Komitee Instandhaltung (Hrsg.), Anlagenwirtschaft/Anlagenwesen, Wiesbaden 1977, S. III/2.
2) Vgl. Hill, W.; Fehlbaum, R. und Ulrich, P.: Organisationslehre Bern/Stuttgart 1974, S. 159.
3) Neben Formalzielen existieren im Zielkatalog von Unternehmen auch Sachziele, d.h. Produktionsziele hinsichtlich bestimmter Sach- und Dienstleistungen. Ihre Erbringung dient aber letztlich zur Erreichung unternehmenspolitischer Formalziele.
4) Vgl. Wagner, H.: Modelle für organisatorische Lösungen zur Anlagenwirtschaft, in: Deutsches Komitee Instandhaltung (Hrsg.), Anlagenwirtschaft/Anlagenwesen, Wiesbaden 1977, S. III/1f.

ist Existenzgrundlage für das Bestehen einer Unternehmung und notwendige Voraussetzung für die Verfolgung weiterer unternehmenspolitischer Ziele wie z.B. Aufrechterhaltung der Herrschaftsverhältnisse im Unternehmen, Sicherung des Sozialstandes der Beschäftigten etc.[1]. Der Instandhaltungsbetrieb trägt wie jeder andere Unternehmensbereich auch zum Erfolg der Gesamtunternehmung bei. Von daher ist es u.a. Zielsetzung der Gestaltung von Instandhaltungsorganisationen, durch zweckmäßige Verteilung von Entscheidungskompetenzen und Instandhaltungsaufgaben sicherzustellen, daß der Instandhaltungsbetrieb einen- von den Entscheidungsträgern der Unternehmung als angemessen empfundenen - Erfolgsbeitrag erzielt. Hieraus resultieren beispielsweise als Gestaltungsziele für Instandhaltungsorganisationen: Verteilung von Entscheidungskompetenzen und Instandhaltungsaufgaben in der Weise, daß der gewünschte Anlagenverfügbarkeitsgrad mit möglichst geringen Kosten realisiert wird (Wirtschaftlichkeit) oder daß unerwartete Instandhaltungsbedarfsspitzen bewältigt werden können (Flexibilität).

Da durch die Organisationsstruktur des Instandhaltungsbetriebes insbesondere auch individuelle Bedürfnisse einzelner Organisationsmitglieder (z.B. Einkommensziele, soziales Ansehen etc.) und deren interpersonelle Beziehungen (z.B. das Verhältnis von Untergebenen zum Vorgesetzten) berührt werden, hat die organisatorische Gestaltung sich darüber hinaus an den Zielvorstellungen der Organisationsmitglieder auszurichten. Denn die Erreichung aller übrigen Ziele des Instandhaltungsbetriebes hängt entscheidend von dem Zusammenwirken der Mitglieder dieses Unternehmensbereiches bei der Durchführung von Instandhaltungsarbeiten ab. Die Organisationsmitglieder des Instandhaltungsbetriebes sind aber nur dann an einer Erfüllung der Instandhaltungsaufgaben interessiert, wenn auch ihre persönlichen Bedürfnisse Teil des Zielsystems des Instandhaltungsbereiches sind.

---

1) Vgl. Busse von Colbe, W. und Laßmann, G.: Betriebswirtschaftstheorie, Bd. 2, Absatz- und Investitionstheorie, Berlin/Heidelberg/New York 1977, S. 52f.

Zusammenfassend läßt sich feststellen, daß weitgehend gleichartige Ausprägungen der genannten Bestimmungsgrößen in einer Reihe von Unternehmen unterschiedlicher Branchenzugehörigkeit vergleichbare Organisationsformen der Instandhaltungsbetriebe begründet haben[1]: Aufgrund der großen Bedeutung der Fertigungsanlagen als Produktionsfaktoren ist der Instandhaltungs(gesamt)betrieb vorherrschend als Linieninstanz in der Unternehmenshierarchie eingeordnet. Die Verteilung der Entscheidungskompetenz über Instandhaltungsfragen ist als Mischform zwischen zentraler und dezentraler Entscheidungsbefugnis anzusehen und in den verschiedenen Unternehmen unterschiedlich geregelt. Beispielsweise unterstehen anlagenobjektorientierte Instandhaltungs(teil)betriebe und zentrale Instandhaltungswerkstätten in einigen Unternehmen einer einheitlichen Leitung, hingegen ist in anderen die Entscheidungskompetenz dezentralisiert[2].

Während die Verteilung der Entscheidungskompetenz uneinheitlich geregelt ist, lassen sich für die organisatorische Strukturierung des Instandhaltungs-(gesamt)betriebes in verschiedenen Unternehmen vergleichbare Organisationsformen finden: Aus der Notwendigkeit heraus, viele Instandhaltungsarbeiten innerhalb des kurzen Zeitraumes eines Stillstandes der Gesamtanlage erledigen zu müssen (Instandhaltungsbedarfsspitzen), resultiert die Einrichtung von zentralen und verrichtungsorientierten Einsatzkolonnen. Denn der Einsatz von Zentralkolonnen ermöglicht neben dem Heranziehen des Bedienungspersonals der stillgesetzten Anlage zu Instandhaltungszwecken, daß auftretende Bedarfsspitzen mit unternehmenseigenem Personal und mit wirtschaftlich vertretbarem Personalaufwand gedeckt werden können.

---

1) Vgl. u.a. Wiegel, H.: Instandhaltung von Hüttenwerksanlagen, in: Technische Mitteilungen, 67.Jg., 1974, S.321;ders.:Modell einer geplanten Instandhaltung, in: Werkstattstechnik, 63.Jg., 1973, S.3; Verband der Chemischen Industrie e.V.: Planmäßige Instandhaltung in der Chemischen Industrie, Frankfurt 1975, S. 14-19; Vieregge, G.: Rationalisierung der Dienstleistungsbetriebe im Bereich Ost der Ruhrkohle AG, in: Glückauf,112.Jg., 1976, S. 911f.

2) Vgl. Wiegel, H.: Der Instandhaltungsbetrieb, in: Stahl und Eisen, 85.Jg., 1965, S. 1o4; Preinfalk, F.-H.: Die Werkstätten für die Instandsetzung von Hüttenwerksanlagen, in: Technische Mitteilungen, 67. Jg., 1974, S. 3oof.

Allerdings darf nicht außer acht gelassen werden, daß aufgrund der Komplexität von vielen Industrieanlagen die Notwendigkeit besteht, benutzer- oder anlagenobjektorientierte Instandhaltungs(teil)betriebe vorzuhalten, da nur diese Betriebe über hinreichende Anlagenkenntnisse verfügen, die zur Erbringung eines Teils der Instandhaltungsleistungen erforderlich sind.

Bauteilreparaturen werden vielfach in Zentralwerkstätten vorgenommen, da es durch die Verfahrensweise der "austauschenden Instandsetzung" ermöglicht wird, (typengleiche) Bauteile von verschiedenen Produktionsanlagen zentral instand zu setzen. Hierdurch soll eine wirtschaftliche Auslastung der zur Bauteilreparatur notwendigen personellen und maschinellen Kapazitäten gewährleistet werden.

Das folgende Schema veranschaulicht nochmals graphisch, welche Organisationsformen sich für Instandhaltungsbetriebe in Industriebetrieben entwickelt haben und wo die Gründe (Bestimmungsgrößen) für die gefundenen Organisationsformen liegen:

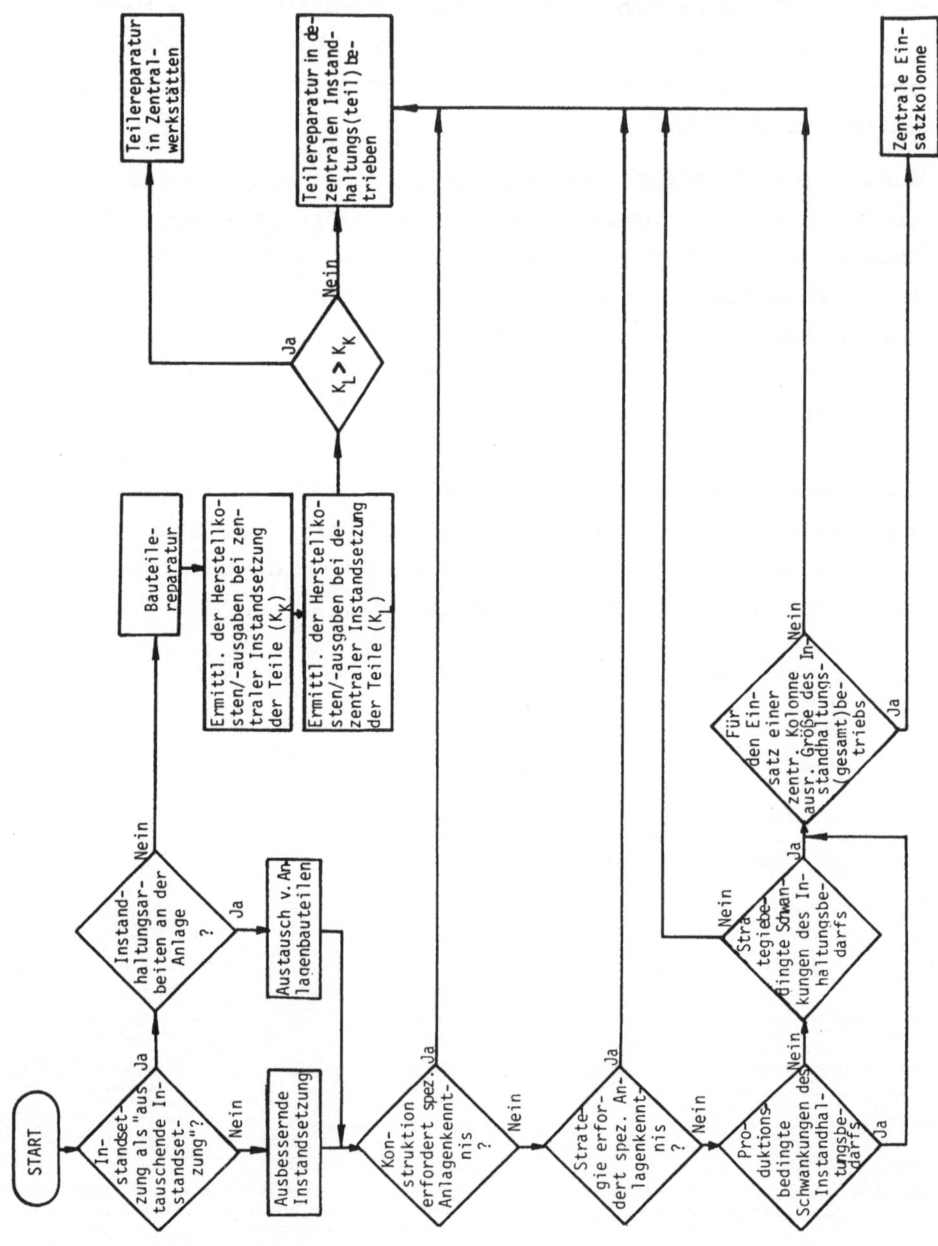

Abb. 6 Entscheidungsprozeß zur organisatorischen Strukturierung von Instandhaltungsgesamtbetrieben

bb) Festlegung des Instandhaltungsvollzuges

Neben der Gestaltung der Aufbauorganisation des Instandhaltungsbetriebes stellt sich als weitere organisatorische Aufgabe mit mittel- bis langfristiger Wirksamkeitsdauer die Festlegung der Ablauforganisation, d.h. die organisatorische Regelung des Instandhaltungsvollzuges. Bei den Instandhaltungsobjekten eines Industriebetriebes handelt es sich weitgehend um ortsgebundene Produktionsanlagen. Hieraus resultiert, daß die Instandhaltungsleistungen zunächst einmal am jeweiligen Einsatzort der Anlage zu erbringen sind. Allerdings besteht auch die Möglichkeit, einzelne Bauteile einer Anlage zu demontieren und örtlich getrennt von ihrem Einbauort instand zu halten.

Da der Zeitaufwand für die Durchführung von Inspektions- und Wartungsleistungen i.d.R. recht gering ist (häufig im Minutenbereich) und die Demontage- bzw. Montagezeiten diesen oftmals bei weitem übersteigen, werden Inspektions- und Wartungsarbeiten fast ausschließlich an der Anlage durchgeführt.

Bei der Instandsetzung von Anlagen unterscheidet man - wie bereits erwähnt - die ausbessernde und die austauschende Vorgehensweise. Als technologische Voraussetzung für die Durchführung der austauschenden Instandsetzung gilt, daß die Bauteile transportfähig sind und zum Zeitpunkt der Instandsetzung funktionsfähige Teile zur Verfügung stehen. Hingegen kann die ausbessernde Instandsetzung nur dann bewerkstelligt werden, wenn die technischen Hilfsmittel zur Reparatur von Anlagenelementen im Bedarfsfalle am Einsatzort der Anlage vorhanden und die ausgebauten Teile noch unter technischen Gesichtspunkten reparaturfähig sind. Andernfalls läßt sich die Funktionsfähigkeit einer Anlage nur durch Austausch beschädigter Bauteile gegen funktionsfähige wiederherstellen. Von daher bezieht sich die folgende vergleichende Wirtschaftlichkeitsanalyse über die austauschende bzw. ausbessernde Vorgehensweise nur auf reparaturfähige Anlagenelemente. Auch soll an dieser Stelle nicht die Fragestellung behandelt werden, ob ein beschädigtes Bauteil repariert oder verschrottet werden soll, d.h. es sei angenommen, die Reparatur soll auch durchgeführt werden.

Die austauschende Instandsetzung von Bauteilen ist vor allem für Anlagenelemente in Betracht zu ziehen, wenn deren Reparatur einen Stillstand der Gesamtanlage erfordert und der Anlagenstillstand mit einem Produktionsausfall verbunden ist, der auch nicht durch Umdisposition des eigenen Produktionsablaufes, durch Zukäufe etc. vermieden werden kann. Denn die instandhaltungsbedingte Stillstandszeit verkürzt sich bei dieser Verfahrensweise gegenüber der ausbessernden Instandsetzung um die Reparaturzeit zur Instandsetzung des beschädigten Bauteils. Ein weiterer wirtschaftlicher Vorteil dieses Instandhaltungsvollzuges ist die Möglichkeit zur Instandsetzung der Bauteile in Zentralwerkstätten oder bei Fremdfirmen, die sich auf die Reparatur bestimmter Bauteiltypen spezialisiert haben. Voraussetzung für die Bildung solcher - auf bestimmte Bauteiltypen - ausgerichteter Werkstätten ist, daß die Anzahl reparaturbedürftiger Bauteile gleichen Typs genügend groß ist, um die Auslastung der typenbezogenen Werkstätten auch zu gewährleisten. Da sich hierbei die Abfolge der Instandsetzungsarbeiten für eine bestimmte Bauteilart weitgehend identisch wiederholt, eignen sich zentrale Bauteileinstandsetzungen dazu, an mehreren Bearbeitungsstationen, angeordnet in der Reihenfolge der erforderlichen Arbeitsgänge, durchgeführt zu werden (Prinzip der Fließfertigung)[1].

Bei einer Instandsetzung der Anlagenelemente durch Fremdfirmen werden zwar Investitionsausgaben für maschinelle Einrichtungen, Ausgaben für eigenes Reparaturpersonal etc. umgangen, hierfür fallen aber Zahlungen für Fremdleistungen an, und die Unternehmung begibt sich zumindest teilweise in eine Abhängigkeit von dem jeweiligen Fremdunternehmen[2]. Weiterhin

---

1) Vgl. Westermann, H.: Grundsätze und Verfahren bei wiederkehrenden Instandsetzungen, in: REFA-Nachrichten, 28.Jg., 1975, S. 276-278; Löser, H.: Bestimmung der effektiven Nutzung von Grundmitteln mit Hilfe der Reparaturkosten - ein Beitrag zur Erhöhung der Effektivität der Grundfondsökonomie durch Intensivierung, Diss. Universität Jena, 1976, S. 28; Gebhardt, G.: Organisation der Instandhaltungswerkstätten, in: Mildner, G. (Hrsg.), Instandhaltung chemischer und artverwandter Industrieanlagen, Berlin 1969, S. 1o1; Eichler, C.: Grundlagen der Instandhaltung am Beispiel landtechnischer Arbeitsmittel, Berlin 197o, S. 328-343.

2) Vgl. zur Entscheidung "Fremd- oder Eigeninstandhaltung" S.88 - 102.

müssen bei der austauschenden Instandsetzung die reparaturbedürftigen Bauteile zu den Werkstätten für Teilereparaturen transportiert werden, d.h. hierzu müssen entsprechende Transportmittel und -personalkapazitäten zur Verfügung stehen.

Da die Reparatur eines Anlagenteiles bei der austauschenden Vorgehensweise nicht mehr direkt an der Anlage geschieht, müssen in unmittelbarer Nähe jeder Anlage entsprechende Ersatzteile bevorratet werden, um eine termingerechte Instandsetzung der Fertigungsanlagen überhaupt durchführen zu können. Zwar besteht auch bei der ausbessernden Instandsetzung die Notwendigkeit, Reserveteile bei den Instandhaltungsobjekten für den Fall, daß ein Neuteil zu verwenden ist, zu bevorraten, aber der Reserveteillagerbestand ist bei diesem Instandsetzungsverfahren deutlich geringer als bei austauschender Instandsetzung. Als weiterer Problembereich wäre hierzu - insbesondere bei vollkontinuierlicher Betriebsweise - zu erwähnen, daß Instandhaltungsfachkräfte immer weniger bereit sind, im Mehrschichtbetrieb zu arbeiten. Durch die austauschende Instandsetzung kann im Gegensatz zur ausbessernden zumindest auf die mehrschichtige Betriebsweise bei der Instandsetzung von Anlagenelementenverzichtet werden. Der Austausch von Bauteilen kann hierbei ggf. auch von den Arbeitskräften vollzogen werden, die die Anlagen bedienen.

Zusammenfassend läßt sich die austauschende Instandsetzung im Vergleich mit der ausbessernden Vorgehensweise wie folgt beurteilen:

- geringe Stillstandszeiten der Anlagen
- rationelle Instandsetzung der zu reparierenden Bauteile in spezialisierten Werkstätten
- Möglichkeit zum Verzicht auf Mehr-Schicht-Betrieb bei der Teilereparatur
- Transportkosten für die Beförderung der Bauteile
- hohe Reserveteilebestände bei den einzelnen Fertigungsanlagen.

Neben der verfolgten Instandhaltungsstrategie, der zur Verfügung stehenden Instandhaltungskapazität etc. übt auch der Instandhaltungsvollzug einen Einfluß auf die Anlagenverfügbarkeit aus. Denn die Verfahrensweise der "austauschenden Instandsetzung" ist - wie bereits erwähnt - gegenüber der ausbessernden Vorgehensweise u.a. dadurch gekennzeichnet, daß sich hierbei die Funktionsfähigkeit einer Fertigungsanlage in einem wesentlich kürzeren Zeitraum wiederherstellen läßt. Von daher stellt die erforderliche Verfügbarkeit neben Kostengesichtspunkten ein entscheidendes Kriterium für die Wahl der Art des Instandhaltungsvollzuges dar:

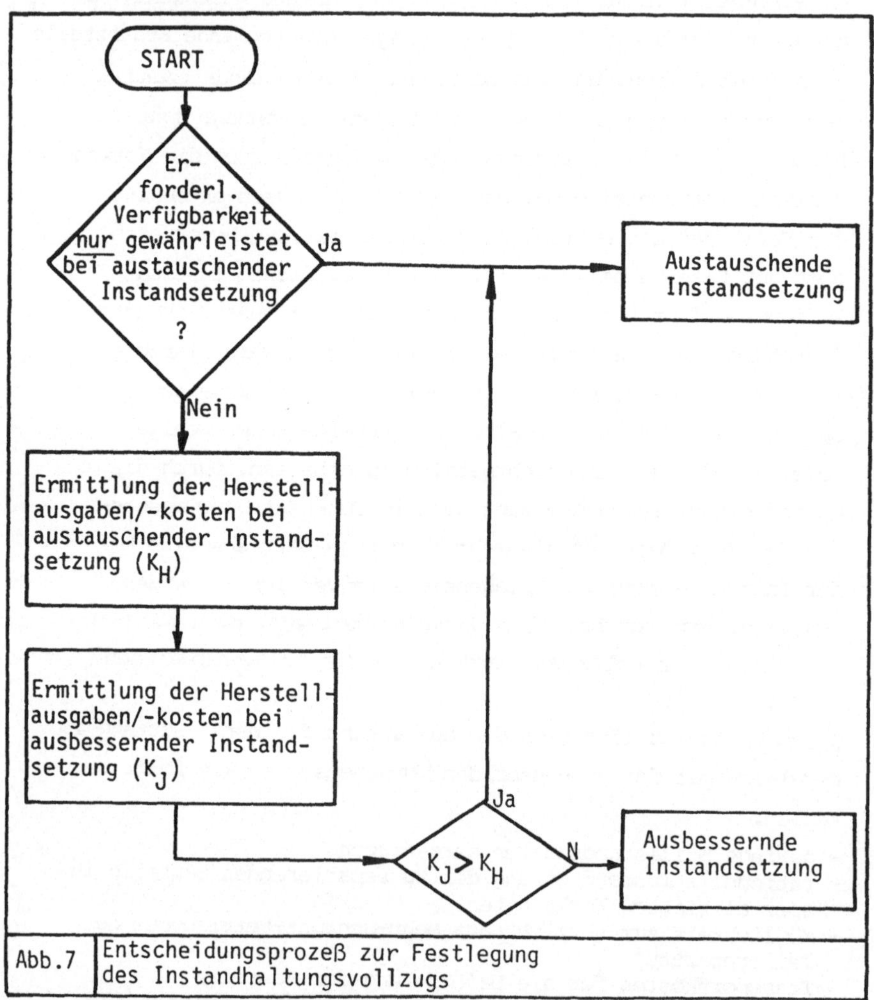

Abb.7 Entscheidungsprozeß zur Festlegung des Instandhaltungsvollzugs

bc) Kapazitätsfestlegung von Instandhaltungsbetrieben

1) Messung der Kapazität von Instandhaltungsbetrieben

Auf der Grundlage von Entscheidungen über die Grundstruktur des Instandhaltungsprogramms (auf der Basis der geplanten strategischen Vorgehensweise, der geplanten Beschäftigung in den

Produktionsbetrieben etc.) und über den Instandhaltungsvollzug sowie über die Instandhaltungsorganisation muß noch festgelegt werden, welche Ausbildung, Eignung etc. die Instandhaltungsarbeiter eines Erhaltungsbetriebes besitzen sollen bzw. welche maschinellen Einrichtungen zum Einsatz gelangen sollen (qualitative Kapazitäten von Arbeitskräften und Maschinen). Weiterhin ist neben der Bestimmung der qualitativen Kapazitäten von Instandhaltungspotentialfaktoren noch über deren Leistungsobergrenzen (quantitative Kapazitäten) zu entscheiden[1]. Die Kapazitäten von Potentialfaktoren sind in Planungsrechnungen bezogen auf den jeweiligen Planungszeitraum anzugeben (periodenbezogene Kapazitäten). Als Maßeinheiten für Instandhaltungspotentiale können abgrenzbare und wiederholbare Instandhaltungs(teil)leistungen oder realisierbare Einsatzzeiteinheiten dienen[2]. Die Dimension der zu wählenden Maßeinheit hängt entscheidend von der Größe des betrachteten Instandhaltungspotentials ab. So lassen sich beispielsweise Kapazitäten von Instandhaltungsarbeitern durch einzelne Verrichtungsarten (Bohren, Schweißen, Schmieren etc.) angeben, hingegen ist die Kapazität eines Instandhaltungs(teil)betriebes nur mit Hilfe von Instandhaltungs(teil)leistungen (z.B. Elektromotor wechseln, Welle instand setzen etc.) meßbar. Bei Verwendung des Begriffes "Instandhaltungs(teil)leistung" - unabhängig vom jeweiligen Arbeitsumfang, der durch die (Teil-)Leistung beschrieben wird, - läßt sich die Kapazität für Instandhaltungspotentialfaktoren wie auch für Instandhaltungs(teil)betriebe wie folgt angeben[3]:

qualitative Kapazität eines Instandhaltungspotentialfaktors oder eines Instandhaltungs(teil)betriebes	=	von einem Instandhaltungspotentialfaktor oder einem Instandhaltungs(teil)betrieb realisierbare Instandhaltungs(teil)leistungsarten in einem bestimmten Zeitraum

1) Vgl. Parallelen bei der langfristigen Kapazitätsplanung in Produktionsbetrieben, siehe hierzu u.a. Laßmann, G.: Produktionsplanung, in: Grochla, E. und Wittmann, W. (Hrsg.), Handwörterbuch der Betriebswirtschaft, 4. Aufl., Stuttgart 1975, Sp.31o8.

2) Vgl. Steffen, R.: Die Bestimmung von Kapazitäten und ihrer Nutzung in der industriellen Fertigung, in: Zeitschrift für betriebswirtschaftliche Forschung (Kontaktstudium), 32.Jg., 198o, S. 173.

3) Vgl. ebenda, S. 174.

quantitative Kapazität eines Instandhaltungspotentialfaktors oder eines Instandhaltungs(teil)betriebes	=	von einem Instandhaltungspotentialfaktor oder einem Instandhaltungs(teil)betrieb in einem Zeitraum maximal realisierbare Anzahl von Instandhaltungs(teil)leistungen einer bestimmten Art

Die maximal realisierbare Anzahl von Instandhaltungs(teil)leistungen im Planungszeitraum ist ihrerseits abhängig von der Leistungsintensität (Instandhaltungs(teil)leistungen/Zeiteinheit) und der Einsatzdauer des Instandhaltungspotentials im zu betrachtenden Zeitraum. Aufgrund der dominierenden Stellung des Faktors Arbeit gegenüber den Betriebsmitteln bei der Erbringung von Instandhaltungs(teil)leistungen begrenzt i.d.R. diese Faktorart die Leistungsintensität von Instandhaltungsarbeitssystemen (Kombinationen aus Arbeitskräften untereinander und/oder mit Betriebsmitteln) und damit auch von Instandhaltungs(teil)betrieben, d.h. die menschliche Arbeitskraft bestimmt im Instandhaltungsprozeß regelmäßig die Arbeitsgeschwindigkeit. Hieraus resultiert, daß die Leistungsobergrenzen von Instandhaltungs(teil)betrieben durch die Normalleistung bzw. durch eine evtl. darüberliegende, auf Dauer realisierbare höhere Durchschnittsleistung der Arbeitskräfte determiniert werden. Die mögliche Einsatzdauer von Instandhaltungs(teil)betrieben wird ebenfalls häufig durch den Instandhaltungspotentialfaktor "Mensch" bestimmt, denn aufgrund gesetzlicher (Arbeitszeitordnung) und tarifvertraglicher Regelungen (z.B. Überstundenregelung) liegt seine maximal mögliche Einsatzzeit i.d.R. unterhalb der von Betriebsmitteln realisierbaren , soweit die Instandhaltung nicht im Mehr-Schicht-Betrieb durchgeführt wird.

Besteht bei Instandhaltungspotentialen die Möglichkeit zur Abgabe mehrerer Instandhaltungs(teil)leistungsarten - was bei Instandhaltungs(teil)betrieben der Regelfall sein dürfte - , läßt sich die quantitative Kapazität dieses Potentials nicht mit einer einzigen Größe angeben, sondern es gibt soviele quantitative Kapazitäten, wie Instandhaltungs(teil)leistungsarten realisierbar sind. Als eindimensionale Maßgröße für die quantitative Kapazität eines solchen Instandhaltungspotentials wird dann auch hilfsweise die maximal realisierbare aktive Einsatzzeit des betrachteten Instandhaltungspotentials herangezogen[1]. Somit ließe sich die quantitative Kapazität eines Instandhaltungs(teil)betriebes angeben als:

maximale Einsatzzeit des Instandhaltungs(teil)betriebes im Planungszeitraum	=	maximale Einsatzzeit des einzelnen Instandhaltungsarbeiters im Planungszeitraum	x	Anzahl der Instandhaltungsarbeiter des Instandhaltungs(teil)betriebes

Bei gegebener Leistungsintensität der Instandhaltungsarbeiter (i.d.R. Normalleistung) und festliegender maximaler Einsatzzeit des einzelnen Instandhaltungsarbeiters kann eine Variation der quantitativen Kapazität von Instandhaltungs(teil)betrieben nur über die Anzahl der eingesetzten Mitarbeiter in diesem Bereich erfolgen.

2) Bestimmungsgrößen des Kapazitätsbedarfs

Im vorherigen Abschnitt wurde herausgearbeitet, daß die Anzahl realisierbarer Instandhaltungs(teil)leistungsarten bzw. die Einsatzzeit als zweckmäßige Größen zur Bestimmung der qualitativen bzw. quantitativen Kapazität von Instandhaltungs(teil)betrieben herangezogen werden können. Mit den folgenden Ausführungen soll nun versucht werden zu verdeutlichen, welche Einflüsse den Umfang der maximal erforderlichen Instandhaltungs(teil)leistungsarten bzw. die Dauer der maximal benötigten Einsatzzeit eines Instandhaltungs(teil)betriebes bestimmen.

Eine gewichtige Bestimmungsgröße der erforderlichen qualitativen und quantitativen Kapazität eines Instandhaltungs(teil)betriebes stellen die Arten und Mengen der zu erbringenden Instandhaltungsleistungen und deren zeitliche Verteilung im Planungszeitraum dar. Die erforderlichen Instandhaltungsleistungsarten, die vom Instandhaltungs(teil)betrieb bereitzustellen sind, werden ihrerseits determiniert durch die jeweiligen Anlagenkonstruktionen und die verfolgte Instandhaltungsstrategie. Denn die konstruktive Gestaltung der zu betreuenden Anlagen bzw. Anlagenelemente und die verfolgte Instandhaltungsstrategie begrenzen das Spektrum benötigter Instandhaltungsleistungsarten. So werden z.B. In-

1) Vgl. Steffen, R.: Analyse industrieller Elementarfaktoren in produktionstheoretischer Sicht, Berlin 1973, S. 45.

spektionsleistungen nur im Rahmen von Inspektionsstrategien erforderlich, während diese Leistungsarten bei nur schadensbedingter Instandsetzung (Feuerwehrstrategie) oder nur präventiver Instandsetzung (Präventivstrategie i.e.S.) nicht anfallen.

Die jeweils verfolgte Instandhaltungsstrategie bestimmt nicht nur den Bedarf an bereitzustellenden Leistungsarten eines Instandhaltungsbetriebes mit, sondern auch dessen erforderliche quantitative Kapazität, da u.a. von der jeweiligen strategischen Vorgehensweise die zeitliche Verteilung des Instandhaltungsprogramms abhängt. Bei zeitlicher Koordinierung von präventiven Instandhaltungsmaßnahmen (Blockstrategie) ist davon auszugehen, daß hierdurch auf den - für die Funktionsfähigkeit der Anlagen verantwortlichen - Instandhaltungsbetrieb ein im Zeitablauf schwankender Bedarf an Instandhaltungsleistungen zukommt. Die quantitative Kapazität des Instandhaltungsbetriebes hat sich ceteris paribus an diesen Bedarfsspitzen auszurichten, wenn die Instandhaltungsaufgaben termingerecht erfüllt werden sollen.

Als wichtigste Bestimmungsgröße für die Mengenkomponente des zu erbringenden Instandhaltungsprogramms und damit für den Umfang der quantitativen Kapazität des jeweiligen Instandhaltungs(teil)betriebes ist die (geplante) produktionsmäßige Belastung der zu betreuenden Anlagen zu nennen. Auf der Grundlage empirisch nachgewiesener (enger) positiver Korrelationen von Produktionsmengen, Hauptnutzungszeiten etc. mit zu erbringenden Instandhaltungsmannstunden für Produktionsanlagen läßt sich ableiten, daß die mengenmäßigen Instandhaltungsansprüche an den für die Funktionsfähigkeit dieser Betriebsmittel verantwortlichen Instandhaltungs(teil)betrieb mit der Beschäftigung der Anlage variiert[1]. Somit ist bei der Festlegung der quantitativen Kapazität eines Instandhaltungs(teil)betriebes vor allem die zu erwartende Beschäftigungshöhe der betreffenden Produktionsanlagen zu berücksichtigen.

---

1) Vgl. Middelmann, U.: Planung der Anlageninstandhaltung, Wiesbaden 1977, S. 89-1o2 und S. 126-138.

Neben der (Grund-)Struktur von Instandhaltungsprogrammen für zu betreuende Produktionsanlagen üben auch der Instandhaltungsvollzug und die organisatorische Strukturierung des gesamten Instandhaltungsbetriebes einer Unternehmung einen Einfluß auf das maximal erforderliche qualitative und quantitative Leistungsvermögen von Instandhaltungs(teil)betrieben aus. Bei Anwendung des Verfahrens der austauschenden Instandsetzung sind von Instandhaltungs(teil)betrieben alternativ zwei Aufgabenbereiche zu bewältigen: a) Instandhaltungs(teil)leistungen an den Anlagen (Inspektionen, Wartungsleistungen, Austauscharbeiten), b) Bauteileinstandsetzungen. Von daher kann das maximal erforderliche qualitative Leistungsvermögen einzelner Erhaltungsbetriebe einerseits auf Instandhaltungsleistungen an den Anlagen und andererseits auf Instandsetzungsleistungen zur Bauteilereparatur begrenzt werden. Durch die Reduktion der Bereitstellung notwendiger Instandhaltungsleistungsarten "vor Ort" bei der austauschenden Instandsetzung ergibt sich auch eine entsprechende Verringerung der maximal erforderlichen Einsatzzeit (quantitative Kapazität) der Instandhaltungs(teil)betriebe, die unmittelbar für die Erhaltung und Wiederherstellung der Leistungsfähigkeit von Anlagen verantwortlich sind.

Die organisatorische Strukturierung des gesamten Instandhaltungsbetriebes eines Unternehmens kennzeichnet den Aufbau des Gesamtbereiches aus den einzelnen Instandhaltungs(teil)-betrieben (verrichtungs- oder objektorientierte Bildung von (Teil-)Betrieben) und die Zuordnung von Instandhaltungsaufgaben auf diese (Teil-)Betriebe. Das durch die Organisationsentscheidung(en) den einzelnen Instandhaltungs(teil)betrieben zugewiesene Aufgabenspektrum bestimmt somit auch den maximal erforderlichen qualitativen und quantitativen Leistungsrahmen eines Erhaltungs(teil)betriebes.
In der Praxis ist in diesem Zusammenhang insbesondere die Fragestellung von Interesse, welche Instandhaltungsaufgaben von anlagenorientierten Instandhaltungs(teil)betrieben erfüllt werden sollen, und damit eng verbunden die Frage nach dem maximal erforderlichen Leistungsvermögen dieser Betriebe. Hierzu gehören insbesondere Instandhaltungsmaßnahmen, die eine besondere Anlagen-

kenntnis voraussetzen, und schadensbedingte Instandsetzungen, die nach Eintritt der Störung aus technischen, sicherheitspolitischen und wirtschaftlichen Gründen sofort durchgeführt werden sollen. Bei der Festlegung der Kapazitäten anlagenorientierter Instandhaltungsbetriebe wird deren Reduktion angestrebt, um Rationalisierungseffekte und eine gleichmäßige Auslastung von Personalkapazitäten durch zentrale Instandhaltung (Instandhaltung der Anlagen durch verrichtungsorientierte Zentralkolonnen, objektorientierte zentrale Bauteilereparatur) zu realisieren.

Als weitere Einflußgröße auf die erforderliche quantitative Kapazität eines Instandhaltungs(teil)betriebes wäre noch die Bildung von Arbeitssystemen zu erwähnen, d.h. die Kombination von Instandhaltungsarbeitern miteinander und/oder mit Betriebsmitteln. Da Instandhaltungsarbeiten häufig als Gruppenarbeiten[1] ausgeführt werden, ist es für die Festlegung der Dauer einer bestimmten Instandhaltungsarbeit von Bedeutung, wieviele Mitarbeiter gleichzeitig mit ihrer Durchführung beschäftigt sind. Geht man nun von einem festen Arbeitsvolumen für einen Instandhaltungs(teil)betrieb aus, so ist der quantitative Kapazitätsbedarf für diesen Betrieb auch abhängig von der gewünschten Dauer einzelner Instandhaltungsmaßnahmen bzw. von den gewünschten Gruppenstärken[2].

Eine wichtige Bestimmungsgröße für den Aufbau von qualitativen und quantitativen unternehmenseigenen Instandhaltungskapazitäten stellt noch die Entscheidung dar, ob Leistungsarten mit unternehmenseigenen Fachkräften oder durch Fremdfirmen erbracht werden sollen . Bei der mittel- bis langfristigen Entscheidung "Fremd- oder Eigeninstandhaltung" handelt es sich um die Festlegung, welche Leistungsarten grundsätzlich durch Fremdunternehmer durchgeführt werden sollen[3].

---

1) Vgl. REFA (Verband für Arbeitsstudien e.V.): Methodenlehre des Arbeitsstudiums, Teil 1, Grundlagen, 4. Aufl., München 1975, S.89.

2) Zur Bildung von Arbeitssystemen in der Instandhaltung vgl. Kund, J.: Optimierung des Arbeitskräfteeinsatzes in der Instandhaltung, Leipzig 197o.

3) Zur Fremdvergabe von Instandhaltungsleistungen vgl. im einzelnen S. 84 - 102.

3) Ansatz zur wirtschaftlichen Festlegung von Instandhaltungskapazitäten

Durch Konstruktions-, Strategie-, Vollzugs- und Organisationsentscheidungen wird weitgehend festgelegt, welche Instandhaltungsleistungsarten der jeweilige Instandhaltungs(teil)betrieb zu erbringen hat. Die Möglichkeit zur Fremdvergabe von Instandhaltungsarbeiten kann darüber hinaus den qualitativen Leistungsanspruch an den (Teil-)Betrieb eingrenzen. Auf der Grundlage der Entscheidung über die erforderlichen qualitativen Kapazitäten von Instandhaltungs(teil)betrieben verbleibt im Rahmen der Kapazitätsplanung für Erhaltungsbetriebe noch die Festlegung der benötigten quantitativen Kapazitäten (gemessen durch die Einsatzzeit oder die Anzahl der Mitarbeiter in den (Teil-)Betrieben[1]).
Als maßgebliche Einflußgröße auf die erforderlichen Instandhaltungsmannstunden für die Erhaltung von Anlagen und damit auch auf die bereitzustellende Einsatzzeit der Instandhaltungsbetriebe hat sich - wie bereits erwähnt - die produktionsmäßige Belastung der Anlagen erwiesen. Ausgangspunkt der Kapazitätsplanung[2] für Instandhaltungs(teil)betriebe, die in vielen Unternehmen als Jahresplanung durchgeführt wird[3], bilden somit Größen wie Produktionsmengen, Hauptnutzungzeiten etc. Auf der Basis der geplanten Beschäftigungsgrößen von Produktionsbetrieben lassen sich mittels Bedarfskoeffizienten die für die Wiederherstellung und Erhaltung der Funktionsfähigkeit der Anlagen notwendigen Instandhaltungsmannstunden für laufende Instandhaltungsleistungen[4] - ggf. differenziert nach Maßnahmenarten (Inspektion, Wartung und Instand-

1) Vgl. S. 78f.
2) Die Darstellung der Kapazitätsplanung erfolgt in Anlehnung an Middelmann,U.: Planung der Anlageninstandhaltung, Wiesbaden 1977, S. 154 - 159.
3) Vgl. ebenda, S. 154.
4) Laufende Instandhaltungsmaßnahmen umfassen kurzfristig wiederkehrende Arbeiten.

setzung) und Arbeitsinhalten (Schlosser-, Elektriker- und Baubetriebsstunden) - ermitteln[1]. Der Instandhaltungsbedarf (gemessen in Instandhaltungsmannstunden) für außerordentliche Instandhaltungsleistungen[2] wird für das Planjahr auftragsweise festgelegt.

Zur Deckung des gesamten Instandhaltungsbedarfs stehen einerseits entsprechend den Vollzugs- und Organisationsentscheidungen verschiedene unternehmenseigene Instandhaltungs(teil)betriebe mit Normal- und Mehrarbeitsstunden und andererseits Fremdunternehmen zur Verfügung. Welcher Betrieb in welchem Umfang die geplanten Instandhaltungsmannstunden durchführen soll, kann auf der Grundlage der hierdurch verursachten Periodenkosten entschieden werden. Die Festlegung der Deckung des Instandhaltungsbedarfs von Anlagen erfolgt hierbei durch Alternativrechnungen, d.h. es werden die Periodenkosten bei verschiedenen Durchführungsvarianten ermittelt und die Variante mit den günstigsten Kosten ausgewählt.
Bei der Bildung alternativer Zuordnungsvarianten von erforderlichen Instandhaltungsmannstunden auf verfügbare Instandhaltungs(teil)betriebe sind für einige Betriebe Mindeststundenbedarfe zu berücksichtigen. Denn bestimmte Instandhaltungsleistungsarten können nur von ihnen erbracht werden. Hierzu gehören bspw. Leistungsarten, die zu ihrer Durchführung besondere Kenntnisse der betrieblichen Einsatzbedingungen der Anlagen erfordern, oder zeitkritische Arbeiten wie Instandsetzungen, die unmittelbar nach Eintritt einer Störung durchgeführt werden sollen. Diese Arbeiten werden insbesondere bei komplexen und verketteten Anlagensystemen i.d.R. von unternehmenseigenen Instandhaltungsbetrieben erbracht[3].

Mit der Zuordnung von zu erbringenden Instandhaltungsmannstunden auf eigene Instandhaltungs(teil)betriebe bzw. auf Fremdunternehmen wird auch gleichzeitig die benötigte Einsatzzeit der eigenen Betriebe bzw. die notwendige Anzahl der Mitarbeiter (quantitative Kapazität) determiniert.

---

1) Vgl. Middelmann, U.: Planung der Anlageninstandhaltung, Wiesbaden 1977, S. 151-154.

2) Außerordentliche Instandhaltungsleistungen bestehen aus Einzelmaßnahmen mit i.d.R. mehrjährigen Wiederholungszyklen.

3) S. 89f. und S. 92 - 94.

Der bisher skizzierte Ansatz zur wirtschaftlichen Festlegung von Instandhaltungskapazitäten ermöglicht eine mittelfristige, unter Kostenaspekten günstige Dimensionierung der Instandhaltungs(teil)betriebe. Allerdings lassen sich hiermit keine Aussagen ableiten, in welcher Weise die geplanten Kapazitäten auch zu nutzen sind, d.h. welche Instandhaltungsleistungen durch unternehmenseigene (Teil-)Betriebe in Normal- oder Mehrarbeit oder durch Fremdunternehmen zu erledigen sind. Denn in diesem Ansatz stellt die Instandhaltungsmannstunde die zentrale Planungsgröße dar. Hieraus wird jedoch nicht ersichtlich, für welche konkreten Instandhaltungsleistungen die einzelnen Stunden aufzuwenden sind. Die Planung der Inanspruchnahme der zur Verfügung stehenden Kapazitäten kann somit nur auf der Grundlage der Planungsgröße "Instandhaltungsleistung" erfolgen[1].

4) Einfluß der Kapazitätsfestlegung auf die Instandhaltungskosten

Die im Rahmen von Jahresplanungen festgelegten Personalkapazitäten von Instandhaltungs(teil)betrieben führen in der laufenden Kostenrechnung (z.B. monats- oder quartalsbezogen) einerseits zu periodenabhängigen (fixen) und andererseits zu instandhaltungsleistungsabhängigen (variablen) Kosten.
Inwieweit die Kosten für den Personaleinsatz als fixe oder variable Kosten zu behandeln sind, ist davon abhängig, ob dieser Faktoreinsatz sich "ausbringungsabhängig" disponieren läßt, d.h. ob der Arbeitskräfteeinsatz im Instandhaltungs(teil)betrieb (ganz oder teilweise) entsprechend der Anzahl zu erbringender Instandhaltungsleistungen variierbar ist. In welchem Umfang die Dispositionsfähigkeit des Arbeitskräfteeinsatzes gegeben ist, hängt weitgehend zum einen vom Fristigkeitsgrad des Betrachtungszeitraumes ab - und zum anderen, ob Möglichkeiten bestehen, Mitarbeiter zwischen Kostenstellen (Instandhaltungs(teil)betrieben) auszutauschen, die Arbeitszeit mit Hilfe von Kurzarbeit und Überstunden an Beschäftigungsschwankungen anzupassen und bei rückläufiger bzw. steigender Beschäftigung durch Kündigung und Nichtersetzen ausscheidender

1) Vgl. zur Planung der Kapazitätsausnutzung von Instandhaltungs(teil)betrieben S. 126 - 128 und S. 248 - 262.

Mitarbeiter bzw. durch Neueinstellung die Zahl der Arbeitnehmer entsprechend zu korrigieren[1]. Hierbei führt die quantitative Anpassung von Instandhaltungskapazitäten (Kündigung, Einstellung etc. an wechselnde Beschäftigungslagen zu intervall- bzw. sprungfixen Kosten.

Als Fixkostenblock ist sicherlich der Anteil an Instandhaltungskapazität zu behandeln, der im Instandhaltungs(teil)betrieb vorgehalten wird, um Störungen an den Anlagen zu beheben, die unmittelbar nach ihrem Auftreten beseitigt werden sollen, und um Instandhaltungsarbeiten zu erledigen, zu deren Durchführung ein besonderes anlagenspezifisches know how erforderlich ist.

Zu den angesprochenen Maßnahmen zur Anpassung von Personalkapazitäten an schwankende Beschäftigungsgrade läßt sich für Instandhaltungsbetriebe feststellen, daß in diesem Unternehmensbereich die Möglichkeit besteht, Instandhaltungskapazitäten auch in kurzfristigen Zeiträumen (z.B. Monat oder Quartal) an schwankende Instandhaltungsbedarfe anzupassen[2]. Von daher gilt für einen beträchtlichen Teil der in Instandhaltungsbetrieben anfallenden Personalkosten, daß sie weitgehend vom anfallenden Instandhaltungsbedarf (Anzahl der zu erbringenden Instandhaltungsleistungen) abhängig sind[3].

bd) Eigen- und Fremdinstandhaltung

1) Dispositionsbereich in langfristiger Sicht

Instandhaltungsleistungen werden in Unternehmen nicht ausschließlich von unternehmenseigenen Instandhaltungsarbeitern durchgeführt, sondern auch von externen Dienstleistungsunternehmen erfüllt. Da die Entscheidung, Instandhaltungsleistungsarten fallweise oder ausschließlich von Fremdunternehmen ausführen zu lassen, den qualitativen und quantitativen Umfang vorzuhaltender unternehmenseigener Instandhaltungskapazitäten

---

1) Vgl. Kilger, W.: Kostentheoretische Grundlagen der Grenzplankostenrechnung, in: Zeitschrift für betriebswirtschaftliche Forschung, 28. Jg., 1976, S. 682.

2) Zu den Maßnahmen zur Anpassung von Instandhaltungskapazitäten vgl. S. 111 - 123.

3) Zur Berücksichtigung von Personalkosten in Plankostenrechnungen für Instandhaltungsbetriebe vgl. S. 210 - 220.

beeinflußt, ist die Wirkungsdauer dieser Handlungsmöglichkeit im Instandhaltungsbereich als mittel- bis langfristig anzusehen[1]. Weiterhin bestehen vielfach langfristige vertragliche Bindungen zwischen diesen Dienstleistungsbetrieben und den Unternehmen, die Instandhaltungsleistungen für ihre Anlagen von außen beziehen[2].

Bei der Entscheidung über die Fremdvergabe von Instandhaltungsleistungen kann es sich in mittel- bis langfristiger Sicht nur um die Festlegung der grundsätzlich fremd zu vergebenden Leistungsarten und um die Bestimmung des Rahmens handeln, in welchem Umfang Unternehmerstunden zur Unterstützung eigener Instandhaltungskapazitäten herangezogen werden sollen[3]. Hingegen sollte die detaillierte Festlegung, welche Leistungsarten in welchem mengenmäßigen Umfang von Fremden zu erbringen sind, auf der Basis kurzfristiger Wirtschaftlichkeitsüberlegungen hinsichtlich der Auslastung eigener Instandhaltungskapazitäten erfolgen[4]. Die Möglichkeit zur Fremdvergabe besteht für einen Großteil der zu erbringenden Instandhaltungsleistungsarten für Anlagen von Industriebetrieben, soweit Anbieter für diese Leistungen am Markt vorhanden sind. Bspw. könnten über 6o % der Instandhaltungsleistungen für den untersuchten Auslaufrollgang eines Warmbreitband-Walzwerkes als Fremdleistungen erbracht werden[5]. Eine Ausnahme hiervon bilden insbesondere Leistungsarten, zu deren Durchführung ständig verfügbares Instandhaltungspersonal benötigt wird (z.B. für die Beseitigung von Schäden <u>unmittelbar</u> nach Eintritt der Störung). So führen bspw. Unternehmen der Eisenhüttenindustrie schadensbedingte Instandsetzungen generell mit eigenem Personal durch, wie eine Umfrage unter den Mitgliedsfirmen der Wirtschafts-

---

1) Vgl. S. 84.
2) Vgl. Laub, K.: Eigenleistung - Fremdleistung, eine Führungsentscheidung, in: Deutsches Komitee Instandhaltung (Hrsg.), Instandhaltung - Partner der Produktion, Stuttgart 1973, S. VII/3 und VII/6.
3) Vgl. Middelmann, U.: Planung der Anlageninstandhaltung, Wiesbaden 1977, S. 1o8f.
4) Vgl. Müller-Oehring, H. und Herzig,N.: Wirtschaftlichkeitsprobleme der Instandhaltung, in: Schmalenbach-Gesellschaft (Hrsg.), Instandhaltung - ein Managementproblem der Anlagenwirtschaft, 2. Aufl., Köln 1978, S. 227f.
5) Vgl. S. 249.

vereinigung Eisen- und Stahlindustrie ergeben hat[1]. Weiterhin kommt eine Fremdvergabe von Instandhaltungsarbeiten nicht in Betracht, wenn zu ihrer Erfüllung eine genaue Kenntnis der Einsatzbedingungen der Anlagen und deren Stellung im Produktionsablauf erforderlich ist[2] oder aus Geheimhaltungsgründen vom Einsatz fremder Unternehmen abzusehen ist[3]. Auf der anderen Seite fallen aber auch Instandhaltungsleistungen an, die aus technologischen Gründen (z.B. Revision von Dampfturbinen) oder aus ökonomischen Erwägungen (befriedigende Auslastung von Spezialmaschinen) ausschließlich von Fremdfirmen durchgeführt werden sollten[4]. Je heterogener der Anlagenbestand einer Unternehmung in technologischer Sicht ist, umso häufiger fallen diese speziellen Instandhaltungsmaßnahmen an.

Aber nicht nur für die Erfüllung dieser Spezialaufgaben ist eine Fremdinstandhaltung in Erwägung zu ziehen, sondern auch für alle anderen Instandhaltungsarbeiten, die sich grundsätzlich für eine Fremdvergabe eignen, ist zu entscheiden, ob und in welchem Umfang sie fremd zu erbringen sind. Unter Wirtschaftlichkeitsgesichtspunkten spricht insbesondere die höhere Anpassungsflexibilität von Fremdkapazitäten an schwankende Instandhaltungsbedarfe gegenüber der eigener Instandhaltungskapazitäten für den (begrenzten) Einsatz von Fremdleistungen. Die höhere Anpassungsfähigkeit von Fremdunternehmen beruht vor allem darauf, daß sie Instandhaltungsarbeiten für Unternehmen mit verschiedener Branchenzugehörigkeit durchführen. Da bei unterschiedlichen Auftraggebern davon auszugehen ist, daß der zeitliche

1) Vgl. Wirtschaftsvereinigung Eisen- und Stahlindustrie, Ausschuß Organisation und Datenverarbeitung (Hrsg.), Entscheidungsfindung Eigen- und Fremdleistung, o.O. 1979, S. 3 (unveröffentlicht).

2) Vgl. Müller-Oehring, H. und Herzig, N.: Wirtschaftlichkeitsprobleme der Instandhaltung, in: Schmalenbach-Gesellschaft (Hrsg.), Instandhaltung - ein Managementproblem der Anlagenwirtschaft, 2. Aufl., Köln 1978, S. 228f.

3) Vgl. Laub, K.: Eigenleistung-Fremdleistung, eine Führungsentscheidung, in: Deutsches Komitee Instandhaltung (Hrsg.), Instandhaltung - Partner der Produktion, Stuttgart 1973, S. VII/5.

4) Vgl. Stech, W. und Bien, J.: Wann lohnt sich der Einsatz von Fremdleistungen in der Instandhaltung?, in: Aktuelle Probleme der Instandhaltung, VDI-Berichte Nr. 215, Düsseldorf 1974, S. 76.

Verlauf des Arbeitsanfalles nicht identisch ist, besteht für den Fremdunternehmer die Möglichkeit, in einem bestimmtem Rahmen Arbeitseinsätze entsprechend den Bedürfnissen der einzelnen Auftraggeber zu verschieben. Diese auftragssynchrone Bereitstellung von Instandhaltungspersonal durch Fremdunternehmen ist insbesondere dann von Bedeutung, wenn schwankende Instandhaltungsbedarfe gedeckt werden müssen (z.B. verursacht durch opportunistische strategische Vorgehensweise oder schwankende Beschäftigung der Produktionsbetriebe)[1].

Weiterhin ist die Fremdinstandhaltung gegenüber der eigenen Instandhaltung nicht nur durch eine hohe Anpassungsflexibilität gekennzeichnet, sondern i.d.R. auch durch:

- geringere Anlagenvertrautheitsgrade der Ausführenden (höhere Zeitverbräuche)[2]
- höhere Vorbereitungs- und Transportzeiten für die Arbeitskräfte
- zusätzlichen Verwaltungsaufwand für die Auftragsvergabe.

In welchem Umfang längerfristig Unternehmerleistungen zur Unterstützung der eigenen Instandhaltungskapazitäten herangezogen werden sollten, hängt von einer Vielzahl von Einflußgrößen ab, die im folgenden herausgestellt werden, um darauf aufbauend einen Ansatz zur wirtschaftlichen Festlegung des Verhältnisses von Eigen- und Fremdinstandhaltung zu entwikkeln.

---

1) Vgl. Müller-Oehring, H. und Herzig, N.: Wirtschaftlichkeitsprobleme der Instandhaltung, in: Schmalenbach-Gesellschaft (Hrsg.), Instandhaltung - ein Managementproblem der Anlagenwirtschaft, 2. Aufl., Köln 1978, S. 228.

2) Dieses trifft aber nicht für die oben erwähnten speziellen Instandhaltungsarbeiten zu.

2) Bestimmungsgrößen für die Fremdvergabe von Instandhaltungsarbeiten

Bei den Bestimmungsgrößen für die Fremdvergabe von Instandhaltungsarbeiten lassen sich unternehmensinterne und -externe Größen unterscheiden. Bei den unternehmensinternen Einflußgrößen handelt es sich vorrangig um

- das zu erbringende Instandhaltungsprogramm,
- die Größe des Instandhaltungsbetriebes,
- den Instandhaltungsvollzug,
- die Ersatzteil- und Reparaturmaterialbereitstellung und -lagerung,
- die mittel- bis längerfristige Auslastung der Hauptbetriebe und
- den Finanzbedarf.

Von daher ist u.a. auf der Grundlage von Entscheidungen über diese Handlungsparameter festzulegen, welche Instandhaltungsarbeiten grundsätzlich von Fremden durchgeführt werden sollen. Da jedoch die Entscheidung über die Fremdvergabe von Arbeiten ihrerseits z.T. die obigen Handlungsmöglichkeiten beeinflußt[1], muß die Entscheidungsfindung mit diesen Handlungsbereichen abgestimmt werden. Diese Abstimmungsnotwendigkeit kommt insbesondere bei der Festlegung unternehmenseigener Instandhaltungskapazitäten und der Fremdvergabeentscheidung zum Tragen, da sich der gesamte Instandhaltungsbedarf einer Unternehmung wirtschaftlich nur durch den abgestimmten Einsatz eigener und fremder Instandhaltungskapazitäten decken läßt.

Eine wesentliche Bestimmungsgröße für die Fremdvergabeentscheidung stellt die o.g. Grundstruktur des zu erbringenden Instandhaltungsprogramms dar. Als bestimmende Komponenten auf die qualitative und zeitliche Komponente eines Instandhaltungsprogramms sind die Anlagenkonstruktion und die verfolgte Instandhaltungsstrategie anzusehen. Mit der Entscheidung über die Anlagenkonstruktion ist weitgehend festgelegt, inwieweit für die Instandhaltung einzelner Anlagenbauteile Spezialisten oder Spezialwerkzeuge erforderlich sind. Diese können u.U. wirtschaftlicher von Fremdunter-

---

1) Vgl. S. 69f., S.75f. und S. 84.

nehmen zur Verfügung gestellt werden, wenn im eigenen Instandhaltungsbereich diese speziellen Instandhaltungsmaßnahmen nicht in der Häufigkeit anfallen, daß eine wirtschaftliche Auslastung des benötigten Fachpersonals und der Spezialgeräte gewährleistet ist. Auch fördert weiterhin eine "instandhaltungsfreundliche" Konstruktion der Anlagen (auswechselbare Bauteile, automatische Fehleranzeige etc.) den Einsatz von Fremdunternehmen, da hierbei regelmäßig genaue Anlagenkenntnisse zur Durchführung von Instandhaltungstätigkeiten nicht erforderlich sind.

Die gewählte strategische Vorgehensweise beeinflußt des weiteren den Anteil von Instandhaltungsarbeiten, der eine genaue Kenntnis der Einsatzbedingungen der Anlagen und ihrer Stellung im Produktionsprozeß erfordert, und damit auch den Umfang von Arbeiten, die sich grundsätzlich zur Fremdvergabe eignen. Denn eine nur störungsbedingte Instandsetzung (Feuerwehrstrategie), die oftmals mit schwieriger Suche nach Fehlerursachen verbunden ist, schränkt im Vergleich zur präventiven Vorgehensweise mit vielen standardisierten Arbeitsabläufen den Einsatzbereich von Fremdunternehmen ein.
Darüber hinaus fallen Störungen zufallsbedingt an und können durchaus mit unerwünschten Stillständen der Anlagen verbunden sein, so daß ihre schnelle Beseitigung erforderlich wird. Von daher verhindern unvermeidliche Wegezeiten von Fremdunternehmen, soweit sie nicht dauernd im Unternehmen tätig sind, deren Einsatz für die Erfüllung dieser Instandhaltungsaufgaben[1].

Neben schadensbedingten Instandsetzungen sollten auch Inspektionen von Arbeitskräften durchgeführt werden, die über eine detaillierte Anlagenkenntnis verfügen, da die Instandsetzung der Anlagenbauteile weitgehend von ihren Untersuchungsergebnissen und ihrer Beurteilung des Zustandes einzelner Anlagenelemente abhängig ist.

---

1) Vgl. Männel, W.: Grundprobleme der Wahl zwischen Eigenfertigung und Fremdbezug im Industriebetrieb, in: Betriebliche Forschung und Praxis, 21.Jg., 1969, S. 8of.

Die Notwendigkeit zur zeitlichen Koordination von Instandhaltungsmaßnahmen (Blockstrategie) - wie sie in vielen Betrieben mit kontinuierlicher Produktionsweise gegeben ist - und Beschäftigungsschwankungen in den Produktionsbetrieben führen zu schwankendem Instandhaltungsbedarf (gemessen in Instandhaltungsmannstunden). Die Ausrichtung der eigenen Instandhaltungskapazität an den hierbei auftretenden Bedarfsspitzen würde sicherlich mit einer Unterauslastung der eigenen Kapazitäten in den Zwischenzeiten verbunden sein. Zur Abdeckung dieser Bedarfsspitzen können insbesondere Fremdunternehmen herangezogen werden, soweit es sich hierbei um Instandhaltungsarbeiten handelt, deren Erfüllung ohne spezielle Kenntnisse der Einsatzbedingungen der Anlagen möglich ist[1].

Die Größe des Instandhaltungs(gesamt)betriebes (z.B. gemessen an der Anzahl der Mitarbeiter) bestimmt des weiteren den Einsatz von Fremdunternehmen. Denn für große Instandhaltungsorganisationen besteht durchaus die Möglichkeit des wirtschaftlichen Einsatzes qualifizierter Mitarbeiter, die sich ausschließlich mit speziellen Arbeitsgebieten der Instandhaltung eigener Anlagen beschäftigen, so daß ein Einsatz externer Spezialisten nicht erforderlich ist[2].

Die Gestaltung des Instandhaltungsvollzuges wäre weiterhin als Einflußgröße auf die Fremdvergabeentscheidung zu nennen. Bei der "austauschenden Instandsetzung" fallen grundsätzlich einerseits Auswechselungen von Teilen der Anlage und andererseits Bauteilereparaturen an. Das Auswechseln von Teilen erfordert i.d.R. keine detaillierte Anlagenkenntnis, so daß zu diesen Arbeiten durchaus Fremdunternehmen herangezogen werden können.
Darüber hinaus ist bei diesem Instandhaltungsvollzug in Erwägung zu ziehen, die notwendigen Teilereparaturen nach außen zu vergeben, insbesondere wenn Unternehmen gefunden werden können, die sich auf die Reparatur bestimmter Anlagenbauteile spezialisiert haben und somit über für diese Instandhaltungsaufgaben besonders geeignete Mitarbeiter und Maschinenbestände verfügen.

---

1) Vgl. Männel, W.: Die Wahl zwischen Eigenfertigung und Fremdbezug, 2. Aufl., Stuttgart 1981, S. 266 - 268.
2) Vgl. S. 68.

Die Fremdvergabeentscheidung wird weiterhin davon beeinflußt, ob bei der Instandhaltung von Anlagenteilen durch Fremdunternehmen für den Anlagenbetreiber die Notwendigkeit entfällt, die hierzu erforderlichen Ersatzteile bereitzustellen. Bei Übernahme der Bereitstellung durch den Fremdunternehmer hat dieser i.d.R. auch die entsprechenden Teile zu bevorraten, so daß der Anlagenbetreiber seinerseits die Lagerbestände an diesen Anlagenelementen abbauen bzw. erheblich reduzieren kann. Insbesondere wenn die Anlagenhersteller bzw. deren Vertragsfirmen die Instandhaltung übernehmen, liegt die Bereitstellung und Lagerhaltung der Bauteile häufig in deren Händen (z.B. Automobilhersteller). Das in den Reserveteilen gebundene Kapital könnte somit für andere betriebliche Verwendungszwecke eingesetzt werden.

Der Finanzbedarf stellt nicht nur aufgrund der Lagerhaltung von Bauteilen eine Bestimmungsgröße auf die Fremdvergabeentscheidung dar, sondern auch zur Beschaffung von maschinellen Einrichtungen, Meßgeräten etc. werden bei der Eigeninstandhaltung finanzielle Mittel benötigt. Dieses trifft insbesondere für hochwertige Inspektionsgeräte und Werkzeuge sowie für maschinelle Anlagen zur Instandsetzung von Anlagenteilen zu. Bei der Fremdinstandhaltung werden somit hohe Anschaffungsauszahlungen für diese Betriebsmittel vermieden, so daß auch bei evtl. knappen Finanzmitteln Instandhaltungsleistungen, die diese technischen Hilfsmittel erfordern, durchgeführt werden können. Insbesondere in Klein- und Mittelbetrieben übt der Finanzbedarf für die Instandhaltung einen starken Einfluß in Richtung auf die Fremdvergabe von Instandhaltungsleistungen aus.

Als weitere unternehmensinterne Einflußgröße auf die Entscheidung Eigen- oder Fremdinstandhaltung wäre die mittel- bis längerfristig zu erwartende produktionsmäßige Auslastung der zu betreuenden Fertigungsanlagen zu nennen. Z.B. müßte die heutige Beschäftigungssituation in der Eisen- und Stahlindustrie eine wesentliche Erhöhung des Fremdanteils zulassen, da Anlagenstillstände durch evtl. längere Arbeitszeiten der Fremden keine wesentlichen Beeinträchtigungen für die Produktion darstellen.

Neben den genannten unternehmensinternen Bestimmungsgrößen auf die Fremdvergabeentscheidung bestimmen auch unternehmensexterne Faktoren die Entscheidungsfindung. Hierbei handelt es sich im einzelnen um

- die wirtschaftliche Leistungsfähigkeit des Fremdunternehmens und um
- Markteinflüsse.

Die wirtschaftliche Leistungsfähigkeit eines Anbieters von Fremdleistungen findet einerseits ihren Ausdruck im Angebotspreis und in den Zahlungsbedingungen, andererseits in qualitativen Leistungskomponenten wie Flexibilität des Angebots, Spezialisierungs- und Erfahrungsgrad bei der Durchführung der betreffenden Leistungen, "Lieferzeit" und Bereitschaft zur Übernahme rechtlicher Verpflichtungen zum Schadensersatz für Produktionsausfälle sowie zur Gewährleistung bei mangelhaft erbrachten Leistungen etc.

Die Flexibilität des Angebots beinhaltet die Anpassungsfähigkeit der zur Verfügung gestellten Personalkapazitäten an schwankende Instandhaltungsbedarfe. Diese Anpassungsflexibilität bei der Bereitstellung von Instandhaltungspersonal ist regelmäßig beim Einsatz von Fremdunternehmen gegeben[1]. Hieraus resultiert für den Anlagenbetreiber, daß er zumindest den Fremdanteil des Personaleinsatzes zur Instandhaltung der Anlagen bedarfsgerecht in Anspruch nehmen kann und somit Leerkapazitäten beim Personaleinsatz weitgehend vermieden werden können.

Für einen Teil der laufend anfallenden Instandhaltungsarbeiten gilt, daß sich eine Vielzahl von Dienstleistungsbetrieben auf die Durchführung dieser Tätigkeiten spezialisiert haben. Insbesondere auf dem Gebiet der Wartung und Reinigung von Maschinen und sonstigen betrieblichen Einrichtungen besteht ein breites Angebot von Fremdfirmen[2]. Durch die Spezialisierung verfügen

---

1) Vgl. S. 90f. und S. 123 - 126.
2) Vgl. Bendix, P.H. und Seitz, U.: Fremdkräfte in der Maschinenwartung und -reinigung, in: Instandhaltung, 1978, S. 19-21.

diese Betriebe über einen hohen Übungs- und Routinegrad bei der Ausführung dieser Arbeiten und benötigen von daher auch entsprechend geringe Ausführungszeiten. Oftmals setzen diese Dienstleistungsbetriebe auch Spezialgeräte zur Erfüllung der Instandhaltungsaufgaben ein.

Ein weiterer Einfluß auf die Fremdvergabeentscheidung übt die "Lieferzeit" aus, innerhalb derer Fremdinstandhaltungsleistungen zur Verfügung gestellt werden können. Die zeitliche Dauer der Bereitstellung von Leistungen stellt insbesondere für die Fremdvergabe schadensbedingter Instandsetzungen, die zur Vermeidung von Produktionsausfällen unmittelbar nach Schadenseintritt beseitigt werden sollen, eine wichtige Bestimmungsgröße dar. Zwar bieten immer mehr Fremdfirmen einen 24-stündigen Servicedienst an[1], aber Anlagenbetreiber, insbesondere von industriellen Großanlagen mit kontinuierlicher Produktionsweise, führen diese Arbeiten i.d.R. mit unternehmenseigenem Personal durch, da sie die Verfügbarkeit von eigenen Arbeitskräften höher als die von Fremdkräften einschätzen[2].

Die Übernahme rechtlicher Verpflichtungen zum Schadensersatz bei mangelhaft oder nicht termingerecht ausgeführten Leistungen beeinflußt des weiteren die Entscheidung über die Fremdvergabe von Instandhaltungsleistungen. Aufgrund der Regreßpflicht der Fremdunternehmung gelingt es dem Anlagenbetreiber, zumindest einen Teil seines Geschäftsrisikos wie z.B. Produktions- und Lieferausfälle auf seinen Instandhaltungspartner zu überwälzen.

Neben den genannten qualitativen Leistungskomponenten stellen die Angebotspreise für die Fremdleistungen und die angebotenen Zahlungsbedingungen weitere wichtige Bestimmungsgrößen für die Fremdvergabeentscheidung dar. Der Angebotspreis besteht in der Realität aus verschiedenen Preiskomponenten. Die Aufgliederung der Preis-

---

1) Vgl. Bendix, P.H. und Seitz, U.: Fremdkräfte in der Maschinenwartung und -reinigung, in: Instandhaltung, 1978, S. 19. Wieczorek, H.: M.A.N.-Reparaturzentrum in Hamburg, in: Hansa-Schiffahrt-Schiffbau-Hafen, 115.Jg., 1978, S. 572.

2) Vgl. S.89f.; Verband der Chemischen Industrie e.V.: Planmäßige Instandhaltung in der Chemischen Industrie, Frankfurt 1975, S. 64.

größe folgt vor allem aus der Tatsache, daß die Fremdleistungen sich aus verschiedenen Sach- und Dienstleistungen wie Arbeitsleistungen, Ersatzteilen und Reparaturmaterialien, Instandhaltungsbetriebsmitteln, Transporten, Vorratshaltung, Kreditgewährung etc. zusammensetzen können. Weiterhin kommen noch Preiszuschläge für Zusatzleistungen (z.B. Sonn- und Feiertagszuschläge) oder Preisabschläge (z.B. Rabatte, Boni etc.) zum Ansatz. Zur wirtschaftlichen Beurteilung verschiedener Fremdangebote ist daher sicherzustellen, daß Vergleichsrechnungen nur auf der Basis identischer Leistungsbündel durchgeführt werden.

Unternehmensexterne Einflüsse auf die Fremdvergabeentscheidung entstammen nicht nur aus dem Bereich des einzelnen Anbieters für Fremdinstandhaltungsleistungen, sondern auch Marktdaten wie Herkunft und Größe der Marktteilnehmer sowie die Konkurrenzsituation unter den Anbietern auf den betreffenden Dienstleistungsmärkten üben einen Einfluß auf die Entscheidungsfindung aus. Nach der Herkunft lassen sich die Anbieter von Instandhaltungsleistungen in die Gruppe der Anlagenhersteller und in die sonstiger Dienstleistungsbetriebe aufgliedern. Die Anlagenhersteller verfügen hierbei i.d.R. über eine große Erfahrung mit den jeweiligen Anlagenkonstruktionen und besitzen auch vielfältige Kenntnisse über das Verschleißverhalten ihrer Anlagen und dessen Beseitigung bzw. Vermeidung. Weiterhin verfügen nur sie über Originalersatzteile, die in besonderer Weise konstruktionsgerechte Instandsetzungsleistungen gewährleisten. Weiterhin kann der Hersteller preisgünstig Instandhaltungsleistungen anbieten, wenn er entsprechend hohe Erlöse beim Verkauf der Anlagen erzielen kann.

Die Marktstellung der Instandhaltungsleistungen nachfragenden und anbietenden Unternehmen sowie die Konkurrenzsituation unter den anbietenden Dienstleistungsbetrieben beeinflussen weiterhin sowohl die Höhe der Angebotspreise als auch die qualitativen Komponenten von Fremdleistungen wie Angebotsflexibilität, "Lieferzeit" etc. Von daher bilden auch diese Größen Bestimmungsgrößen für die Fremdvergabeentscheidung über Instandhaltungsleistungen.

3) Wirtschaftliche Festlegung des Verhältnisses von Eigen- und Fremdinstandhaltung

Der quantitative Rahmen der Fremdvergabe ist vor allem in Abstimmung mit den unternehmenseigenen Instandhaltungskapazitäten abzustecken. Hierbei ist unter Wirtschaftlichkeitsaspekten festzulegen, welcher Anteil geplanter Instandhaltungsmannstunden, die sowohl von unternehmenseigenen Mitarbeitern als auch von Fremdunternehmen durchgeführt werden können, fremd zu vergeben ist. Ausgangspunkt der Rahmenplanung (häufig als Jahresplanung) für die Festlegung des Verhältnisses von Fremd- und Eigeninstandhaltung bildet der gesamte Bedarf an Instandhaltungsmannstunden für die Anlagen eines Produktionsbetriebes. Welcher Instandhaltungsbetrieb - Fremdunternehmen oder Eigenbetrieb in Normal- oder Überstundenarbeit - die geplanten Instandhaltungsmannstunden erbringen soll, kann auf der Grundlage periodenbezogener Instandhaltungskosten für die betreffende(n) Produktionsanlage(n) entschieden werden. Hierbei sind in Alternativrechnungen die Periodenkosten bei unterschiedlichen Verhältnissen von Eigen- und Fremdinstandhaltungsstunden zu ermitteln und gegenüberzustellen, um zu einer wirtschaftlichen Festlegung des Einsatzumfanges von Fremdinstandhaltungsstunden zu gelangen[1].

Bei der Festlegung alternativer Einsatzverhältnisse von betrieblichen Normal- und Überstunden zu Fremdinstandhaltungsstunden sind nicht nur für unternehmenseigene Instandhaltungsbetriebe[2], sondern auch für den Einsatz von Fremdbetrieben u.U. Mindeststundenbedarfe zu berücksichtigen. Diese Mindestumfänge an einzusetzenden Fremdinstandhaltungsstunden resultieren aus erforderlichen Instandhaltungsleistungsarten, die nur von Fremden durchgeführt werden können oder sollen. Hierzu gehören Instandhaltungsmaßnahmen, zu deren Durchführung Spezialisten und/oder Spezialwerkzeuge benötigt werden und deren alleiniger Einsatz in der Unter-

---

1) Vgl. Middelmann, U.: Planung der Anlageninstandhaltung, Wiesbaden 1977, S. 154-157; Coenenberg, G.A.: Möglichkeiten des Wirtschaftlichkeitsvergleichs zwischen Eigenfertigung und Fremdbezug von Vorratsgütern in: Zeitschrift für Betriebswirtschaft, 37.Jg., 1967, S. 284.

2) Vgl. S. 86.

nehmung eine wirtschaftliche Auslastung dieser Potentialfaktoren nicht gewährleisten kann. Weiterhin sind Instandhaltungsleistungen von Fremden zu erbringen, wenn hierzu maschinelle Einrichtungen oder Werkzeuge und Meßgeräte notwendig sind, deren Beschaffung die Finanzkraft des betreffenden Betriebes übersteigt.

Die wirtschaftlichen Wirkungen unterschiedlicher Anpassungselastizitäten von Normal-, Über- und Fremdinstandhaltungsstunden an schwankende Instandhaltungsbedarfe werden in der Planungsrechnung durch alternative Einsatzverhältnisse dieser Stundenarten auf der Basis periodenbezogener Plankosten aufgezeigt[1]. Ein hoher geplanter Anteil von betrieblichen Normalstunden an der (Gesamt-) Personalkapazität, die zur Instandhaltung der Anlagen bereitzustellen ist, führt z.B. bei sinkendem Bedarf i.d.R. zu personellen Leerkapazitäten sowie zu nicht kurzfristig - entsprechend dem Beschäftigungsrückgang - abzubauenden Personalkosten und damit zu relativ hohen geplanten Instandhaltungskosten im Vergleich zu den sich ergebenden Plan-Periodenkosten bei höherem Fremdanteil an der Personalkapazität.

Besteht bei der Fremdvergabe von Instandhaltungsarbeiten die Möglichkeit, betriebseigene Lagerbestände an Reserveteilen abzubauen, können die sich hieraus ergebenden Kostenwirkungen in dieser Planungsrechnung u.a. durch alternative Ansätze für kalkulatorische Zinsen dargestellt werden.

Der Einfluß der Angebotspreise für Fremdleistungen auf das Einsatzverhältnis von Eigen- und Fremdinstandhaltung findet in dieser Wirtschaftlichkeitsrechnung vorrangig in der Bewertung der Fremdinstandhaltungsstunden ihren Niederschlag.

---

1) Vgl. Middelmann, U.: Planung der Anlageninstandhaltung, Wiesbaden 1977, S. 156f.

Inwieweit die geplanten Fremdinstandhaltungsstunden auch zur Instandhaltung der Anlagen genutzt werden sollen, läßt sich jedoch nicht mit instandhaltungsstundenbezogenen Wirtschaftlichkeitskalkülen festlegen, sondern diese Entscheidung kann nur - wie auch die Festlegung der Nutzung der eigenen Personalkapazitäten[1)] - für kurzfristige Bezugsperioden (z.B. Quartal) auf der Grundlage instandhaltungsleistungsbezogener Planungsrechnungen und ausgehend von gegebenen Kapazitäten getroffen werden[2)].

4) Einfluß der Fremdinstandhaltung auf die Instandhaltungskosten

Aufgrund der oben beschriebenen Anpassungsflexibilität des Einsatzes von Unternehmerstunden an schwankende Instandhaltungsbedarfe fallen beim Einsatz von Fremdleistungen i.d.R. variable Kosten an[3)]. Fixkosten - insbesondere als Personalkosten - können bei der Inanspruchnahme von unternehmensexternen Instandhaltungsleistungen bspw. auftreten, wenn Mitarbeiter von Fremdunternehmen ständig im unternehmenseigenen Instandhaltungsbetrieb tätig sind. Inwieweit der Einsatz dieser Arbeitskräfte zu fixen oder variablen Kosten führt, hängt einerseits vom Fristigkeitsgrad der Bezugs-

---

1) Vgl. S. 87.
2) Vgl. S. 126 - 128 und S. 248 - 262 ; Kilger, W. : Entscheidungskriterien zur Wahl zwischen Eigenerstellung und Fremdbezug, in: Busse von Colbe, W. (Hrsg.), Das Rechnungswesen als Instrument der Unternehmungsführung, Bielefeld 1969, S. 78-106; Ferner, W., Lindner, K. und Straesser, H.: Eigenfertigung oder Fremdbezug - ein Praxisfall, gelöst mit linearer Programmierung, in: Zeitschrift für Betriebswirtschaft, 38.Jg., 1968, 1. Ergänzungsheft, S. 45-58; Kloock, J.: Kurzfristige Produktionsplanungsmodelle auf der Basis von Entscheidungsfeldern mit den Alternativen Fremd- und Eigenfertigung (mit variablen Produktionstiefen), in: Zeitschrift für betriebswirtschaftliche Forschung, 26.Jg., 1974, S. 671-682; Kruschwitz, L.: Eigenerzeugung oder Beschaffung? Eigenverwendung oder Absatz?, Berlin 1971, S. 102-112; Hölscher, K.: Eigenfertigung oder Fremdbezug, Wiesbaden 1971, S. 11; Männel, W.: Die Wahl zwischen Eigenfertigung und Fremdbezug, in: Zeitschrift für wirtschaftliche Fertigung, 66.Jg., 1973, S. 154-157.
3) Vgl. Männel, W.: Eigenfertigung und Fremdbezug, in: Grochla, E. und Wittmann, W. (Hrsg.), Handwörterbuch der Betriebswirtschaft, 4. Aufl., Stuttgart 1974, Sp. 1233.

periode und andererseits von der verbleibenden Dispositionsfähigkeit dieser Fremdkapazitäten ab. Letzteres wird im wesentlichen bestimmt durch die vertragliche Gestaltung des Fremdbezuges (z.B. Entgeltbemessung) und die Umsetzbarkeit der Fremdkräfte zwischen den Instandhaltungs(teil)betrieben einer Unternehmung. Fixkosten fallen im Rahmen des Fremdbezuges weiterhin bei der administrativen Betreuung des Fremdeinsatzes an. Hierzu gehören insbesondere Personalkosten, die durch betriebliche Mitarbeiter verursacht werden, deren Aufgabe es ist, Fremdleistungen einzukaufen, Verhandlungsunterlagen vorzubereiten (z.B. Tätigkeitszeiten ermitteln, Netzpläne für Arbeitseinsätze erstellen, Angebotsvergleiche durchführen) etc.

Die Vergabe von Instandhaltungsleistungen an Fremdunternehmen erfordert, wenn sie unter Wirtschaftlichkeitsaspekten erfolgt, detaillierte Arbeitsbeschreibungen der Tätigkeiten und genaue Kenntnis über notwendige Zeit- und Mengenverbräuche zur Durchführung dieser Arbeiten. Von daher kommen häufig diese Unterlagen als Grundlage zur Ableitung von Verbrauchsstandards für Instandhaltungsleistungen in Betracht.

B. Aktivitäten mit kurzfristiger Wirksamkeitsdauer

a) Maßnahmen im Anlagenbereich

aa) Planung des Instandhaltungsprogramms

1) Abgrenzung von Instandhaltungsleistungsarten

Im Rahmen längerfristig festliegender Grundstrukturen von Instandhaltungsprogrammen (auf der Basis von Konstruktions- und Strategieentscheidungen) muß für die jeweils unmittelbar bevorstehende(n) Planungsperiode(n) (z.B. Quartal(e)) festgelegt werden, welche Instandhaltungsprogramme - differenziert nach Instandhaltungsleistungsarten und -mengen - für die betreffenden Anlagenkomplexe zu erbringen sind. Denn die Instandhaltungsprogramme für Produktionsanlagen wie z. B. für Walzwerke und Hochöfen bilden eine wesentliche Grundlage für die Gestaltung der Durchführung von Instandhaltungsmaßnahmen, d.h. für die Zuordnung von Instandhaltungsarbeiten (- aufträgen) auf verfügbare Instandhaltungsbetriebe, für die Einsatzweise der Instandhaltungspotentiale etc. Des weiteren stellen Instandhaltungsprogramme Ausgangsgrößen für die Planung und Kontrolle von Instandhaltungskosten der Fertigungsanlagen innerhalb einer Planungsperiode dar[1].

Zur Ermittlung der Instandhaltungsleistungsarten und -mengen, die für eine Anlage zu erbringen sind, empfiehlt es sich, eine systematische Aufstellung aller Leistungsarten für eine Anlage anzufertigen. Hierbei sollte die Abgrenzung einzelner Leistungsarten zweckgerecht im Hinblick auf die angestrebten Verwendungszwecke erfolgen, um unnötigen personellen und finanziellen Mehraufwand bei der Erfüllung von unterschiedlichen Planungsaufgaben zu vermeiden. Da sich einerseits alle betrieblichen Anlagen aus technisch gleichartigen Anlagenkomponenten (Motor, Kupplung, Getriebe etc.) zusammensetzen und sich andererseits Instandhaltungsleistungsarten nach ihren Tätigkeitsinhalten (z.B. Inspektions-, Wartungs- und Instandsetzungsarbeiten)

---

1) Vgl. S. 157f.

unterscheiden lassen, kann die Systematisierung von Instandhaltungsleistungsarten grundsätzlich tätigkeits- oder anlagenelementorientiert erfolgen. Zur Verdeutlichung dieser beiden Ordnungsprinzipien zur Systematisierung von Instandhaltungsleistungsarten sei folgendes Beispiel angeführt[1]:

Tätigkeitsorientierte Systematisierung	Anlagenelementorientierte Systematisierung
- Demontage aus der Anlage = Anlasser = Motor = Getriebe	- Motor = Demontage aus der Anlage = Reinigen der Bauteile
- Reinigen von Bauteilen = Motor = Getriebe	- Getriebe
- etc.	- etc.

Unterschiedliche Einbauorte der Anlagenelemente, unterschiedliche Umweltbedingungen etc. können zu einer weiteren Differenzierung von Instandhaltungsleistungsarten herangezogen werden. Jedoch sollte man hierbei möglichst zur Bildung von Zugänglichkeits- oder Belastungsklassen kommen, die für alle - sich zwar nach Arbeitsinhalten und betroffenen Anlagenelementen unterscheidenden - Instandhaltungsleistungsarten gleich sind, damit die Instandhaltungsprogramme sich aus einer überschaubaren Anzahl von Leistungsarten zusammensetzen.

Welche Vorgehensweise zur systematischen Erfassung von Instandhaltungsleistungsarten herangezogen werden sollte, kann nur auf der Grundlage betriebsspezifischer Gegebenheiten wie z.B. der Heterogenität von Anlagenkonstruktionen, der Unterschiedlichkeit der Anlagenbelastungen, der verwendeten Systematik bei bereits vorhandenen Uraufschreibungen oder der angestrebten Verwendungszwecke entschieden werden. In dieser Arbeit wird von einer primär anlagenelementorientierten Systematisierung der Instandhaltungsleistungsarten ausgegangen, da gleiche Anlagentypen in der untersuchten Unternehmung oftmals heterogene konstruktive Merkmale aufweisen und in unterschiedlichem Ausmaß durch Produktion und Umwelt belastet werden. Weiterhin basieren viele vorhandene

1) Vgl. Erdmann, W.: Bedeutung und Möglichkeiten der Instandhaltung, in: Lehrgangsunterlagen zum REFA-Sonderseminar "Rationalisierung der Instandhaltung durch Planung, Steuerung und Kontrolle", Darmstadt 1977, S. 76f.

Uraufschreibungen und Planungsunterlagen auf diesem Gliederungsprinzip für Instandhaltungsleistungsarten. Insbesondere Kataloge mit Zeitvorgaben für Instandhaltungsarbeiten folgen diesem Ordnungsprinzip zur Systematisierung von Instandhaltungsleistungsarten.

Eine primär anlagenelementorientierte Abgrenzung von Instandhaltungsleistungsarten kann beispielsweise wie folgt vorgenommen werden:

Instandhaltungsleistungen "Auslaufrollgang"				
Inspektion		Inspektion: Kupplungen		
		Inspektion: Gelenkwellen		
		Inspektion: Rollen		
		Inspektion: Audco-Ventile		
		Inspektion: Kühlwasserrohre		
		Inspektion: Schwenkzylinder		
		Inspektion: Motore		
		Inspektion: Trafozellen		
		Inspektion: Ankerschalter		
		Inspektion: Schalterschränke		
		Inspektion: Schützenraum		
Wartung		Gelenkwellen abschmieren		
		Schwenkzylinder abschmieren		
		Audco-Ventile abschmieren		
		Motore: Lagerstellen abschmieren		
Wechsel von Anlagenbauteilen	mechanische	Rollenwechsel	Einbauort 1 (S-Rolle)	
			Einbauort 2 (W-Rolle)	
			Einbauort 3 (W-Rolle)	
			Einbauort 4 (T-Rolle)	
			Einbauort 5 (T-Rolle)	
			Einbauort 6 (T-Rolle)	
			Einbauort 7 (T-Rolle)	
		Gelenkwellenwechsel	kurz	
			lang	
		Ventilwechsel	Audco-Absperrventil	klein
				groß
			Disco-Rückschlag-Ventil	
			5/2-Wege-Ventil	
		Zylinderwechsel	Drumag Pneumatik	
			Pneumatik m. Dämpfung	
		Schlauchwechsel		
		Düsenwechsel		
		Ocean-Schieber-Wechsel		
		Kupplungswechsel	komplett	
			Kuppl.-hälfte (rollenseitig)	
	elektro.	Dämpfungselemente wechs.		
		Kupplungswechsel	komplett	
			Kuppl.-hälfte (motorseitig)	
		E-Motor-Wechs.		
Abb.8		Beispiel für die Abgrenzung von Instandhaltungsleistungsarten		

Um Planungs- und Kontrollkalküle nicht zu differenziert gestalten zu müssen, wäre es u.U. auch sinnvoll, Instandhaltungsleistungsarten für verschiedene Anlagenelemente zu einer Leistungseinheit zusammenzufassen. Diese Vorgehensweise empfiehlt sich insbesondere bei Inspektions- oder Wartungsleistungen, da aufgrund sehr geringer leistungsspezifischer Zeit- und/oder Mengenverbräuche eine detaillierte Erfassung einzelner Leistungsarten in Planungs- und Kontrollkalkülen als nicht angemessen anzusehen ist.

2) Festlegung des Instandhaltungsprogramms

Die qualitative Komponente des für eine Produktionsanlage zu erbringenden Instandhaltungsprogramms (Leistungsarten) wird weitgehend durch die Anlagenkonstruktion und die verfolgte Instandhaltungsstrategie festgelegt. Der quantitative Periodenbedarf an Wartungs- und Inspektionsleistungen - soweit letztere überhaupt anfallen (strategieabhängig) - wird durch Inspektions- und Wartungspläne bestimmt. Hierbei handelt es sich um Unterlagen, aus denen hervorgeht, in welchen periodischen Abständen Inspektions- und Wartungsleistungen für die jeweils betroffene Anlage erbracht werden müssen[1]. Für die mengenmäßige Bestimmung von Instandsetzungsleistungen, die für eine Produktionsanlage innerhalb einer bevorstehenden Planungsperiode zu erbringen sind, ist es zweckmäßig, die Instandsetzungen danach zu unterscheiden, ob sie zur Deckung des laufenden Instandsetzungsbedarfs der Anlage dienen oder im Rahmen von außerordentlichen Instandsetzungsaufträgen (z.B. Großreparaturen) erbracht werden. Die Festlegung der Anzahl von Instandsetzungsleistungen für die Erfüllung außerordentlicher Instandsetzungsaufträge ist innerhalb kurzfristiger Planungsperioden weitgehend entscheidungsabhängig. Ihre Durchführung wird - wie auch bei laufenden Instandsetzungsmaßnahmen - durch den Verschleiß der Anlagen bedingt, jedoch sind außerordentliche Maßnahmen in begrenztem Umfang zeitlich verschiebbar. Von daher werden ihre Durchführungszeitpunkte vor allem unter Beachtung der gegenwärtigen und zukünftigen Gewinn- und Finanzsituation des Unternehmens sowie in Abhängigkeit von verfügbaren Instandhaltungskapazitäten disponiert[2].

Die notwendige Anzahl von Instandsetzungsleistungen zur Deckung des laufenden Instandsetzungsbedarfs ist weitgehend (produktionsbedingt) verschleißabhängig. Die Ermittlung dieser Leistungsmengen für eine Bezugsperiode kann nicht ausschließlich auf der

---

1) Beispiele für Inspektions- und Wartungspläne enthält Tab. 1, S. 310.
2) Vgl. Middelmann, U.: Planung der Anlageninstandhaltung, Wiesbaden 1977, S. 91 und 1o7.

Grundlage der in der Vergangenheit erbrachten Leistungsmengen erfolgen. Denn in den wenigsten Fällen liefert diese Vorgehensweise Prognosewerte mit befriedigender statistischer Genauigkeit. So ergaben Untersuchungen von Instandsetzungsleistungen in der Eisen- und Stahlindustrie, daß solche Prognosewerte für sich (häufig) wiederholende Instandsetzungsleistungen zur Deckung des laufenden Instandsetzungsbedarfs mit einem Schätzfehler von ca. 3o - 4o % behaftet sind, d.h. bei einer prognostizierten Menge von bspw. 1o Instandsetzungsleistungen (einer Leistungsart) liegt die Anzahl der tatsächlich anfallenden Leistungseinheiten zwischen 6 bzw. 7 und 13 bzw. 14 Einheiten für die betrachtete Bezugsperiode[1]. Vergleichbare Ergebnisse im Hinblick auf die mengenmäßige Prognose von Instandsetzungsleistungen wurden auch in der Chemischen Industrie ermittelt[2]:

Meßgeräte (ohne Schwebekörper-Durchflußmesser)
ca. 23 Reparaturen pro 1oo Geräte und Jahr

Meßumformer 9 bis 17 Reparaturen pro 1oo Geräte und Jahr

Regler (ohne Kleinstströmungsregler)
5 bis 13 Reparturen pro 1oo Geräte und Jahr

Ausgeber 7 bis 9 Reparaturen pro 1oo Geräte und Jahr

Stellgeräte mit pneum. Antrieb
12 bis 18 Reparaturen pro 1oo Geräte und Jahr.

Dieses Ergebnis verwundert insofern nicht, weil auch Schätzungen zur präventiven Festlegung von Instandsetzungszeitpunkten auf der Grundlage empirisch ermittelter Standzeiten mit vergleichbaren Schätzfehlern behaftet sind[3]. Die starken Schwankungen der Standzeiten von Anlagenelementen gleicher Bauart bilden - wie bereits erwähnt - auch die Ursache dafür, daß in Industriebetrieben der Großteil von Anlagenbauteilen im Rahmen von Inspektionsstrategien instand gehalten wird [4]. Die Prognose zukünftiger Instandsetzungszeitpunkte basiert bei dieser strategischen Vorgehensweise im wesentlichen auf dem jeweils festgestellten Zustand des betreffenden Anlagenbauteiles. Die

---

1) Einige Beispiele für die mengenmäßige Prognose von Instandsetzungsleistungen ausschließlich auf der Grundlage in der Vergangenheit erbrachter Leistungsmengen in einem Unternehmen der Eisen- und Stahlindustrie finden sich in Tab. 2, S. 313.

2) Vgl. Bartels, G.: Wirtschaftliches Instandhalten von Meß-, Steuer- und Regelanlagen in Chemiebetrieben, Leverkusen 1977, S. 13 (unveröffentlicht).

3) Vgl. S. 36.

4) Vgl. S. 37f.

Berücksichtigung dieser (aktuellen) Inspektionsergebnisse führt bei der Ermittlung von Instandsetzungsleistungen zur Deckung des laufenden Instandsetzungsbedarfs für bevorstehende Planungsperioden ebenfalls zu einer Verbesserung der Planungsgüte. Von daher sollten die Zustände der Anlagenelemente im Planungszeitpunkt in Verbindung mit Angaben über bisherige Einsatzdauern und noch (statistisch) zu erwartende Reststandzeiten sowie über zukünftige Anlagenbelastungen durch Produktion und Umwelt zur Festlegung der Anzahl von Leistungseinheiten herangezogen werden. Da der überwiegende Teil von Anlagenelementen in Industriebetrieben im Rahmen von Inspektionsstrategien instand gehalten wird, liegen diese aktuellen Angaben zu den jeweiligen Anlagenelementzuständen bereits vor und stehen somit zur mengenmäßigen Prognose von zu erbringenden Instandsetzungsleistungen in bevorstehenden Planungsperioden zur Verfügung[1].
Als eine weitere Bestimmungsgröße des laufenden quantitativen Instandhaltungsbedarfs ist noch die Risikobereitschaft der Entscheidenden im Instandhaltungsbetrieb anzusehen. Da mögliche Schadensfälle immer nur zufallsbedingt auftreten und ihre zeitliche Terminierung nur mit begrenzter Genauigkeit geschätzt werden kann, hängt die Festlegung präventiver Instandsetzungszeitpunkte und damit auch die Anzahl notwendiger Instandsetzungsleistungen in einer Planungsperiode in gewissem Umfang von der subjektiven Einschätzung des Ausfallrisikos von Bauteilen durch die Entscheidungsträger im Instandhaltungsbetrieb ab. Ihre Risikobereitschaft wird weitgehend durch den Beschäftigungsgrad der Hauptbetriebe, einzuhaltende Liefertermine und von der Bedeutung der Lieferbereitschaft als absatzpolitisches Instrument bestimmt. Somit sollte die Risikobereitschaft der Entscheidungsträger bei der Festlegung der Anzahl von Instandhaltungsleistungen für laufende Instandhaltungsmaßnahmen auch berücksichtigt werden.

---

1) In den untersuchten Unternehmen der Eisen- und Stahlindustrie werden ca. 9o % aller mechanischen und 8o % aller elektrischen Anlagenbauteile im Rahmen von Inspektionsstrategien instand gehalten, vgl. Voigt,J.-P.: Erfassung, Auswertung und Nutzung von Schadendaten in der Eisen- und Stahlindustrie, Diss. TH Braunschweig 1973, S. 39f.

Zur wirtschaftlichen Beurteilung von geplanten Instandhaltungsprogrammen für bevorstehende Planungsperioden können neben anderen Wirtschaftlichkeitskriterien auch periodenbezogene Instandhaltungskosten herangezogen werden. Bspw. eignen sich Instandhaltungskosten zur ökonomischen Bewertung alternativer Programmvorgaben, denen unterschiedliche Risikobereitschaftsgrade der Entscheidungsträger im Instandhaltungsbetrieb zugrundeliegen. Hierzu sind von den Entscheidungsträgern - entsprechend ihrer Risikobereitschaft - alternative Anzahlen von geplanten Leistungsmengen für die jeweiligen Instandsetzungsleistungsarten anzugeben. Mit Hilfe von Plankostenrechnungen, die die Instandhaltungsleistungen als Kosteneinflußgrößen explizit berücksichtigen, lassen sich dann die Kostenwirkungen alternativer Risikobereitschaftsgrade - ausgedrückt durch die unterschiedlichen Programmvorgaben - ermitteln[1].

ab) Abstimmung von Produktions- und Instandhaltungsterminierung

Neben der Entscheidung über die für Fertigungsanlagen zu erbringenden Instandhaltungsleistungsarten und -mengen in einer Betrachtungsperiode muß der Instandhaltungsbetrieb noch - in Abstimmung mit der Produktion - festlegen, in welchen Zeitabschnitten innerhalb der verfügbaren Betriebszeit die erforderlichen Instandhaltungsleistungen durchgeführt werden sollen. Hierbei handelt es sich insbesondere um die zeitliche Abstimmung der Instandhaltungsprozesse mit Produktionshauptprozessen und Nebenprozessen wie Umrüsten, Einfahren etc.[2].
In ihrer Wirkung auf den Produktionshauptprozeß lassen sich Instandhaltungsleistungen danach unterscheiden, ob zu ihrer Durchführung eine Unterbrechung oder Einschränkung des Hauptprozesses erforderlich ist oder nicht[3]. Insbesondere gehen von vielen Inspektions- und Wartungsleistungen keine Störungen

1) Zur wirtschaftlichen Beurteilung von Programmalternativen auf der Basis von Plankosten vgl. im einzelnen S. 242 - 248.
2) Vgl. Laßmann, G.: Produktionsplanung, in: Grochla, E. und Wittmann, W. (Hrsg.), Handwörterbuch der Betriebswirtschaft, 4. Aufl., Stuttgart 1975, Sp. 3115f.
3) Zu den unterschiedlichen Auswirkungen von Instandhaltungsleistungen auf Hauptnutzungszeiten von Anlagen vgl. Herzig, N.: Die theoretischen Grundlagen der betrieblichen Instandhaltung, Meisenheim 1975, S. 2oo-2o4.

des Produktionsvollzuges aus, darüber hinaus erfordert ein Teil der Inspektions- und Wartungsleistungen, daß die jeweilige Anlage Werkverrichtungen abgibt, damit diese Leistungen überhaupt erbracht werden können (z.B. Abhören der Laufruhe von Wälzlagern). Hingegen sind vor allem Instandsetzungen häufig mit einer Beeinträchtigung des Produktionsprozesses verbunden, so daß für diese Instandhaltungsleistungen innerhalb der für produktive Zwecke zur Verfügung stehenden Betriebszeit besondere Teilzeiten vorzusehen sind. Besteht die Möglichkeit, diese Instandhaltungsleistungen außerhalb der Produktionsschichtzeiten zu erbringen, wird der Produktionshauptprozeß bzw. die Haupttätigkeitszeit nicht tangiert. Hierzu könnten die Instandhaltungsleistungen u.U. an Samstagen, Sonn- und Feiertagen oder - bei entsprechender Betriebsweise - in der 2. oder 3. Schicht durchgeführt werden. Bei vielen Betrieben sind Inspektions-, Wartungs- und Instandsetzungsleistungen, die eine Unterbrechung des Produktionsprozesses erfordern,auch während der für Produktionszwecke zur Verfügung stehenden Betriebszeit zu erbringen, d.h. die Haupttätigkeit ist für die Instandhaltung der Anlagen zu unterbrechen. Dieses gilt insbesondere für Betriebe mit kontinuierlich ablaufenden Produktionsprozessen (z.B. Hochöfen, Stahlwerke etc.).

Um die für produktive Zwecke verfügbare Betriebszeit nicht unnötigerweise für die Erfüllung von Instandhaltungsaufgaben einschränken zu müssen, empfiehlt es sich, Unterbrechungszeiten, die für Umrüstarbeiten benötigt werden, gleichzeitig auch für Instandhaltungsarbeiten zu nutzen oder Instandhaltungsleistungen in Arbeitspausen oder in Phasen der Betriebsbereitschaft der betroffenen Anlagen durchzuführen. Hieraus resultiert, daß die zeitliche Terminierung von Instandhaltungsmaßnahmen nur in Abstimmung mit der Produktionsterminierung erfolgen kann, um eine produktive Auslastung der verfügbaren Betriebszeit zu gewährleisten.

b) Maßnahmen in den Instandhaltungsbetrieben

ba) Einsatz des Instandhaltungspersonals

1) Anpassung des Personaleinsatzes an Instandhaltungsbedarfsschwankungen

Aufgrund der weitgehenden Produktionsabhängigkeit des Instandhaltungsbedarfs von Fertigungsanlagen[1] schwankt die Anzahl der zu erbringenden Instandhaltungsleistungen mit dem Produktionsvolumen, das in einem marktwirtschaftlich orientierten Wirtschaftssystem - bedingt durch saisonale, konjunkturelle oder strukturelle Einflüsse - u.U. in beträchtlichem Umfang variieren kann. Bspw. schwankten die monatlichen Absatzmengen für Walzstahlerzeugnisse der deutschen Stahlindustrie in den Jahren 1977 bis 198o zwischen 1,3 und 2,2 Mio. Tonnen[2]. Hierbei ist davon auszugehen, daß sich Veränderungen von Produktions- und Absatzmengen oftmals in kurzen Zeitabständen (z.B. in einem Monat oder in einem Quartal) vollziehen. Untersuchungen in einem Unternehmen der Eisen- und Stahlindustrie ergaben, daß sich in einzelnen Produktionsbetrieben das Produktionsvolumen regelmäßig monatlich um ca. 1o % gegenüber dem Niveau des Vormonats verändert, wobei diese Produktionsschwankungen in Einzelfällen durchaus bis zu 3o % betragen können. In Phasen konjunktureller Über- oder Unterbeschäftigung weist die monatliche Erzeugungsmenge noch erheblich größere Schwankungsbreiten auf[3]. Der sich im Zeitablauf verändernde Instandhaltungsbedarf bedingt, daß die zur Deckung dieses Bedarfes notwendigen Instandhaltungskapazitäten an diese Schwankungen angepaßt werden müssen, um Kapazitätsunterauslastungen bzw. -überauslastungen zu vermeiden. Von daher erfolgte bereits die mittelfristige Festlegung von Instandhaltungskapazitäten insbesondere unter Berücksichtigung des zu erwartenden Produktionsniveaus eines Jahres[4].

Mit welchen Maßnahmen und unter welchen Rahmenbedingungen diese mittelfristig dimensionierten Instandhaltungskapazitäten (unternehmenseigene und -fremde) an kurzfristige Schwankungen des Instandhaltungsbedarfs angepaßt werden können und wie eine kostengünstige Inanspruchnahme verfügbarer Instandhaltungskapazitäten erfolgen

---

1) Vgl. Middelmann, U.: Planung der Anlageninstandhaltung, Wiesbaden 1977, S. 89f. und S. 151-154.
2) Vgl. Handelsblatt vom 31.1o.198o, Nr. 211, S. 22.
3) Vgl. beispielhaft zu Produktionsschwankungen in Betrieben der Eisen- und Stahlindustrie Abb.9, S. 307.
4) Vgl. S. 10f. und S. 85f.

kann, soll im folgenden dargestellt werden. Da zur Erbringung von Instandhaltungsleistungen vorzugsweise der Potentialfaktor Arbeit zum Einsatz gelangt , beschränken sich die Überlegungen im wesentlichen auf diesen Produktionsfaktor.

Grundsätzlich stehen dem Instandhaltungsbetrieb zur Anpassung des Personaleinsatzes an sich ändernde Instandhaltungsbedarfe folgende Maßnahmen zur Verfügung:

- Unternehmenseigene Personalkapazitäten
  = Bereichsweise Umsetzung
  = Quantitative Anpassung
    (Entlassung, Einstellung, kein Ersatz der Fluktuation)
  = Zeitliche Anpassung
    (Überstunden, Sonderschichten, Kurzarbeit)
  = Intensitätsmäßige Anpassung
    (Variation des Leistungsgrades)
- Personalkapazitäten von Fremdunternehmen
  = Bereichsweise Umsetzung
  = Quantitative Anpassung
    (Variation der Inanspruchnahme von Fremdleistungen)

Entlassungen und Neueinstellungen eignen sich nicht als Instrumente zur Anpassung von eigenen Personalkapazitäten an kurzfristige Veränderungen des Bedarfs an Instandhaltungsleistungen. Denn zum einen bestehen für gewerbliche Arbeitnehmer oftmals Kündigungsfristen, deren zeitliche Dauer bei weitem länger ist als die einzelnen Zykluslängen kurzfristiger Instandhaltungsbedarfsschwankungen [1]. Zum anderen dürften sich kurzfristig auch kaum geeignete Fachkräfte auf dem Arbeitsmarkt finden lassen, um steigende Instandhaltungsbedarfe zu decken.
Ein kurzfristiger Abbau von Arbeitskräften durch Nutzung der natürlichen Fluktuation gelingt auch nur sehr begrenzt, da die Fluktuationsrate für Facharbeiter in Deutschland bei ca. o,4% im Monat liegt [2].

1) Zu den Kündigungsfristen für gewerbliche Arbeitnehmer vgl. z.B. Manteltarifvertrag für die Arbeiter, Angestellten und Auszubildenden in der Eisen- und Stahlindustrie von Nordrhein-Westfalen, Bremen, Georgsmarienhütte, Osnabrück, Dillenburg und Niederschelden in der Fassung vom 6. Januar 1979, S. 34; zu den Schwankungen des Instandhaltungsbedarfs vgl. u.a. Middelmann, U.: Planung der Anlageninstandhaltung, Wiesbaden 1977, Anhang 1, Abb. 15.

2) Vgl. Wiegel, H.: Modell einer geplanten Instandhaltung, in: Werkstattstechnik, 63. Jg., 1973, S. 5.

Bei absehbarem mittel- bis langfristigen Rückgang des Instandhaltungsbedarfs (z.B. im Falle längerfristig rückläufiger Auftragseingänge für die Produktionsbetriebe) sind jedoch in der bevorstehenden Planungsperiode - wenn andere Maßnahmen zur Kapazitätsanpassung nicht ausreichen (z.B. Kurzarbeit) - vorbereitende Maßnahmen für Entlassungen oder Einstellungsstops zu treffen, um in folgenden Perioden diese Maßnahmen auch durchführen zu können.

Die intensitätsmäßige Anpassung von Personalkapazitäten, d.h. die Variation der Leistungsgrade von Mitarbeitern, ist nur von geringer Bedeutung im Hinblick auf die Veränderung von Instandhaltungskapazitäten. Denn intensitätsmäßige Anpassung beinhaltet im Instandhaltungsbetrieb, daß die Arbeitsgeschwindigkeit von Instandhaltungsarbeitern variiert wird. Jedoch ist der Variationsspielraum hierbei sehr gering, da insbesondere dauerhafte Überschreitungen der Normalintensität von Arbeitern aus physischen Gründen nicht geleistet werden können. Von daher werden Überschreitungen von durchschnittlichen Leistungsgraden auf dringende Ausnahmefälle begrenzt bleiben müssen. Unterschreitungen der Normalleistung kommen ebenfalls nicht oder nur sehr begrenzt zur Anpassung von Instandhaltungskapazitäten in Betracht. Denn bei zeitproportionaler Entlohnung würden sich die instandhaltungsleistungsbezogenen Lohnkosten erhöhen, bei Leistungsentlohnung hätten die Instandhaltungsarbeiter Einkommenseinbußen aufgrund niedriger Instandhaltungsbedarfe hinzunehmen.

2) Interne Umsetzung von Arbeitnehmern

Unter interner Umsetzung soll die (vorübergehende) Zuweisung von Arbeitskräften an unterschiedliche Einsatzorte innerhalb der zu betrachtenden Unternehmung verstanden werden. Für Instandhaltungsarbeiter bedeutet dies, daß sie zur Instandhaltung verschiedener Produktionsanlagen herangezogen werden.Die interne Umsetzung kommt als Maßnahme zur Anpassung von Instandhaltungs(teil)kapazitäten an schwankende Instandhaltungsbedarfe von Fertigungsanlagen nur dann in Betracht, wenn an verschiedenen Einsatzorten eines Instandhaltungsarbeiters Arbeiten anfallen, die dieser bei Beachtung seiner begrenzten qualitativen Kapazität auch durchführen kann. Aus dem Vorhandensein von zentralen (verrichtungsorientierten) Einsatzkolonnen in Industrieunternehmen resultiert, daß ein großer

Teil der Arbeiten an verschiedenen Anlagenkomplexen dieser Anforderung entspricht. Für Instandhaltungsarbeiten in einem Warmbreitband-Walzwerk gilt bspw., daß ca. 60 % der wiederkehrenden Instandhaltungsarbeiten von Angehörigen unternehmenseigener Zentralkolonnen, die an verschiedenen Anlagenkomplexen tätig sind, durchgeführt werden können[1].

Weiterhin ist die interne Umsetzung nur dann als geeignetes Instrument zur Anpassung von Instandhaltungs(teil)kapazitäten anzusehen, wenn verschiedene Anlagenkomplexe eines Unternehmens (z.B. Walzwerke, Stahlwerke) im Zeitablauf gegenläufig veränderliche Instandhaltungsbedarfe aufweisen. Erst unter dieser Voraussetzung wird es grundsätzlich möglich, gleiche Instandhaltungskapazitäten zeitlich gestaffelt zur Deckung von Instandhaltungsbedarfen an unterschiedlichen Anlagenkomplexen heranzuziehen. Dieses trifft bspw. für Hüttenwerke zu, wenn aufgrund des gewählten Produktionsweges (Anpassungsentscheidungen im Produktionsbereich) einzelne Produktions(teil)betriebe in unterschiedlichem Ausmaß zur Leistungserstellung herangezogen werden und somit aufgrund der Produktionsabhängigkeit des Instandhaltungsbedarfs in unterschiedlichem Ausmaß Instandhaltungsleistungen nachfragen: Z.B. können die geplante weitgehende Auslastung der Produktionskapazitäten eines Blasstahlwerkes und die geringe Auslastung eines SM-Stahlwerkes auf der Instandhaltungsseite dazu führen, daß Instandhalter, die bisher die Funktionsfähigkeit der Anlagen des SM-Betriebes zu gewährleisten hatten, zur Instandhaltung der Fertigungsanlagen des Blasstahlwerkes eingesetzt werden, da in diesem Produktionsbetrieb zukünftig ein höherer Instandhaltungsbedarf zu decken ist.

Neben dem Umsetzen von Instandhaltungsarbeitern können zur Deckung auftretender Instandhaltungsbedarfsspitzen auch Beschäftigte der Hauptbetriebe zur Durchführung von Instandhaltungsarbeiten herangezogen werden. Die Umsetzung von Beschäftigten aus dem Produktionsbereich in die Instandhaltung ist jedoch aufgrund ihrer im Hinblick auf die Erfüllung von Instandhaltungsaufgaben geringen Qualifikation nur in eingeschränktem Umfang möglich. Weiterhin begrenzt der jeweilige Beschäftigungsgrad der Hauptbetriebe die Umsetzung dieser Arbeitnehmer. Von daher werden Arbeitskräfte, die die Produktionsanlagen bedienen, z.B. während der Stillstandszeiten von Anlagen zur Unterstützung des

---

1) Vgl. S. 249.

Instandhaltungspersonals eingesetzt oder auch zur Durchführung von Reinigungs- und Wartungsarbeiten im Rahmen von Zusatzschichten herangezogen[1].

Mit der oben beispielhaft geschilderten Umsetzung von Instandhaltungspersonal ist der Einsatz von Instandhaltungsarbeitern an unterschiedlichen Einsatzorten über einen längeren Zeitraum hinweg (z.B. Monate) verbunden. Der Arbeitgeber kann kraft seines Direktionsrechtes diese Umsetzung anordnen, wenn weder aufgrund eines Arbeitsvertrages noch durch ständige Übung dem einzelnen umzusetzenden Instandhaltungsarbeiter ein bestimmter Arbeitsplatz oder -bereich zugewiesen worden ist. Andernfalls wäre die Zustimmung des Arbeitnehmers zur Umsetzung erforderlich[2].

Unabhängig von der Notwendigkeit zur Zustimmung durch den Arbeitnehmer ist die oben beschriebene Umsetzung der Instandhalter vom SM-Stahlwerk zum Blasstahlwerk in jedem Fall gemäß § 99 Betriebsverfassungsgesetz von der Zustimmung des Betriebsrates abhängig, die im Streitfall durch Gerichtsbeschluß ersetzt werden kann. Denn die geplante Umsetzung ist für den Arbeitnehmer mit einem Wechsel seines bisherigen Arbeitsbereiches verbunden, und die Dauer der Umsetzung erstreckt sich voraussichtlich über einen mehrmonatigen Zeitraum. Allerdings kann der Betriebsrat seine Zustimmung zu der oben geschilderten Umsetzung kaum verweigern, da die in § 99, Abs. 2 Betriebsverfassungsgesetz genannten Gründe zur Ablehnung der Zustimmung regelmäßig bei der vorgesehenen Umsetzung nicht gegeben sein dürften (z.B. Verstöße gegen gesetzliche Verbote: Nachtarbeit für Jugendliche etc., Verstöße gegen Tarifverträge: Eingruppierung in nicht vereinbarte Lohngruppen etc.[3]).

Die Notwendigkeit der Zustimmung durch den Betriebsrat ergibt sich auch, wenn eine Arbeitskraft mit einem festen Arbeitsplatz in einem anderen Arbeitsbereich mit veränderten Arbeitsbedingungen für einen Zeitraum kürzer als einen Monat umgesetzt werden soll (z.B. tageweiser Einsatz eines Instandhaltungsarbeiters aus dem SM-Werk im Blasstahlwerk, schichtweiser Einsatz der Bedienungsmannschaften zur Erfüllung von Instandhaltungsaufgaben).

1) Vgl. Herzig, N.: Die theoretischen Grundlagen betrieblicher Instandhaltung, Meisenheim 1975, S. 316 - 318.
2) Vgl. Buchner, H.: Direktionsrecht, in: Gaugler, E. (Hrsg.), Handwörterbuch des Personalwesens, Stuttgart 1975, Sp. 780.
3) Vgl. z.B. Tarifvertrag über die Lohn- und Gehaltssicherung für Arbeitnehmer der Eisen- und Stahlindustrie vom 17.2.78.

Das Recht zur Zustimmung zu Umsetzungen durch den Betriebsrat besteht grundsätzlich nicht, wenn es zur Eigenart eines Arbeitsverhältnisses gehört, daß die Arbeitsleistungen an verschiedenen Einsatzorten erbracht werden sollen. Dieses trifft bspw. auf Mitarbeiter von zentralen Einsatzkolonnen mit unternehmensweitem Einsatzbereich zu.

Unter welchen Voraussetzungen eine Zustimmung zur Umsetzung durch Betriebsrat bzw. Arbeitnehmer erforderlich ist, kann zusammenfassend der folgenden Tabelle entnommen werden[1]:

	unter 1 Monat		über 1 Monat	
	neuer AB mit ähnlichen Arbeitsbedingungen	neuer AB mit unterschiedl. Arbeitsbedingungen	neuer AB mit ähnlichen Arbeitsbedingungen	neuer AB mit unterschiedl. Arbeitsbedingungen
fester AB durch Vertrag oder Übung	1 AN	2 AN/BR	3 AN/BR	4 AN/BR
unterschiedl. ABe durch Vertrag und Übung	5	6	7	8

Tab. 3 Übersicht über gesetzliche Bestimmungen zum Zustimmungsrecht von Betriebsrat und Arbeitnehmern bei betrieblichen Umsetzungen

AB: Arbeitsbereich AN: Zustimmungsrecht des Arbeitsnehmers
BR: Zustimmungsrecht des Betriebsrates

In diesem Zusammenhang ist noch darauf zu verweisen, daß auch ständige Umsetzungen im Falle [1] dem Mitbestimmungsrecht des Betriebsrates unterliegen.

Abschließend sei zu den aufgezeigten rechtlichen Rahmenbedingungen für eine interne Umsetzung von Arbeitskräften angemerkt, daß sie i.d.R. ausreichend Handlungsspielraum lassen, um Instandhaltungsarbeiter im Hinblick auf eine kostengünstige Deckung des Instandhaltungsbedarfs an unterschiedlichen Fertigungsanlagen einzusetzen bzw. Beschäftigte der Hauptbetriebe zu Instandhaltungsarbeiten heranzuziehen. Hierzu ist es allerdings erforderlich, daß nicht in Arbeitsverträgen den Mitarbeitern Tätigkeitsbereiche zugesichert

---

1) Entwickelt in Anlehnung an Fitting, K.; Auffarth, F. und Kaiser, H.: Betriebsverfassungsgesetz - Handkommentar, 13.Aufl., München 1981, S.1137 - 1141.

werden, die eine interne Umsetzung dieser Mitarbeiter weitgehend erschweren, und daß eine mit dem jeweiligen Betriebsrat abgestimmte Vorgehensweise bei der Umsetzung angestrebt wird (z.B. durch einen paritätisch besetzten Personaleinsatzausschuß, wie er bereits in Unternehmen der Montanindustrie vorhanden ist). Gegebenenfalls sollte auch durch finanzielle Anreize die Mobilität der Arbeitnehmer innerhalb der Unternehmung erhöht werden.

Als Resümee kann aus den bisherigen Aussagen zur Umsetzung von Arbeitskräften innerhalb eines Betriebes gezogen werden, daß rechtliche Regelungen die interne Umsetzung als Anpassungsmaßnahme der Personalkapazitäten an schwankende Beschäftigungsgrade im wesentlichen nicht beeinträchtigen. Allerdings können Bedienungsmannschaften von Anlagen aus den o.g. Sachgründen heraus nur begrenzt zur Erfüllung von Instandhaltungsaufgaben herangezogen werden. Die Umsetzung von Instandhaltungsarbeitern an verschiedene Produktionsanlagen (Einsatzorte) ist hingegen auch unter Berücksichtigung technologischer Aspekte in weiten Bereichen möglich. Es besteht somit durchaus die Möglichkeit, diese Arbeitskräfte zwischen verschiedenen betrieblichen Kostenstellen - entsprechend dem Bedarf an Instandhaltungsleistungen - auszutauschen. Hieraus resultiert, daß Personalkapazitäten von Instandhaltungs(teil)betrieben an Beschäftigungsschwankungen dieser Teilbetriebe durch Umsetzung angepaßt werden können. Von daher ist der Einsatz des Faktors Arbeit (auch bei Zeitentlohnung) regelmäßig mit leistungsabhängigen Kosten verbunden[1].

3) Veränderung der Arbeitszeit

(1) Arbeitszeitverlängerung

Aufgrund der weitgehenden Inflexibilität des Leistungsgrades von Instandhaltungsarbeitern läßt sich die unternehmenseigene Personalkapazität des Instandhaltungs(gesamt)betriebes bei gegebener Anzahl der Mitarbeiter nur durch Variation der Einsatzdauer des Instand-

---

1) Vgl. Kilger, W.: Kostentheoretische Grundlagen der Grenzplankostenrechnung, in: Zeitschrift für betriebswirtschaftliche Forschung, 28. Jg., 1976, S. 682.

haltungspersonals in einem Betrachtungszeitraum verändern.
Die Verlängerung der regelmäßigen Arbeitszeit stellt von daher unter Beachtung gesetzlicher, tarifvertraglicher, betrieblicher und einzelvertraglicher Vereinbarungen eine geeignete Maßnahme zur Anpassung betrieblicher Instandhaltungskapazitäten an steigende Instandhaltungsbedarfe dar. Die über die regelmäßige tägliche Arbeitszeit hinausgehenden Arbeitsstunden werden als Überstunden bezeichnet. Die Regelung ihres Einsatzes erfolgt durch Gesetze[1], Tarifverträge[2] und/oder Einzel- bzw. Betriebsvereinbarungen.

Die allgemeine gesetzlich festgelegte Zeitlimitierung für die Verlängerung der Arbeitszeit durch Überstunden findet sich in den §§ 5 - 8 und 14 der Arbeitszeitordnung (AZO). Die Arbeitszeitordnung beinhaltet mit Gültigkeit für die Mehrzahl der Arbeitnehmer Höchstgrenzen für die Dauer der Arbeitszeit und stellt somit auch den rechtlichen Rahmen dar, innerhalb dessen betriebliche und einzelvertragliche Vereinbarungen über die Arbeitszeit getroffen werden können[3]. Gemäß § 6 AZO ist grundsätzlich an 3o Tagen im Jahr eine Verlängerung der täglichen Arbeitszeit bis zu 10 Stunden pro Tag möglich. Darüber hinaus kann die regelmäßige tägliche Arbeitszeit bis auf 1o Stunden pro Arbeitstag ausgedehnt werden, wenn es sich bei den durchzuführenden Arbeiten um sog. Vor- und Abschlußarbeiten im Sinne des § 5 AZO handelt (z.B. Instandhaltungsarbeiten, die sich während des regelmäßigen Betriebes nicht ohne Unterbrechung oder erhebliche Störungen des Produktionsprozesses ausführen lassen) oder wenn durch Tarifvertrag eine entsprechende Regelung der Arbeitszeit zwischen den Vertragspartnern vereinbart wird (§ 7 AZO). Weiterhin kann eine Verlängerung der regelmäßigen Arbeitszeit - auch über 1o Stunden hinaus - für einen befristeten Zeitraum mit Genehmigung des Gewerbeaufsichtsamtes bei Nachweis eines dringenden betrieblichen Bedürfnisses erfolgen (§ 8 AZO); gleiches gilt auch, wenn außergewöhnliche Fälle vorliegen (z.B. Notfälle, Nichterledigung der Arbeit wäre mit einem unverhältnismäßig hohen Schaden verbunden, vgl. § 14 AZO)!

---

1)2) Vgl. u.a. Arbeitszeitordnung (AZO), Jugendarbeitsschutzgesetz, Mutterschutzgesetz etc.; Manteltarifvertrag für die Arbeiter, Angestellten und Auszubildenden in der Eisen- und Stahlindustrie von Nordrhein-Westfalen, Bremen, Georgsmarienhütte, Osnabrück, Dillenburg und Niederschelden in der Fassung vom 6. Januar 1979.

3) Vgl. Kammann, U. und Meisel, P.G.: Arbeitsrechtliche Grundzüge für die betriebliche Praxis, 2. Aufl., Köln 1973, S. 1o7.

Nur innerhalb des in der AZO genannten Zeitrahmens können Überstunden zur Anpassung von Instandhaltungskapazitäten an schwankende Instandhaltungsbedarfe eingesetzt werden. Eine weitere Limitierung des Überstundeneinsatzes ergibt sich aus dem Zustimmungsrecht des Betriebsrates bei der Durchführung von Mehrarbeit (§ 87 Abs.1, Ziff.3 Betriebsverfassungsgesetz). Kommt eine Einigung über den Einsatz von Überstunden nicht mit dem Betriebsrat zustande, so muß in dieser Angelegenheit die Einigungsstelle (§ 76, 77 Betriebsverfassungsgesetz) eine Entscheidung treffen, die die Einigung zwischen Arbeitgeber und Betriebsrat ersetzt (§ 87 Abs.2 Betriebsverfassungsgesetz). Jedoch kann sich die Bildung der Einigungsstelle, eine evtl. gerichtliche Abgrenzung ihrer Zuständigkeit und die Rechtsprüfung ihres Spruches über mehrere Wochen und Monate erstrecken[1], so daß in diesem Fall der Überstundeneinsatz zur kurzfristigen Kapazitätsanpassung nicht mehr in Betracht gezogen werden kann. Von daher empfiehlt sich für den Einsatz von Mehrarbeit im Hinblick auf eine bedarfsgerechte Anpassung der Instandhaltungskapazitäten eine abgestimmte Vorgehensweise mit dem Betriebsrat, wie sie bereits bei der Umsetzung von Arbeitskräften angedeutet wurde[2].

Für den einzelnen Mitarbeiter besteht grundsätzlich keine rechtliche Verpflichtung zur Ableistung von Mehrarbeit, es sei denn, arbeitsvertragliche Treuepflicht (z.B. Erledigung besonderer Aufgaben) tarif- und einzelvertragliche Vereinbarungen gebieten es[3]. Allerdings werden aufgrund der zusätzlichen Mehrarbeitsvergütung für geleistete Überstunden[4] i.d.R. die meisten Arbeitnehmer bereit sein, Überstunden zu erbringen. Dieses beweist auch die Anzahl von Überstunden, die von Arbeitnehmern in den Instandhaltungsbetrieben der Eisen- und Stahlindustrie geleistet wurden[5]. Hieraus resultiert weiterhin, daß von den betroffenen Betriebsräten der Einsatz von Überstunden zur Kapazitätsanpassung weitgehend gebilligt wird, so daß dieses

---

1) Vgl. Kammann, U. und Meisel, P.G.: Arbeitsrechtliche Grundzüge für die betriebliche Praxis, 2. Aufl., Köln 1973, S. 326-329.

2) Vgl. S. 117.

3) Vgl. Kammann, U. und Meisel, P.G.: Arbeitsrechtliche Grundzüge für die betriebliche Praxis, 2. Aufl., Köln 1973, S. 115.

4) Vgl. § 15 AZO und entsprechende tarifvertragliche Vereinbarungen.

5) Vgl. Middelmann, U.: Planung der Anlageninstandhaltung, Wiesbaden 1977, Anhang 1, Abb. 15 und 16.

Instrumentarium zur kurzfristigen Anpassung von Instandhaltungskapazitäten im Hinblick auf rechtliche und faktische Beschränkungen als durchaus geeignet angesehen werden kann.

Neben dem Einsatz von Mehrarbeit stellt die Durchführung von Sonderschichten eine weitere Möglichkeit zur Verlängerung der regelmäßigen Arbeitszeit dar, d.h. an einem ansonsten arbeitsfreien Wochentag stehen Mitarbeiter zur Erfüllung betrieblicher Aufgaben zur Verfügung. Die rechtlichen Rahmenbedingungen - wie sie für den Einsatz von Überstunden gelten - begrenzen auch den Handlungsspielraum zur Durchführung von Zusatzschichten: Mitbestimmungsrecht des Betriebsrates gemäß § 87 Betriebsverfassungsgesetz und grundsätzliche Zustimmungsnotwendigkeit durch den Arbeitnehmer.

(2) Arbeitszeitverkürzung

Zur Vermeidung von Unterauslastungen unternehmenseigener Instandhaltungskapazitäten kann der Instandhaltungsbetrieb grundsätzlich auch den Einsatz von Kurzarbeit in Erwägung ziehen. Unter Kurzarbeit ist die Verkürzung der regelmäßigen betriebsüblichen Arbeitszeit zu verstehen. Hierbei kann es sich um die Kürzung der regelmäßigen täglichen Arbeitszeit oder um den Ausfall einzelner Arbeitstage bzw. Arbeitswochen handeln. In welcher Weise die Kurzarbeit zu handhaben ist, wird weder durch gesetzliche Auflagen noch i.d.R. durch tarifvertragliche Vereinbarungen festgelegt. Jedoch kann in Tarifverträgen niedergelegt werden, daß Lage und zeitliche Verteilung der Kurzarbeit durch Betriebsvereinbarungen zu regeln sind[1]. Die Durchführung von Kurzarbeit beinhaltet eine deutliche Verminderung der vertraglich vereinbarten regelmäßigen Arbeitszeit eines Arbeitnehmers. Sie kann vom Arbeitgeber einseitig angeordnet werden, wenn tarifvertragliche, betriebliche oder einzelvertragliche Vereinbarungen ihn dazu ermächtigen[2]. Liegt keine Ermächtigung vor, so kann der Arbeitgeber nur im Einvernehmen mit den Arbeitnehmern

1) Vgl. § 8 Abs.2 Manteltarifvertrag für die Arbeiter, Angestellten und Auszubildenden in der Eisen- und Stahlindustrie von Nordrhein-Westfalen, Bremen, Georgsmarienhütte, Osnabrück, Dillenburg und Niederschelden, in der Fassung vom 6. Januar 1979, S. 18.
2) Kurzarbeit im Zusammenhang mit Massenentlassungen soll hier nicht berücksichtigt werden; vgl. hierzu Bensinger, G.: Kurzarbeit, in: Gaugler, E. (Hrsg.), Handwörterbuch des Personalwesens, Stuttgart 1975, Sp. 1144-1146.

Kurzarbeit anordnen[1].

Grundsätzlich hat der Betriebsrat gemäß § 87, Abs.1, Ziff.3 BVG ein Mitbestimmungsrecht bei der Ein- und Durchführung von Kurzarbeit, das ebenso wie bei der Umsetzung im Falle von Uneinigkeit zwischen Arbeitgeber und Betriebsrat durch eine Entscheidung der Einigungsstelle substituiert werden kann (§ 87, Abs.2 Betriebsverfassungsgesetz). Von daher finden sich auch in den meisten Tarifverträgen sog. "Kurzarbeitsklauseln", die die Verkürzung der regelmäßigen Arbeitszeit regeln[2]. Häufig sind diese tarifvertraglichen Vereinbarungen nur Rahmenbedingungen, innerhalb derer betriebliche Vereinbarungen zur Durchführung von Kurzarbeit getroffen werden sollen[3]. Weichen diese Betriebsvereinbarungen von Regelungen des entsprechenden Tarifvertrages ab, so sind sie gemäß § 4 Abs. 3 Tarifvertragsgesetz nur dann zulässig, wenn die Abweichungen durch den Tarifvertrag gestattet sind oder wenn sie Änderungen zugunsten der Arbeitnehmer enthalten.

Der Betriebsrat wird insbesondere nur dann seine Zustimmung gemäß § 87 Abs. 1, Ziff. 3 Betriebsverfassungsgesetz zur Durchführung von Kurzarbeit geben bzw. eine entsprechende Betriebsvereinbarung abschließen, wenn für die Dauer der Arbeitszeitverkürzung gewährleistet ist, daß die für die Arbeitnehmer eintretenden Einkommensverluste durch Kurzarbeitergeld verringert werden. Kurzarbeitergeld wird auf Antrag von den Arbeitsämtern aus Mitteln der Bundesanstalt für Arbeit gewährt, wenn bestimmte persönliche und betriebliche Voraussetzungen erfüllt sind: Die Arbeitnehmer müssen Beiträge zur gesetzlichen Arbeitslosenversicherung gezahlt haben; es handelt sich

---

1) Die Einführung von Kurzarbeit im Wege einer Änderungskündigung braucht hier nicht betrachtet zu werden, da aufgrund der bereits erwähnten Kündigungsfristen die Vorgehensweise zur kurzfristigen Anpassung von Instandhaltungskapazitäten nicht in Erwägung zu ziehen ist; vgl. Kammann, U. und Meisel, P.G.: Arbeitsrechtliche Grundzüge für die betriebliche Praxis, 2. Aufl., Köln 1973, S. 122.

2) Vgl. Bensinger, G.: Kurzarbeit, in: Gaugler,E. (Hrsg.),Handwörterbuch des Personalwesens, Stuttgart 1975, Sp. 1145.

3) Vgl. u.a. § 8, Abs.1 und 2 Manteltarifvertrag für die Arbeiter, Angestellten und Auszubildenden in der Eisen- und Stahlindustrie von Nordrhein-Westfalen, Bremen, Georgsmarienhütte, Osnabrück, Dillenburg u. Niederschelden, in der Fassung vom 6. Januar 1979, S. 17 f.

um einen vorübergehenden nicht branchen- oder betriebsüblichen Arbeitsausfall, der für bestimmte Zeitabschnitte 33 % bzw. 1o % der Belegschaft des Betriebes bzw. von (Teil-)Betrieben betrifft etc.[1].

Aufgrund der Anmeldung von Kurzarbeit beim Arbeitsamt, der Bewilligung von Kurzarbeitergeldern, der notwendigen Einigung mit den Arbeitnehmern (z.B. Zustimmung des Betriebsrates zu einer entsprechenden Betriebsvereinbarung) etc. benötigt die Vorbereitung dieser Maßnahme u.U. einige Wochen, so daß die geplante Arbeitszeitverringerung erst mit einer gewissen Zeitverzögerung durchgeführt werden kann. Da jedoch i.d.R. die Beschäftigung von Produktions- und Instandhaltungsbetrieben für einen längeren Zeitraum als den der Vorbereitungszeit für die Durchführung von Kurzarbeit bekannt ist, können bei absehbarem mittelfristigen Rückgang der Beschäftigung rechtzeitig entsprechende Vorbereitungsmaßnahmen zur zeitgerechten Einführung von Kurzarbeit getroffen werden (z.B. Information des Betriebsrates, vorsorgliche Anmeldung von Kurzarbeit beim Arbeitsamt etc.).

Der Einsatz von Kurzarbeit zur Anpassung von Instandhaltungskapazitäten an kurzfristige Schwankungen des Instandhaltungsbedarfs (ohne erkennbaren Beschäftigungstrend) ist jedoch nicht als geeignet anzusehen. Denn der Einsatz von Kurzarbeit erfordert umfangreiche Vorbereitungen, und ihre Anordnung kann u.U. durch tarifvertragliche Vereinbarungen weitgehend eingeschränkt werden (z.B. nur bei dringenden betrieblichen Bedürfnissen wie der Vermeidung von Entlassungen[2]).

---

1) Vgl. zu den näheren Einzelheiten der Gewährleistung von Kurzarbeitergeld §§ 63 - 73 Arbeitsförderungsgesetz (AFG), in der Fassung vom 18.8.1980.

2) Vgl. § 8 Abs. 1 Manteltarifvertrag für die Arbeiter, Angestellten und Auszubildenden in der Eisen- und Stahlindustrie von Nordrhein-Westfalen, Bremen, Georgsmarienhütte, Osnabrück, Dillenburg und Niederschelden, in der Fassung vom 6. Januar 1979, S. 18.

Weiterhin wird durch das Arbeitsförderungsgesetz die Gewährleistung von Kurzarbeitergeld davon abhängig gemacht, daß der Arbeitgeber alles Zumutbare getan hat, um einen drohenden Arbeitsausfall zu beseitigen oder einzuschränken[1]: z.B. Gewährung des Jahresurlaubes, Durchführung von Großreparaturen, Abbau von Fremdleistungen. Darüber hinaus besteht bei der Durchführung von Kurzarbeit die Gefahr, daß gerade qualifizierte Mitarbeiter die Unternehmung verlassen, um Einkommenseinbußen zu entgehen bzw. um einen vermeintlich sichereren Arbeitsplatz bei einer anderen Unternehmung anzunehmen. Diese Tendenz wird noch u.U. durch tarifvertragliche Vereinbarungen verstärkt, wenn tarifliche Absprachen in der Weise getroffen wurden, daß in Zeiten mit Kurzarbeit für den Arbeitnehmer verkürzte Kündigungsfristen gelten[2].

4) Inanspruchnahme von Fremdleistungen

Durch die mittelfristige Festlegung der einzusetzenden Fremdkapazitäten wird der (im Jahr) durchschnittliche Umfang von Unternehmerstunden bestimmt, der zur Unterstützung eigener Instandhaltungskapazitäten herangezogen werden soll. Zur Vermeidung von Kapazitätsunter- bzw. überauslastungen wird der Instandhaltungsbetrieb - wie bei den eigenen Personalkapazitäten - bestrebt sein, bei schwankenden Instandhaltungsbedarfen auch die verfügbare Fremdkapazität nur bedarfsgerecht in Anspruch zu nehmen, d.h. den Umfang des Einsatzes von Unternehmerstunden in Abstimmung mit den unternehmenseigenen Personalkapazitäten an den jeweiligen Instandhaltungsbedarf der Fertigungsanlage anzupassen.

---

1) Vgl. § 64 Arbeitsförderungsgesetz in der Fassung vom 18.8.1980.

2) Vgl. z.B. § 8 Abs.3 Manteltarifvertrag für die Arbeiter, Angestellten und Auszubildenden in der Eisen- und Stahlindustrie von Nordrhein-Westfalen, Bremen, Georgsmarienhütte, Osnabrück, Dillenburg und Niederschelden, in der Fassung vom 6. Januar 1979, S. 18.

Die Inanspruchnahme von Fremdleistungen kann grundsätzlich auf der Basis zweier Rechtskonstruktionen erfolgen. Zum einen besteht die Möglichkeit, daß der Instandhaltungsbetrieb im Wege eines Werkvertrages sich die Erbringung von Instandhaltungsleistungen durch Fremde sichert. Hierbei ist der Fremdunternehmer verpflichtet, gegen Entgelt eine vereinbarte Instandhaltungsleistung zu erbringen (§631 BGB). Die vertragliche Gestaltung über die Erbringung von Leistungen kann von den Vertragspartnern frei gewählt werden[1], d.h. es bestehen keine rechtlichen Auflagen hinsichtlich des zu vereinbarenden Leistungsumfanges oder -beginns sowie hinsichtlich der Leistungsdauer. Bei Wahl dieser Rechtsform für die vertraglichen Beziehungen zwischen Instandhaltungsbetrieb und Fremdunternehmen bestimmt somit ausschließlich der Vertragsinhalt, in welcher Weise, in welchem Umfang und in welcher Zeitdauer die eigenen Instandhaltungskapazitäten durch Fremdleistungen unterstützt werden. Die bedarfsgerechte Inanspruchnahme von Fremdleistungen kann von daher im Rahmen dieser Rechtsbeziehung nur im Wege von entsprechenden Vertragsvereinbarungen erreicht werden.

Des weiteren können eigene Instandhaltungskapazitäten dadurch unterstützt werden, daß der Instandhaltungsbetrieb die Verfügbarkeit über Arbeitskräfte mit vertraglich vereinbarter Qualifikation für eine bestimmte Zeitdauer und gegen Entgelt durch Entleihung von Fremdunternehmen erwirbt. Erfolgt die Entleihung der Arbeitskräfte von Unternehmen, deren Hauptzweck nicht die Überlassung von Arbeitskräften an andere Unternehmen zur Gewinnerzielung ist, kann der Überlassungsvertrag frei vereinbart werden[2]. Allerdings kann die Überlassung von Arbeitnehmern

---

1) Vgl. Art. 2, Abs. I Grundgesetz; Brox, H.: Allgemeines Schuldrecht, 3. Aufl., München 1972, S. 20 - 24.
2) Vgl. Becker, F.: Arbeitnehmerüberlassungsgesetz - Kommentar zum Arbeitnehmerüberlassungsgesetz, Neuwied 1973, S. 27.

dieser Unternehmen gemäß § 613 Abs.2 BGB nur mit deren Zustimmung erfolgen.
Besteht hingegen der Hauptzweck der entleihenden Unternehmung in der Überlassung von Mitarbeitern an andere Unternehmen, um hierdurch Gewinne zu erzielen, kann der zu schließende Überlassungsvertrag nur auf der Grundlage der Regelungen des Arbeitnehmerüberlassungsgesetzes (AÜG) erfolgen. Im Hinblick auf eine bedarfsgerechte Inanspruchnahme von Leiharbeitern enthält dieses Gesetz jedoch keinerlei Einschränkungen, so sind insbesondere die Kündigungsfristen für die Überlassung zwischen den Vertragspartnern frei vereinbar [1]. Anzumerken sei in diesem Zusammenhang noch, daß gemäß § 3 Abs. 1, Ziff. 6 AÜG der Einsatz eines Leiharbeiters auf höchstens 3 Monate begrenzt ist. Jedoch steht es dem Verleiher frei, nach Ablauf dieser Frist eine gleichwertige Ersatzkraft zu stellen[2].

Dem Betriebsrat stehen im Zusammenhang mit dem Einsatz von Fremdleistungen keinerlei Mitbestimmungsrechte im Sinne von § 99 Abs.1 Betriebsverfassungsgesetz zu. Jedoch hat der Betriebsrat gemäß § 92 Abs. 1 Betriebsverfassungsgesetz ein Informationsrecht über den Einsatz von Arbeitskräften aus Fremdunternehmen hinsichtlich deren Anzahl, ihrer Einsatzdauer etc., um Auswirkungen auf die eigene Belegschaft beurteilen zu können[3].

Aus der Darstellung des rechtlichen Rahmens ergibt sich, daß der Einsatz von Fremdleistungen entsprechend dem Instandhaltungsbedarf im wesentlichen durch rechtliche Vorschriften nicht beeinträchtigt wird. Es ist somit weitgehend von der jeweiligen Vertragsgestaltung abhängig, ob eine Anpassung der Fremdkapazität an schwankende Instandhaltungsbedarfe in entsprechend

---

1) Vgl. Becker, F.: Arbeitnehmerüberlassungsgesetz - Kommentar zum Arbeitnehmerüberlassungsgesetz, Neuwied 1973, S. 355.
2) Vgl. ebenda, S. 2o4.
3) Vgl. Hunold, W.: Wirtschaftlicher Personaleinsatz in der Betriebspraxis, Herne/Berlin 1979, S. 6o.

kurzfristigen Zeitabständen gelingt. Eine solche kurzfristige Anpassung erweist sich in der Praxis als durchaus möglich, denn die Fremdunternehmen erbringen i.d.R. ihre Leistungen für Betriebe mit verschiedener Branchenzugehörigkeit. Hierbei ist davon auszugehen, daß der Bedarf an Instandhaltungsleistungen bei den einzelnen Nachfragern im Zeitablauf nicht parallel verläuft. Somit kann der Fremdunternehmer seine Leistungen weitgehend entsprechend den Bedürfnissen der einzelnen Auftraggeber anbieten[1]. Empirische Untersuchungen belegen eine hohe und auch kurzfristige Anpassungsfähigkeit des Fremdleistungseinsatzes an schwankende Instandhaltungsbedarfe. So konnten bspw. die Unternehmerstunden zur Instandhaltung der Anlagen in einem Stahlwerk der Eisenhüttenindustrie mehrfach in den Jahren 1971-1973 innerhalb eines Monats auf die Hälfte ihrer Einsatzhöhe des Vormonats reduziert werden. Vergleichbare extreme Anpassungen der Unternehmerstunden an steigende Instandhaltungsbedarfe lassen sich in dem Werk für den genannten Zeitraum ebenfalls nachweisen[2].

5) Einsatzplanung für Instandhaltungspersonal und -betriebe

Für eine Vielzahl von Instandhaltungsleistungsarten, die für Produktionsanlagen (z.B. Walzwerk, Stahlwerk) zu erbringen sind, gilt, daß zu ihrer Durchführung grundsätzlich mehrere Instandhaltungsbetriebe eingesetzt werden können. In Industriebetrieben stehen zur Erledigung von Instandhaltungsaufgaben oftmals produktionsstättenorientierte Instandhaltungsbetriebe, Zentralkolonnen und -werkstätten sowie Fremdunternehmen zur Verfügung. Welche unternehmenseigenen Instandhaltungsbetriebe im Einzelfall zur Durchführung von Instandhaltungsarbeiten grundsätzlich herangezogen werden können, hängt weitgehend von der organisatorischen Strukturierung des Instandhaltungs(gesamt)-betriebes ab[3]. Den Instandhaltungsleistungen, die von verschiedenen Betrieben erbracht werden können, ist zweierlei gemeinsam: Zum einen erfordern diese Leistungen keine anlagen-

---

1) Vgl. S. 90.
2) Vgl. Middelmann, U.: Planung der Anlageninstandhaltung, Wiesbaden 1977, Anhang 1, Abb.17.
3) Zur Organisationsstruktur und deren Bestimmungsgrößen vgl. S. 66 - 73.

spezifischen Kenntnisse zu ihrer Durchführung, und zum anderen handelt es sich i.d.R. nicht um zeitkritische Arbeiten (z.B. Instandsetzungen unmittelbar nach Eintritt einer Störung).
Aus der Substituierbarkeit von Instandhaltungsbetrieben zur Erbringung bestimmter Instandhaltungsleistungsarten ergibt sich ein Freiheitsgrad bei der Disposition dieser Arbeiten.

Die Auswahl von Betrieben zur Erfüllung von Instandhaltungsaufgaben kann nur innerhalb der Rahmenbedingungen erfolgen, die durch die mittelfristige Festlegung der verfügbaren betrieblichen Instandhaltungskapazitäten und der zur Verfügung stehenden Fremdkapazitäten für den jeweiligen Anlagenkomplex gegeben sind[1]. Somit stellen die verfügbaren Instandhaltungskapazitäten eine wesentliche Restriktion für die Zuweisung von Instandhaltungsleistungen auf Betriebe dar.
Weiterhin sind bei der Zuordnung von Instandhaltungsleistungen die oben genannten gesetzlichen und tarifvertraglichen Regelungen sowie Betriebsvereinbarungen über den Einsatz des Instandhaltungspersonals zu beachten (z.B. Bestimmungen über Mehrarbeit, Umsetzungen etc.) [2].

Aus unterschiedlichen Anlagenvertrautheits- und Übungsgraden und unterschiedlichen Wegezeiten der jeweiligen Instandhaltungsbetriebe mit der betreffenden Produktionsanlage resultieren voneinander abweichende instandhaltungsbetriebsspezifische Zeitbedarfe für die Durchführung gleicher Instandhaltungsleistungsarten[3].
Von daher beeinflußt auch die Disposition von Instandhaltungsleistungen auf Instandhaltungsbetriebe die für die Instandhaltung einer Produktionsanlage notwendige Anzahl von Instandhaltungsmannstunden. Weiterhin kann konstatiert werden, daß zu erbringende Instandhaltungsmannstunden bzw. Instandhaltungsleistungen in Abhängigkeit vom ausführenden Betrieb und dessen Betriebsweise mit unterschiedlichen Kosten verbunden sein können: z.B. durch Zuschläge für Mehrarbeit, durch unterschiedliche Verrechnungs- bzw. Einstandpreise von unternehmens- oder konzerneigenen Zentralkolonnen bzw. Fremdunternehmen.

---

1) Vgl. S. 78 - 102.
2) Zu den Regelungen des Arbeitskräfteeinsatzes vgl. S. 113 - 126.
3) Vgl. S. 182 und S. 207 — 209.

Ausgangspunkt einer kostenorientierten Zuordnung von Instandhaltungsaufgaben auf Instandhaltungsbetriebe bilden die Instandhaltungsprogramme für die jeweiligen Produktionsanlagen. Die innerhalb einer Bezugsperiode zu erbringenden Instandhaltungsleistungen sind unter Beachtung der genannten Restriktionen in der Weise den verschiedenen Instandhaltungsbetrieben zuzuordnen, daß die periodenbezogenen Instandhaltungskosten für die Anlagenobjekte ein Minimum annehmen.

Zur wirtschaftlichen Beurteilung alternativer Zuordnungen von Instandhaltungsleistungen für Produktionsanlagen auf verschiedene zur Verfügung stehende Instandhaltungsbetriebe kann eine periodenbezogene Plankostenrechnung herangezogen werden, die die zu erbringenden Instandhaltungsleistungen als Kosteneinflußgrößen berücksichtigt[1].

bb) Planung der Bearbeitungsreihenfolge von Instandhaltungsaufträgen

Die Entscheidungen über Instandhaltungsprogramme für Fertigungsanlagen und über die Zuordnung von Instandhaltungsleistungen auf Instandhaltungsbetriebe unter Berücksichtigung ihrer verfügbaren Kapazitäten (periodenbezogene Größen) bestimmen das geplante Leistungsprogramm einzelner Erhaltungs(teil)betriebe für eine Betrachtungsperiode (z.B. Monat oder Quartal). Mit dem geplanten Leistungsprogramm, das ein Instandhaltungsbetrieb durchzuführen hat, liegt aber noch nicht die Reihenfolge fest, in der die einzelnen Leistungen innerhalb eines bestimmten Zeit-

1) Zur Personaleinsatzplanung auf der Basis von Plankosten vgl. im einzelnen S. 248 - 262.

raumes zu erbringen sind. Die Reihenfolge der Bearbeitung von Instandhaltungsaufgaben wird dadurch festgelegt, daß durchzuführende Leistungen den Instandhaltungsarbeitern oder Instandhaltungsgruppen zu bestimmten Zeitpunkten zugewiesen werden[1]. Das Problem der Wahl einer Bearbeitungsreihenfolge von zu erbringenden Instandhaltungsleistungen stellt sich den Entscheidenden in Instandhaltungsbetrieben immer dann, wenn vorhandene Instandhaltungskapazitäten zu bestimmten Zeitpunkten zur gleichzeitigen Bearbeitung anstehender Instandhaltungsarbeiten nicht ausreichen. Diese temporären Kapazitätsengpässe treten in Instandhaltungsbetrieben aufgrund der Dominanz des Faktors Arbeit insbesondere bei Personalkapazitäten auf. Jedoch gilt dieses auch für Betriebsmittel, die zur Instandhaltung der Anlagen herangezogen werden, wenn sie für mehrere Instandhaltungsleistungen gleichzeitig benötigt werden (z.B. Krane)[2].

Die Problemstellung der Reihenfolgeentscheidung für die Durchführung von Instandhaltungsleistungen läßt sich sehr deutlich an dem Fall aufzeigen, daß mehrere ausgefallene Anlagen zeitgleich instand zu setzen sind und die vorhandenen Instandhaltungskapazitäten eines Betriebes nicht ausreichen, um alle zur Beseitigung der Störungen notwendigen Arbeiten zeitlich parallel auszuführen. Diese temporären Kapazitätsengpässe haben zur Folge, daß für einige der ausgefallenen Anlagen störungsbedingte Stillstände in Kauf genommen werden müssen. Von der zu wählenden Bearbeitungsreihenfolge ist es dann abhängig, welche Anlagen auf ihre Instandsetzung warten müssen und welchen Umfang die hierbei anfallenden Wartezeiten annehmen[3].

1) Vgl. zur Analogie der Reihenfolgeplanung im Fertigungsbereich Hoch, P.: Betriebswirtschaftliche Methoden und Zielkriterien der Reihenfolgeplanung bei Werkstatt- und Gruppenfertigung, Frankfurt/Zürich 1973, S. 16-18.

2) Vgl. Seelbach, H.: Ablaufplanung bei Einzel- und Serienproduktion, in: Kern, W. (Hrsg.), Handwörterbuch der Produktionswirtschaft, Stuttgart 1979, Sp. 14.

3) Vgl. Männel, W.: Kostengünstige Bearbeitungsreihenfolge für Instandhaltungs-Projekte, in: Kostenrechnungspraxis, 1973, S. 24; Rehwinkel, G.: Optimale Bearbeitungsreihenfolgen von Instandhaltungsprojekten, in: Kostenrechnungspraxis, 1976, S. 125f.

Das skizzierte Reihenfolgeproblem, d.h. die Notwendigkeit der Festlegung einer Bearbeitungsreihenfolge bei temporären Kapazitätsengpässen, tritt nicht nur bei Durchführung störungsbedingter Instandsetzungen auf, sondern auch bei der Erfüllung vorbeugender Instandhaltungsaufgaben. Die zeitliche Fixierung von Inspektions-, Wartungs- oder Instandsetzungsintervallen im Rahmen der Strategieplanung schafft zwar einen groben Zeitrahmen für die Durchführung dieser Maßnahmen, aber Störungseinflüsse wie Ausfälle von Instandhaltungsarbeitern, Änderungen des Fertigungsprogramms, Nacharbeit in der Instandsetzung etc. verursachen ggf. auch bei der Durchführung präventiver Arbeiten temporäre Kapazitätsengpässe in den betreffenden Instandhaltungsbetrieben, so daß für diese Arbeiten ebenfalls eine Bearbeitungsreihenfolge festgelegt werden muß. Hieraus resultiert, daß für die Durchführung bestimmter präventiver Maßnahmen Wartezeiten auftreten. Diese Wartezeiten sind zwar nicht - wie bei störungsbedingten Instandsetzungen - mit Zeiten der Funktionsunfähigkeit von Anlagen bzw. Anlagenelementen verbunden, aber für die wartenden Aggregate und Bauteile kann sich das Risiko eines schadensbedingten Ausfalles erhöhen, ihre Produktionsergebnisse können sich verschlechtern, oder ihre Betriebskosten können ansteigen.

Weiterhin ist bei der Planung der Bearbeitungsreihenfolge von Instandhaltungsaufgaben zu beachten, daß die Instandhaltungsarbeiten an verschiedenen Einsatzorten durchzuführen sind, d.h. zwischen den einzelnen Arbeitseinsätzen fallen evtl. Wegezeiten und Transportkosten für das Instandhaltungspersonal und ggf. für Betriebsmittel an. Dieses gilt insbesondere, wenn die Durchführung der Instandhaltungsleistungen mit zentralen Einsatzkolonnen bei unternehmensweitem Einsatzbereich zu planen ist.

Alternative Bearbeitungsreihenfolgen von Instandhaltungsaufträgen üben somit unter bestimmten Voraussetzungen einen Einfluß auf die Instandhaltungskosten (z.B. durch sich unterscheidende wegezeitabhängige Arbeitszeiten), auf die Herstellkosten von Produktionsbetrieben (z.B. durch verschiedene instandhaltungsbedingte Mehrarbeitszuschläge für Produktionsarbeiter) und auf die Absatzerlöse (z.B. durch sich unterscheidende Produktions- und Absatzprogramme, unterschiedliche Konventionalstrafen bei Terminüberschreitungen) aus.

Die zeitliche Reihenfolge von Instandhaltungsaufträgen kann nicht für Planungsperioden von einem Monat oder einem Quartal festgelegt werden, da die erwähnten Störungseinflüsse wie Ausfälle von Fertigungsanlagen und Instandhaltungsarbeitern, Änderungen von Fertigungsprogrammen etc. zum Planungszeitpunkt nicht bekannt sind. Der zeitliche Horizont für die planerische Festlegung von Instandhaltungsreihenfolgen dürfte im Bereich weniger Tage (z.B. Dekade) liegen[1]. Von daher eignen sich monats- oder quartalsbezogen ermittelte Plankosten auch nicht zur wirtschaftlichen Beurteilung von unterschiedlichen Bearbeitungsreihenfolgen.
Weiterhin werden monats- oder quartalsbezogene Plankosten auf der Grundlage normalerweise auftretender Faktorverbräuche ermittelt: Z.B. werden hierbei die wegezeitabhängigen Arbeitszeiten durch prozentuale Verteilzeitzuschläge auf die benötigten Tätigkeitszeiten für Instandhaltungsarbeiten berücksichtigt. Diese Verteilzeitzuschläge stellen Durchschnittswerte aus benötigten Ist-Wegezeiten dar, die über einen längeren Zeitraum hinweg beobachtet wurden und denen unterschiedliche Bearbeitungsreihenfolgen von Instandhaltungsleistungen zugrundeliegen.

Da auch anderweitige betriebswirtschaftliche Ansätze für die Planung der Bearbeitungsreihenfolge von Instandhaltungsaufträgen nicht zur Verfügung stehen, plant man in der Praxis den Instandhaltungsablauf mit Hilfe heuristisch begründeter Prioritätsregeln wie z.B. durch Festlegung von Dringlichkeitsgraden für einzelne Aufträge[2].

1) Vgl. Hoch, P.: Betriebswirtschaftliche Methoden und Zielkriterien der Reihenfolgeplanung bei Werkstatt- und Gruppenfertigung, Frankfurt/Zürich 1973, S. 17.

2) Vgl. Renkes, D.: Arbeitsplanung in der Instandhaltung, in: Stahl und Eisen, 96. Jg., 1976, S. 1o23.

bc) Verbrauchsfaktoreinsatz

1) Dispositionsbereich beim Verbrauchsfaktoreinsatz

Neben dem Faktor Personal stellt das Material einen weiteren wesentlichen Einsatzfaktor im Instandhaltungsprozeß dar[1]. So betrugen beispielsweise in einem Unternehmen der Eisen- und Stahlindustrie die Kosten des Ersatzteilverbrauches im Jahre 1977 ca. 17 % der gesamten Instandhaltungskosten[2]. Unter Instandhaltungsmaterial sollen alle realen Einsatzgüter verstanden werden, die im betrieblichen Instandhaltungsprozeß eingesetzt werden und mit diesem Einsatz ihre Eignung entsprechend ihrer Zweckbestimmung verlieren[3].

Die im Instandhaltungsprozeß zum Einsatz gelangenden Materialarten lassen sich zunächst danach unterscheiden, ob die eingesetzten Materialien unmittelbar zur Durchführung von Instandhaltungsleistungen benötigt werden (Instandhaltungsleistungsstoffe) oder für die Aufrechterhaltung des Instandhaltungsprozesses verbraucht werden. Bei den Materialien, die unmittelbar mit der Erbringung einer Instandhaltungsleistung verbraucht werden, handelt es sich einerseits um Ersatzteile und andererseits um Instandhaltungshilfsstoffe. Ersatzteile sind auswechselbare und selbständig nicht nutzbare Elemente, Bauteile bzw. Baugruppen von Fertigungsanlagen, die zur Instandsetzung von Anlagen benötigt werden. Sie stellen bei der Durchführung von Instandsetzungsarbeiten den Arbeitsgegenstand dar, auf den die jeweiligen Instandsetzungsbemühungen gerichtet sind. Werden Ersatzteile für Instandhaltungszwecke auf Lager gehalten, so werden diese auch als Reserveteile bezeichnet.

---

1) Vgl. Wiegel, H.: Instandhaltung von Hüttenwerksanlagen, in: Technische Mitteilungen, 67. Jg., 1974, S. 322.

2) Hierin sind nicht die kalkulatorischen Zinsen auf das in Reserveteilen gebundene Kapital enthalten, die im genannten Zeitraum bevorratet wurden.

3) In Anlehnung an Grochla, E.: Grundlagen der Materialwirtschaft, 3. Aufl., Wiesbaden 1978, S. 13.

Als Instandhaltungshilfsstoffe werden die Materialien bezeichnet, die entweder zur Durchführung von Wartungsleistungen erforderlich sind (z.B. Öle, Fette, Reinigungsstoffe) oder die für die Erbringung von Instandsetzungsleistungen benötigt werden, aber nicht als Ersatzteile gelten, da sie nicht wesentliche (charakteristische) Bestandteile von Anlagen sind und nur der Verbindung und Sicherung von Anlagenteilen dienen (z.B. Schrauben, Schweißdraht, Kabel, Dichtungen). Zu den Betriebsstoffen werden die Materialien gerechnet, durch deren Verbrauch die Aufrechterhaltung des Instandhaltungsprozesses ermöglicht wird. Die Betriebsstoffe werden somit nicht unmittelbar zur Durchführung einer bestimmten Instandhaltungsleistung benötigt, sondern ihr Verbrauch gewährleistet die Erbringung von unterschiedlichen Instandhaltungsleistungen. Hierzu zählen insbesondere in Instandhaltungsbetrieben: Brennstoffe und Energie, Werkzeuge, etc..

Neben den realen Sachgütern (Instandhaltungsmaterial) werden im Instandhaltungsprozeß auch Dienstleistungen als Verbrauchsfaktoren eingesetzt. Hierbei handelt es sich insbesondere um Transport- und Instandhaltungsleistungen, die der jeweilige Instandhaltungsbetrieb zur Instandhaltung eigener Betriebsmittel von anderen Instandhaltungsbetrieben erhält. Der Anteil der durch die Inanspruchnahme dieser Dienstleistungen verursachten Kosten an den gesamten Instandhaltungskosten eines Instandhaltungsbetriebes ist i.d.R. äußerst gering. Denn aus der weitgehenden Ortsgebundenheit der Instandhaltungsobjekte[1] resultiert die Notwendigkeit, Instandhaltungsleistungen größtenteils an den Einsatzorten der Anlagen durchzuführen, und die untergeordnete Bedeutung von Betriebsmitteln gegenüber der menschlichen Arbeitskraft im Instandhaltungsprozeß.

Darüber hinaus können noch Handelsgüter - insbesondere Ersatzteile - , die von Unternehmen für ihre Kunden bevorratet werden, als Verbrauchsfaktoren in Instandhaltungsbetrieben auftreten. Diese Einsatzfaktoren in den Instandhaltungsbetrieben sollen im folgenden nicht weiter betrachtet werden, da im Rahmen dieser

---

1) Vgl. S. 179.

Arbeit die Untersuchungsobjekte Planung und Kontrolle von Instandhaltungskosten - verursacht durch die Instandhaltung unternehmenseigener Anlagen - im Vordergrund der Betrachtungen stehen.

Die grundsätzlich in Instandhaltungsprozessen zum Einsatz gelangenden Verbrauchsfaktorarten lassen sich somit zusammenfassend im folgenden Schema darstellen:

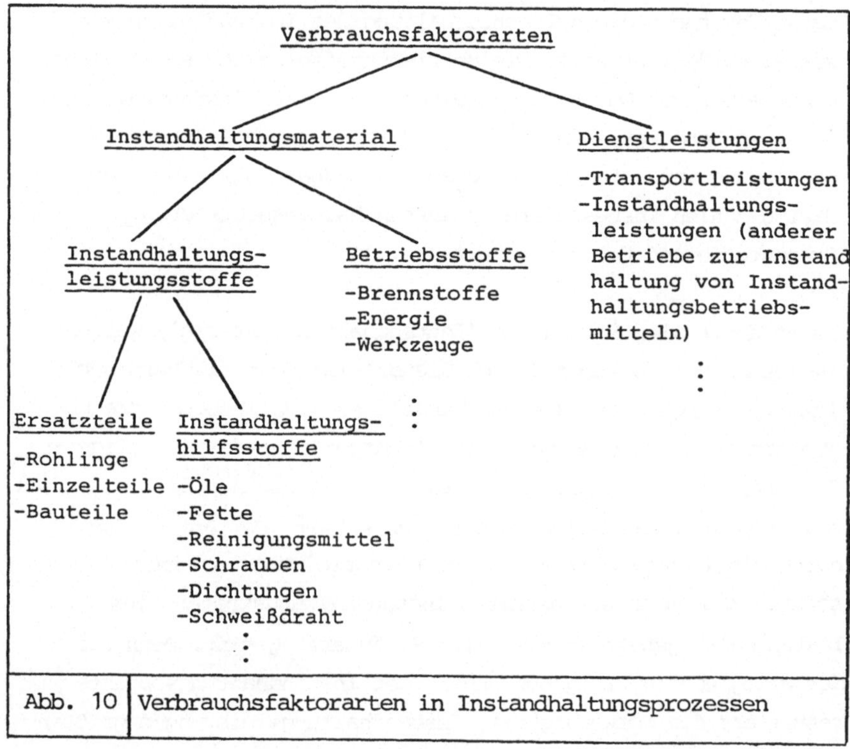

Abb. 10 Verbrauchsfaktorarten in Instandhaltungsprozessen

Das materialwirtschaftliche Entscheidungsfeld im Instandhaltungsbereich beinhaltet im Hinblick auf die Instandhaltung der Fertigungsanlagen:

- Bedarfsermittlung,
- Beschaffung,
- Lagerung,
- Transport,
- Bereitstellung

von Verbrauchsfaktoren, die in Instandhaltungsprozessen eingesetzt werden sollen[1]. Die Erfüllung dieser Teilaufgaben hat unter Beachtung der allgemeinen Zielsetzung der Materialwirtschaft zu erfolgen, d.h. "das für die [Erbringung von Instandhaltungsleistungen] benötigte Material in der erforderlichen Menge und Güte zur rechten Zeit am rechten Ort bereitzustellen"[2], wobei die mit der Erfüllung dieser Aufgaben verbundenen Kosten - einschließlich von Opportunitätskosten (z.B. entgangene Gewinne aufgrund zu großer Vorratshaltung von Reserveteilen) - zu minimieren sind.

Das Schwergewicht materialwirtschaftlicher Entscheidungen im Instandhaltungsbetrieb liegt einerseits auf der Bedarfsermittlung der zur Instandhaltung notwendigen Verbrauchsfaktoren und andererseits auf der Lagerung dieser Faktoren, insbesondere der Ersatzteile (Reserveteile). Denn die unternehmensexterne Beschaffung wird weitgehend von Marketingaspekten geprägt (z.B. Lieferantenanalyse)[3]. Die Entscheidungskompetenz über die Beschaffung der Verbrauchsfaktoren für Instandhaltungsprozesse liegt in den Unternehmungen oftmals bei einer zentralen Einkaufsabteilung und damit außerhalb des Entscheidungsspielraumes des Instandhaltungsbetriebes[4].

Die Materialbereitstellung für die Durchführung von Instandhaltungsleistungen erfordert auch nicht die Beachtung, die ihr etwa im Rahmen verketteter Produktionsprozesse zukommen muß, da Instandhaltungsleistungen i.d.R. unabhängig voneinander durchgeführt werden können, so daß keine zeitlichen Koordinationsprobleme bei der Bereitstellung von Verbrauchsfaktoren auftreten. Da weiterhin der weitaus überwiegende Teil der zu erbringenden Instandhaltungsarbeiten vorbeugende Instandhaltungsmaßnahmen beinhaltet, kann grundsätzlich auch eine zeitgerechte Bereitstellung der Verbrauchsfaktoren gewährleistet werden.

---

1) In Anlehnung an Grochla, E.: Grundlagen der Materialwirtschaft, 3. Aufl., Wiesbaden 1978, S. 18.

2) Ebenda.

3) Vgl. Engelhardt, H.W.: Betriebliche Absatz- und Beschaffungspolitik, 3.Aufl., Bochum 1975, S. 37 - 43 (internes Manuskript).

4) Vgl. S. 63.

Der innerbetriebliche Transport von Gütern wird in (größeren) Unternehmungen i.d.R. von Transportbetrieben wahrgenommen, die für unterschiedliche Unternehmensteile ihre Transportkapazität zur Verfügung stellen. Somit kann auch der Instandhaltungsbetrieb diese Transportleistungen in Anspruch nehmen (z.B. für Transporte von Reserveteilen an die Verbrauchsorte). Hierbei handelt es sich in den weitaus meisten Fällen um Transporte für die Verbrauchsfaktorbereitstellung im Rahmen vorbeugender Instandhaltungsmaßnahmen; von daher können die hierzu notwendigen Transportkapazitäten in ausreichendem qualitativen und quantitativen Umfang sowie zeitgerecht zur Verfügung gestellt werden. Des weiteren werden Transportleistungen von Instandhaltungsbetrieben noch benötigt, um Anlagenbauteile von ihren Einsatzorten zur Instandsetzung in zentrale Werkstätten zu befördern. Da diese Transporte nicht zu festen Terminen durchzuführen sind, sondern durchaus als zeitlich verschiebbar angesehen werden können, ergeben sich hierbei ebenfalls keine grundsätzlichen logistischen Probleme, die einer genaueren Analyse bedürfen.

2) Planung des Verbrauchsfaktorbedarfs

Die für die Instandhaltung von Fertigungsanlagen innerhalb einer Planungsperiode einzusetzenden Verbrauchsfaktorarten und -mengen (Verbrauchsfaktorbedarf) werden vorwiegend von

- instandhaltungsinternen Faktoren
  = Instandhaltungsprogramme für Produktionsanlagen
  = Reparaturleistungen zur Instandsetzung von Anlagenbauteilen
  = Instandhaltungsprozeßbedingungen (z.B. Leistungsniveau der Instandhaltungsarbeiter)
  = Sicherung der Anlagenverfügbarkeit durch Reserveteilbestände

und

- instandhaltungsexternen Faktoren
  = Qualitätsstandard der einzusetzenden Verbrauchsfaktoren
  = technisch/physikalische Größen (z.B. Außentemperaturen)
  = soziale Größen (z.B. Rechtsnormen und Sicherheitsvorschriften)

bestimmt[1].

---

1) Vgl. Grochla, E.: Grundlagen der Materialwirtschaft, 3. Aufl., Wiesbaden 1978, S.34, 42, 58 und 101; Laßmann, G.: Produktionsplanung in: Grochla, E. und Wittmann, W. (Hrsg.), Handwörterbuch der Betriebswirtschaft, 4. Aufl., Stuttgart 1975, Sp. 3117.

Der mögliche qualitative Bedarf an Ersatzteilen für Fertigungsanlagen (Ersatzteilarten) wird durch die Konstruktion der Anlage festgelegt. Arten und Mengen von Ersatzteilen für eine Fertigungsanlage, die in einer Planungsperiode bei planmäßigem Einsatz dieser Verbrauchsfaktoren benötigt werden, lassen sich aus dem Instandhaltungsprogramm für die jeweilige Anlage ermitteln, da die Beziehungen zwischen einzelnen Instandsetzungsleistungsarten ("Auswechselarbeiten") und den zugehörigen Ersatzteilverbräuchen linear limitationaler Art sind. Bspw. wird zur Erbringung der Instandhaltungsleistungsart "Rollenwechsel am Auslaufrollgang" eine Rolle benötigt, oder zur Ausführung der Leistungsart "Auswechseln der Ankerwicklung eines Elektromotors" ist eine Ankerwicklung erforderlich.

Beim Auswechseln von Anlagenbauteilen werden nicht nur funktionsfähige Ersatzteile eingebaut, sondern auch beschädigte Teile ausgebaut. Somit steht dem Verbrauch von Ersatzteilen in Instandhaltungsprozessen die "Gewinnung" von Bauteilen - wenn auch in nicht oder eingeschränkt funktionsfähigem Zustand - gegenüber. Arten und Mengen der so "gewonnenen" Teile entsprechen denen der in einer Planungsperiode zur Instandsetzung der Anlagen benötigten Ersatzteile. Für einen Teil der ausgebauten Anlagenelemente gilt, daß ihre Funktionsfähigkeit nicht durch Instandsetzungsleistungen wiederhergestellt werden soll[1]. Ihr Anteil läßt sich auf der Basis von "Schrottkoeffizienten"[2] (abgeleitet aus Vergangenheitswerten) ermitteln.

Bei der Bedarfsermittlung für Hilfs- und Betriebsstoffe kann man sich aufgrund ihres geringen Kostengewichtes in Instandhaltungsbetrieben mit dem Einsatz statistischer Verfahren begnügen. Diese Verbräuche lassen sich auf der Basis von Vergangenheitsgrößen mittels regressionsanalytisch ermittelter Verbrauchskoeffizienten planerisch festlegen. Die Haupteinflußgrößen auf die Einsatzhöhe dieser Verbrauchsfaktorarten bilden die Periodenlänge und die Instandhaltungsmannstunden, die für die jeweilige Produktionsan-

1) Zur Wiederaufarbeitung von Anlagenbauteilen vgl. Marx, H.-J.: Materialsparende Instandhaltung, in: VDI-Berichte Nr. 277, Düsseldorf 1977, S.95-97.

2) $\text{Schrottkoeffizient} = \frac{\text{Anzahl verschrotteter Teile einer Ersatzteilart}}{\text{Anzahl ausgebauter Teile einer Ersatzteilart}}$

lage erbracht werden[1].

3) Bevorratung von Reserveteilen

Aufgrund der mit mehr oder minder großen Ungewißheitsgraden behafteten Planung des Verbrauchsfaktorbedarfs für eine Planungsperiode hinsichtlich Qualität, Quantität und zeitlicher Verteilung halten die Unternehmen einen nicht unerheblichen Teil der benötigten Verbrauchsfaktorarten auf Lägern vorrätig. Hierbei werden vor allem Ersatzteile als Reserveteile gelagert, um bei Instandsetzungen die hierzu notwendigen Anlagenbauteile bereitstellen zu können. Insbesondere Störungen des Produktionsvollzuges - verursacht durch beschädigte Anlagenbauteile - sollen oftmals durch Austausch funktionsunfähiger Bauteile gegen funktionsfähige schnell beseitigt werden[2]. Die Lagerung von Ersatzteilen verursacht vor allem Kosten für die mit der Vorratshaltung verbundenen Tätigkeiten (Personalkosten, Betriebsstoffkosten etc.), Kosten für Schwund und Qualitätsminderung, Kosten für den Lagerraum (Mieten, Pacht etc.) sowie Kosten für das in den Reserveteilen gebundene Kapital (Fremdzinsen, kalkulatorische Zinsen). Die hierfür anfallenden Zinsen in einer Planungsperiode sind abhängig vom Wert der einzelnen Reserveteile, von den gelagerten Mengeneinheiten und der Lagerdauer. Die Kosten der Kapitalbindung bilden i.d.R. den größten Anteil an den gesamten Kosten für die Reserveteillagerung. So beträgt das in Reserveteilen gebundene Kapital z.B. für Unternehmen(sbereiche) der Eisenhüttenindustrie, die sich vorwiegend mit der Stahlerzeugung und -verarbeitung beschäftigen, ca. 13 % - 2o % des Wertes der vorhandenen Maschinen und maschinellen Anlagen[3].

1) Vgl. S. 223- 231 ; Middelmann,U.: Planung der Anlageninstandhaltung, Wiesbaden 1977, S. 144f.

2) Vgl. u.a. Männel, W.: Die Stellung der Instandhaltung im Rahmen der Anlagenwirtschaft, in: Schmalenbach-Gesellschaft (Hrsg.), Instandhaltung - ein Managementproblem der Anlagenwirtschaft, 2. Aufl., Köln 1978, S. 2o; Götzfried, F.: Materialwirtschaft, in: Aktuelle Probleme der Instandhaltung, VDI-Berichte Nr. 215, Düsseldorf 1974, S. 43.

3) Vgl. u.a. Thyssen Aktiengesellschaft (Hrsg.), Bericht über das Geschäftsjahr vom 1. Oktober 1979 bis zum 3o. September 198o, Duisburg 198o, S. 52f.; Thyssen Edelstahlwerke AG (Hrsg.), Bericht über das Geschäftsjahr vom 1. Oktober 1979 bis zum 3o. September 198o, Düsseldorf 198o, S. 45 und S. 47; Stahlwerke Bochum AG (Hrsg.), Bericht über das 33. Geschäftsjahr vom 1. Januar 1978 bis zum 31. Dezember 1978, Bochum 1979, S.24; Fried.Krupp Hüttenwerke AG (Hrsg.), Bericht über das Geschäftsjahr 1979, Bochum 198o, S. 36.

Die Höhe der Kosten für den Einsatz von Ersatzteilen - wie auch für den anderer Einsatzmaterialien - wird nicht nur durch Lagerkosten, sondern vor allem durch ihre Beschaffungskosten bestimmt.

Bei den Beschaffungskosten handelt es sich - abgesehen von Beschaffungseinzelkosten (z.B. Einstand- oder Verrechnungspreise) - vielfach um echte Gemeinkosten (z.B. Personalkosten der Einkaufsabteilung, Abschreibungen für Transporteinrichtungen), so daß bei größeren Bestellmengen - und damit bei steigenden Lagerbeständen - die stückbezogenen Beschaffungskosten sinken.

Die Lagerkosten haben i.d.R. ein wesentlich höheres Kostengewicht als die Beschaffungsgemeinkosten. Denn bei den Ersatzteilen - insbesondere für kapitalintensive Produktionsanlagen - handelt es sich überwiegend um Teile von hohem Wert und mit begrenzten Einsatzmöglichkeiten[1], so daß eine stückbezogene Degression der Beschaffungsgemeinkosten bei größeren Beschaffungsmengen von steigenden Lagerkosten überkompensiert wird. Eine Ausnahme hiervon bilden sogenannte Norm- und Mehrorteteile, die i.d.R. durch Geringwertigkeit und durch die Möglichkeit des Einsatzes an verschiedenen Einbauorten gekennzeichnet sind[2], d.h. diese Teilearten finden an verschiedenen Einsatzorten einer Anlage und an unterschiedlichen Anlagen Verwendung. Von daher hat der qualitative und quantitative Umfang der Lagerung von Reserveteilen unter Wirtschaftlichkeitsgesichtspunkten in der Weise zu erfolgen, daß die Kosten der Lagerung - insbesondere die der Kapitalbindung - bei weitgehend gesicherter Verfügbarkeit der Reserveteile im Hinblick auf die Instandsetzung der Produktionsanlagen möglichst gering sind[3].

---

1) Renkes, D.: Reserveteilwirtschaft, in: Stahl- und Eisen, 94. Jg., 1974, S. 89.

2) In der untersuchten Unternehmung hatten im Jahre 1978 76,3 % der bevorrateten Norm- und Mehrorteteile einen Durchschnittspreis von unter 6,5 DM.

3) Vgl. Redeker, G.: Bestimmung des optimalen Lagerbestandes an Instandhaltungsmaterial und Ersatzteilen, Berlin/Köln/Frankfurt 1973, S. 9f.

Ansatzpunkte zur Reduzierung von Reserveteilbeständen bilden vor allem eine möglichst genaue Planung des Ersatzteilbedarfs für die Betrachtungsperiode und die Erhöhung der Anzahl von Einsatzorten für einzelne Teilearten[1]. Eine genaue Ermittlung des Ersatzteilbedarfs verhindert, daß unnötig viele Ersatzteile für einen Zeitraum beschafft werden, d.h. die Lagerbestände an Reserveteilen werden nicht in unnötiger Weise aufgebläht. Die Zeitpunkte der Beschaffung sind anhand der laufenden Inspektionsergebnisse und evtl. Lieferfristen für die Teile festzulegen.

Durch das Vorhalten von Mindestbeständen an Ersatzteilen wird weitgehend vermieden, daß keine Teile im Bedarfszeitpunkt zur Verfügung stehen[2]. Allerdings sind Mindestbestände nur in dem Umfang zu planen, insoweit sie zur Abdeckung wahrscheinlicher Bedarfsspitzen dienen, d.h. das Vorhalten von Mindestbeständen für jeden denkbaren Eventualfall ist als unwirtschaftlich anzusehen[3]. Durch die Erhöhung der Anzahl möglicher Einsatzorte für eine Reserveteilart gelingt es, daß eine Reihe von Reserveteilarten nicht mehr benötigt werden und der Umfang von Lagerbeständen reduziert werden kann. Dieses kann zum einen dadurch erreicht werden, daß Reserveteilarten, die viele gemeinsame Konstruktionsmerkmale, aber auch aufgrund verschiedener Einsatzorte einige unterschiedliche Merkmale aufweisen, durch <u>eine</u> Reserveteilart ersetzt werden, die vor ihrem Einsatz noch hinsichtlich der einsatzortspezifischen Merkmale bearbeitet werden muß[4]. Hierdurch sinkt allerdings der Einsatzbereitschaftsgrad dieser Reserveteilart, was ggf. zu steigenden Ausfallkosten führen kann, und es werden erhöhte Qualitätsansprüche an das Instandhaltungspersonal gestellt. Dem steht gegenüber, daß hierdurch die Anzahl der vorzuhaltenden Reserveteile gesenkt wird und daß der Wert des nur vorbearbeiteten Reserveteils unter dem des sofort einsatzbereiten liegt (verringerte Kapitalbindungskosten).

---

1) Vgl. Renkes, D.: Reserveteilwirtschaft, in: Stahl und Eisen, 94. Jg., 1974, S. 88.

2) Vgl. zur Beschaffungspolitik unter Berücksichtigung von Mindestmengen Redeker, G.: Bestimmung des optimalen Lagerbestandes an Instandhaltungsmaterial und Ersatzteilen, Berlin/ Köln/ Frankfurt 1973, S. 59 - 63.

3) Vgl. ebenda, S. 10.

4) Vgl. zum Einsatz vorbearbeiteter Ersatzteile Bökelmann, M.: Die Reserveteile in anlagenintensiven Industriebetrieben, Diss. Freiburg (Schweiz) 1955, S. 15f.

Eine andere Möglichkeit zur Erhöhung der Anzahl möglicher Einsatzorte für eine Reserveteilart besteht darin, daß zur Konstruktion aller oder mehrerer Anlagen einer Unternehmung vornehmlich Elemente verwendet werden dürfen, die gleiche technische Merkmale aufweisen und somit an vielen Produktionsanlagen Verwendung finden können (Norm- oder Mehrorteteile)[1].

Diese Norm- und Mehrorteteile eignen sich auch am ehesten für eine verbrauchsgesteuerte und EDV-unterstützte Bereitstellungs- und Bevorratungsplanung, da im Zeitablauf keine größeren Bedarfsschwankungen auftreten[2] und es sich hierbei oftmals um geringwertige Anlagenelemente handelt[3]. Hierdurch lassen sich vor allem bei der Bestelldisposition Kosteneinsparungen erzielen[4].

---

1) Zur Normung von Anlagenbauteilen vgl. Fremgens, G.-J.: Normen als Grundlage der wirtschaftlichen Instandhaltung, in: Deutsches Komitee Instandhaltung (Hrsg.), Instandhaltung - Partner der Produktion, Stuttgart 1973, S. 9/1 - 9/21.

2) Vgl. Renkes, D.: Reserveteilwirtschaft, in: Stahl- und Eisen, 94. Jg., 1974, S. 90; Grochla, E.: Grundlagen der Materialwirtschaft, 3. Aufl., Wiesbaden 1978, S. 58 - 69.

3) Vgl. Fußnote 2) auf S. 139.

4) Vgl. Laßmann, G.: Produktionsplanung, in: Grochla, E. und Wittmann, W. (Hrsg.), Handwörterbuch der Betriebswirtschaft, 4. Aufl., Stuttgart 1975, Sp. 3118.

III. Plankostenrechnung für Instandhaltungsbetriebe

A. Grundlagen und Aufgabenstellung

Das Rechnungswesen hat als betriebswirtschaftliches Instrument zur Unternehmensführung die Aufgabe, Zahlenmaterial bereitzustellen, das eine rationale (zielgerechte) Steuerung des Güterbestandes und Güterflusses in einem Betrieb ermöglichen soll[1]. Es ist ein Instrument zur Wertabbildung des betrieblichen Gütersystems (Material und Energie, Personal, Betriebsmittel sowie Dienstleistungen und Informationen) zum Zwecke der zielgerichteten Lenkung der Verwendung von Gütern in Betriebsprozessen. Hierbei werden die Güterprozesse zahlenmäßig vereinfacht in Wertmodellen dargestellt. Es werden somit nicht die gesamte Vielfalt der Eigenschaften der eingesetzten Güter und ihre Relationen untereinander und zum Wirtschaftssubjekt abgebildet, sondern nur die Werte der Güter für einzelne Wirtschaftssubjekte[2]. Diese Abstraktion von der komplexen Wirklichkeit erscheint auch gerechtfertigt, da unter Wirtschaftlichkeitsgesichtspunkten nur die Werte der Güter als Entscheidungsgrößen für die Lenkung betrieblicher Kombinationsprozesse herangezogen werden sollen.

Die zielgerichtete Lenkung betrieblicher Leistungsprozesse erfordert eine wertmäßige Planung des Betriebsgeschehens im Sinne der Entwicklung einer gedanklichen Ordnung im Hinblick auf ein zweckgerichtetes Zusammenwirken betrieblicher Einsatzfaktoren zur Hervorbringung betrieblicher Produkte (Sachgüter, Dienstleistungen etc.)[3]. Aus dieser planerischen

---

1) Vgl. u.a. Chmielewicz, K.: Betriebliches Rechnungswesen, Bd. 1, Finanzrechnung und Bilanz, Reinbek 1973, S. 13f.; Laßmann, G.: Die Kosten- und Erlösrechnung als Instrument der Planung und Kontrolle in Industriebetrieben, Düsseldorf 1968, S. 31; Kilger, W.: Einführung in die Kostenrechnung, Opladen 1976, S. 5f.

2) Vgl. Kosiol, E.: Kosten- und Leistungsrechnung, Berlin/New York 1979, S. 1.

3) Vgl. Hahn, D.: Industrielle Fertigungswirtschaft in entscheidungs- und systemtheoretischer Sicht, in: Zeitschrift für Organisation, 41.Jg., 1972, S. 269f.; Laßmann, G.: Produktionsplanung, in: Grochla, E. und Wittmann, W. (Hrsg.), Handwörterbuch der Betriebswirtschaft, 4. Aufl., Stuttgart 1975 Sp. 31o2.

Festlegung der Gestaltung von betrieblichen Leistungsprozessen gehen für die dispositiv tätigen Betriebsstellen Einzelvorgaben hervor, die sie für die planmäßige Durchführung des Betriebsgeschehens benötigen. Die tatsächliche Durchführung der Betriebsprozesse weicht jedoch regelmäßig aufgrund von Umfeldbedingungen und Störeinflüssen wie Ausfall von Fertigungsanlagen und Arbeitskräften, Änderungen des Produktionsprogramms, Nacharbeit von Produkten und sonstigen Ereignissen von der geplanten ab[1]. Von daher erfordert eine zielgerechte Lenkung von Betriebsprozessen - neben der planerischen Festlegung - auch die wertmäßige Ex-post-Erfassung der tatsächlich abgelaufenen Leistungsprozesse (Dokumentation) zur Erfolgsermittlung und zur Erfolgsanalyse im Zeitablauf sowie zum Zwecke des Abgleichs mit den geplanten Werten, um hierdurch entscheidungs- oder ausführungsbedingte Ursachen für Planabweichungen bei der Realisation der Betriebsprozesse festzustellen und ggf. zu korrigieren (Kontrolle)[2].

Für die wirtschaftliche Beurteilung der Gestaltungsmöglichkeiten von Betriebsprozessen mit Wiederholfertigung (Massen-, Sorten- und Serienfertigung) hat es sich als zweckmäßig erwiesen, zeitraumbezogene Planungs- und Kontrollrechnungen durchzuführen[3]. Speziell zur ökonomischen Bewertung von Handlungsalternativen in einem Monats- bis Jahreszeitraum eignet sich eine (betriebsbezogene) Periodenerfolgsrechnung - basierend auf Kosten- und Erlösgrößen[4].

1) Vgl. zu den Störungen von Produktionsprozessen als Hemmnisse bei der Erreichung betrieblicher Zielsetzungen Bormann, D.: Störungen von Fertigungsprozessen und die Abwehr von Störungen bei Ausfällen von Arbeitskräften durch Vorhaltung von Reservepersonal, Berlin 1978, S. 1-3.

2) Vgl. u.a. zu den Aufgabenstellungen des Rechnungswesens, insbesondere zu denen der Kosten- und Erlösrechnung Laßmann, G.: Die Kosten- und Erlösrechnung als Instrument der Planung und Kontrolle in Industriebetrieben, Düsseldorf 1968. S.31-35.

3) Anders: Riebel, P.: Einzelkosten- und Deckungsbeitragsrechnung, 3. Aufl., Wiesbaden 1979, S.81-97, der aufgrund einzelnen Zeitabschnitten nicht zurechenbaren Periodengemeinkosten (z.B. Ausgaben für die Beschaffung von Potentialfaktoren) zeitraumbezogene Erfolgsgrößen als wirtschaftliche Beurteilungsgrößen für ungeeignet hält.

4) Vgl. Laßmann, G.: Gestaltungsformen der Kosten- und Erlösrechnung im Hinblick auf Planungs- und Kontrollaufgaben, in: Die Wirtschaftsprüfung, 26.Jg., 1973, S. 11f.

Zur wirtschaftlichen Beurteilung der Handlungsmöglichkeiten im Instandhaltungsbereich kann man sich i.d.R. auf die Ermittlung von Kostengrößen (als Plan- oder Istgrößen) beschränken, da die Instandhaltungs-(teil)betriebe in Industriebetrieben fast ausschließlich zur Erhaltung und Wiederherstellung der Funktionsfähigkeit unternehmenseigener Produktionsanlagen tätig werden (kostenminimale Realisation eines gegebenen Sachzieles).

Für den genannten Planungszeitraum von einem Monat bis zu einem Jahr liegen normalerweise eine Vielzahl von Handlungsmöglichkeiten sowie von technischen, wirtschaftlichen und rechtlichen Bedingungen fest[1]. Im Instandhaltungsbereich beziehen sich diese Rahmenbedingungen für kurz- bis mittelfristige Planungs- und Kontrollrechnungen insbesondere auf die gewählten strategischen Vorgehensweisen (Instandhaltungsstrategien), die gewählte organisatorische Eingliederung und Strukturierung von Instandhaltungs(teil)betrieben und die festgelegte Form des Instandhaltungsvollzuges.

Für die überwiegende Mehrzahl der Bauteile von industriellen Fertigungsanlagen gilt, daß sie aufgrund steigender Ausfallraten sinnvollerweise nur im Rahmen präventiver Strategien oder Feuerwehrstrategien mit Einbau von redundanten Anlagenteilen instand gehalten werden. Als dominierende Instandhaltungsstrategie stellt sich in Industriebetrieben die Inspektionsstrategie dar[2]. Hieraus resultiert zum einen, daß der Anteil störungsbedingter Instandsetzungen am Gesamtinstandhaltungsvolumen für Produktionsanlagen relativ gering ist[3]. Zum anderen impliziert diese strategische Vorgehensweise, daß sich der betriebliche Instandhaltungsprozeß vorrangig aus vorbeugenden Instandhaltungsleistungen zusammensetzt, deren Arbeitsinhalte weitgehend fest-

---

1) Vgl. Laßmann, G.: Die Kosten- und Erlösrechnung als Instrument der Planung und Kontrolle in Industriebetrieben, Düsseldorf 1968, S. 19.

2) Vgl. S. 37 und S. 47f.

3) Der Anteil von Instandsetzungsstunden zur Beseitigung unvorhergesehener Schäden an den insgesamt zu erbringenden Instandhaltungsstunden liegt beispielsweise in einem Unternehmen der Eisenhüttenindustrie, das den weitaus größten Teil der Anlagenelemente im Rahmen von Inspektionsstrategien instand hält, bei rund 1o%.

liegen und die sich im Zeitablauf ständig wiederholen. Empirische Untersuchungen in einem Unternehmen der Eisen- und Stahlindustrie, dessen Anlagen präventiv instand gehalten werden, ergaben, daß sich 9o% aller Inspektions- und Wartungsleistungen innerhalb eines Monats wiederholen und 85% aller Instandsetzungen innerhalb eines 6-monatigen Zeitraums[1]. Für die untersuchten Referenzanlagen eines Warmbreitband-Walzwerkes war für 87% der mechanischen Instandsetzungsarbeiten, für 76% aller Instandsetzungsarbeiten die mehrfache Wiederholung bereits in einem 3-monatigen Zeitraum gegeben[2].

Die präventive strategische Vorgehensweise bildet von daher im Hinblick auf den Aufbau und die Anwendung einer Plankostenrechnung für Instandhaltungsbetriebe die Voraussetzung für

- hinreichende Genauigkeit der Kostenplanung
  = großer Umfang planbarer Arbeiten
  = genaue Verbrauchsgrößen je Instandhaltungsleistung
- detaillierte Ursachenanalyse bei auftretenden Kostenabweichungen.

Die Möglichkeit zur Kostenplanung bei präventiver Vorgehensweise bezieht sich zum einen auf die Ermittlung von Verbrauchsgrößen (Mengen und Zeiten) je Instandhaltungsleistung und zum anderen auf die des Instandhaltungsprogramms. Bei vorbeugenden Instandhaltungsmaßnahmen sind die Arbeitsabläufe vor Durchführung der Leistungen weitgehend bekannt, so daß es möglich ist, die mit diesen Arbeiten verbundenen Zeit- und Mengenverbräuche zu prognostizieren[3]. Dieses geschieht zum einen auf analytischem Wege, d.h. auf der Basis technisch-physikalischer Relationen werden die Kostengüterverbräuche ermittelt (z.B. der Bedarf an Ersatzteilen). Zum anderen eignen sich aufgrund der ständigen Wiederholung von vorbeugenden Instandhaltungsarbeiten mit gleichen oder ähnlichen Arbeitsinhalten auch Istverbrauchswerte der Vergangenheit als Grundlage zur statistischen Ermittlung von Kostengüterverbräuchen für die Durchführung vorbeugender Maßnahmen. Die so ermittelten Verbrauchsstandards stellen aufgrund ihrer Wiederholhäufigkeit statistisch abgesicherte Prognosegrößen dar und können zur Kostenplanung im Instandhaltungsbetrieb mehrfach herangezogen werden. Mit diesem methodischen Ansatz werden vor allem Arbeitszeiten für Instandhaltungsarbeiten geplant[4].

---

1) Vgl. Middelmann, U.: Planung der Anlageninstandhaltung, Wiesbaden 1977, S. 117-119.
2) Vgl. hierzu im einzelnen Tab.4a und 4b, S.314 und S. 319.
3) Vgl. S.166f. und S. 182 - 184.
4) Zur Zeitermittlung für Instandhaltungsarbeiten vgl. S.169 - 209.

Darüber hinaus basiert bei Ausgestaltung der präventiven Vorgehensweise zur Inspektionsstrategie die Planung des Instandhaltungsprogramms nicht nur auf Vergangenheitsgrößen (z.B. durchschnittlich erbrachte Leistungen in den einzelnen Abrechnungszeiträumen, durchschnittliche Standzeiten der Teile etc.), sondern es kann auch der aktuelle Zustand der Anlagenelemente zum Planungszeitpunkt berücksichtigt werden[1].

Die Verfolgung einer Inspektionsstrategie ermöglicht es weiterhin, für viele Instandhaltungsleistungen eine detaillierte Wirtschaftlichkeitskontrolle ihrer Erbringung zu erstellen. Dieses soll beispielhaft für die Kontrolle angefallener Lohnkosten, die von den verbrauchten Instandhaltungszeiten abhängig sind, aufgezeigt werden: Die Planzeiten für Instandhaltungsarbeiten werden auf der Grundlage durchschnittlich benötigter Istzeiten gebildet[2], d.h. sie gelten nur für einen "durchschnittlichen Zustand" des Arbeitsgegenstandes, einen "durchschnittlich schwierigen Zugang" zu demselben und für eine "durchschnittliche" Anzahl von Arbeitsgängen für eine bestimmte Instandhaltungsleistung. Da bei einer Inspektionsstrategie keine Instandsetzung ohne vorherige Untersuchung des instand zu setzenden Anlagenteiles erbracht wird, lassen sich anhand der Inspektionsergebnisse der Zustand des Arbeitsgegenstandes, die erforderlichen Arbeitsgänge etc. exakt festlegen, so daß aus der Planzeit unter Berücksichtigung der Inspektionsunterlagen eine Richtzeit für eine spezielle Instandhaltungsleistung gebildet werden kann. Im Rahmen der Wirtschaftlichkeitskontrolle ist diese so ermittelte Richtzeit der tatsächlich benötigten Istzeit gegenüberzustellen, und evtl. auftretende Differenzen zwischen beiden Grössen können zur Ursachenanalyse für Unwirtschaftlichkeiten bei der Erbringung von Instandhaltungsleistungen herangezogen werden.

Planung und Kontrolle der Instandhaltungskosten werden ebenfalls von der gefundenen Organisationsform mitgeprägt. Durch die tätigkeitsbezogene Spezialisierung des Instandhaltungspersonals (Einrichtung von verrichtungsorientierten Zentralkolonnen) und durch anlagenelementbezogene Bauteilereparatur in Zentralwerkstätten wird gewährleistet, daß sich häufig wiederholende gleiche oder

---

1) Zur Instandhaltungsprogrammplanung vgl. S. 106 - 109 und S. 242 - 248.
2) Dieses gilt auch für Planzeiten, die mit Hilfe der Systeme vorbestimmter Zeiten festgelegt werden.

ähnliche Instandhaltungsarbeiten durch weitgehend gleichartige Arbeitsvorgänge und unter gleichen Arbeitsbedingungen erledigt werden[1]. Von daher fallen die mit der Erbringung dieser Instandhaltungsleistungen verbundenen Kostengüterverbräuche je Leistungseinheit in gleicher oder ähnlicher Weise immer wieder an. Für die Planung dieser Kostengüterverbräuche resultiert hieraus, daß zur Ermittlung statistisch abgesicherter Verbrauchsstandards geeignete Istwerte in genügender Anzahl zur Verfügung stehen und daß die ermittelten Planstandards auch häufig für Kostenplanungszwecke - aber auch für andere Zwecke wie z.B. zur Arbeitsvorbereitung - herangezogen werden können.

Die gefundene Organisationsform beeinflußt auch die Kostenkontrolle, da die Kostenstellenbildung - eine unerläßliche Voraussetzung für eine wirksame Kostenkontrolle[2] - auf der Basis der durch die Organisationsentscheidung festgelegten Verantwortungsbereiche erfolgt.

Durch das Verfahren der austauschenden Instandsetzung, das insbesondere aufgrund der damit verbundenen geringen Stillstandszeiten der Produktionsanlagen in weiten Bereichen eingesetzt wird[3] - vor allem bei kontinuierlicher Produktionsweise - , ergeben sich Instandhaltungs(teil)betriebe mit weitaus homogeneren Leistungsprogrammen als bei ausbessernder Instandsetzung. Denn bei der austauschenden Verfahrensweise lassen sich unter dem Gesichtspunkt der zu erbringenden Leistungsarten grundsätzlich nur zwei Kategorien von (Teil-)Betrieben unterscheiden:

1. Betriebe, die vorrangig Inspektions- und Wartungsarbeiten sowie Teileauswechslungen durchführen und
2. Betriebe, die vor allem Reparaturen an Bauteilen vornehmen.

---

1) In vielen Industriebetrieben der Bundesrepublik Deutschland werden diese Formen der organisatorischen Strukturierung des Instandhaltungsbereiches praktiziert; vgl. z.B. Verband der Chemischen Industrie e.V.: Planmäßige Instandhaltung in der Chemischen Industrie, Frankfurt 1975, S. 14-16; Vieregge, G.: Rationalisierung der Dienstleistungsbetriebe im Bereich Ost der Ruhrkohle AG, in: Glückauf, 112. Jg., 1976, S. 91o-915; Renkes, D.: Organisation und Planung der Instandhaltung in Hüttenwerken, in: Stahl und Eisen, 89. Jg., 1969, S. 1231.

2) Vgl. Kilger, W.: Einführung in die Kostenrechnung, Opladen 1976, S. 154f.

3) Vgl. zur Bedeutung dieser Verfahrensweise in Industriebetrieben die in der Fußnote 1) genannten Quellen.

Hieraus resultiert, daß die Planung und Kontrolle von Instandhaltungskosten eines (Teil-)Betriebes wesentlich vereinfacht wird, da die Anzahl der notwendigen Verbrauchs- und Bewertungsstandards je (Teil-)Betrieb erheblich reduziert wird. Weiterhin fördert die Vorgehensweise der austauschenden Instandsetzung eine genaue Planung der Instandsetzungskosten für beschädigte Bauteile. Denn bei zentraler Reparatur der Anlagenelemente werden alle Teile gleichen Typs unter mehr oder minder gleichartigen Betriebsverhältnissen (z.B. gleiche maschinelle Einrichtungen und Umwelteinflüsse) instand gesetzt, so daß spezifische Einflüsse von verschiedenen (Teil-)Betrieben - wie es bei multilokaler Teileinstandsetzung im Rahmen der ausbessernden Instandsetzung der Fall ist - bei der Ermittlung von Verbrauchsstandards aus Vergangenheitswerten nicht zum Tragen kommen. Darüber hinaus gewährleistet i.d.R. eine zentrale Instandsetzung der Bauteile eine genügend große Anzahl gleichartiger Teilereparaturen, so daß sich Planverbrauchswerte für diese Reparaturen mit einer statistisch befriedigenden Genauigkeit ableiten lassen.

Im Vordergrund der folgenden Betrachtungen stehen insbesondere Instandhaltungs(teil)betriebe, deren zu betreuende Produktionsanlagen im Rahmen von Inspektionsstrategien instand gehalten werden. Die von ihnen zu betreuenden Fertigungsanlagen umfassen Anlagenkomplexe wie Stahlwerke, Walzwerke, Hochöfen etc. Diese Anlageneinheiten bestehen ihrerseits aus verschiedenen Einzelaggregaten wie z.B. Stoßöfen, Vor- und Fertigstaffeln und Haspeln in Walzwerken. Den (Teil-)Betrieben obliegt es weiterhin, die Funktionsfähigkeit der betreffenden Anlagen zu gewährleisten und die Art und Weise der Durchführung notwendiger Instandhaltungsmaßnahmen weitgehend eigenverantwortlich in Abstimmung mit den übrigen Betrieben des Gesamtinstandhaltungsbetriebes einer Unternehmung zu planen und abzuwickeln. Die von ihnen zu erbringenden Instandhaltungsleistungen umfassen i.d.R. Inspektions- und Wartungsarbeiten sowie Instandsetzungsleistungen mit Ausnahme der Reparatur von Bauteilen, die normalerweise in Zentralwerkstätten bzw. von Fremdunternehmen durchgeführt werden. Zur Unterstützung der von ihnen zu erledigenden Arbeiten können sie unternehmenseigene Zentraleinheiten (Zentralkolonnen, Zentralwerkstätten) oder

Fremdunternehmen für ständig wiederkehrende Instandhaltungsarbeiten heranziehen. Seltene und in ihren Arbeitsinhalten nicht festliegende Arbeiten (z.B. Fehlersuche) werden regelmäßig nur von dem Instandhaltungsbetrieb erledigt, der in erster Linie die Funktionsfähigkeit der Anlage(n) zu gewährleisten hat.

Sofern diese Instandhaltungs(teil)betriebe Leistungen, die den Stillstand der betreffenden Produktionsanlage(n) erfordern, möglichst innerhalb geplanter Stillstandszeiten (z.B. Reparaturschichten) zu erbringen haben (Blockstrategie), sind sie i.d.R. auf die Inanspruchnahme von Fremd- und Werkstattleistungen (Leistungen der Zentraleinheiten) angewiesen, um diese zeitlich gebündelten Maßnahmen auch termingerecht durchführen zu können. Dieses gilt insbesondere für die Instandhaltung von Produktionsanlagen, die in kontinuierlich ablaufenden Produktionsprozessen eingesetzt werden und vollbeschäftigt sind.

Instandhaltungs(teil)betriebe mit den genannten Merkmalen erledigen den größten Teil der in Industriebetrieben anfallenden Instandhaltungsaufgaben. Ihre Bedeutung für die Erhaltung und Wiederherstellung betrieblicher Fertigungsanlagen kommt vor allem in ihrem Personalanteil an der Gesamtbelegschaft unternehmenseigener Erhaltungsbetriebe zum Ausdruck. So beträgt ihr Belegschaftsanteil in Unternehmen der Eisen- und Stahlindustrie sowie der Chemischen Industrie ca. 7o % an der Instandhaltungs(gesamt)belegschaft.

Auf der Basis der genannten, längerfristig festliegenden Bedingungen ist im Rahmen von Jahresplanungen vorrangig die Größe und Zusammensetzung von Instandhaltungskapazitäten unter Berücksichtigung des zu erwartenden Instandhaltungsbedarfs der zu betreuenden Produktionsanlage(n) festzulegen. Hierzu gehört sowohl die wirtschaftliche Wahl des Verhältnisses von Eigen- und Fremdinstandhaltung als auch die Festlegung der eigenen Personalstruktur hinsichtlich Normal- und Mehrarbeit. Wirtschaftliches Beurteilungskriterium für die Eigen- und Fremdkapazitätsplanung bilden die zu erwartenden Instandhaltungskosten für die betreffenden Anlagenobjekte[1]. Diese Personalkapazitäten lassen sich grundsätzlich an kurzfristig schwankende Instandhaltungsbedarfe anpassen (z.B. durch Einsatz von Mehrarbeit, Umsetzungen, Variation der Inanspruchnahme von Fremdleistungen etc.)[2].

Die Jahresplanung der Eigen- und Fremdkapazitäten bildet den Rahmen für eine kurzfristig durchzuführende Planung und Wirtschaftlichkeitskontrolle des Einsatzes von Produktionsfaktoren in Instandhaltungsbetrieben, insbesondere des Personaleinsatzes (z.B. Zuordnung von Instandhaltungsarbeiten/-aufträgen auf verfügbare Instandhaltungsbetriebe). Zielsetzung der Faktoreinsatzplanung ist die planerische Vorbereitung einer wirtschaftlichen Leistungserbringung in Instandhaltungsbetrieben (Instandhaltungsbedarfsdeckung) unter Berücksichtigung kurzfristiger Schwankungen des zu erbringenden Instandhaltungsprogramms und das Aufzeigen von Auswirkungen alternativer Vorgehensweisen zur Bedarfsdeckung auf den Periodenerfolg. Aus der planerischen Festlegung des Faktoreinsatzes lassen sich darüber hinaus Vorgabegrößen (Mengen-, Zeit- und Kostengrößen) für die Durchführung der Instandhaltungsbedarfsdeckung ableiten. Diese Vorgabegrößen können als Vergleichsgrößen für eine Wirtschaftlichkeitskontrolle der Leistungserbringung in Instandhaltungsbetrieben herangezogen werden, die Ursachen und Entstehungsorte von Unwirtschaftlich keiten bei der Bedarfsdeckung aufdecken soll.

Im folgenden ist von daher der Ansatz eines Plankostenmodells zu entwickeln, das den Aufgabenstellungen Faktoreinsatzplanung und Wirtschaftlichkeitskontrolle der Leistungserbringung in Instandhaltungsbetrieben gerecht wird. Bevor jedoch der Aufbau und die Anwendungsmöglichkeiten eines solchen Rechenwerkes dargestellt werden, sollen noch einige Überlegungen zur Festlegung der Planungsperiode für mit diesem Modellansatz durchzuführende Planungs- und Kontrollrechnungen erfolgen.

---

1) Vgl. hierzu vor allem Middelmann, U.: Planung der Anlageninstandhaltung, Wiesbaden 1977, S. 154-159.
2) Vgl. S. 111 - 126.

B. Festlegung der Planungsperiode

Da mit dem aufzubauenden Rechenmodell u.a. eine periodenbezogene Kostenplanung angestrebt wird, ist es unumgänglich, einige Anhaltspunkte zur Abgrenzung eines geeigneten Planungszeitraumes zu geben. Im Mittelpunkt der Kostenplanung steht die wirtschaftliche Beurteilung kurzfristiger Handlungsmöglichkeiten in Instandhaltungsbetrieben. Von daher würde sich die Wirksamkeitsdauer dieser Maßnahmen als ein Kriterium zur Festlegung des Entscheidungs- bzw. Planungszeitraumes anbieten. Allerdings haben die Auswirkungen auch kurzfristiger Entscheidungen unterschiedliche zeitliche Dimensionen, wobei im Instandhaltungsprozeß ständig neue Entscheidungen zu treffen sind, so daß innerhalb eines begrenzten Zeitraumes Instandhaltungsmaßnahmen begonnen und beendet werden oder nur begonnen werden bzw. bereits laufende Maßnahmen aus Vorperioden abgeschlossen werden. Jede periodenbezogene Sicht der Instandhaltungsaktivitäten bedingt, daß nur ein zeitlich begrenzter Ausschnitt aus dem kontinuierlich ablaufenden Planungsprozeß betrachtet wird. Von daher kann es keine theoretisch exakte Abgrenzung eines Planungszeitraumes geben, sondern nur eine, die sich pragmatisch an der mit der Planungsrechnung verfolgten Zielsetzung orientiert. Als wichtiges Ziel der Kostenplanung für Instandhaltungsbetriebe war die ökonomische Bewertung alternativer Instandhaltungsprogramme und Durchführungsvarianten auf der Grundlage periodenbezogener Plankosten herausgestellt worden[1]. Hieraus ergibt sich für die Instandhaltungsleitung die schwierige Aufgabe, für eine bestimmte Periode ein Programm bzw. mehrere mögliche Programme festzulegen.

Die planerische Festlegung vorbeugender Instandhaltungsmaßnahmen wie Inspektions-, Wartungs- und vorbeugende Instandsetzungsleistungen, die in festen periodischen Abständen zu erbringen sind, wird der Bereichsleitung keine grundsätzlichen Probleme bereiten. Die Durchführung von Inspektions- und Wartungsleistungen wird qualitativ und quantitativ durch Inspektions- und Wartungspläne festgelegt. Fast die gesamten Inspektions- und Wartungsleistungen für Produktionsanlagen der Eisenhüttenindustrie wiederholen sich

---

1) Vgl. S. 11f. und S. 150f.

innerhalb eines Monats[1]. Allerdings wird der Instandhaltungsprozeß auch in weiten Bereichen von Zufallsgrößen beeinflußt, so daß insbesondere viele Instandsetzungsarbeiten stochastisch verteilt anfallen. Instandsetzungen werden i.d.R. im Anschluß an zeitlich festgelegte Inspektionen oder nach dem Eintritt schadensbedingter Störereignisse durchgeführt (Inspektionsstrategie[2]). Es kann nicht exakt prognostiziert werden, nach welcher Inspektion - der 1., 2. oder 3. - eine Instandsetzung an einem bestimmten Anlagenelement vorzunehmen ist; denn die Durchführung der Instandsetzung ist abhängig vom Ergebnis der Inspektion. So weiß man zum Planungszeitpunkt noch nicht im einzelnen, welche Instandsetzungen an welchen Anlagenelementen in der zu betrachtenden Planungsperiode vorzunehmen sind. Andererseits kann man aber davon ausgehen, daß viele nach ihren Arbeitsinhalten gleichartige Instandsetzungsleistungen innerhalb einer Unternehmung wiederkehrend anfallen, d.h. die meisten Instandsetzungsarbeiten fallen innerhalb eines Zeitraumes von 1 Monat bis zu 1/2 Jahr mehrmals an . Bei den untersuchten Referenzanlagen - Fertigungsanlagen eines Warmbreitband-Walzwerkes - ist die mehrfache Wiederholung des überwiegenden Teils der Instandsetzungsleistungen bereits in einem 3-Monatszyklus gegeben[3].

Aufgrund der gegebenen Wiederholhäufigkeit von Instandsetzungsleistungen bilden Vergangenheitsdaten wie Anzahl der vorgenommenen Auswechselungen, Ist-Standzeiten etc. nach entsprechender statistischer Auswertung eine Grundlage zur planerischen Festlegung der in einem Quartal zu erbringenden Instandsetzungsleistungen zur Deckung des laufenden Instandsetzungsbedarfs von Produktionsanlagen. Darüber hinaus sollten bei der Planung laufend anfallender Instandsetzungsleistungen Größen wie die aktuellen Zustände der Anlagen(elemente), (statistisch) zu erwartende Reststandzeiten der Bauteile und die geplante produktionsbedingte Anlagennutzung Berücksichtigung finden. Anzahl und Art von Instandsetzungsleistungen für außerordentliche Instandsetzungsmaßnahmen (Großreparaturen) hängen weitgehend von der

---

1) Vgl. S. 146.
2) Vgl. S. 36 - 38.
3) Vgl. S. 146.

Disposition des Instandhaltungsbetriebes ab, da außerordentliche Maßnahmen bei kurzfristiger Betrachtungsweise als in begrenztem Umfang zeitlich verschiebbar anzusehen sind[1].

Somit steht zwar zu Beginn eines Quartals nicht fest, welche Anlagenelemente im einzelnen ausgewechslt werden sollen, jedoch kann die Anzahl der Wechsel einer bestimmten Bauteileart angegeben werden[2]. Diese Angabe reicht jedoch zur Ermittlung periodenbezogener Plankosten für Instandhaltungsbetriebe aus, da die meisten Instandhaltungsarbeiten gleicher Art weitgehend gleiche Arbeitsvorgänge, gleichen Ersatzteilverbrauch etc. erfordern.

Aufgrund der bisherigen Überlegungen erscheint ein 3-Monatszeitraum als ein geeigneter Zeitraum für die Festlegung der Planungsperiode von Planungs- und Kontrollrechnungen in Instandhaltungsbetrieben. Die durchgeführten Untersuchungen haben weiterhin ergeben, daß ein kürzerer Zeitraum als ein Quartal für die Prognose der Anzahl von Leistungseinheiten, insbesondere bei Instandsetzungsleistungen, nicht geeignet ist, zumal auch der Planungsaufwand erheblich steigen würde.

---

1) Vgl. S. 9f.
2) Vgl. S. 106 - 109 und S. 242 - 248.

C. Grundkonzeption der Plankostenrechnung

a) Strukturkomponenten

Der Kern der zu entwickelnden Plankostenrechnung besteht aus einem System linearer Funktionen, das die Abhängigkeiten der Kostengüterverbrauchsmengen in Instandhaltungsbetrieben von ihren Einflußgrößen abbildet (Faktoreinsatzfunktionen, Verbrauchsfunktionen). Diese Funktionen dienen zur Ermittlung von Planverbrauchsmengen der eingesetzten Kostengüterarten. Durch Bewertung der ermittelten Verbrauchsmengen mit Plan-Einstandspreisen oder Plan-Verrechnungspreisen ergeben sich die Plankosten je Kostenart. Sofern Verbrauchsmengen einzelner Kostenarten/-artengruppen fiktiv in Form von DM-Beträgen erfaßt werden sollen, ergeben sich die entsprechenden Kostenwerte durch Multiplikation dieser fiktiven Mengengrößen mit dem Preisfaktor "1".

Die wesentlichen Kostenarten in Instandhaltungsbetrieben sind[1]:

- Ersatzteil- und Reparaturmaterialkosten
- Verarbeitungskosten
  = Personalkosten (z.B. Betriebslöhne, Gehälter, Lohnzuschläge, Lohnnebenkosten etc.)
  = Kosten für Werkstatt- und Fremdleistungen
  = Brennstoff- und Energiekosten
  = Kosten für Werkzeuge und Betriebsstoffe
  = Übrige Betriebskosten (z.B. weiterverrechnete Kosten der Verkehrsbetriebe für Transporte von Anlagenbauteilen)
  = Kosten der Anlagenerhaltung (Kosten für die Erhaltung der Anlagen in Instandhaltungsbetrieben)
  = Kosten der Anlagennutzung (insbesondere kalkulatorische Zinsen und Abschreibungen)
  = Überbetriebliche Kosten

Den größten Kostenblock in den Instandhaltungsbetrieben bilden die Kosten für den Personaleinsatz. In einer Unternehmung der Eisenhüttenindustrie, in der ein großer Teil der empirischen Untersuchungen durchgeführt wurde, betrug z.B. in der Jahresplanung für 1977 der Anteil

---

1) Der aufgeführte Kostenartenkatalog lehnt sich weitgehend an die Kostenartengliederung in der Eisen- und Stahlindustrie an, da die empirische Analyse der Zusammenhänge von Kostengüterverbräuchen und deren Einflußgrößen vorwiegend in Unternehmen der Eisenhüttenindustrie durchgeführt wurde; vgl. Betriebswirtschaftliches Institut der Eisenhüttenindustrie (Bearb.): Allgemeine Richtlinien für das betriebliche Rechnungswesen der Eisen- und Stahlindustrie, Hrsg. Wirtschaftsvereinigung Eisen- und Stahlindustrie, Anlage 2: Kostenartenkatalog, Düsseldorf 1976.

der Kosten für einzusetzendes Personal an den gesamten Kosten für ständig wiederkehrende Instandhaltungsmaßnahmen[1] über 70%. Die Kosten für den Personaleinsatz setzen sich zusammen aus Löhnen, Lohnzuschlägen, Gehältern, Lohn- und Gehaltsnebenkosten und Kosten für die Inanspruchnahme von Werkstattleistungen und Arbeitsleistungen Fremder. Hierbei stellen regelmäßig Löhne, Lohnzuschläge und Lohnnebenkosten ihrerseits den größten Anteil an den Kosten für das Instandhaltungspersonal. In der erwähnten Unternehmung betrug bspw. der Planansatz des Jahres 1977 für diese Kostenarten ca. 75% der Personalkosten. Weiterhin fallen in Instandhaltungsbetrieben in nicht unerheblichm Umfang Kosten für den Verbrauch von Ersatzteilen an[2]. Die übrigen in Instandhaltungsbetrieben anfallenden Kostenarten sind gekennzeichnet durch einen geringen Kostenanteil an den entstehenden Instandhaltungsgesamtkosten (i.d.R. nur einige Prozentpunkte).

Die in der Plankostenrechnung zu verwendenden Verbrauchsfunktionen sollen die betrieblich gegebenen Abhängigkeiten der Kostengüterverbräuche von ihren Einflußgrößen abbilden. Hierbei handelt es sich zum einen um Abhängigkeiten, die technologisch, rechtlich oder dispositionsbedingt für den Planungszeitraum festliegen - wie z.B. Schichtanzahl, schichtplanmäßiger Anteil von Sonn- und Feiertagsarbeit, Mannstärke von Instandhaltungsgruppen, Dispositionsbereich beim Einsatz von Mehrarbeit. Zum anderen gilt es, mit Verbrauchsfunktionen Auswirkungen auf Kostengüterverbräuche zu erfassen, die durch Dispositionsmöglichkeiten der Instandhaltungsleitung innerhalb der Betrachtungsperiode bestimmt werden - wie z.B. Festlegung des Instandhaltungsprogramms, Inanspruchnahme von Mehrarbeit, Werkstatt- und Fremdleistungen(Freiheitsgrade in kurzfristigen Planungsansätzen).

---

1) Ca. 9o % der gesamten Instandhaltungskosten der betreffenden Hütte werden durch die Erledigung von ständig wiederkehrenden Instandhaltungsarbeiten verursacht.
2) Vgl. zur Bedeutung dieser Kostenart S. 132.

Die allgemeine Formulierung einer linearen Faktoreinsatzfunktion lautet[1]:

$$v_i = \sum_{j=1}^{n} b_{ij} \cdot x_j, \text{ wobei}$$

$i, j \in \mathbb{N}$

v_i: Zielgröße

x_j: Einflußgröße

b_{ij}: Verbrauchsstandard

Verbrauchsstandards beinhalten den spezifischen Verbrauch oder Bedarf an Mengen der Zielgrößen, der in Abhängigkeit von einer Einheit der Einflußgröße (unter den für die Planung angesetzten/unterstellten Bedingungen) normalerweise anfällt.
Die Werte der Ziel- und Einflußgrößen der Faktoreinsatzfunktionen in dem zu entwickelnden Rechensystem beziehen sich auf ein Quartal.
Zielgrößen der Faktoreinsatzfunktionen bilden die Güter- und Zeitverbräuche in Instandhaltungsbetrieben.
Einflußgrößen auf die Verbrauchsmengen von Kostengüterarten, die in Instandhaltungsbetrieben eingesetzt werden, können zum einen Vorgabegrößen (primäre Einflußgrößen) und zum anderen Zwischengrößen (sekundäre Einflußgrößen) sein.

Vorgabegrößen in der aufzubauenden Plankostenrechnung sind:
- Anzahl der Instandhaltungsleistungen, gegliedert nach Leistungsarten
- Periodenlänge.

  Diese Einflußgrößen werden bei der Ermittlung von Periodenkosten vorgegeben und sind somit als Aktionsparameter innerhalb der Planungsrechnungen anzusehen.
  Die Instandhaltungsleistungen sind nach Leistungsarten zu differenzieren, weil Mengen- und Zeitbedarfe für die Durchführung von Instandhaltungsleistungen von der jeweiligen Leistungsart abhängig sind.

---

1) Vgl. zum Aufbau von Faktoreinsatzfunktionen im Rahmen von Betriebsmodellen Laßmann, G.: Plankostenrechnung auf der Basis von Betriebsmodellen, in: Kilger, W. und Scheer, A.-W. (Hrsg.), Plankosten- und Deckungsbeitragsrechnung in der Praxis, Würzburg/Wien 198o, S. 119f.

Zwischengrößen der Plankostenrechnung sind:

- Instandhaltungsmannstunden, gegliedert nach
  - = Ausführenden Betrieben
  - = Normal- und Mehrarbeit
- Kostengrößen (z.B. Lohn- und Gehaltssumme).

  Diese Einflußgrößen werden ihrerseits unmittelbar aus den vorzugebenden Kosteneinflußgrößen (Instandhaltungsleistungen, Periodenlänge) errechnet, oder sie lassen sich andererseits nur mittelbar, d.h. über andere Zwischengrößen, von den zu erbringenden Instandhaltungsleistungen ableiten.

  Die Arbeitsstunden sind nach ausführenden Betrieben zu differenzieren, weil die Bewertung von Zeitverbräuchen davon abhängt, welcher Betrieb die Leistung ausführt.

  Die Disposition über den Einsatz von Mehrarbeit übt ebenfalls aufgrund unterschiedlicher Bewertungsfaktoren für Normal- und Mehrarbeitsstunden einen Einfluß auf die Höhe der Personalkosten aus.

Das Instandhaltungsprogramm für die betreffende(n) Produktionsanlage(n) stellt die wichtigste Einflußgröße auf die Höhe der Verbrauchsmengen eines großen Teiles der in Instandhaltungsbetrieben anfallenden Kostenarten dar. Unmittelbar beeinflußt das Instandhaltungsprogramm den Ersatzteil- und Reparaturmaterialverbrauch oder den Verbrauch an Fremdleistungen, wenn die zu erbringenden Leistungsarten (z.B. "Wechsel eines Elektromotors") unabhängig von den benötigten Arbeitszeiten zu vergüten sind. Mittelbar bestimmt es über die zu seiner Erfüllung notwendigen Instandhaltungsmannstunden den Verbrauch an Lohn-, Werkstatt- oder Unternehmerstunden.
Auch bei einer Zeitentlohnung kann von einer Proportionalität zwischen den Lohnkosten für erbrachte bzw. zu erbringende Instandhaltungsleistungen und den benötigten bzw. geplanten Instandhaltungsmannstunden ausgegangen werden, da bspw. Umsetzungen von Arbeitskräften zwischen den (Teil-)Betrieben im Instandhaltungsbereich rechtlich oder technologisch möglich sind und in der Praxis auch durchgeführt werden[1].

Weiterhin können die Mannstunden eine Einflußgröße auf die Verbrauchsmengen von Hilfs- und Betriebsstoffen darstellen[2].

---

1) Vgl. zu dem Handlungsspielraum beim Personaleinsatz S. 111 - 126.
2) Vgl. S. 227 - 230.

Da der weitaus größte Teil von Instandhaltungsleistungen sich aus ständig wiederkehrenden und in ihrem Arbeitsumfang weitgehend festliegenden Arbeiten zusammensetzt, lassen sich die genannten Kostengüterverbräuche über Zeitstandards für die Durchführung von Instandhaltungsleistungen ermitteln[1].

Die benötigten Mannstunden für die Durchführung von seltenen und in ihrem Arbeitsumfang nicht festliegenden Arbeiten werden in dieser Plankostenrechnung als Anteil der Instandhaltungsmannstunden festgelegt, die über leistungsbezogene Zeitstandards ermittelt werden. Diese Arbeitsstunden ergeben sich im Rechensystem aus der Multiplikation von Zeitstandards mit der Anzahl der zu erbringenden Leistungseinheiten, deren planerische Festlegung unter Berücksichtigung der produktionsbedingten Inanspruchnahme der betreffenden Anlage(n) erfolgt[2]. Da der Gesamtbedarf an Instandhaltungsmannstunden einer Produktionsanlage (zur Durchführung aller Leistungsarten) vorwiegend durch die produktionsmäßige Belastung bestimmt wird[3], ist es sinnvoll, den Stundenbedarf für nicht leistungsbezogen planbare Arbeiten als Anteil der Mannstunden zu planen, die mit Hilfe von Zeitstandards festgelegt werden.

Die Periodenlänge wird zweckmäßigerweise u.a. für den Verbrauch von Hilfs- und Betriebsstoffen, die Gehaltssumme, die kalkulatorischen Kosten und Abschreibungen sowie für die überbetrieblichen Kosten als Kosteneinflußgröße herangezogen[4].

Des weiteren sind in Instandhaltungsbetrieben noch Faktoreinsatzfunktionen für Kostengüterverbräuche zu ermitteln, deren Einflußgrößen andere Kostenarten darstellen, bspw. zählen hierzu die Lohn- und Gehaltsnebenkosten, deren wichtigste Einflußgröße die Lohn- und Gehaltssumme des betreffenden Instandhaltungsbetriebes ist.

---

1) Vgl. im einzelnen zum Erfassungsgrad von Instandhaltungstätigkeiten mit Planzeiten S.203 - 207 und die dort angegebene Literatur.
2) Vgl. zur Programmplanung S.242 - 248.
3) Vgl. Middelmann, U.: Planung der Anlageninstandhaltung, Wiesbaden 1977, S. 89 - 102 und S. 126 - 138.
4) Vgl. S. 217 - 240.

Zur Darstellung von linearen Verbrauchsfunktionen und zur computergestützten Durchführung von Planungs- und Kontrollrechnungen hat sich die Anwendung eines von R. Wartmann entwickelten Matrizenschemas - Strukturmatrix für Betriebsplankostenrechnungen - bewährt[1]. Stellt man die Verbrauchsfunktionen in dieser Matrizenschreibweise dar, und schreibt man die geplanten Einstands- und Verrechnungspreise für die einzelnen Verbräuche in Gestalt von Bewertungsvektoren neben die Matrix, so erhält man den in Abb. 11 dargestellten Formalaufbau der zu konzipierenden Plankostenrechnung für Instandhaltungsbetriebe[2].

Die Kopfzeile der Betriebsmatrix enthält zunächst die primären Einflußgrößen Periodenzahl und Instandhaltungsprogramm, differenziert nach Leistungsarten. Die Vektoren für die Zielgrößen "Programmbedingte Arbeitszeiten" (in Mannstunden) und "Arbeitszeiten insgesamt" sowie für die Zielgrößen "Verarbeitungskostengüterbedarf", "Ersatzteil- und Reparaturmaterialbedarf" und "Gutschriften für ausgebaute Teile" bilden zusammen mit dem Vektor für "Instandhaltungsleistungsarten - differenziert nach ausführenden Betrieben" die linke Randspalte. Da die benötigten Arbeitszeiten vom Instandhaltungsprogramm und den ausführenden Betrieben abhängen, erscheint das "Leistungsprogramm - differenziert nach Betrieben" — ebenfalls in der Kopfzeile. Die Arbeitszeiten treten ihrerseits auch in der Kopfzeile auf, da sie (sekundäre) Einflußgrößen für den Bedarf an Ersatzteilen und Reparaturmaterial sowie für den an Verarbeitungskostengütern darstellen. Die einzelnen Felder in der Betriebsmatrix enthalten einerseits Zeit- und Kostengüterbedarfskoeffizienten und andererseits Dispositionskoeffizienten zur Festlegung des Einsatzumfanges der verfügbaren Betriebe bzw. von Normal- und Mehrarbeit. Höchst- und Mindesteinsatzgrenzen der zur Verfügung stehenden Personalkapazitäten stehen in der letzten Spalte (Restriktionen). Die Werte der Schlupfgrößen in der letzten Zeile

---

1) Vgl. Wartmann, R.; Steinecke, V. und Sehner, G.: System für Plankosten- und Planungsrechnung mit Matrizen, IBM-Schrift "Grundlagen für Anwendungsprogrammierung", IBM-Form GE 12-1344, Anwendungsbeschreibung, o.O., 1975, S.22-36; Laßmann, G.: Plankostenrechnung auf der Basis von Betriebsmodellen, in: Kilger, W. und Scheer, A.-W. (Hrsg.), Plankosten- und Deckungsbeitragsrechnung in der Praxis, Würzburg/Wien 1980, S.120-122.

2) Das Funktionensystem für den Instandhaltungsbereich, der für die Instandhaltung eines Warmbreitband-Walzwerkes verantwortlich ist, beinhaltet rund 1500 Zeilen- und Spaltenvariablen (Schätzwerte).

geben bei der Durchführung von Planungsrechnungen an, in welchem Umfang verfügbare Instandhaltungskapazitäten genutzt werden bzw. Mindeststundenbedarfe für einzelne Betriebe zu berücksichtigen sind.

Zur Ermittlung der geplanten Periodenkosten für die betreffende Produktionsanlage(n) wird in dem dargestellten Rechenschema zunächst mittels Dispositionsgleichungen ausgehend von einem vorgegebenen Instandhaltungsprogramm die Anzahl der Leistungseinheiten für jede Instandhaltungsleistungsart festgelegt, die die jeweils zur Verfügung stehenden Erhaltungsbetriebe durchführen sollen. Die von den einzelnen Betrieben durchzuführenden Leistungen bilden ihrerseits die Einflußgrößen für die Ermittlung der benötigten Mannstunden, die betriebsweise mit Hilfe von leistungsart- und betriebsspezifischen Zeitstandards errechnet werden. In einem weiteren Rechenschritt werden dann mittels Zeitzuschlagskoeffizienten auf der Basis der Mannstunden, die über Zeitstandards festgelegt wurden, ebenfalls betriebsweise die Arbeitszeiten für seltene und in ihrem Arbeitsumfang nicht festliegende Arbeiten geplant. Die insgesamt für die Produktionsanlage(n) zu erbringenden Stunden ergeben sich aus der Summation der Arbeitszeiten einzelner Betriebe. Der Umfang anfallender Mehr- und Normalarbeitsstunden wird ausgehend von den geplanten Mannstunden des betrachteten Instandhaltungsbetriebes mittels entsprechender Dispositionsgleichungen festgelegt. Bei der Festlegung der Dispositionskoeffizienten - sowohl für den Einsatzumfang von einzelnen Betrieben als auch von Normal- und Mehrarbeit - sind die jeweils verfügbaren Instandhaltungskapazitäten bzw. Mindeststundenansprüche an einzelne Betriebe zu beachten. Die Bedarfsmengen der einzelnen Kostengüterarten werden in Abhängigkeit von ihren jeweiligen Einflußgrößen wie der vorgegebenen Periodenlänge, dem vorgegebenen Instandhaltungsprogramm und den in Zwischenrechnungen ermittelten Arbeitsstunden mittels Bedarfskoeffizienten (Verbrauchsstandards) bestimmt. Durch Multiplikation der kostenartenweise errechneten Planverbrauchsmengen mit den entsprechenden Plan-Einstands- und Plan-Verrechnungspreisen ergeben sich die Plan-Periodenkosten der einzelnen Faktoreinsatzarten für die Produktionsanlage(n).

			Primäre Einflußgrößen (Vorgabegrößen)		
			Periodenzahl	Instandhaltungsprogramm, diff. nach Leistungsarten	Instandhaltungsprogramm, diff. nach Leistungsarten u. ausführenden Betrieben
	Dispositionsfunktionen	Instandhaltungsprogramm, diff. nach Leistungsarten u. ausführenden Betrieben		Dispositionskoeff. f. Zuordnung v. Leistungen auf Betriebe	
	Zeitbedarf	Programmbedingte Arbeitszeiten, diff. nach ausführenden Betrieben			Programmbed. Zeitbedarfskoeff., diff. nach Leistungsarten u. ausf. Betrieben (in Mannstd.)
	Zeitbedarf	Arbeitszeiten insgesamt, diff. nach ausführenden Betrieben			
	Zeitbedarf	Instandhaltungsmannstunden insgesamt für Produktionsanlage			
	Dispositionsfunktionen	Arbeitszeiten insgesamt, diff. nach ausf. Betrieben u. Normal- und Mehrarbeit			
Preisvektor	Kostengüterbedarf	Verarbeitungskostengüterbedarf nach Kostenarten	Periodenbedingte Verarbeitungskostengüterbedarfskoeffizienten	Programmbedingte Verarbeitungskostengüterbedarfskoeffizienten	
Preisvektor	Kostengüterbedarf	Ersatzteil- u. Reparaturmaterialbedarf nach Teilearten		Programmbedingte Bedarfskoeff. f. einzubauende Ersatzteile u. benötigte Reparaturmaterialien	
Preisvektor	Kostengüterbedarf	Gutschriften für ausgebaute Teile		Programmbedingte Bedarfskoeffizienten für ausgebaute Anlagenteile	
	Schlupfgrößen für Personalkapazitäten				

Abb. 11 Betriebsstrukturmatrix

Sekundäre Einflußgrößen (Zwischengrößen)				Restriktionen (z.B. verfügbare Personalkapazitäten)
Programmbedingte Arbeitszeiten, diff. nach ausführenden Betrieben	Arbeitszeiten insgesamt, diff. nach ausführenden Betrieben	Instandhaltungsmannstunden insgesamt für Produktionsanlage	Arbeitszeiten insgesamt, diff. nach ausführenden Betrieben und Normal- und Mehrarbeit	
Zeitzuschlagskoeffizienten für seltene bzw. nicht festliegende Arbeiten				
	Einheitsvektor			
	Dispositionskoeffizienten für den Einsatz von Normal- u. Mehrarbeit			
			Arbeitszeitbedingte Verarbeitungskostengüterbedarfskoeffizienten	
		Arbeitszeitbedingte Bedarfskoeffizienten für Ersatzteile u. Reparaturmaterialien		

für Instandhaltungsbetriebe

b) Einsatzbereiche

Die Anwendungsbereiche einer solchen Plankostenrechnung für Instandhaltungsbetriebe stellen zum einen die Kostenplanung und -kalkulation und zum anderen die Kostenüberwachung dar[1].

- Kostenplanung
  Eine wesentliche Aufgabenstellung für das oben skizzierte Rechenwerk ist - wie bereits erwähnt - die kurzfristige periodische Ermittlung der Plankosten eines Instandhaltungsbetriebes (Ermittlungsrechnung) für ein vorgegebenes Leistungsprogramm und bei einer vorab festgelegten Durchführungsvariante bzgl. des Einsatzes von verfügbaren Betrieben sowie von Normal- und Mehrarbeit. Da das Rechenwerk in der Matrixsprache - d.h. EDV-gerecht - formuliert ist, ist es möglich, mehrere Instandhaltungsprogrammalternativen und Durchführungsvarianten durchzurechnen und die entsprechenden Plan-Periodenkosten zu ermitteln. Aus den durchgeführten Alternativrechnungen können kostengünstige Instandhaltungsprogramme und Durchführungsvarianten ausgewählt werden. Darauf aufbauend läßt sich für ein ausgewähltes Instandhaltungsprogramm noch die kostengünstigste Durchführungsalternative hinsichtlich ausführender Betriebe, Normal- und Mehrarbeit durch schrittweise limitierte Optimierungsrechnungen bestimmen. Bei diesen Rechnungen werden auch erste Hinweise auf mögliche Ansatzpunkte zur mittelfristigen Anpassung von Instandhaltungskapazitäten gegeben[2].

- Kostenkalkulation
  Auf der Grundlage der Faktoreinsatz- und Bewertungsfunktionen lassen sich einzelne Instandhaltungsleistungsarten kalkulieren, d.h. leistungsbezogene Plankostensätze ermitteln. Diese Plankosten können als Grundlage zur Ermittlung von Verrechnungspreisen für Instandhaltungsleistungen verwendet werden, die Instandhaltungsbetriebe für andere Erhaltungsbetriebe bzw. für Produktionsbetriebe durchführen. Des weiteren sind sie als Hilfestellung bei der Preisbildung für Instandhaltungsarbeiten heranzuziehen, die für Fremde geleistet werden sollen. Ebenso stellen leistungsbezogene Plankostensätze Wirtschaftlichkeitskriterien zur Beurteilung von Fremdleistungen dar. Darüber hinaus basiert die Vorkalkulation von außerordentlichen Instandhaltungsaufträgen auf diesen Plankostensätzen.

---

1) Vgl. im einzelnen zu den Anwendungsbereichen der Plankostenrechnung S. 241 - 291.

2) Vgl. S. 257 - 264.

- Kostenüberwachung

Auch zur Kontrolle von Instandhaltungskosten kann die Betriebsplankostenrechnung herangezogen werden. Zum Ausweis von Kostenabweichungen aufgrund von Planrevisionen (entscheidungsbedingte Abweichungen) werden den geplanten Kosten entsprechende Richtkosten unter Berücksichtigung des tatsächlich durchgeführten Instandhaltungsprogramms und der realisierten Durchführungsalternative gegenübergestellt. Die Bestimmung von Kostenabweichungen, die auf Differenzen zwischen dem normalerweise erreichbaren Verbrauchsstandard an Faktoreinsätzen bei der Leistungserbringung und dem tatsächlich erreichten beruhen (ausführungsbedingte Abweichungen), werden durch Vergleich dieser Richtkosten mit den in der Dokumentationsrechnung festgehaltenen Istkosten ermittelt.

Die Kostenkontrolle kann auf zwei zeitlichen Ebenen erfolgen: periodische Kontrolle und operative Kontrolle. Die periodische Kontrolle wird kostenstellen- und kostenartenweise am Ende einer Abrechnungsperiode durchgeführt. Neben dem Ausweis der o.g. Kosten- und Verbrauchsabweichungen dient sie auch als Grundlage zur Verbesserung der Planung von Instandhaltungsprozessen zukünftiger Perioden.

Operative Kostenkontrollen sollen schon während der laufenden Planungsperiode ausführungsbedingte Unwirtschaftlichkeiten aufdecken. Sie werden auftrags- und anlagenobjektweise durchgeführt und sollten sich auf die Analyse weniger, aber gewichtiger Kostenarten bzw. deren Mengenkomponenten beschränken (insbesondere auf Arbeitszeiten und Ersatzteilverbräuche), da die Ist-Erfassung bei diesen ständigen Kontrollen (z.B. schichtweise) sehr umfangreich ist.

Die operative Kontrolle von Zeit- und Mengenverbräuchen sollte auf der Grundlage von Netzplänen erfolgen, deren Einsatz zur schicht- oder tagesweisen Terminüberwachung und zur Personalsteuerung sich in der Praxis bewährt hat. Soweit Verbrauchs- und Bewertungsstandards aus der Kostenrechnung als operative Sollvorgaben geeignet sind, sollten sie hierzu herangezogen werden.

D. Aufbau der Plankostenrechnung

a) Ersatzteil- und Reparaturmaterialkostenfunktionen

aa) Ersatzteilkostenfunktionen

Aufgrund linear limitationaler Beziehungen zwischen Ersatzteilverbräuchen und Instandhaltungsprogramm läßt sich der quantitative und qualitative Bedarf an einzubauenden Ersatzteilen für eine Planungsperiode unmittelbar aus dem Leistungsprogramm für die zu betreuende(n) Produktionsanlage(n) ableiten. Arten und Mengen der auszubauenden Anlagenteile entsprechen denen der einzubauenden. Für einen Teil der ausgebauten Bauelemente gilt, daß ihre Funktionsfähigkeit nicht durch Instandsetzungsleistungen wirtschaftlich wiederhergestellt werden kann.

Die in Instandhaltungsprozessen anfallenden gesamten Kosten des Ersatzteileinsatzes setzen sich somit zusammen aus:

Ersatzteilkosten für einzubauende Teile
./. Gutschriften für auszubauende Teile, die instand gesetzt werden sollen
./. Schrottgutschriften

= Ersatzteilkosten

Die Bewertung der einzubauenden Teile erfolgt - differenziert nach Teilearten - mit Plan-Einstandspreisen, die der auszubauenden und instand zu setzenden mit Plan-Einstandspreisen minus Plan-Reparaturkostensätzen, ebenfalls differenziert nach Teilearten. Die zu verschrottenden Teile sind mit entsprechenden Plan-Schrottverrechnungspreisen zu bewerten.
Plan-Einstandspreise, Plan-Reparaturkostensätze und Plan-Schrottverrechnungspreise sind jährlich festzulegen und unverändert während dieses Zeitraumes als Bewertungsansätze für die Quartalsplanungen heranzuziehen, wenn nicht außergewöhnliche Preissteigerungen auf den Beschaffungsmärkten eine Anpassung der Plan-Einstandspreise im Jahresablauf erforderlich machen[1].

1) Vgl. Kilger, W.: Einführung in die Kostenrechnung, Opladen 1976, S. 90.

Die Instandsetzung von Ersatzteilen kann oftmals durch unternehmenseigene und -fremde Instandhaltungsbetriebe erfolgen. Hieraus ergeben sich u.U. verschiedene Kosten für die Instandsetzung einzelner Ersatzteile. Bei der Ermittlung der Plan-Reparaturkostensätze ist eine in der Jahresplanung festgelegte Verteilung dieser Reparaturarbeiten auf fremde und eigene Instandhaltungsbetriebe zugrundezulegen, so daß die Höhe der Gutschrift für Teile der gleichen Bauart identisch und unabhängig davon ist, welchen "Reparaturweg" ein ausgebautes Teil im konkreten Einzelfall geht.

Der Aufbau von Ersatzteilkostenfunktionen läßt sich wie folgt darstellen:

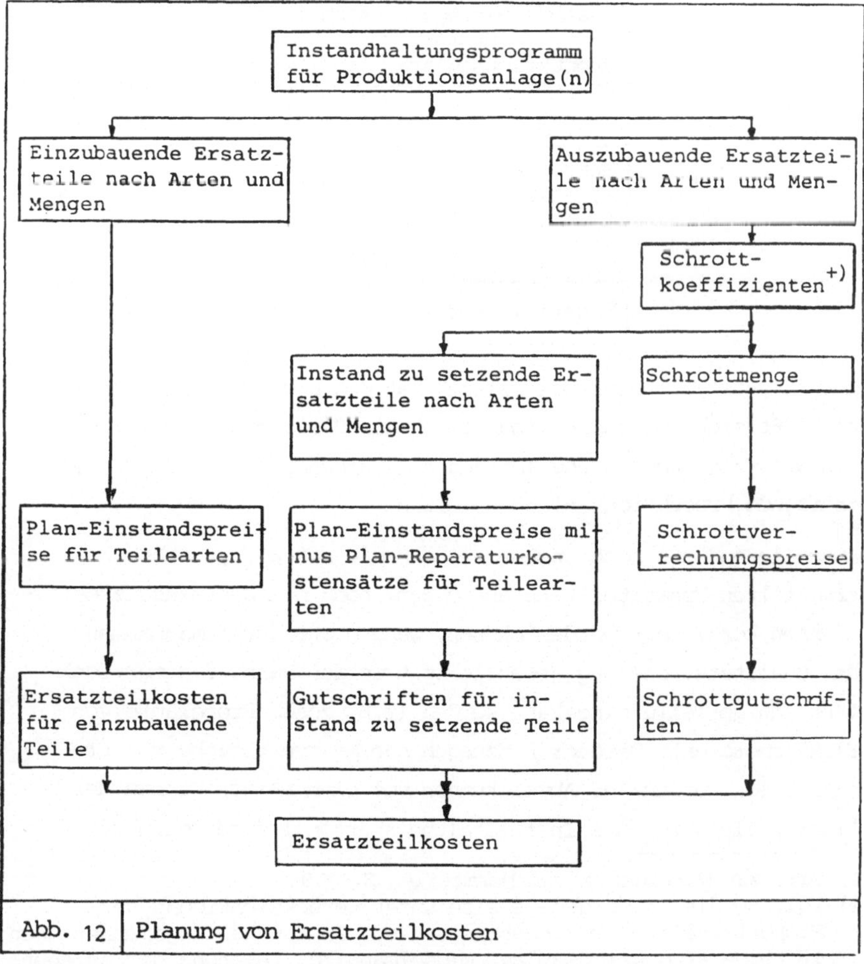

Abb. 12	Planung von Ersatzteilkosten

+) Schrottkoeffizient[1] $= \frac{\text{Ø Anzahl verschrotteter Teile einer Bauart}}{\text{Ø Anzahl ausgebauter Teile einer Bauart}}$

---

1) Mehrjährige Durchschnittswerte.

Eine vereinfachte Ermittlung der Ersatzteilkosten empfiehlt sich (aus Wirtschaftlichkeitsgründen) für geringwertige Ersatzteilarten, insbesondere bei Normteilen[1], und für den Ersatzteilbedarf, der bei Instandsetzungen anfällt, deren Arbeitsinhalte nicht festliegen.

Hierbei werden die Ersatzteilkosten als über verschiedene Ersatzteilarten hinweg aggregierte Kostengrößen in Abhängigkeit von den Instandhaltungsmannstunden für die Produktionsanlage ermittelt[2].

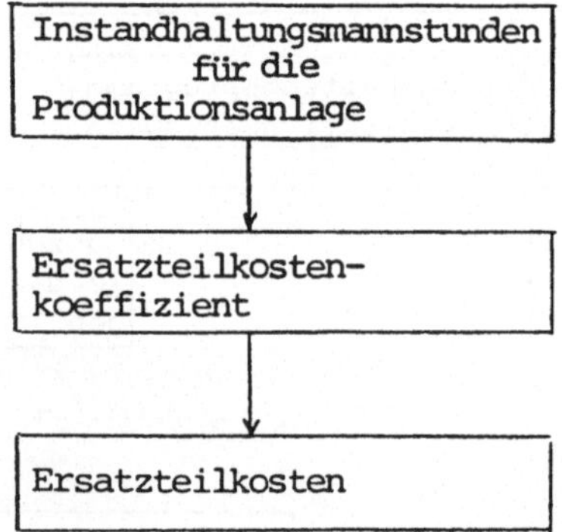

Der "Ersatzteilkostenkoeffizient" hat die Dimension DM/Stunde und läßt sich regressionsanalytisch aus Vergangenheitswerten von Ersatzteilkosten und Instandhaltungsmannstunden für die betreffende Produktionsanlage ableiten.

Abschließend sei noch angemerkt, daß die auf analytischem Wege ermittelten Ersatzteilverbräuche ggf. noch mit Übereinsatzkoeffizienten korrigiert werden müssen, wenn nicht durch Maßnahmen der Qualitätssicherung gewährleistet werden kann, daß nur funktionsfähige Teile eingebaut werden (z.B. durch Probeläufe von Elektromotoren). Darüber hinausgehende Mehrverbräuche von Ersatzteilen werden auf Abweichungen vom planmäßigen Einbau der Ersatzteile durch das Instandhaltungspersonal zurückgeführt.

---

1) Vgl. zur Wertigkeit von Normteilen S. 139.

2) Vgl. zu dieser Vorgehensweise unter Berücksichtigung der Proportionalität von Ausbringung und Instandhaltungsmannstunden für eine Produktionsanlage Middelmann, U.: Planung der Anlageninstandhaltung, Wiesbaden 1977, Anhang 2, Abb. 22.

ab) Reparaturmaterialkostenfunktionen

Reparaturmaterialkosten fallen für Verbräuche wesensmäßig verschiedenartiger Kleinmaterialien wie z.B. Schrauben, Dichtungen, U-Scheiben, Sicherheitsbleche etc. an. Der Bedarf an Reparaturmaterialien je Einheit einer Instandhaltungsleistungsart liegt technisch determiniert fest.
Die Einflußgröße auf die Höhe der anfallenden Reparaturmaterialverbräuche stellt somit das Instandhaltungsprogramm dar. Die Verbrauchsstandards der Faktoreinsatzfunktionen bilden aufgrund der Heterogenität und Geringwertigkeit von Reparaturmaterialeinsätzen zweckmäßigerweise DM-Beträge je Instandhaltungsleistungsart.

Eine vereinfachte Ermittlung der Reparaturmaterialkosten empfiehlt sich, wenn die zugehörigen Ersatzteilverbräuche ebenfalls vereinfacht geplant werden. Hierbei stellen die Instandsetzungsstunden für die Produktionsanlage die Kosteneinflußgröße dar, und ein aus Vergangenheitswerten abgeleiteter "Reparaturmaterialkostenkoeffizient" mit der Dimension "DM/Std." bildet den Verbrauchsstandard für die entsprechende Faktoreinsatzfunktion.

b) Verarbeitungskostenfunktionen

ba) Ermittlung von Zeitstandards für Instandhaltungsleistungen

1) Grundlagen der Zeitermittlung

Die Verbrauchsmengen wichtiger Verarbeitungskostenarten wie Fertigungs- und Hilfslöhne, Lohnzuschläge oder Hilfs- und Betriebsstoffkosten werden u.a. von den zu leistenden Instandhaltungsmannstunden bestimmt, die zur Durchführung von Instandhaltungsprogrammen benötigt werden[1]. Die zu erbringenden Leistungsarten und -mengen bilden somit die Bestimmungsgröße für die benötigten Mannstunden. Von daher sollen die erforderlichen Instandhaltungsmannstunden auch mittels leistungsartspezifischer Zeitstandards auf der Grundlage von durchzuführenden Programmen geplant werden.

---

1) Der Übersicht über die Kosteneinflußgrößen in Instandhaltungsbetrieben der Eisen- und Stahlindustrie auf S. 239 kann entnommen werden, welche Kostenarten durch die Mannstunden beeinflußt werden können.

Die zur Ausführung einer Instandhaltungsleistungsart notwendige Arbeitszeit setzt sich zusammen aus[1]:

- Grundzeit
  = Rüstzeit
  = (Instandhaltungs-)Tätigkeitszeit
- Verteilzeit
  = Sachliche Verteilzeit
  = Persönliche Verteilzeit

Die Ausführungszeit für eine Instandhaltungsarbeit bildet auch gleichzeitig den Zeitstandard für die jeweilige Instandhaltungsleistungsart, wenn die Arbeit nur von einer Arbeitskraft ausgeführt wird. Andernfalls ist die Ausführungszeit noch mit der Anzahl der eingesetzten Instandhalter zu multiplizieren, um die normalerweise benötigten Mannstunden je Leistungseinheit zu ermitteln.

Verteilzeiten stellen den Zeitbedarf dar, der zum einen aufgrund von störungsbedingtem oder persönlich bedingtem Unterbrechen der Instandhaltungstätigkeit anfällt. Zum anderen handelt es sich hierbei um notwendige Arbeitszeiten für Tätigkeiten, die neben der Ausführung der eigentlichen Instandhaltungsleistungen anfallen. Hierzu gehören in Instandhaltungsprozessen vorrangig Zeiten für Wege, die das Instandhaltungspersonal ggf. zu verschiedenen Einsatzorten zu bewältigen hat.
Verteilzeiten können als prozentuale Zuschläge auf die Grundzeiten festgelegt werden. Der Zuschlagssatz für Verteilzeiten läßt sich durch die Erfassung der Häufigkeit des Unterbrechens der Arbeiten bzw. der Häufigkeit des Ausführens zusätzlicher Tätigkeiten mit

---

1) Erholzeiten sind bei Instandhaltungsarbeiten dann nicht zu berücksichtigen, wenn die Arbeitnehmer die notwendigen Erholzeiten in Form organisierter Pausen erhalten und diese Zeiten nicht zu den Arbeitszeiten gerechnet werden; vgl. zu möglichen Erholzeitregelungen REFA (Verband für Arbeitsstudien e.V.): Methodenlehre des Arbeitsstudiums, Teil 2, Datenermittlung, 4. Aufl., München 1975, S 334f.; § 3 Abs.4 Manteltarifvertrag für die Arbeiter, Angestellten und Auszubildenden in der Eisen- und Stahlindustrie von Nordrhein-Westfalen, Bremen, Georgsmarienhütte, Osnabrück, Dillenburg und Niederschelden, in der Fassung vom 6. Januar 1979, S. 10.

Hilfe von Kurzzeitbeobachtungen bestimmen (Multimomentaufnahme)[1].
Sofern einzelne Instandhaltungsbetriebe unterschiedliche Weglängen zu den jeweiligen Einsatzorten zu bewältigen haben, sollten Verteilzeitzuschläge nach ausführenden Betrieben differenziert ermittelt werden.

Aus dem bisher Gesagten resultiert, daß die Ermittlung der Grundzeiten für Instandhaltungsarbeiten die wichtigste Grundlage für den Aufbau von Faktoreinsatzfunktionen bildet, deren Einflußgröße die Instandhaltungsmannstunden darstellen.
Die Planzeitermittlung für Tätigkeiten[2] wird in den Fertigungshauptbetrieben der Unternehmen seit vielen Jahren erfolgreich praktiziert, und Planzeiten haben als Entlohnungsgrundlage Eingang in die Tarifverträge zwischen Gewerkschaften und Arbeitgebern gefunden. Hingegen scheint die Entwicklung von Verfahren zur Ermittlung von Planzeiten für Instandhaltungsarbeiten noch zu keinem Abschluß gekommen zu sein. So liegt bisher weder ein Verfahren zur Planzeitermittlung im Instandhaltungsbereich vor, dessen Verbreitung von REFA unterstützt würde, noch existieren REFA-Planzeitsysteme für Instandhaltungsarbeiten[3]. Dies mag zum einen in der mangelnden Beachtung des Instandhaltungsbereiches in der Vergangenheit begründet sein und zum anderen durch Schwierigkeiten bei der Planzeitermittlung für Instandhaltungsarbeiten[4]. Von daher empfiehlt es sich, auch im Rahmen der Kostenplanung auf die Möglichkeiten der Zeitvorgabe für Instandhaltungsarbeiten einzugehen und ihre Anwendungsbereiche und -grenzen aufzuzeigen. Im Mittelpunkt der folgenden Betrachtungen stehen somit Verfahren zur Planzeitermittlung für Instandhaltungsarbeiten und deren kritische Beurteilung hinsichtlich

---

1) Vgl. REFA (Verband für Arbeitsstudien e.V.): Methodenlehre des Arbeitsstudiums, Teil 2, Datenermittlung, 4. Aufl., München 1975, S. 223-256.
2) Im folgenden wird aus Gründen der Sprachverkürzung nur noch von Planzeitermittlung, Planzeitbestimmung etc. gesprochen, die Aussagen beziehen sich aber ausschließlich auf die Ermittlung von Plan-Grundzeiten, wenn nichts anderes gesagt wird.
3) Vgl. Baumann, P.: Zeitwirtschaft, Leistungslohn, in: REFA (Verband für Arbeitsstudien e.V.) (Hrsg.), Lehrgangsunterlagen zum REFA-Sonderseminar "Rationalisierung der Instandhaltung durch Planung, Steuerung und Kontrolle", Darmstadt 1977, S. 7.
4) Zu den Eigenheiten von Instandhaltungsarbeiten vgl. S. 177 -184.

ihrer Einsatzbereiche und Einsatzfähigkeit zur Ermittlung von Sollzeiten für die Planung von Instandhaltungskosten, insbesondere der Kosten des Personaleinsatzes. Hierzu ist es jedoch unbedingt erforderlich, zunächst einmal Kriterien zu erarbeiten, die eine solche Beurteilung der Verfahren erlauben.

2) Methoden zur Zeitermittlung und Bestimmungsgrößen für ihre Anwendungsbereiche

Grundsätzlich lassen sich in Anlehnung an REFA vier verschiedene methodische Ansätze zur Festlegung von Plan-Grundzeiten unterscheiden[1]:

- Schätzen und Vergleichen
- Betriebliche Zeitaufnahmen
- Systeme vorbestimmter Zeiten
- Berechnen von Prozeßzeiten

Die Festlegung von Planzeiten mittels Schätzens und Vergleichens erfolgt in der Weise, daß für die zu betrachtenden Arbeiten hinsichtlich Arbeitsinhalt, Arbeitsgegenstand und Arbeitsbedingungen ähnliche Tätigkeiten gesucht werden, für die bereits Planzeiten vorliegen. Auf der Grundlage dieser Planzeiten werden unter Berücksichtigung abweichender Arbeitsmerkmale die Sollzeiten geschätzt. Bei der betrieblichen Zeitaufnahme werden die Planzeiten auf der Basis statistisch ausgewerteter betrieblicher Ist-Zeitverbräuche für die einzelnen Tätigkeiten festgelegt. Planzeiten werden auf der Grundlage von Systemen vorbestimmter Zeiten ermittelt, indem die Zeitvorgaben aus überbetrieblich gültigen Zeittabellen zusammengesetzt werden. Bei der Berechnung von Planzeiten werden die zu bestimmenden Sollzeiten durch analytische Rechnungen mit Hilfe physikalischer und ingenieurwissenschaftlicher Formeln ermittelt. Die Festlegung von Bearbeitungsplanzeiten auf der Basis von Maßangaben über Arbeitsgegenstände, Arbeitsgeschwindigkeit etc. mit physikalischen Gleichungen und Funktionen kommt naturgemäß für die Zeitplanung menschlicher Arbeitsleistungen nicht in Be-

---

1) Vgl. REFA (Verband für Arbeitsstudien e.V.): Methodenlehre des Arbeitsstudiums, Teil 2, Datenermittlung, 4. Aufl., München 1975, S. 61.

tracht, sondern nur für die Planung der Prozeßzeiten von Betriebsmitteln, auf deren zeitliche Dauer der Mensch keinen Einfluß hat, wenn die maschinellen Anlagen für die Bearbeitung eingerichtet worden sind. Für die Planung der Instandhaltungsmannstunden hat dieses Verfahren der Zeitplanung somit nur eine geringe Bedeutung[1)], und es braucht bei den folgenden Überlegungen nicht berücksichtigt werden.

Welches der drei verbleibenden Planzeitermittlungsverfahren für welche Einsatzbereiche (Instandhaltungstätigkeitsarten) zum Einsatz gelangen sollte, läßt sich anhand der folgenden vier Kriterien bestimmen:

- Verwendungszweck (Genauigkeitsgrad) der Planzeiten
- Arbeitsinhalt
- Wiederholhäufigkeit der Arbeit
- Wirtschaftlichkeit der Planzeitermittlung.

Ein wesentliches Kriterium für die Anwendung eines Verfahrens stellt der <u>Verwendungszweck</u> der zu ermittelnden Planzeiten dar[2)], denn der Verwendungszweck bestimmt u.a., mit welchem geforderten Genauigkeitsgrad ε^* eine Planzeit zu ermitteln ist, d.h. welchen Streubereich eine Planzeit haben darf. Der Streubereich einer Planzeit gibt für eine bestimmte Aussagewahrscheinlichkeit an, um wieviel Zeiteinheiten der unbekannte durchschnittliche Zeitverbrauch aller möglichen Zeitwerte vom Planwert positiv oder negativ abweichen kann. Die Angabe des Streubereiches erfolgt üblicherweise als Prozentsatz vom Planzeitwert. Da nun die verschiedenen Verfahren zur Planzeitermittlung aufgrund ihrer je-

---

1) Prozeßzeiten der Betriebsmittel stellen für den Menschen ablaufbedingtes Unterbrechen dar, die Zeitplanung für diese Tätigkeitsart wird i.d.R. mit Zeitaufnahmen oder mit Multimomentaufnahmen durchgeführt.

2) Vgl. u.a. Borges, A.; Bondroit, U. und Pfaffenholz, B.: Entwicklung eines universell gültigen Regressionsmodells zur Ermittlung von Planzeitwerten bei überwiegend manuellen Arbeiten, in: Forschungsbericht des Landes NRW, Nr. 2216, Opladen 1971, S. 10; REFA (Verband für Arbeitsstudien e.V.): Methodenlehre als Arbeitsstudium, Teil 2, Datenermittlung, 4. Aufl., München 1975, S. 338 und S. 353.

weiligen methodischen Basis unterschiedlich genaue Planzeiten zur Verfügung stellen können, bestimmt u.a. der Verwendungszweck, welche Verfahren zur Planzeitermittlung überhaupt herangezogen werden können. Im Mittelpunkt unserer Betrachtungen steht als Verwendungszweck die Planung von Zeiten für Arbeitskräfte als Grundlage der Planung und Überwachung von Instandhaltungskosten - insbesondere für Kosten des Personaleinsatzes - innerhalb eines Planungszeitraumes. Allerdings darf nicht verkannt werden, daß i.d.R. mit der Planzeitermittlung noch andere Ziele - wie z.B. die Lohnfindung, Arbeitsgestaltung etc. - verfolgt werden können, was bei der Auswahl von Ermittlungsverfahren schon aus Wirtschaftlichkeitsgründen unbedingt berücksichtigt werden sollte (Vermeidung von Mehrfachplanung). Die erforderliche Genauigkeit wird aber nicht nur vom Verwendungszweck determiniert, sondern auch vom Arbeitsinhalt, der Wiederholhäufigkeit der Arbeiten und den personellen und finanziellen Aufwendungen für die einzelnen Ermittlungsverfahren[1]. Welcher Genauigkeitsgrad für Planzeiten zu Zwecken der Kostenplanung zu fordern ist, läßt sich nicht generell angeben, sondern nur unter Berücksichtigung der im jeweiligen betrieblichen Einzelfall gegebenen bzw. geplanten Ausprägungen der genannten Bestimmungsgrößen. Wenn die Planzeiten allerdings auch gleichzeitig als Entlohnungsgrundlage verwendet werden, wird der Streubereich von Planzeiten geringer sein müssen als bei alleiniger Verwendung zur Kostenplanung. Die Festlegung des Genauigkeitsgrades für Entlohnungszwecke ist Gegenstand von Tarifverhandlungen zwischen Gewerkschaften und Arbeitgebern bzw. von Betriebsvereinbarungen zwischen Unternehmensleitungen und Betriebsräten. Für eine leistungsorientierte Entlohnung könnte beispielsweise ein Genauigkeitsgrad von $\varepsilon^{*} \leq 5\ \%$ in Betracht kommen[2]. Allerdings ist es durchaus bei REFA-Zeitaufnahmen möglich, daß aufgrund geringer Wiederholhäufigkeit einer Tätigkeit der erzielbare Genauigkeitsgrad einer Planzeit nur bei 20 % liegt, denn es können für exaktere Prognosen der Arbeitszeit nicht genügend Istzeiten ermittelt werden[3]. Unter

---

1) Vgl. S. 175 - 177.

2) Vgl. John, B.: Zwei statistische Verfahren der Genauigkeitsbeurteilung von Zeitaufnahmen einschließlich deren Nomogramme, Sonderdruck aus: Zeitschrift für Führungskräfte im Arbeitsstudium und im Industrial Engineering, Folge 4, 1970, S. 2.

3) Vgl. REFA (Verband für Arbeitsstudien e.V.): Methodenlehre des Arbeitsstudiums, Teil 2, Datenermittlung, 4. Aufl., München 1975, S. 176.

diesen Gegebenheiten lassen sich höhere Ansprüche an den Genauigkeitsgrad der Planzeiten nicht realisieren, so daß geprüft werden muß, ob man mit diesem Streubereich eine leistungsartspezifische Planzeitermittlung noch durchführen soll oder nicht. Weiterhin muß bei der Festlegung des Genauigkeitsgrades der Planzeiten beachtet werden, wie exakt die Plangrößen der anderen Kostengüterverbräuche bestimmt werden können, so daß auch von dieser Seite ein Einfluß auf die zu fordernde Genauigkeit ausgeübt wird. Die oben gemachten Ausführungen verdeutlichen zweierlei:

1. Nicht nur der Verwendungszweck der Planzeiten bestimmt deren Genauigkeit und damit das zu wählende Zeitermittlungsverfahren, sondern auch Größen wie Arbeitsinhalt, Wiederholhäufigkeit der Tätigkeit, Planungsaufwand etc.

2. Es gibt keine "Gesetzmäßigkeit", die den für Kostenplanungszwecke erforderlichen Genauigkeitsgrad von Planzeiten und damit die zu verwendenden Verfahren zur Planzeitermittlung festlegt[1].

Unter Berücksichtigung des Genauigkeitspostulates für Planzeiten zum Zwecke der Kostenplanung sollten allerdings nur Zeitermittlungsverfahren verwendet werden, bei denen Planwerte nicht global für eine Arbeitsaufgabe ermittelt werden, sondern getrennt für einzelne Ablaufabschnitte der zu planenden Tätigkeit, da hierdurch schon der Genauigkeitsgrad aufgrund des Fehlerausgleichsgesetzes verbessert wird[2].

Weiterhin beeinflussen die Arbeitsinhalte einer Tätigkeitsart aufgrund ihrer Variabilität von einzelnen Arbeitselementen (gleiche und ähnliche Arbeiten) und ihrer Beeinflußbarkeit durch den Menschen die Auswahl der Zeitermittlungsverfahren. Planzeit-

---

1) Die in der Literatur bisweilen aufgestellte Forderung, daß bei Verwendung der Sollzeiten zu Zwecken der Kostenplanung nur Systeme vorbestimmter Zeiten und betriebliche Zeitaufnahmen zur Planzeitermittlung herangezogen werden sollten, schränkt nach dem bisher Gesagten den Kreis möglicher Planzeitverfahren in unnötiger Weise ein; vgl. Heiserich, O.-E.: Arbeitswissenschaftliche Methoden in der Kostenrechnung und Kostenplanung, Berlin 1978, S. 161.

2) Vgl. REFA (Verband für Arbeitsstudien e.V.): Methodenlehre des Arbeitsstudiums, Teil 2, Datenermittlung, 4. Aufl., München 1975, S. 268.

verfahren für ähnliche Arbeiten berücksichtigen bei der Festlegung von Planwerten, daß Arbeitselemente einer Tätigkeitsart begrenzt variieren. In den ermittelten Planzeitwerten kommt hierbei der "durchschnittliche Arbeitsinhalt" der betreffenden Tätigkeitsart zum Ausdruck. Diese Planwerte können zur Zeitplanung von Arbeiten mit festen Inhalten nicht herangezogen werden, da in diesem Fall nur dieser allein auftretende Arbeitsinhalt berücksichtigt werden darf, um tendenzielle Abweichungen zwischen Plan- und anfallenden Istzeiten zu vermeiden.
Weiterhin existieren Verfahren, die nur zur Planzeitermittlung für voll beeinflußbare Tätigkeiten konzipiert wurden. Somit bleibt der Anwendungsbereich dieser Verfahren auf die genannten Tätigkeiten begrenzt.

Als weitere Bestimmungsgröße der Verfahrenswahl wurde oben die Wiederholhäufigkeit von Tätigkeiten bzw. von Tätigkeitselementen genannt. Denn zur Ermittlung von Planzeiten aus Zeitaufnahmen (Istzeiten) ist es erforderlich, daß die zu planende Tätigkeit bzw. das zu planende Tätigkeitselement genügend häufig auftritt, damit eine befriedigende Genauigkeit der Planzeit erreicht werden kann. Dies gilt nicht nur für die REFA-Zeitaufnahmen und ähnliche Verfahren, sondern auch für die Ermittlung der Planwerte der Systeme vorbestimmter Zeiten.
Bei Tätigkeiten oder Tätigkeitselementen, die vereinzelt auftreten, sind eigene Zeitaufnahmen zur Planzeitermittlung abzulehnen, da der Planungsaufwand für die Zeitermittlung in keinem Verhältnis zu einer verbesserten Informationsbasis aufgrund der Zeitaufnahme steht.

Hiermit ist auch schon der fünfte Bestimmungsfaktor für die Verfahrenswahl angesprochen: das Wirtschaftlichkeitsprinzip der Planzeitermittlung. Es besagt, daß eine erhöhte Genauigkeit der Planzeitermittlung, d.h. die Anwendung detaillierter Verfahren wie z.B. die Planzeitermittlung basierend auf REFA-Zeitaufnahmen, unter Beachtung des Verwendungszweckes der Planzeiten nur solange angestrebt werden sollte, wie der zusätzliche Nutzen durch den Informationszuwachs den hierzu notwendigen Planungsaufwand übersteigt. Hieraus resultiert für die Planung von Zeiten, daß der -

unter Beachtung des Verwendungszweckes, des Arbeitsinhaltes und der Wiederholhäufigkeit der Arbeit - normativ festgelegte Genauigkeitsgrad der Planzeiten mit dem Verfahren realisiert wird, das mit dem geringsten Planungsaufwand verbunden ist.

Auf der Grundlage dieser vier Bestimmungsgrößen zur Verfahrenswahl lassen sich die Planzeitverfahren, die zur Zeitermittlung für Instandhaltungstätigkeiten entwickelt wurden, hinsichtlich ihrer Eignung zu Zwecken der Kostenplanung beurteilen. Des weiteren erlauben diese Kriterien, die Einsatzbereiche der Planzeitverfahren unter Berücksichtigung der zeitbeeinflussenden Merkmale von Instandhaltungsleistungsarten festzulegen, die bei der Planzeitermittlung für die jeweilige Instandhaltungsarbeit beachtet werden müssen.

3) Merkmale von Instandhaltungsarbeiten

Unter Arbeit versteht REFA das Zusammenwirken von Mensch und Betriebsmittel[1)] mit einem Arbeitsgegenstand zur Erfüllung einer Arbeitsaufgabe[2)]. Die drei Komponenten der Arbeit: Zusammenwirken von Mensch und Betriebsmittel, Arbeitsgegenstand und Arbeitsaufgabe stellen neben den Leistungs- und Übungsgraden der Ausführenden wesentliche Einflußgrößen auf die zeitliche Dauer, die zur Durchführung einer Arbeitsleistung erforderlich ist.
Die Arbeitsaufgabe kennzeichnet den Arbeitszweck oder auch das Arbeitsziel[3)]. Arbeitsziele von Instandhaltungstätigkeiten beziehen sich einerseits auf die Produktion von Sachgütern wie z.B. instand gesetzte Anlagenbauteile oder gewartete Bauteile und andererseits auf die Erbringung immaterieller Güter (Dienstleistungen) wie z.B. Fund

---

1) REFA faßt den Begriff des "Betriebsmittels" weiter, als er in dieser Arbeit verwendet wurde. So gehören nach REFA zu den Betriebsmitteln außer den Anlagen auch Werkzeuge, Meßgeräte etc.; zum "REFA-Betriebsmittel-Begriff" vgl. REFA (Verband für Arbeitsstudien e.V.): Methodenlehre des Arbeitsstudiums, Teil 1, Grundlagen, 4. Aufl., München 1975, S. 72.
2) Vgl. ebenda, S. 14.
3) Vgl. REFA (Verband für Arbeitsstudien e.V.): Methodenlehre des Arbeitsstudiums, Teil 1, Grundlagen, 4. Aufl., München 1975, S. 69.

einer Fehlerstelle oder Festhalten eines Inspektionsergebnisses. Die zu erbringenden Instandhaltungsleistungen werden weitgehend von Bestimmungsgrößen determiniert, die außerhalb des Instandhaltungsbereiches liegen. Die Fremdbestimmtheit der Instandhaltungsleistungen resultiert vor allem daraus, daß Instandhaltungsprogramme und auch deren Durchführung wesentlich von der produktionsbedingten Nutzung und der Konstruktion der Anlagenobjekte beeinflußt wird: z.B. durch die Anpassungsweise der Betriebsmittel an schwankende Produktionsmengen, durch die Arbeitsweise des Bedienungspersonals oder bei der Festlegung der einzelnen Leistungszeitpunkte. Somit bestimmt u.a. auch der Einsatzbereich der Anlagen die Art und Dimensionierung der Instandhaltungsmaßnahmen, d.h. die Produktionsseite beeinflußt einerseits die Entscheidung, welche Inspektions-, Wartungs- und Instandsetzungsleistungsarten in welcher Anzahl durchgeführt werden sollen. Andererseits nimmt sie auch Einfluß auf die Extension einzelner Instandhaltungsleistungen. Denn es besteht nicht nur die Möglichkeit, eine Instandhaltungsleistung zu erbringen oder nicht, sondern es existiert auch ein Handlungsspielraum bei der Dimensionierung von Instandhaltungsaktivitäten. Bei der Instandsetzung kann beispielsweise die Leistungsfähigkeit einer Anlage in ihrer ursprünglichen Form wiederhergestellt werden oder auch nur in Abstufungen von ihrer qualitativen und quantitativen Kapazität zum Anschaffungszeitpunkt. Die materielle Ausgestaltung der jeweiligen Instandhaltungsleistung (Arbeitsgänge und Arbeitsgangfolgen einer Instandhaltungsarbeit)[1)] hat sich weiterhin an der Konstruktion der instand zu haltenden Anlage zu orientieren. Aus der Sicht der Anlagenobjekte und ihrer Einsatzbereiche ist es aus Gründen der Berücksichtigung der Individualität des Einzelfalles wünschenswert, daß die Instandhaltungsleistungen weitgehend der Anlagenkonstruktion und den Einsatzbereichen angepaßt werden. Von daher besteht in einer Unternehmung ein differenzierter Bedarf nach Instandhaltungsleistungen.

---

1) Vgl. Herzig, N.: Die theoretischen Grundlagen betrieblicher Instandhaltung, Meisenheim 1975, S. 268.

Diesen Ansprüchen der Produktionsseite steht von der Instandhaltungsseite her der Wunsch nach Standardisierung der Instandhaltungsleistungen gegenüber, um bei der Durchführung der Erhaltungsmaßnahmen auch Übungs- und Rationalisierungseffekte realisieren zu können[1]. Aus diesen Interessengegensätzen resultiert, daß Instandhaltungsprozesse in Industriebetrieben einerseits z.B. durch weitgehend standardisierte Instandsetzungen an Anlagenbauteilen in Typenwerkstätten[2] oder durch normierte Inspektions- und Wartungsleistungen geprägt werden, aber andererseits auch durch anlagenobjektspezifische Instandsetzungsleistungen für Anlagenteile gleicher Bauart.

An dieser Stelle bleibt somit zu konstatieren, daß die Heterogenität ein konstituierendes Merkmal eines Teiles der zu erbringenden Instandhaltungsleistungen ist, insbesondere bei den Instandsetzungen. Hieraus ergibt sich auch die dominierende Stellung des Potentialfaktors "Mensch" im Instandhaltungsprozeß, da nur er in der Lage ist, die vielfältigen Instandhaltungsaufgaben zu erfüllen. Darüber hinaus ist der Verwertungsort von Instandhaltungsleistungen oftmals eine ortsgebundene Anlage, d.h. die Einsatzfaktoren in Instandhaltungsprozessen müssen zu den Anlagen transferiert werden. Dieses stärkt weiterhin die dominierende Stellung des Faktors Arbeit im Instandhaltungsbereich und damit eng verknüpft die große Bedeutung von Planzeitermittlungsverfahren für vom Menschen teilweise bzw. voll beeinflußbare Tätigkeiten.

---

1) Mögliche Vorgehensweisen zur Standardisierung von Instandhaltungsleistungen wären: 1. Konzipierung von Instandhaltungsleistungen, die in gleicher Form bei möglichst vielen Anlagenobjekten zum Einsatz gelangen sollten, 2. Faktische Begrenzung der Dimensionierung von Instandhaltungsmaßnahmen und 3. Normung und Typisierung von Anlagen bzw. Anlagenbauteile; vgl. Herzig, N.: Die theoretischen Grundlagen betrieblicher Instandhaltung, Meisenheim 1975, S. 269 f.

2) Vgl. Westermann, H.: Möglichkeiten und Grenzen der Instandsetzung von Betriebsmitteln in Typenwerkstätten, in: REFA-Nachrichten, 28.Jg., 1975, S. 339-342.

Als weitere Komponente der menschlichen Arbeit und damit als Einflußgröße auf die benötigte Zeit für die Ausführung einer Tätigkeit wurde der Arbeitsgegenstand angeführt[1]. Unter dem Begriff "Arbeitsgegenstand" sollen alle Einsatzfaktoren in Instandhaltungsprozessen verstanden werden, die gemäß einer Arbeitsaufgabe verändert und/oder über deren "Zustand" Informationen (Daten) gesammelt werden (insbesondere Anlagenbauteile).

Die Zustände von Arbeitsgegenständen gleicher Bauart bei Ausführung einer bestimmten Instandhaltungstätigkeitsart können recht unterschiedlich sein (z.B. verrostete, leichtgängige oder verkantete Schraubverbindungen). Diese müssen - da sie einen erheblichen Einfluß auf die Dauer der Tätigkeit haben - bei der Planzeitermittlung berücksichtigt werden. Weiterhin ist es durchaus möglich, daß vor Arbeitsbeginn der Zustand des Arbeitsgegenstandes nicht bekannt ist.
Darüber hinaus ist zu konstatieren, daß Anlagenbauteile gleicher Bauart an verschiedenen Einbauorten im betrieblichen Anlagensystem vorhanden sind. Dieses begründet einerseits, daß gleichartige Instandhaltungstätigkeiten an unterschiedlichen Anlagenkomplexen durchzuführen sind, und andererseits, daß gleiche Arbeitsgegenstände zur Erbringung von Instandhaltungsleistungen unterschiedlich zugänglich sind und ggf. aufgrund produktionsbedingt verschiedenartiger Belastungen einsatzortabhängig spezifische Leistungsarten erfordern.

Die dritte Komponente der Arbeit, das "Zusammenwirken von Betriebsmittel und Mensch", bildet den Oberbegriff für eine Reihe von weiteren Merkmalen, die wesentliche Bestandteile einer Arbeit sind und damit auch die zur Durchführung dieser Arbeit benötigte Zeit beeinflussen. Hiermit wird vor allem angesprochen, welche Arbeitsgänge (Arbeitsinhalte wie z.B. Formen, Trennen, Fügen etc.) in welcher zeitlichen und räumlichen Folge (Arbeitsablauf) mit welchen Arbeitsverfahren (Technologien zur Durchführung von Arbeitsgängen wie z.B. spanlose und spanabhebende Formung) und

1) Vgl. S. 177.

-methoden[1] unter Beachtung von Umwelteinflüssen (physikalische, organisatorische und soziale)[2] zur Erreichung des gesetzten Arbeitszieles bzw. Arbeitsergebnisses durchgeführt werden sollen oder müssen. Das Zusammenwirken von Mensch und Betriebsmittel hat in Abhängigkeit von der Arbeitsaufgabe und den zur Verfügung stehenden Betriebsmitteln unterschiedliche Gestaltungsformen, denn zum Erreichen eines bestimmten Arbeitsergebnisses sind verschiedenartige Arbeitsgänge bzw. -inhalte erforderlich. Die Arbeitsinhalte der Instandhaltung lassen sich in drei Kategorien zusammenfassen: Inspektion, Wartung und Instandsetzung. Inspektions- und Wartungstätigkeiten sowie Instandsetzungsarbeiten wie vorbeugender Austausch von Anlagenteilen und standardisierte Bauteileinstandsetzungen sind gekennzeichnet durch weitgehend unveränderliche Arbeitsinhalte und hohe Wiederholhäufigkeit[3]. Neben den genannten Instandsetzungsarbeiten treten noch in begrenztem Umfang Reparaturtätigkeiten auf, bei denen zu Beginn der Reparatur nicht festliegt, welche Arbeitsgänge überhaupt bzw. in welchem Umfang durchgeführt werden müssen[4].

Aufgrund der begrenzten Heterogenität von Instandhaltungsleistungen[5] - und hier sind wohl vorzugsweise die Instandsetzungen[6] anzusprechen - werden sich im Instandhaltungsbereich sicherlich nicht die Übungseffekte realisieren lassen, wie sie von der Massen- und Großserienproduktion her bekannt sind. Denn die Wiederholhäufigkeit von gleichen Arbeitsabläufen (Arbeitsgangfolgen) ist bei der Instandsetzung gegenüber den genannten Fertigungstypen in Produktionshauptbetrieben doch erheblich eingeschränkt[7]. Allerdings läßt sich auch im Instandhaltungsbereich ein gewisser Übungseffekt nachweisen, der sich sicherlich nicht als Funktion

---

1) Regeln zur Ausführung des Arbeitsablaufes durch den Menschen bei einem bestimmten Arbeitsverfahren, d.h. Festlegung der Art und Weise, wie der Mensch bei der Ausführung des Arbeitsablaufes beteiligt sein soll.
2) Vgl. REFA (Verband für Arbeitsstudien e.V.): Methodenlehre des Arbeitsstudiums, Teil 1, Grundlagen, 4.Aufl., München 1975, S. 69, 72 und 8o.
3) Vgl. Erdmann, W.: Zeitvorgabe bei Instandhaltungsarbeiten, Berlin/Köln/Frankfurt 197o, S. 38 und S. 42-44.
4) Vgl. ebenda, S. 56.
5) Vgl. S. 178f.
6) Soweit es sich hierbei nicht um Routinetätigkeiten wie vorbeugende Anlagenelementwechsel oder Bauteilereparaturen in Typenwerkstätten handelt.
7) Vgl. Schuster, G.: Vorgabezeiten für Instandhaltungsarbeiten nach UMS, in: afa-Informationen, 1965, Nr.5/6, S.81.

zwischen der benötigten Zeitdauer für eine bestimmte Arbeitsgangfolge und der Anzahl der Wiederholungen dieser Folge (Lernkurve) darstellen läßt[1]. Dennoch kann davon ausgegangen werden, daß Ausführende von Instandhaltungsleistungen mit der betroffenen Anlage mehr oder minder vertraut sind und hieraus ein unterschiedlicher Zeitbedarf für eine zu erbringende Leistung erwächst[2]. So stehen z.B. in der Eisen- und Stahlindustrie für die Instandhaltung von Anlagen - insbesondere für Routineinstandsetzungen - nicht nur Instandhalter zur Verfügung, die ausschließlich für die Funktionsfähigkeit bestimmter Anlagen verantwortlich sind, sondern auch Mitarbeiter werkszentraler Einsatzkolonnen und in begrenztem Umfang Bedienungspersonal der Produktionsanlagen sowie auch Arbeitskräfte von Fremdunternehmen[3].

Neben den Arbeitsgängen (Arbeitsinhalten) und den Arbeitsgangfolgen (Arbeitsabläufen) bestimmen auch noch das Arbeitsverfahren und die Arbeitsmethode die Zeitvorgabe für eine zu leistende Arbeit. Während das Verfahren zur Durchführung einer Tätigkeit bei gegebenem Maschinenbestand für die einzelnen Leistungen festliegt[4], läßt sich für die Festlegung der Arbeitsmethoden konstatieren, daß diese vorab nicht für alle Arbeiten exakt formuliert werden können[5]. Dieses beruht einerseits auf der Heterogenität einzelner Instandhaltungsarbeiten und andererseits auf der mangelnden Prognostizierbarkeit hinsichtlich der Arbeitsinhalte und -abläufe bei einigen Instandhaltungstätigkeitsarten.

Als Resümee läßt sich aus der Charakterisierung von Instandhaltungstätigkeiten festhalten, daß bei der Planzeitermittlung für

---

1) Vgl. Baur, W.: Neue Wege der betrieblichen Planung, Berlin/Heidelberg/New York 1967, S. 23-53.
2) Auf die Berücksichtigung unterschiedlicher Übungsgrade (Spezialisierungsgrade) für die Gültigkeitsbereiche von Planzeiten bei Instandhaltungsarbeiten weist auch Dielmann hin, vgl. Dielmann: Vorgabezeitermittlung für Handwerkerarbeiten in chemischen Betrieben, in: afa-Information, 1965, Nr. 5/6, S. 96.
3) Vgl. Wiegel, H.: Modell einer geplanten Instandhaltung, in: Werkstattstechnik, 63. Jg., 1973, S. 3.
4) Vgl. Kilger, W.: Flexible Plankostenrechnung und Deckungsbeitragsrechnung, 8. Aufl., Wiesbaden 1981, S. 140f.
5) Vgl. Maynard, H.B. und Stegemerten, G.J.: Universelle Instandhaltungsrichtwerte (UMS), in: Kurt-Hegner-Institut für Arbeitswissenschaften des Verbandes für Arbeitsstudien - REFA e.V. (Hrsg.), Arbeitsstudium und Instandhaltung, Bd. 1, Berlin Köln/Frankfurt 1963, S. 170; Steinhäuser, H. und Schultz, K.: Kalkulation und Leistungsentlohnung in der Werkserhaltung, in: Stahl und Eisen, 87. Jg., 1967, S. 98.

Instandhaltungsarbeiten spezifische Eigenarten dieser Tätigkeiten Berücksichtigung finden müssen. Aus der Ortsgebundenheit der Arbeitsgegenstände und aus der mangelnden Einsatzflexibilität von Betriebsmitteln ergeben sich die dominierende Stellung des Faktors Arbeit in der Instandhaltung und die große Bedeutung der Zeitplanung für vom Menschen teilweise bzw. voll beeinflußbare Tätigkeiten. Bei Instandhaltungsarbeiten - insbesondere bei schadensbedingten Instandsetzungen - besteht durchaus die Möglichkeit, daß zum einen der Ausgangszustand der betreffenden Arbeitsgegenstände unbekannt ist - und damit auch die entsprechenden Instandhaltungsvorgänge - sowie zum anderen, daß ein Arbeitsgegenstand gleicher Bauart in einer Vielzahl von Zuständen auftreten kann. In welchem Zustand sich ein Arbeitsgegenstand befindet, ist u.a. abhängig von den Umwelteinflüssen, denen er ausgesetzt ist, von seinem Einsatzort, von einer evtl. Beschädigung etc. Weiterhin treten Arbeitsgegenstände gleicher Bauart an verschiedenen Einbauorten auf, d.h. technisch/physikalisch gleiche Anlagenelemente unterscheiden sich hinsichtlich ihrer Zugänglichkeit und produktionsbedingten Belastung voneinander. Hieraus ergibt sich für eine bestimmte Instandhaltungstätigkeitsart an einem Arbeitsgegenstand, daß ihr Arbeitsinhalt (ihre Arbeitsgänge) und -ablauf mit dem jeweiligen Zustand und Einbauort des Arbeitsgegenstandes in Grenzen variieren kann. Insoweit kann dem Instandhalter für die Ausführung einer solchen Tätigkeitsart auch keine feste Arbeitsmethode an die Hand gegeben werden[1].

Arbeiten im Instandhaltungsbereich, deren Arbeitsinhalte vor Arbeitsbeginn nicht bekannt sind, entziehen sich einer leistungsartbezogenen Planzeitermittlung zu Beginn der Planungsperiode. Weiterhin eignen sich seltene Arbeiten bzw. Arbeitsvorgänge, die bei der zu konstatierenden begrenzten Heterogenität von Instandhaltungsleistungen durchaus auftreten, aufgrund ihrer geringen Auftrittshäufigkeit zumindest nicht für eine leistungsartbezogene Planzeitermittlung mittels Systeme vorbestimmter Zeiten oder betrieblicher Zeitaufnahmen. Allerdings ist nachweisbar, daß

1) Vgl. Maynard, H.B. und Stegemerten, G.J.: Universelle Instandhaltungsrichtwerte (UMS), in: Kurt-Hegner-Institut für Arbeitswissenschaften des Verbandes für Arbeitsstudien - REFA e.V. (Hrsg.), Arbeitsstudium und Instandhaltung, Bd. 1, Berlin/Köln/Frankfurt 1963, S. 170; Dielmann: Vorgabezeitermittlung für Handwerkerarbeiten in chemischen Betrieben, in: afa-Information, 1965, Nr. 5/6, S. 96.

Instandhaltungsarbeiten mit unbekannten Arbeitsinhalten oder mit hohem Seltenheitscharakter im Instandhaltungsbereich nur im geringen Maße durchzuführen sind[1]. Inspektions- und Wartungsarbeiten eignen sich aufgrund der festliegenden Arbeitsinhalte, -abläufe, -methoden und -verfahren sowie aufgrund ihrer ständigen Wiederholung ohne Einschränkung für eine genaue Planzeitermittlung je Leistungsart. Diese Arbeitsmerkmale von Inspektionen und Wartungen weisen auch vorbeugende Austauscharbeiten von Anlagenbauteilen oder standardisierte Bauteileinstandsetzungen auf. Problematisch gestaltet sich die Planzeitermittlung von Instandhaltungsarbeiten, die zwar als Routinearbeiten anzusprechen sind, deren Arbeitsinhalte aber in Grenzen variieren. Planzeitverfahren, die versuchen, auch diese Arbeiten zu erfassen, sollen u.a. in den nächsten Abschnitten vorgestellt und kritisch beurteilt werden. Hierbei ist insbesondere im Hinblick auf die Verwendung dieser Planzeiten zu Kostenplanungszwecken zu analysieren, ob sie für den genannten Verwendungszweck eine befriedigende Genauigkeit aufweisen.

Als letzte Eigenheit von Instandhaltungsarbeiten wurde herausgestellt, daß der Vertrautheitsgrad mit den Anlagen bei verschiedenen Mitarbeitergruppen unterschiedlich ist und dieses bei der Planzeitermittlung berücksichtigt werden sollte.

4) Zeitermittlungsverfahren für Instandhaltungsarbeiten

(1) Überblick

Die Eigenheiten der Instandhaltungsarbeiten, die im vorangegangenen Kapitel herausgearbeitet wurden, müssen bei der Planzeitermittlung für Instandhaltungstätigkeiten berücksichtigt werden. Inwieweit die verschiedenen Planzeitermittlungsverfahren für die Instandhaltungsarbeiten dieser Aufgabenstellung gerecht werden bzw. in welcher Weise sie versuchen, diese Aufgaben zu lösen, soll im folgenden erläutert werden. Da sicherlich nicht jedes Verfahren in gleicher Weise für die Planzeitermittlung von Instandhaltungstätigkeiten geeignet ist, soll weiterhin der

1) Vgl. Erdmann, W.: Möglichkeiten und Grenzen der Zeitvorgabe bei Instandhaltungsarbeiten, in: REFA-Nachrichten, 22. Jg., 1969, S. 313; die Erfassungsgrade von Instandhaltungsarbeiten mit Zeitvorgaben werden in der Literatur zwischen 76 % und 92 % geschätzt. Zu den Erfassungsgraden vgl. im einzelnen S. 203 - 207 und Erdmann, W.: Zeitvorgabe bei Instandhaltungsarbeiten, Berlin/Köln/Frankfurt 1970, S. 21-24 und S. 64-74.

Anwendungsbereich (Einsatzbereich) des jeweiligen Verfahrens anhand der Kriterien: Verwendungszweck (Genauigkeitsgrad), Arbeitsinhalt, Wiederholhäufigkeit der Arbeit und Wirtschaftlichkeit abgegrenzt werden. Bevor jedoch die einzelnen Verfahren zur Planzeitermittlung für Instandhaltungsarbeiten in der soeben beschriebenen Weise untersucht werden, soll folgende Übersicht verdeutlichen, welche Zeitermittlungsverfahren in der Praxis angewendet bzw. von Institutionen - wie z.B. der Deutschen MTM-Vereinigung e.V. - angeboten werden:

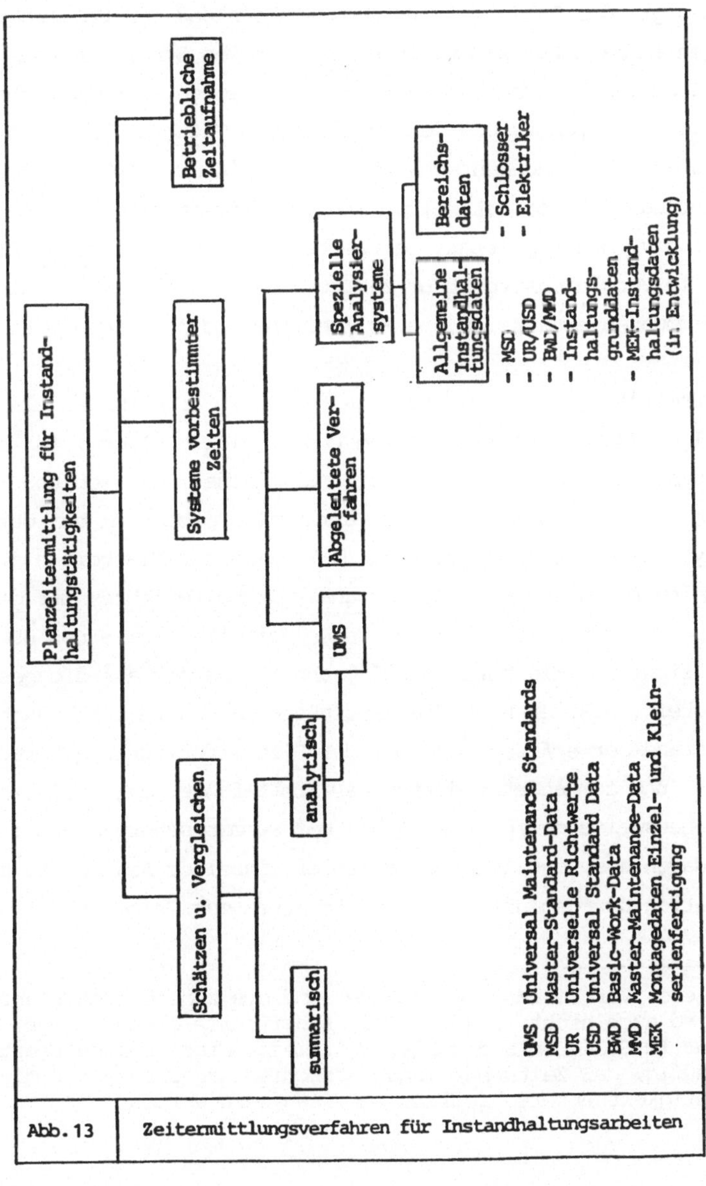

Abb. 13 Zeitermittlungsverfahren für Instandhaltungsarbeiten

(2) Schätzen und Vergleichen

Bei der Methode des Schätzens und Vergleichens werden Planzeiten für Arbeitsgänge in der Weise ermittelt, daß man zunächst versucht, durch Vergleich Arbeitsgänge mit ähnlichen Arbeitsabläufen, Arbeitsgegenständen und -bedingungen zu finden. Für diese "Vergleichsarbeitsgänge" müssen bereits Arbeitsbeschreibungen und Planzeiten vorliegen[1]. Als Planungsgrundlage wird nun die Planzeit des Arbeitsganges genommen, der dem zu planenden Arbeitsgang bzgl. des Ablaufes, des Gegenstandes und der Umweltbedingungen am nächsten kommt. In einem nächsten Schritt werden die Abweichungen im Arbeitsablauf und Arbeitsgegenstand zwischen der Vergleichstätigkeit und der zu planenden Tätigkeit festgestellt. Für diese Abweichungen schätzt der Zeitplaner aufgrund seiner Erfahrung, d.h. er hat selbst ähnliche Arbeiten bereits durchgeführt bzw. beaufsichtigt, Zeitwerte. Durch Korrektur der Planzeit für die Vergleichsarbeit um Zeitzu- oder -abschläge für die Abweichungen erhält man die Sollzeit der zu planenden Tätigkeit.

Die Ermittlung der Planzeit kann für einen Arbeitsgang als Ganzes erfolgen (summarisches Schätzen und Vergleichen) oder für einzelne Ablaufabschnitte der Tätigkeit (analytisches Schätzen und Vergleichen). Die Sollzeit einer Tätigkeit ergibt sich bei der analytischen Vorgehensweise aus der Summe der Planzeiten für einzelne Ablaufabschnitte. Das analytische Verfahren hat gegenüber dem summarischen zwei entscheidende Vorteile: Zum einen überblickt der Zeitplaner kleinere Ablaufabschnitte besser als die gesamte Tätigkeit, d.h. er kann die Einflußgrößen des Zeitverbrauches vollständiger erfassen und bei der Planzeitermittlung berücksichtigen, und zum anderen dürfte der Schätzfehler bei analytischer Vorgehensweise geringer sein als bei summarischer. Hierbei geht man davon aus, daß sich Schätzfehler einzelner Abschnitte bei Summation der geplanten Abschnittszeiten zur Gesamtzeit an-

---

1) Diese "Vergleichsarbeitsgänge" und die zugehörigen Planzeiten sind auch nicht in jedem Fall schriftlich niedergelegt, sondern nur im Gedächtnis der Planer fixiert. Hieraus resultiert zwangsläufig, daß Zeitschätzungen verschiedener Planer für die gleiche Tätigkeit unterschiedlich bemessen sein werden.

nähernd ausgleichen, während bei der summarischen Schätzung der Fehler nur in eine Richtung wirkt[1].

Die Genauigkeit der Planungsergebnisse hängt weiterhin entscheidend von der Erfahrung und dem Können des Zeitplaners sowie von der Qualität der Vergleichsunterlagen ab. Denn je umfangreicher die Sammlung der Vergleichsarbeiten ist und je exakter die Vergleichsarbeiten beschrieben wurden, desto genauere Planzeiten lassen sich ermitteln. Eine systematische Katalogisierung der Vergleichstätigkeiten (etwa nach Arbeitsgegenständen, Arbeitsinhalten oder nach Planzeitlängen) erleichtert darüber hinaus das Auffinden geeigneter Vergleichsarbeiten.

Als ein solchermaßen systematisiertes und auf detaillierten Vergleichsunterlagen beruhendes Verfahren kann das UMS-Verfahren[2] (Universal Maintenance Standards) angesprochen werden, das insbesondere zur Planzeitermittlung für Instandhaltungsarbeiten aufgebaut wurde. UMS wurde auf der Grundlage von mehreren Zeitstudientechniken - vor allem MTM - entwickelt. Das Verfahren basiert auf einem Planzeitsystem, das fünf Ordnungsstufen (nach

---

1) Vgl. REFA (Verband für Arbeitsstudien e.V.): Methodenlehre des Arbeitsstudiums, Teil 2, Datenermittlung, 4. Aufl., München 1975, S. 268.

2) Zur Darstellung des UMS-Verfahrens vgl. Maynard, H.B. und Stegemerten, G.J.: Universelle Instandhaltungsrichtwerte (UMS), in: Kurt-Hegner-Institut für Arbeitswissenschaften des Verbandes für Arbeitsstudien - REFA e.V. (Hrsg.), Arbeitsstudium und Instandhaltung, Bd. 1, Berlin/Köln/Frankfurt 1963, S. 167 - 186; Brocker, H.: Planzeitermittlung für handwerkliche Tätigkeiten, in: Arbeitsvorbereitung, 12. Jg., 1975, S. 100-105 und S. 139-145; Schuster, G.: Vorgabezeiten für Instandhaltungsarbeiten nach Universal Maintenance Standards (UMS), in: Pornschlegel, H. (Hrsg.), Verfahren vorbestimmter Zeiten, Köln 1968, S. 80-93; Steinhäuser, H. und Schultz, K.: Kalkulation und Leistungsentlohnung in der Werkserhaltung, in: Stahl und Eisen, 87. Jg., 1967, S. 97-103.

Komplexität der Arbeitsvorgänge) umfaßt[1]. Die erste Stufe enthält MTM-Grundelemente wie Hinlangen, Greifen, Bringen etc., mit deren Hilfe auf der zweiten Stufe UMS-Grundwerte gebildet werden. "Die UMS-Grundwerte beziehen sich auf Körperbewegungen, auf den Gebrauch von Werkzeugen und Arbeitsgegenständen sowie auf Messen, Prüfen und Einstellen und berücksichtigen die jeweiligen Einflüsse von Entfernung, Gewicht, Dimension, Materialart und -qualität sowie Schwierigkeits- und Genauigkeitsgrad, wie sie auch dem MTM-Verfahren zugrunde liegen"[2]. So gibt es z.B. Grundwerte für Arbeitsvorgänge wie "Schrauben lösen" oder "Werkstück zur Seite legen". Durch Zusammenfassung dieser Grundwerte entsteht die dritte Stufe, die sog. UMS-Fachwerte enthält. Das sind Planzeiten für häufiger vorkommende Arbeitsabschnitte einzelner Fachbereiche wie z.B. "Rohrverbindung demontieren". Auf der Basis dieser überbetrieblichen UMS-Werte der Stufen zwei und drei werden auf den Stufen vier und fünf sog. Teil-Musterarbeitswerte und Musterarbeitswerte gebildet. Teil-Musterarbeitswerte sind Planzeiten für betriebsindividuelle Arbeitsvorgänge wie z.B. "Getriebe abbauen". Musterarbeitswerte sind Vorgabezeiten für vollständige, betriebsindividuelle Arbeitsabläufe. Sie "sind sowohl als Einzelwerte zu verwenden, wenn diese Arbeiten in der aufgenommenen Form wiederkehren, als auch als Vergleichswerte, wenn ähnliche Arbeiten mit in etwa gleichen Arbeitsinhalten anfallen"[3]. Da sich Instandhaltungsarbeiten häufig nur in ähnlicher Weise wiederholen, dienen die Musterarbeitswerte i.d.R. als Vergleichsunterlage, mit deren Hilfe die Planzeiten für die zu planenden Tätigkeiten geschätzt werden. Um den Vergleich zu erleichtern, sind die Musterarbeitswerte in ein Zeitspannensystem eingeordnet. Die zu planende Tätigkeit wird anhand der Vergleichsarbeiten einer Zeitklasse zugeordnet. Für die Zeitplanung wird dann jeweils der Mittelwert dieser Zeitklasse benutzt. Man vertraut hierbei darauf, daß mit zunehmender

---

1) Vgl. Erdmann, W.: Zeitvorgabe bei Instandhaltungsarbeiten, Berlin/Köln/Frankfurt 1970, S. 82.
2) Brocker, H.: Planzeitermittlung für handwerkliche Tätigkeiten, in: Arbeitsvorbereitung, 12. Jg., 1975, S. 102.
3) ebenda.

Häufigkeit der in eine Zeitklasse fallenden Arbeiten sich die positiven und negativen Zeitabweichungen ausgleichen. Voraussetzung hierfür ist, daß genügend Arbeiten einer Klasse zugeordnet werden können und daß die Arbeiten variieren und damit auch die tatsächlich benötigten Planzeiten in ausreichender Weise streuen. Ist dies nicht der Fall, weil z.B. an einem Arbeitsplatz immer die gleichen Arbeitsvorgänge ausgeführt werden, so ist der Fehlerausgleich nicht gewährleistet und das UMS-Verfahren nicht anwendbar.

Das Schätzen und Vergleichen kann sicherlich als ein Verfahren mit geringem personellen und finanziellen Planungsaufwand angesprochen werden. Denn zum einen verzichtet man hierbei auf eine bis zu den Bewegungselementen detaillierte Zeitplanung, und zum anderen werden die Einflußgrößen und deren Wirkung auf den Zeitverbrauch für eine bestimmte Tätigkeit bzw. für Abschnitte dieser Tätigkeit nicht erfaßt. Als ein schwerwiegender Nachteil dieser Methode muß auch angesehen werden, daß die Genauigkeit der geschätzten Planzeiten nicht bekannt ist und daß die Rekonstruktion der Planzeiten nicht möglich ist.

Die kritischen Einwendungen, die prinzipiell gegenüber der Methode des Schätzens und Vergleichens anzumerken sind, gelten auch für das UMS-Verfahren. Jedoch dürfte der Genauigkeitsgrad dieses systematisierten und auf detaillierten Vergleichsunterlagen beruhenden Verfahrens wesentlich höher liegen als der bei einem nur subjektiven Schätzen, d.h. nur basierend auf dem Können und der Erfahrung des Zeitplaners. Da das UMS-Verfahren jedoch einen wesentlich geringeren personellen und finanziellen Aufwand im Vergleich zu Zeitaufnahmen und der herkömmlichen Planzeitermittlung mit Hilfe von Systemen vorbestimmter Zeiten erfordert, wäre unter Beachtung des Wirtschaftlichkeitsaspektes sein Einsatz zur Planzeitermittlung für alle "variierenden" Instandhaltungsarbeiten denkbar. Allerdings ist es zur Prüfung der Prognosegüte der geschätzten Planzeiten - zumindest für die wichtigsten Instandhaltungsarbeiten (Auswahl i.S. einer ABC-Analyse mit Hilfe des Multimomentverfahrens) - unbedingt erforderlich, daß diese Planzeiten auf der Grundlage von betrieblichen Zeitaufnahmen hinsichtlich ihrer statistischen Genauigkeit getestet werden[1]. Weiterhin lassen sich die Argumente gegenüber dem UMS-Verfahren vorbringen, die auch gegenüber der Planzeitermittlung mit Systemen vorbestimmter Zeiten anzumerken sind, da die Vergleichswerte in erster Linie auf dem MTM-Verfahren basieren[2].

(3) Betriebliche Zeitaufnahme

Bei der Planzeitermittlung auf der Basis betrieblicher Zeitaufnahmen werden angefallene Istzeiten für die Durchführung von Tätigkeiten erfaßt. Im Anschluß an eine statistische Auswertung dieser Istwerte werden hieraus Sollzeiten für zukünftig zu erbringende Arbeitsleistungen gebildet. Beispielsweise basiert das REFA-Verfahren zur Bildung von Zeitstandards auf betrieblichen Zeitaufnahmen. Da dieses Verfahren in Deutschland die größte Verbreitung gefunden hat, soll es stellvertretend für alle Verfahren mit dieser methodischen Grundlage im Hinblick auf seine Einsatzfähigkeit und seinen Einsatzbereich bei der Vorgabezeitermittlung für Instandhaltungsarbeiten beurteilt werden[3].
"(REFA-)Zeitaufnahmen bestehen in der Beschreibung des Arbeitssystems, im besonderen des Arbeitsverfahrens, der Arbeitsmethode und der Arbeitsbedingungen, und in der Erfassung der Bezugsmengen, der Einflußgrößen, der Leistungsgrade und Istzeiten für einzelne Ablaufabschnitte; deren Auswertung ergeben Sollzeiten für bestimmte Ablaufabschnitte"[4]. Die Durchführung der REFA-Zeitaufnahmen ist im REFA-Standardprogramm "Zeitaufnahme" festgelegt.

---

1) Zur methodischen Vorgehensweise vgl. u.a. John, B.: Statistische Verfahren für Technische Meßreihen, München/Wien 1979, S. 265-272; Sachs, L.: Angewandte Statistik, 5. Aufl., Berlin/Heidelberg/New York 1978, S. 97-100.
2) Vgl. S. 199 - 201.
3) Neben dem REFA-Verfahren findet beispielsweise das ebenfalls auf Zeitmessungen beruhende Bedaux-Verfahren Verwendung; vgl. Heiserich, O.-E.: Arbeitswissenschaftliche Methoden in Kostenrechnung und Kostenplanung, Berlin 1978, S. 155.
4) REFA (Verband für Arbeitsstudien e.V.): Methodenlehre des Arbeitsstudiums, Teil 2, Datenermittlung, 4. Aufl., München 1975, S. 81.

Zunächst werden hierbei vom Zeitnehmer (Arbeitsstudienmann) alle Daten aufgenommen, die den Arbeitsablauf kennzeichnen - wie Arbeitsaufgabe, Arbeitsverfahren, Arbeitsmethode und Arbeitsbedingungen, Angaben über die Arbeitsperson und evtl. eingesetzte Betriebsmittel. In einem nächsten Schritt wird der zu planende Arbeitsablauf in einzelne Abschnitte gegliedert und der Arbeitsinhalt dieser Abschnitte schriftlich festgehalten. Für diese einzelnen Ablaufabschnitte werden dann Istzeiten ermittelt (Stoppuhr) sowie Bezugsmengen, Einflußgrößen und die vom Zeitnehmer zu beurteilenden Leistungsgrade. Die Zeitaufnahme und Leistungsgradbeurteilung wird mehrmals für einen bestimmten Ablaufabschnitt durchgeführt. Danach werden für jeden Ablaufabschnitt aus den arithmetischen Mittelwerten der beurteilten Leistungsgrade und der Istzeiten die Sollzeiten der Abschnitte gebildet. Die mittleren Istzeiten werden noch statistisch ausgewertet, indem überprüft wird, ob die erzielte Genauigkeit ϵ der mittleren Istwerte der geforderten Genauigkeit ϵ^* entspricht. Ist das nicht der Fall, muß entweder die Anzahl der ermittelten Istzeiten je Abschnitt vergrößert oder durch arbeitsgestalterische Maßnahmen die Zeitstreuung verringert werden. Die Sollzeiten der einzelnen Ablaufabschnitte werden zur Bestimmung der Sollzeit der Gesamttätigkeit addiert.

Neben dieser allgemeingültigen Vorgehensweise zur Bildung von Zeitstandards für Tätigkeiten mittels REFA-Zeitstudien gilt es, bei der Zeitermittlung auf der Basis betrieblicher Zeitaufnahmen für Instandhaltungsarbeiten noch einige Besonderheiten zu beachten, die aus den Eigenheiten von Instandhaltungsarbeiten resultieren:

1. Die Zeitaufnahme muß sich über einen ausreichend langen Zeitraum erstrecken, damit bei der ermittelten Planzeit für eine bestimmte Tätigkeitsart ggf. auch möglichst alle auftretenden Zustände und Einbauorte des Arbeitsgegenstandes Berücksichtigung finden[1) 2)].

---

1) Vgl. Deem, R.E.: Richtwerte aufgrund von Vorgabezeiten, in: Kurt Hegner -Institut für Arbeitswissenschaft des Verbandes für Arbeitsstudien - REFA e.V. (Hrsg.), Arbeitsstudium und Instandhaltung, Berlin/Köln/Frankfurt 1963, S. 81.

2) REFA hat für Arbeitsabläufe ohne regelmäßige Wiederholung gleicher Tätigkeitsabschnitte spezielle Zeitaufnahmebögen entwickelt, vgl. REFA (Verband für Arbeitsstudien e.V.): Methodenlehre des Arbeitsstudiums, Teil 2, Datenermittlung, 4. Aufl., München 1975, S. 101 und S. 106-114.

2. Es müssen genügend Istzeiten für alternative Zustände und Einbauorte des Arbeitsgegenstandes aufgenommen werden, damit ein Zeitausgleich für diese Abweichungen auch stattfinden kann[1].

3. Der Streubereich einer Planzeit für eine Instandhaltungsarbeit wird beeinflußt:

   - von instandhaltungsspezifischen Einflußgrößen
     = Zustand des Arbeitsgegenstandes
     = Zugänglichkeit des Arbeitsgegenstandes
     = Vertrautheitsgrade der Ausführenden mit der Anlage[2]
     = Arbeitsmethoden der Ausführenden
   - und von sonstigen Einflußgrößen wie z.B. der individuellen Arbeitsweise der Ausführenden.

   Wenn die erzielte Genauigkeit nicht höher oder gleich der geforderten ist, sollte überprüft werden, ob durch nach Zuständen, Zugänglichkeit und Anlagenvertrautheitsgraden differenzierte Planzeitermittlung die Streubereiche der Planzeiten verringert werden können. Weiterhin kann durch arbeitsgestalterische Maßnahmen oder Arbeitsunterweisung der Streubereich von Planzeiten verkleinert werden. Sollte dies möglich sein, so ist es u.U. erforderlich, die Zeitaufnahme nach erfolgter Umgestaltung des Arbeitsablaufes erneut durchzuführen[3].

   Läßt sich durch die genannten Maßnahmen die erforderliche Genauigkeit nicht erzielen, kann noch eine größere Anzahl von Istzeiten aufgenommen werden[4]. Falls auch dieses nicht zum gewünschten Erfolg führt, läßt sich für diese Arbeit keine Planzeit mit der erforderlichen Genauigkeit mit Hilfe von Zeitaufnahmen ermitteln.

Grundsätzlich sind Planzeitwerte, die aufgrund von Zeitaufnahmen gebildet werden, für Instandhaltungstätigkeiten bzw. Tätigkeitsabschnitte geeignet, die sich mit ausreichender Häufigkeit wieder-

---

1) Vgl. S. 180.
2) Vgl. S. 181f.
3) Vgl. REFA (Verband für Arbeitsstudien e.V.): Methodenlehre des Arbeitsstudiums, Teil 2, Datenermittlung, 4. Aufl., München 1975, S. 174.
4) Vgl. ebenda.

holen (Ziel: statistische Absicherung der Planzeit) und vom Menschen voll oder auch nur teilweise beeinflußbar sind. Allerdings erfordern betriebliche Zeitaufnahmen hohe personelle und finanzielle Aufwendungen, so daß ihre auf eine bestimmte Arbeit an einem gegebenen Arbeitssystem begrenzte Verwendung, von der zunächst bei Planzeiten auf der Basis betrieblicher Zeitaufnahmen auszugehen ist, unter Wirtschaftlichkeitsaspekten kaum gerechtfertigt erscheint. Es sei denn, die betreffende Instandhaltungsarbeit tritt mit nahezu gleichen Merkmalen an einem Arbeitssystem innerhalb einer Planungsperiode so häufig auf, daß sich hieraus die Berechtigung einer einmalig verwendbaren Planzeit ableiten ließe. Dies wäre denkbar für die Bauteileinstandsetzung in Typenwerkstätten, da hierbei eine große Anzahl von Teilen gleichen Typs (z.B. Panzerrinnen) seriell instand gesetzt werden[1]. Jedoch wird aufgrund der konstatierten Heterogenität eines Teiles der Instandhaltungsleistungsarten die Instandsetzung von Bauteilen gleichen Typs in großen Stückzahlen kaum als Regelfall, sondern als Ausnahme zu betrachten sein. Von daher ist insbesondere für Instandhaltungsarbeiten die a priori gegebene eingeschränkte Gültigkeit einer durch betriebliche Zeitaufnahmen ermittelten Planzeit für ein bestimmtes Arbeitssystem mit der zugehörigen Arbeitsaufgabe aufzuheben, und es sind Voraussetzungen bei der Zeitaufnahme in der Hinsicht zu schaffen, daß die ermittelte Planzeit auch für Arbeitssysteme, deren Arbeitsbedingungen und Arbeitsaufgaben bzw. Arbeitsverfahren und -methoden ähnlich sind, Gültigkeit erlangt. Hierzu sind die zeitbeeinflussenden Größen zu erfassen, die Beziehungen zwischen Zeiteinflußgrößen und Ausführungszeiten zu quantifizieren und die Gültigkeitsbereiche der Planzeiten festzulegen[2]. Die so erfaßten und dargestellten Planzeiten aus betrieblichen Zeitaufnahmen werden zweckmäßigerweise in Zeittabellen und -katalogen zusammengefaßt und lassen sich zur Zeitplanung ähnlicher Arbeitsgänge heranziehen.

---

1) Vgl. Westermann, H.: Grundsätze und Verfahren bei wiederkehrenden Instandsetzungen, in: REFA-Nachrichten, 28. Jg., 1975, S. 273 und S. 276.

2) Vgl. REFA (Verband für Arbeitsstudien e.V.): Methodenlehre des Arbeitsstudiums, Teil 2, Datenermittlung, 4. Aufl., München 1975, S. 338-380.

Die Planzeitkataloge für Instandhaltungsarbeiten können tätigkeits- oder anlagenelement- bzw. anlagenorientiert aufgebaut werden. In der betrieblichen Praxis werden sich sicherlich auch Kombinationsformen der beiden grundsätzlichen Ordnungsprinzipien finden lassen. Weiterhin ist für den Aufbau von Planzeitkatalogen zu konstatieren, daß sie Planzeiten unterschiedlicher Ordnungsstufen - wie z.B. Zeitstandards für Arbeitselemente, Arbeitsabschnitte bis hin zu Planzeiten für Wiederholaufträge - enthalten können. Im Hinblick auf die zu konzipierende Plankostenrechnung für Instandhaltungsbetriebe empfiehlt es sich, die Abgrenzung der Instandhaltungsleistungsarten und die Systematisierung der Zeitkataloge so aufeinander abzustimmen[1], daß hierdurch unnötiger finanzieller und personeller Mehraufwand bei der Ermittlung von Zeitstandards für Leistungsarten bzw. bei der Planung von Instandhaltungskosten vermieden wird.

Die betrieblich ermittelten Istzeiten ermöglichen nicht nur die Festlegung der.Planzeit für eine Tätigkeitsart, sondern auf der Grundlage dieser Istwerte läßt sich auch durch Berechnung des Streubereiches für diese Sollzeit ihre "Prognosegüte" bestimmen[2]. Dieses muß als entscheidender Vorteil der Zeitaufnahme gegenüber den Systemen vorbestimmter Zeiten bei Instandhaltungsarbeiten angesehen werden, da gerade Instandhaltungstätigkeiten teilweise durch variierende Zustände des Arbeitsgegenstandes, unterschiedliche Einbauorte des Arbeitsgegenstandes, verschiedene Übungsgrade und Arbeitsmethoden auf seiten der Ausführenden gekennzeichnet sind. Diese Größen haben einen entscheidenden Einfluß auf den Streubereich von Planzeiten für Instandhaltungstätigkeiten. Von daher ist es aufgrund möglicher Varianten einer Tätigkeitsart bzw. eines Abschnittes einer Tätigkeitsart unbedingt erforderlich, daß der Genauigkeitsgrad der Planzeiten bekannt

---

1) Vgl. zur Festlegung von Instandhaltungsleistungsarten S. 103 - 105.
2) Zur methodischen Vorgehensweise vgl. u.a. John, B.: Zwei statistische Verfahren der Genauigkeitsbeurteilung von Zeitaufnahmen einschließlich deren Nomogramme, Sonderdruck aus: Zeitschrift für Führungskräfte im Arbeitsstudium und im Industrial Engineering, 1970, Folge 4.

ist. Hieraus resultiert für die Anwendung der Systeme vorbestimmter Zeiten - um das schon einmal vorab zu erwähnen -, daß Planzeiten auf der Basis überbetrieblicher Zeitbausteine im Hinblick auf ihren Genauigkeitsgrad (zumindest die wichtigsten) anhand betrieblich ermittelter Istzeiten überprüft werden müssen, da der Streubereich überbetrieblicher Planzeiten nicht bekannt ist[1]. Weiterhin berücksichtigen betriebliche Planzeiten alle betriebsindividuellen Zeiteinflußgrößen in den jeweiligen Ausprägungen der aufgenommenen Istzeiten, so auch Zustand und Zugänglichkeit des Arbeitsgegenstandes sowie Arbeitsmethoden und Übungsgrade der Ausführenden - und zwar mit dem für den jeweiligen Betrieb typischen Niveau ("betriebsspezifischer Durchschnittsstandard"). Hierdurch ergibt sich auch eine verbesserte Genauigkeit von Planzeiten auf der Grundlage betrieblicher Zeitaufnahmen gegenüber Planzeiten auf der Basis von Systemen vorbestimmter Zeiten (überbetriebliche Zeitbausteine) bzw. die Notwendigkeit der Anpassung überbetrieblicher Planzeiten an die betrieblichen Verhältnisse. Darüber hinaus erlauben betriebliche Zeitaufnahmen aufgrund der ermittelten Istzeiten und der festgehaltenen Arbeitsbedingungen eine regressionsanalytisch fundierte Suche nach Ursachen für einen als zu groß erachteten Streubereich einer Planzeit.

(4) Systeme vorbestimmter Zeiten

Bei dieser Planzeitermittlungsmethode werden Sollzeiten für einzelne Arbeiten aus überbetrieblich gültigen Planzeiten zusammengesetzt. Die überbetrieblichen Planzeitwerte sind in Abhängigkeit von ihren Einflußgrößen in Tabellen dargestellt. Diese überbetrieblichen Planzeittabellen oder auch Planzeitkataloge bilden die Grundlage für die Planzeitermittlung auf der Basis von Systemen vorbestimmter Zeiten. Hierbei wird der zu planende Arbeitsablauf in einzelne Abschnitte gegliedert, dann werden die zeitbeeinflussenden Einflußgrößen und deren Ausprägung erfaßt und aus den Zeittabellen die entsprechenden Planzeiten für die einzelnen Ablaufabschnitte ermittelt. Die Sollzeit des zu planenden Arbeits-

---

1) Vgl. S. 200f.

ablaufes ergibt sich aus der anschließenden Summation der Planzeiten für die einzelnen Ablaufabschnitte. Die einfache Addition der "Teilplanzeiten" zur "Gesamtplanzeit" setzt voraus, daß die Planzeiten der einzelnen Abschnitte unabhängig von der Reihenfolge der Abschnitte im jeweiligen Arbeitsablauf sind[1].

Grundlage für die Planzeitermittlung mit Hilfe Systeme vorbestimmter Zeiten in ihrer Ursprungsform bilden Zeitkataloge, die Zeitwerte und Einflußgrößen für Bewegungselemente von Arbeitsabläufen enthalten. Da diese Arbeitselemente bei jeder manuellen Tätigkeit vorkommen, sind Verfahren, die mit Zeitwerten bezogen auf Bewegungselemente arbeiten, wie z.B. MTM-Grundverfahren oder WF-Grundverfahren[2], grundsätzlich zur Zeitermittlung für alle vom Menschen voll beeinflußbaren Tätigkeiten mit festliegenden Arbeitsinhalten in Instandhaltungsprozessen geeignet[3]. Der hohen Flexibilität dieser Verfahren steht allerdings ein großer Zeit- und Personalaufwand zur Analyse jeder zu planenden Tätigkeit bis hin zu deren Bewegungselementen gegenüber. Von daher sollten die Grundverfahren aus wirtschaftlichen Überlegungen heraus nur zur Planzeitermittlung sich häufig wiederholender Arbeitsabläufe mit gleichen Arbeitsinhalten angewendet werden. Nimmt man bei der Planzeitermittlung einen nur unbedeutend (im Hinblick auf die Verwendung der Planzeiten für die Kostenplanung) geringeren Genauigkeitsgrad in Kauf als den mit Grundverfahren erzielbaren, so können auch von Grundverfahren abgeleitete, verkürzte Verfahren zur Zeitplanung für die genannten Arbeiten herangezogen werden. Diese erfordern aber einen wesentlich geringeren Zeitaufwand zur Planzeitermittlung als die Grundverfahren[4]. Bei der "Verkürzung" der Grundverfahren

---

1) Vgl. Brink, H.J. und Fabry, P.: Die Planung von Arbeitszeiten unter besonderer Berücksichtigung der Systeme vorbestimmter Zeiten, Wiesbaden 1974, S. 97-103.
2) Zur Darstellung dieser Verfahren vgl. ebenda, S. 40-43.
3) Vgl. Glatz, H.:Das MEK-Datensystem für Einzel- und Kleinserienfertigung,in:REFA-Nachrichten,31.Jg.,1978,S.273;Becks,C.:Das neue Datensystem MTM-UAS,in: REFA-Nachrichten,32.Jg., 1979, S.4.
4) Vgl. Brink, H.J. und Fabry, P.: Die Planung von Arbeitszeiten unter besonderer Berücksichtigung der Systeme vorbestimmter Zeiten, Wiesbaden 1974, S. 54-58 und S. 62-64; Becks, C.: Arbeitsorganisation und Zeitwirtschaft mit MTM im handwerklichen Dienstleistungsbereich, in: REFA-Nachrichten, 30. Jg., 1977, S. 165; derselbe: Das neue Datensystem MTM-UAS, in: REFA-Nachrichten, 32. Jg., 1979, S. 5.

werden korrespondierende Grundbewegungen zusammengefaßt und die Einflußgrößen der Planzeiten vereinfacht festgelegt[1].
Als Beispiel für die Verwendung abgekürzter Verfahren bei Instandhaltungsarbeiten sollen Instandhaltungsplanzeiten auf MTM-2-Basis dienen[2]. Dabei handelt es sich um die Ermittlung betrieblicher Planzeiten auf der Basis überbetrieblicher MTM-2-Werte. Die im Betrieb häufig vorkommenden Instandhaltungsarbeiten werden beobachtet und in Ablaufabschnitte zerlegt. Diesen Teilabläufen werden dann Zeiten aus den MTM-2-Katalogen zugeordnet. Bei der Tätigkeitsanalyse von Instandhaltungsarbeiten tauchen aber erhebliche Schwierigkeiten auf. So ist der Analytiker oft überfordert, wenn er alle Teilvorgänge erfassen soll, da sich die Abläufe oft nicht in gleicher Weise wiederholen. Hier behilft man sich, indem die Vorgänge auf Tonband gesprochen werden, anstatt sie niederzuschreiben[3]. Kennzeichnend für dieses Verfahren ist weiterhin die geringere Anzahl der benötigten Zeitwerte gegenüber der des MTM-Grundverfahrens. Die Zeitbausteine werden hierbei nur in Abhängigkeit von wenigen Arten der Handhabung (z.B. Handhaben mit den Fingern, Handhaben mit einer Hand) und der gehandhabten Teile dargestellt. Weitere Einflußgrößen werden nicht berücksichtigt, da ihre Ausprägung meist doch nicht bekannt sind[4].
Neben den MTM-2-Instandhaltungsplanzeiten werden noch Planzeiten für Instandhaltungstätigkeiten auf der Grundlage des WF-Schnellverfahrens gebildet[5].

Die universell anwendbaren überbetrieblichen Analysiersysteme (Grundverfahren und abgeleitete Verfahren) werden durch spezielle Analysier- und Datensysteme für Instandhaltungstätigkeiten ergänzt. Diese Systeme stellen entweder allgemeine Instandhaltungsplanzeiten (Instandhaltungsdaten) oder bereichsspezifische Zeitbausteine zur Verfügung. Die meisten Systeme "allgemeiner Instand-

---

1) Vgl. Glatz, H.: Das MEK-Datensystem für Einzel- und Kleinserienfertigung, in: REFA-Nachrichten, 31.Jg., 1978, S. 273.
2) Vgl. Böhmer, K.F.: Instandhaltungsdaten auf MTM-2-Basis, in: REFA-Nachrichten, 27. Jg., 1974, S. 199-210.
3) Vgl. ebenda, S. 202.
4) Vgl. ebenda, S. 200.
5) Vgl. Erdmann, W.: Zeitvorgabe bei Instandhaltungsarbeiten, Berlin/Köln/Frankfurt 1970, S. 16.

haltungsdaten"[1] gehen auf das MTM-Grundverfahren zurück oder benutzen zumindest ganz ähnlich definierte Grundbewegungen. Allen Verfahren ist gemeinsam, daß sie Zeitbausteine unterschiedlicher Größe für Instandhaltungstätigkeiten liefern. Häufig sind die Zeitbausteine in Ordnungsstufen systematisiert. So enthält die unterste Ordnungsstufe Zeiten für Bewegungselemente, die durch Zusammensetzen in größere Zeitwerte der folgenden Ordnungsstufe überführt werden. Die oberste Stufe kann sogar Planzeiten für Wiederholaufträge umfassen. Die Verfahren unterscheiden sich im wesentlichen nur in der Anzahl der Ordnungsstufen. So umfaßt das Master Maintenance Data-Verfahren (MMD) fünf, das Objective Standard Data-Verfahren (OSD) vier und das Basic Work Data-Verfahren (BWD) zwei Ordnungsstufen. Andere Verfahren wie Master Standard Data (MSD) oder Universal Standard Data (USD) enthalten zwar Zeitbausteine unterschiedlicher Größe, verzichten aber auf deren Systematisierung in Ordnungsstufen. Dieses gilt auch für die von der Deutschen MTM-Vereinigung entwickelten Instandhaltungsgrunddaten. Es handelt sich hierbei um überbetriebliche Planzeiten für Haupttätigkeiten, die im Instandhaltungsbereich vorkommen.

Aufbauend auf den Instandhaltungsgrunddaten hat die Deutsche MTM-Vereinigung bereichsspezifische Instandhaltungsplanzeiten erstellt. Dabei handelt es sich um überbetriebliche Planzeiten für Instandhaltungsarbeiten, die nach Berufsgruppen zusammengestellt sind. Beispielsweise stehen solche Zeitdaten für Schlosser-, Elektriker-, Rohrschlosser- und Malerarbeiten zur Verfügung[2].

Die überbetrieblich anwendbaren Zeiten können nur zur Zeitplanung von Tätigkeiten eingesetzt werden, die von Menschen voll beeinflußbar sind. Die Begründung für den eingeschränkten Gültigkeitsbereich überbetrieblicher Planzeiten liegt darin, daß bei überbetrieblichen Planzeitsystemen nur Planzeiten für menschliche Bewegungsabläufe bzw. Bewegungselemente vorhanden sind. Denn nur diese Arbeitselemente kehren bei allen Tätigkeiten wieder, unabhängig vom Arbeitsgegenstand, Arbeitsverfahren oder von den Arbeitsbedingungen, die von Branche zu Branche oder Betrieb zu Betrieb schwanken können.

1) Vgl. Erdmann, W.: Zeitvorgabe bei Instandhaltungsarbeiten, Berlin/Köln/Frankfurt 1970, S. 15-17.
2) Vgl. Becks, C.: Arbeitsorganisation und Zeitwirtschaft mit MTM im handwerklichen Dienstleistungsbereich, in: REFA-Nachrichten, 30. Jg., 1977, S. 165.

Da zur Planzeitermittlung für eine Reihe von manuellen (voll beeinflußbaren) Instandhaltungstätigkeiten überbetriebliche Zeitbausteine bereits vorliegen, kann man sich bei diesen Arbeiten weitgehend der Aufgabe entledigen, durch eigene aufwendige Zeitaufnahmen erst die zur Kostenplanung erforderlichen Sollzeiten zu ermitteln. Allerdings ist bei den Systemen vorbestimmter Zeiten nicht bekannt, auf welchen empirischen Grundlagen sie basieren. So kennt man beispielsweise nicht den (oder die) Genauigkeitsgrad(e), der (die) bei der Erstellung der Zeittabellen zugrunde gelegt wurde(n)[1], d.h. der scheinbare Vorteil der Systeme vorbestimmter Zeiten bei der Planzeitermittlung, nämlich der Wegfall der Leistungsgradbeurteilung, wird mit Planzeiten "erkauft", deren Zustandekommen weitgehend im dunkeln bleibt. Das gilt nicht nur für die unbekannten Leistungsgrade, sondern auch für den Aufbau der Zeitfunktionen (Abhängigkeiten von Zeiten und Einflußgrößen) in den Zeitkatalogen[2]. Dennoch scheinen die Systeme vorbestimmter Zeiten, Zeitvorgaben mit befriedigender Genauigkeit zur Verfügung zu stellen, denn zum einen werden sie von vielen Unternehmen zur Planung eingesetzt[3], und zum anderen akzeptieren die Tarifpartner Planzeiten auf der Basis dieser Verfahren als Entlohnungsgrundlage[4].

Die Grundverfahren können nur zur Planzeitermittlung bei Instandhaltungsarbeiten Verwendung finden, deren Arbeitsinhalte festliegen, da hierbei alle Bewegungselemente der Tätigkeit vor Durchführung der Arbeiten bekannt sein müssen.

Die überbetrieblichen Planzeiten der speziellen Analysiersysteme (allgemeine Instandhaltungsdaten und bereichsspezifische Planzeiten) wurden gezielt für die Zeitplanung bezogen auf Arbeits-

---

1) Zur Kritik an den Systemen vorbestimmter Zeiten vgl. insbesondere Brink, H.J. und Fabry, P.: Die Planung von Arbeitszeiten unter besonderer Berücksichtigung der Systeme vorbestimmter Zeiten, Wiesbaden 1974 und die dort angegebene Literatur.

2) Vgl. ebenda, S. 67-80.

3) Vgl. z.B. Brink, H.J.: Vorgabezeitermittlung mit Systemen vorbestimmter Zeiten, in: Kern, W. (Hrsg.), Handwörterbuch der Produktionswirtschaft, Stuttgart 1979, Sp. 2198f.;

4) § 11, Abs. II, Ziff. 5 Lohnrahmenabkommen für die gewerblichen Arbeitnehmer in der Eisen-, Metall- und Elektroindustrie Nordrhein-Westfalens in der Fassung vom 1. 1. 1975, S. 15.

vorgänge von Instandhaltungsarbeiten entwickelt. Damit basieren diese Planzeiten auch auf Arbeitsmethoden, die bei der Festlegung dieser Planzeiten in den untersuchten Instandhaltungsbetrieben oder bei Laboruntersuchungen angetroffen wurden. Das Niveau der Arbeitsmethoden, d.h. der Routine- und Übungsgrad der Ausführenden sowie der Grad an Bewegungsvereinfachung und -verdichtung[1)], im Instandhaltungsbereich unterscheidet sich in erheblichem Umfang von dem beispielsweise in der Großserienfertigung von Produktionshauptbetrieben. Somit bleibt aufgrund des explizit (MTM-Instandhaltungsgrunddaten, MTM-Bereichsdaten) oder implizit berücksichtigten Niveaus der Arbeitsmethode der Anwendungsbereich der speziellen Analysiersysteme für Instandhaltungsarbeiten auf diese Arbeiten begrenzt[2)].

Die Zeitbausteine der speziellen Analysiersysteme sind regelmäßig größer als die der Grundverfahren, da Instandhaltungstätigkeiten mit Variationen auftreten können, d.h. man kann im einzelnen nicht prognostizieren, ob bestimmte Bewegungselemente oder Bewegungsfolgen zur Durchführung eines Arbeitsvorganges anfallen oder nicht. Hierbei vertraut man darauf, daß Zeitabweichungen aufgrund des Fehlens bzw. Hinzutretens von Bewegungselementen sich ab einer bestimmten "Zeitbausteingröße" ausgleichen. Der Nachweis dafür, daß dieser Zeitausgleich auch bei betrieblichen Planzeiten auf der Basis dieser überbetrieblichen Zeitbausteine tatsächlich stattfindet, kann nur durch betriebliche Ist-Zeiterfassung überprüft werden. Der zunächst scheinbare Vorteil der

---

1) Vgl. Gehart, H.: MTM-Kalkulationsblätter in der Einzel- und Kleinserienfertigung unter Berücksichtigung des Methodenniveaus, in: REFA-Nachrichten, 30. Jg., 1977, S. 283.

2) Zur Berücksichtigung des Niveaus der Arbeitsmethode bei den Systemen vorbestimmter Zeiten vgl. u.a.: Becks, C.: Arbeitsorganisation und Zeitwirtschaft im handwerklichen Dienstleistungsbereich , in: REFA-Nachrichten, 30. Jg., 1977, S. 165; derselbe: Das neue Datensystem MTM-UAS, in: REFA-Nachrichten, 32. Jg., 1979, S. 3 f.; Bokranz, R.: Das MTM-Bürodaten-System, in: REFA-Nachrichten, 31. Jg., 1978, S. 366-368; Bokranz, R. und John, B.: Arbeitsdatenermittlung, Gräfelfing/München 1978, S. 103-108; Gauhl, K.: Arbeitsorganisation und Zeitwirtschaft mit MTM, in: REFA-Nachrichten, 30. Jg., 1977, S. 17-19; Gehart, H.: MTM-Kalkulationsblätter in der Einzel- und Kleinserienfertigung unter Berücksichtigung des Methodenniveaus, in: REFA-Nachrichten, 30. Jg., 1977, S. 283-288; Glatz, H.: Das MEK-Datensystem für Einzel- und Kleinserienfertigung, 31. Jg., 1978, S. 273-275.

Systeme vorbestimmter Zeiten, nämlich der Wegfall eigener betrieblicher Zeitaufnahmen, verkehrt sich somit teilweise ins Gegenteil, auch wenn nur für die wichtigsten Instandhaltungstätigkeiten (Auswahl etwa i.S. einer ABC-Analyse unter Zuhilfenahme der Multimomentaufnahme) vergleichende Ist-Zeitmessungen durchgeführt werden.

Weiterhin berücksichtigen die Systeme vorbestimmter Zeiten nicht alle betrieblichen Zeiteinflußgrößen bzw. nicht das "betriebsspezifische Niveau" dieser Einflußgrößen. Zu nennen wäre bei Instandhaltungsarbeiten - wie bereits erwähnt - insbesondere der "betriebsspezifische Normalstandard" der Zustände und der Zugänglichkeit der Arbeitsgegenstände sowie das betriebliche Niveau der Arbeitsmethode der Ausführenden. Zwar berücksichtigen einige Systeme vorbestimmter Zeiten das Niveau der Arbeitsmethode bei der Planzeitermittlung für Instandhaltungsarbeiten, aber hierbei wird ein "allgemeingültiges instandhaltungsspezifisches" Methodenniveau unterstellt. Dieses kann es im Instandhaltungsbereich nicht geben, wenn man beispielsweise einerseits bedenkt, daß bestimmte Bauteile seriell in Typenwerkstätten instand gesetzt werden oder Inspektions- und Wartungsmaßnahmen mit großer Häufigkeit und mit gleichen Arbeitsinhalten durchgeführt werden. Andererseits werden bestimmte Instandsetzungsmaßnahmen zwar wiederholend, aber nicht in der Häufigkeit und nicht mit dem Grad an Arbeitsorganisation vollzogen, wie er beispielsweise in Typenwerkstätten vorgefunden wird. Daher müssen die Zeitdaten der Systeme vorbestimmter Zeiten an die betrieblichen Verhältnisse angepaßt werden, und bei der Anwendung dieser Zeitsysteme muß versucht werden, durch eine detaillierte Analyse der Instandhaltungstätigkeiten die Zeiteinflußgrößen der entsprechenden Tätigkeiten offenzulegen. Dieses geschieht - wenn überhaupt - bei der Anwendung der Systeme vorbestimmter Zeiten für jede Bestimmungsgröße der Ausführungszeit unabhängig von den Ausprägungen anderer Einflußgrößen; Abhängigkeiten betrieblicher Einflußgrößen untereinander finden somit keine Berücksichtigung. Für die Anwendung von Systemen vorbestimmter Zeiten zur Planzeitermittlung resultiert auch hieraus, daß die Genauigkeit der mit diesem Verfahren ermittelten Planzeiten anhand betrieblich erfaßter Istzeiten zu überprüfen ist.

(5) Zusammenfassender Überblick über die Zeitermittlungsverfahren und ihre Anwendungsbereiche

Als Resümee läßt sich aus den vorangegangenen Darstellungen der Planzeitverfahren im Instandhaltungsbereich und deren detaillierten Beurteilung hinsichtlich ihrer Einsatzfähigkeit zur Planzeitermittlung für Instandhaltungsarbeiten festhalten, daß einerseits Planzeiten aufgrund betrieblicher Zeitaufnahmen zwar die genauesten Zeitvorgaben zur Verfügung stellen und ihr Genauigkeitsgrad bekannt ist, aber andererseits die Entwicklung und Pflege eines solchen betrieblichen Planzeitsystems mit erheblichen finanziellen und personellen Aufwendungen verbunden ist. Die Systeme vorbestimmter Zeiten oder auch das UMS-System stellen hingegen a priori nicht solche exakten Planzeiten zur Verfügung. Dafür entfällt aber bei beiden Systemen der Aufbau von betrieblich ermittelten Planzeitkatalogen und beim UMS-Verfahren auch die detaillierte Planzeitermittlung. Zur Anwendung dieser Verfahren muß allerdings unbedingt angemerkt werden, daß die hiermit ermittelten Planzeiten durch begleitende (stichprobenweise) Ist-Zeiterfassungen auf ihre Prognosegüte hin überprüft werden müssen.

Unter Berücksichtigung der Kriterien zur Festlegung des Anwendungsbereiches von Planzeitverfahren: Verwendungszweck (Genauigkeit), Arbeitsinhalt, Wiederholhäufigkeit und Wirtschaftlichkeit lassen sich die Einsatzbereiche der Verfahren zur Ermittlung von Planzeiten für Instandhaltungsarbeiten wie folgt abgrenzen[1]:

<u>Betrieblich ermittelte Planzeiten</u>

Dieses Planzeitverfahren ist geeignet für voll oder bedingt beeinflußbare Instandhaltungsarbeiten bei sich wiederholenden gleichen oder ähnlichen Arbeitsabläufen, wenn der Verwendungszweck der Planzeiten hohe Genauigkeitsgrade verlangt. Es ist gekennzeichnet durch erhebliche finanzielle und personelle Aufwendungen für seinen Aufbau und seine Pflege.

---

1) Aufgrund der geringen Bedeutung von Betriebsmitteln im Instandhaltungsbereich werden nicht beeinflußbare Arbeitsabläufe im folgenden vernachlässigt.

Systeme vorbestimmter Zeiten

Diese Planzeitverfahren sind nur für voll beeinflußbare Instandhaltungstätigkeiten zu verwenden. Bei der Wiederholung weitgehend gleicher Arbeitsabläufe können die speziellen Analysiersysteme regelmäßig keine Anwendung finden, während bei sich wiederholenden ähnlichen Arbeitsabläufen die Grundverfahren nicht zum Einsatz gelangen sollten. Es entfällt bei der Anwendung der Systeme vorbestimmter Zeiten der Aufbau von betrieblich ermittelten Planzeitkatalogen. Aber die überbetrieblichen Planzeiten müssen den betrieblichen Verhältnissen (Methodenniveau, betriebsspezifischer Zustand der Arbeitsgegenstände etc.) angepaßt werden. Die Zeitvorgaben auf der Grundlage dieser Systeme sind weiterhin durch betriebliche Zeitaufnahmen zumindest stichprobenweise im Hinblick auf ihre Prognosegüte zu überprüfen.

Schätzen und Vergleichen

Das UMS-Verfahren findet nur Anwendung bei voll beeinflußbaren und sich in ähnlicher Weise wiederholenden Arbeitsabläufen. Bei diesem Verfahren entfällt ebenfalls der Aufbau von betrieblich ermittelten Planzeitkatalogen und die detaillierte Ermittlung von Planzeiten für einzelne Instandhaltungsleistungsarten. Dieses überbetriebliche Planzeitsystem muß ebenfalls den betrieblichen Verhältnissen angepaßt werden, und die hiermit ermittelten Zeitvorgaben sind durch betriebliche Zeitaufnahmen zu überprüfen.

5) Verwendbarkeit der Planzeiten zur Kostenplanung

Die vorangegangenen Ausführungen beschäftigten sich insbesondere mit der Fragestellung, welche Verfahren zur Planzeitermittlung für Instandhaltungstätigkeiten zur Verfügung stehen und bei welchen Tätigkeitsarten die einzelnen Verfahren zur Zeitvorgabe eingesetzt werden können. Im Hinblick auf die Prüfung der Einsatzfähigkeit dieser Verfahren als einem Instrumentarium zur Planung benötigter Instandhaltungsmannstunden und damit zur planerischen Festlegung der Mengenkomponente eines wesentlichen Teils der Instandhaltungskosten sind noch die Fragen zu klären, wie hoch der Anteil der mit leistungsartspezifischen Zeitvorgaben zu planenden Tätigkeiten an der gesamten Instandhaltungsarbeit ist (Erfassungsgrad) und ob sich mit den o.a. Planzeitverfahren auch zur Kostenplanung hinreichend genaue Sollzeiten festlegen lassen.

Eine umfassende Analyse der Instandhaltungsarbeiten hinsichtlich ihres Erfassungsgrades mit leistungsbezogenen Planzeiten veröffentlichte Erdmann im Jahre 1970[1)]. Ausgangspunkt der Untersuchung bildet die Aufschreibung benötigter Instandhaltungsmannstunden - differenziert nach Inspektion, Wartung und Instandsetzung sowie nach Instandhaltungsarbeiten im mechanischen oder elektrotechnischen Bereich bzw. im Baubetrieb - von 11 Unternehmen mit unterschiedlicher Branchenzugehörigkeit innerhalb eines Monats. Weiterhin wird in dieser Untersuchung festgehalten, für welche geleisteten Instandhaltungsarbeiten Zeitvorgaben vorlagen. Als Gesamtergebnis ergibt sich aus den ermittelten Daten, daß nur für 52 % der geleisteten Instandhaltungsarbeiten (gemessen in Instandhaltungsmannstunden) Planzeiten zur Verfügung standen[2)]. Dieser Prozentsatz ist sicherlich nicht als möglicher Erfassungsgrad von Instandhaltungsarbeiten mit Planzeiten anzusehen, da die untersuchten 11 Betriebe über ganz unterschiedliche Erfahrungen mit der Zeitplanung von Instandhaltungsarbeiten verfügten bzw. sich in unterschiedlichen Anwendungsstadien der Planzeitermittlung für diese Tätigkeiten befanden[3)].

Es wurde somit überprüft, ob die verbleibenden 48 % der Instandhaltungsarbeiten sich für eine Planzeitermittlung nicht eignen oder ob andere Gründe die Planzeitermittlung für diese Arbeiten verhindert haben. Da einerseits für Inspektions- und Wartungsmaßnahmen aufgrund ihrer gleichbleibenden Arbeitsinhalte, Arbeitsgegenstände etc. Zeitvorgaben grundsätzlich möglich sind[4)] und andererseits in den elektrotechnischen Bereichen und in den Baubetrieben der untersuchten Unternehmungen keine Unterlagen zur Verfügung standen, die eine Analyse der Gründe für eine Nicht-Erfassung von Instandhaltungsarbeiten mit Planzeiten erlaubt hätten, beschränkt sich die Untersuchung von Erdmann nur

---

1) Vgl. Erdmann, W.: Zeitvorgabe bei Instandhaltungsarbeiten, Berlin/Köln/Frankfurt 1970, S. 36-58 und 64-74.
2) Vgl. ebenda, S. 39.
3) Vgl. ebenda, S. 40.
4) Vgl. ebenda, S. 42 f.

auf Instandsetzungsarbeiten, die von den mechanischen Bereichen durchgeführt wurden[1]. Hinsichtlich ihrer Planbarkeit lassen sich die erfaßten mechanischen Instandsetzungsstunden wie folgt unterteilen:
Für 6o % dieser Stunden lagen Planzeiten vor, für 16 % wurde zwar versucht, Zeitvorgaben zu ermitteln, aber man war an Schwierigkeiten gescheitert, die noch zu beleuchten sind, und für 24 % der geleisteten Stunden war noch nicht in Erwägung gezogen worden, Planzeiten festzulegen[2]. Als Ursachen für das Mißlingen der Planzeitermittlung bei einigen Tätigkeiten führt Erdmann an:

- Arbeitsumfang unbekannt (Fehlersuche, Einstellen, Regulieren),
- seltene Arbeiten,
- Mängel bei der Arbeitsangabe, Zeitermittlung und Organisation (ungenaue Arbeitsangaben, fehlende Planzeitunterlagen etc.),
- Mitarbeit von unternehmenseigenen Arbeitskräften an Arbeitsvorgängen, die Fremdfirmen durchgeführt haben,
- sonstige Gründe[3].

Betrachtet man insbesondere den dritten und vierten Grund, so läßt sich konstatieren, daß hierdurch die grundsätzliche Planbarkeit der betroffenen Arbeiten nicht in Frage gestellt wird. So ermittelte Erdmann weiterhin, daß ca. die Hälfte aller mechanischen Instandsetzungen, für die keine Planzeiten vorlagen, sich zur Planzeitermittlung eignen[4]. Hieraus resultiert, daß ca. 8o % der untersuchten mechanischen Instandsetzungen mit Planzeiten erfaßbar gewesen wären. Nimmt man des weiteren an, daß sich in elektrotechnischen Instandhaltungsbetrieben und in Baubetrieben vergleichbar hohe Erfassungsgrade ermitteln lassen und daß Inspektions- und Wartungsmaßnahmen nahezu vollständig mit Planzeiten erfaßbar sind, kann man aufgrund dieser Untersuchung davon ausgehen, daß der mögliche Erfassungsgrad von Instandhaltungstätigkeiten mit Planzeiten über 8o % der insgesamt zu leistenden Instandhaltungsmannstunden liegen wird.

Vom Verfasser durchgeführte Untersuchungen der Instandhaltungsleistungen an Fertigungsanlagen in einem Warmbreitband-Walzwerk der Eisenhüttenindustrie im Jahre 1977 bestätigen den von Erdmann abge-

---

1) Immerhin werden hierbei noch 55 % aller verbrauchten Instandsetzungsmannstunden hinsichtlich ihrer Erfaßbarkeit mit Planzeiten analysiert; vgl. Erdmann, W.: Zeitvorgabe bei Instandhaltungsarbeiten, Berlin/Köln/Frankfurt 1970, S. 39.
2) Vgl. ebenda.
3) Vgl. ebenda, S. 52.
4) Vgl. ebenda, S. 68.

steckten Rahmen von Instandhaltungsarbeiten, deren Ausführungszeiten mit Hilfe leistungsbezogener Zeitvorgaben planerisch festgelegt werden können. Im einzelnen lagen in dem untersuchten Walzbetrieb für ca.

76 % aller mechanischen Instandsetzungsstunden

68 % aller elektrotechnischen und mechanischen Instandsetzungsstunden

70 % aller Instandhaltungsstunden

Planzeiten vor.

Die für die Ausführungszeit von Instandhaltungstätigkeiten ermittelten Zeitvorgaben weisen regelmäßig auch die im Hinblick auf ihre Verwendung zur Kostenplanung erforderliche Genauigkeit auf. In einem Betrieb der Chemischen Industrie konnte z.B. ermittelt werden, daß für ca. 70 % aller zu leistenden Instandhaltungsmannstunden Planzeiten vorlagen und daß diese Zeitvorgaben auch als Grundlage zur Entlohnung herangezogen wurden.

Somit läßt sich zusammenfassend feststellen, daß der weitaus überwiegende Teil der Instandhaltungsarbeiten in den Industriebetrieben sich zur Zeitvorgabe eignet, d.h. die Planung von Mengenkomponenten wesentlicher Kostenarten im Instandhaltungsbereich kann auf der Grundlage leistungsbezogener Zeitstandards durchgeführt werden.

Die Ermittlung von Sollzeiten dient zwar in erster Linie zur (betriebsbezogenen) Kostenplanung und -überwachung; aber insbesondere bei der Kostenkontrolle unter Zuhilfenahme moderner Verfahren zur Betriebsdatenerfassung durch geeignete Erfassungssysteme[1] kann auch das Leistungsverhalten der Mitarbeiter überwacht werden.

Der Einsatz derartiger Systeme ist gemäß § 87, Abs.1, Ziff.6 Betriebsverfassungsgesetz zustimmungspflichtig durch den Betriebsrat. Von daher muß der Betriebsrat schon frühzeitig an den entsprechenden Planungsüberlegungen beteiligt werden, um seine Zustimmung im Vorhinein sicherzustellen. Grundsätzlich werden Vorgabezeiten und Leistungskontrollen von der Gewerkschaftsseite akzeptiert, wie vor allem die Regelungen zur leistungsbezogenen Entlohnung in vielen Tarifverträgen beweisen. Gespräche des Verfassers mit einzelnen Industrieunternehmen haben jedoch auch gezeigt, daß in den letzten Jahren die Widerstände der Arbeitnehmer gegen Zeitvorgaben und Planungsmaßnahmen im Instandhaltungsbereich gewachsen sind. Diese Entwicklung ist mit unterschiedlichen Intensitäten in einzelnen

1) Vgl. S. 268 -277.

Branchen zu beobachten. Während z.B. im Chemiebereich - wie bereits erwähnt - Instandhaltungsarbeiten noch in hohem Maße leistungsbezogen entlohnt werden, wäre eine Leistungskontrolle auf der Basis von Zeitvorgaben in montan-mitbestimmten Unternehmen nur gegen erhebliche Widerstände der Arbeitnehmerseite durchsetzbar.

6) Zeitermittlung unter Berücksichtigung von Übungs- und Anlagenvertrautheitsgraden

Die Bestimmung von Planzeiten für Instandhaltungsarbeiten wurde bisher unter der vereinfachenden Annahme diskutiert, daß es sich bei den einzusetzenden Arbeitskräften um voll eingeübte Mitarbeiter handelt. Diese Annahme liegt auch den Vorgehensweisen zur Vorgabezeitermittlung (für Instandhaltungstätigkeiten) mit Hilfe betrieblich ermittelter Planzeiten (z.B. REFA-Zeitaufnahmen) bzw. auf der Grundlage von Systemen vorbestimmter Zeiten (z.B. MTM-System) zugrunde. Die mit diesen Methoden ermittelten Planzeiten basieren auf Bezugsleistungen, die nur von voll eingeübten Arbeitskräften erbracht werden können[1]. Bei der Durchführung von Instandhaltungsarbeiten kann jedoch davon ausgegangen werden, daß nicht alle Arbeitskräfte diese Bezugsleistung erbringen können und somit die Instandhaltungsarbeit nicht von jedem Ausführenden innerhalb der Vorgabezeit erledigt werden kann[2]. Denn aufgrund der organisatorisch bedingten Verteilung von Instandhaltungsaufgaben werden Anlagen(elemente) oftmals von verschiedenen Instandhaltungs(teil)betrieben und gelegentlich auch von Produktionsbetrieben instand gehalten[3], deren Betriebsangehörige bestimmte Arbeiten mehr oder minder häufig ausführen und in unterschiedlichem Umfang mit der instand zu haltenden Anlage vertraut sind. Diese verschiedenen Übungs- und Anlagenvertrautheitsgrade bei der Ausführung von Instandhaltungsarbeiten weisen

---

1) Die REFA-Normalleistung "kann erfahrungsgemäß von jedem in erforderlichem Maße geeigneten, geübten und voll eingearbeiteten Arbeiter ... erbracht werden"; REFA (Verband für Arbeitsstudien e.V.): Methodenlehre des Arbeitsstudiums, Teil 2, Datenermittlung, 4. Aufl., München 1975, S. 136; vgl. hierzu auch Baur, W.: Neue Wege der betrieblichen Planung, Berlin/Heidelberg/New York 1967, S. 84.

2) Zur Notwendigkeit der Berücksichtigung unterschiedlicher Übungsgrade bei der Vorgabezeitermittlung vgl. auch Dielmann: Vorgabezeitermittlung für Handwerkerarbeiten in chemischen Betrieben, in: afa-Information, 1965, Nr. 5/6, S. 96.

3) Vgl. S. 249.

beispielsweise Arbeitskräfte von benutzer- bzw. anlagenobjektorientierten Instandhaltungs(teil)betrieben, von Zentralkolonnen und von Fremdunternehmen auf. Hierbei ist aber nicht ausnahmslos zu unterstellen, daß Mitarbeiter von Fremdunternehmen über den geringsten Übungs- und Anlagenvertrautheitsgrad und Arbeitskräfte der Zentralkolonnen bzw. der benutzer- oder anlagenobjektorientierten Instandhaltungs(teil)betriebe über einen entsprechend höheren Routine- und Erfahrungsgrad verfügen. In der Praxis ist es durchaus verbreitet, daß bestimmte Instandhaltungsarbeiten i.d.R. durch Mitarbeiter von Fremdunternehmen erledigt werden bzw. daß Arbeitskräfte dieser Unternehmen ständig zur Unterstützung der Instandhalter in unternehmenseigenen (Teil-)Betrieben herangezogen werden[1)].

Aus dem genannten Grund sind daher im Rahmen von Planungsüberlegungen die jeweiligen Übungs- und Anlagenvertrautheitsgrade der betreffenden Betriebe bei der Vorgabe von Arbeitszeiten für Instandhaltungstätigkeiten zu berücksichtigen. Insbesondere ist die Berücksichtigung von unterschiedlichen Routine- und Erfahrungsgraden der jeweiligen Betriebe mit einer Arbeitsaufgabe bei der Bestimmung von Zeitvorgaben von Bedeutung, wenn die Planzeiten zur kostenorientierten Einsatzplanung von Instandhaltungs(teil)betrieben zur Erfüllung von Instandhaltungsaufgaben, die verschiedene (Teil-)Betriebe durchführen können, herangezogen werden[2)].

Der erforderliche Zeitzuschlag für mangelnde Übung und Anlagenvertrautheit von Mitarbeitern verschiedener (Teil-)Betriebe könnte als prozentualer Aufschlag auf die mit den bekannten Methoden ermittelten Zeitvorgaben erfolgen:

$t_i^p = t^p \cdot (1+a_i)$, wobei

t_i^p : Zeitvorgabe für den i-ten Betrieb

t^p : Planzeit auf der Basis einer REFA-Zeitaufnahme, von Systemen vorbestimmter Zeiten etc.

a_i : prozentualer Zeitzuschlag für mangelnde Übung und Anlagenvertrautheit des Betriebes i

---

1) Stech, W. und Bien, J.: Wann lohnt sich der Einsatz von Fremdleistungen in der Instandhaltung?, in: Aktuelle Probleme der Instandhaltung, VDI-Berichte Nr. 215, Düsseldorf 1974, S.76.

2) Vgl. S.248 - 262 vgl. Herzig, N.: Die theoretischen Grundlagen betrieblicher Instandhaltung, Meisenheim 1975, S.3.

Da die Auswirkungen des Mangels an Übung und Anlagenkenntnis auf die benötigten Tätigkeitszeiten der Arbeitskräfte der jeweiligen Betriebe aufgrund sich unterscheidender Schwierigkeits- und Komplexheitsgrade bei verschiedenen Instandhaltungstätigkeiten unterschiedlich sein dürften, wäre es theoretisch erforderlich, die Zeitzuschlagssätze differenziert nach Betrieben und Instandhaltungstätigkeitsarten zu erfassen. Unter Berücksichtigung des bisher Gesagten ließe sich der Zeitzuschlag a_{ij} des i-ten Betriebes für die j-te Arbeit dann wie folgt festlegen:

$$a_{ij} = \frac{\bar{t}_{ij}}{\bar{t}_j} - 1 \text{ , wobei}$$

$\bar{t}_{ij}$: durchschnittlicher Ist-Zeitverbrauch des Betriebes i für die Arbeit j (gemessen durch eine statistisch befriedigende Anzahl von Ist-Verbrauchswerten)

$\bar{t}_j$: durchschnittlicher Zeitverbrauch (Istwerte) des Betriebes, dessen Mitarbeiter als eingeübte Arbeitskräfte für die Arbeit j gelten

Da diese Vorgehensweise zur Ermittlung der Zeitzuschläge mit umfangreichen (zusätzlichen) Erhebungen von Istzeiten verbunden ist und die Differenzierung der Zeitvorgaben insbesondere im Hinblick auf eine kostenorientierte Einsatzplanung verschiedener Instandhaltungs(teil)betriebe vorgenommen werden soll, erscheint es zulässig, die Zeitvorgaben für Instandhaltungstätigkeiten - falls erforderlich - nur mit betriebsspezifischen Zeitzuschlägen a_i zu korrigieren, deren Gültigkeitsbereich alle Arbeiten umfaßt, die ein Instandhaltungs(teil)betrieb innerhalb des Aufgabenbereiches eines anderen (Teil-)Betriebes leistet, deren Mitarbeiter als geübte Arbeitskräfte gelten.

bb) Plankostenfunktionen für einzelne Kostenarten (-gruppen)

1) Personalkosten

(1) Fertigungs- und Hilfslöhne

Mit dem Einsatz eigener Arbeitskräfte in Instandhaltungsbetrieben sind folgende Kosten verbunden:

- Fertigungs- und Hilfslöhne,
- Lohnzuschläge,
- Gehälter und Gehaltszuschläge,
- Lohn- und Gehaltsnebenkosten.

Die Fertigungslöhne eines Instandhaltungs(teil)betriebes für eine Planungsperiode ergeben sich aus dem Produkt:

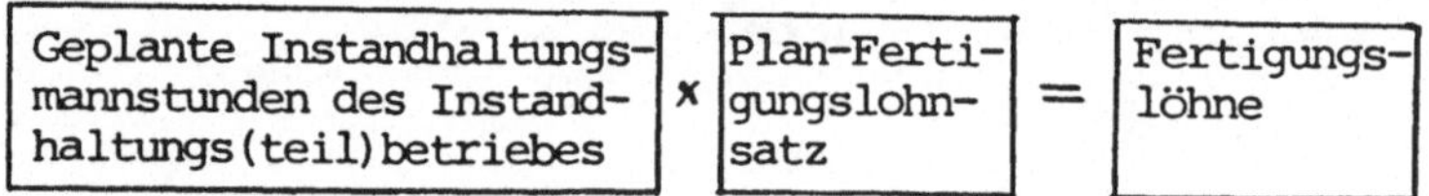

Die geplanten Mannstunden, die ein Instandhaltungsbetrieb erbringen soll, hängen zum einen vom Instandhaltungsprogramm für die zu betreuende(n) Produktionsanlage(n) und zum anderen von der Entscheidung ab, welche und wieviele der zu erbringenden Leistungen von Fremdunternehmen bzw. von unternehmens- oder konzerneigenen zentralen Instandhaltungseinheiten durchgeführt werden sollen[1]. Aus dem vom betrachteten Instandhaltungsbetrieb durchzuführenden Leistungsprogramm lassen sich dann mittels betriebsspezifischer, leistungsartbezogener Zeitvorgaben - soweit diese für die betreffenden Arbeiten ermittelt werden können - die zu seiner Durchführung notwendigen Instandhaltungsmannstunden ermitteln. Die benötigten Mannstunden für die Erbringung von seltenen und in ihrem Arbeitsinhalt nicht festliegenden Instandhaltungsarbeiten werden gemäß der folgenden Beziehung festgelegt:

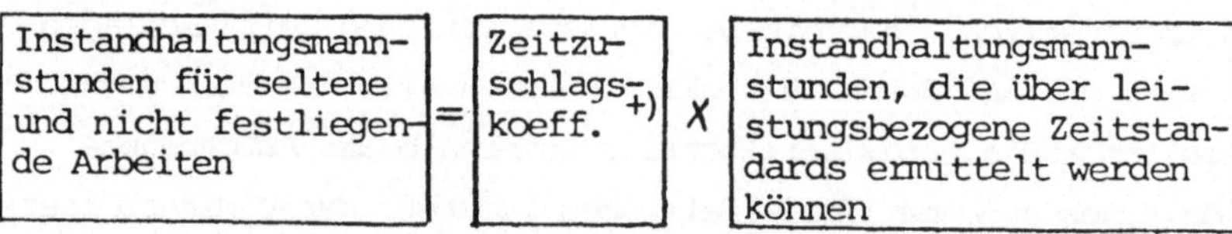

+) $\dfrac{\text{Ist-Instandhaltungsmannstunden für seltene und nicht festliegende Arbeiten}^{2)}}{\text{Ist-Instandhaltungsmannstunden für Arbeiten, denen Zeitstandards zugeordnet werden können}}$

---

1) Zur Entscheidungsfindung über die Zuordnung von Instandhaltungsleistungen/-aufträgen auf verfügbare Instandhaltungsbetriebe vgl. S. 126 - 128 und S. 248 - 262.

2) Mehrjähriger Durchschnittswert.

Die erforderlichen Instandhaltungsmannstunden können sowohl innerhalb der regelmäßigen betrieblichen Arbeitszeiten als auch durch Mehrarbeit erbracht werden.
Zur Ermittlung der Fertigungslöhne werden die geplanten (gesamten) Mannstunden des Instandhaltungsbetriebes mit einem betriebsspezifischen Plan-Fertigungslohnsatz auf der Grundlage der in Tarifverträgen, Betriebsvereinbarungen und/oder Einzelverträgen für die Planperiode festgelegten Lohnsätze für "normale" Arbeitsstunden bewertet, d.h., hierin sind keine Zuschläge für Überstunden-, Sonn- und Feiertagsarbeit, Nachtarbeit etc. enthalten. Da i.d.R. die zu erbringenden Instandhaltungsleistungen von Instandhaltungsarbeitern mit unterschiedlichen Lohngruppen durchgeführt werden, stellt der Planlohnsatz einen Durchschnittslohnsatz aus den verschiedenen Lohnsätzen der betreffenden Lohngruppen dar. Bei der Durchschnittsbildung sind die einzelnen Lohnsätze mit dem Stundenanteil der jeweiligen Lohngruppe an der Gesamtzahl der zu leistenden Stunden des Instandhaltungsbetriebes zu gewichten:

$$L = \frac{\sum_{i=1}^{n} L_i \cdot h_i}{\sum_{i=1}^{n} h_i}, \text{ wobei}$$

L = Planlohnsatz für den Instandhaltungsbetrieb
L_i= Planlohnsatz der Lohngruppe i
h_i= geplante Stundenzahl, die von Arbeitern mit der Lohngruppe i geleistet werden soll.

Bei einem differenzierten Ausweis der Fertigungslöhne nach (Teil-)Betrieben bzw. Kostenstellen (z.B. Schlosserbetrieb, Elektrikerbetrieb etc.) sind die geplanten Instandhaltungsmannstunden und Bewertungsansätze entsprechend gegliedert anzugeben. Die Untergliederung der Fertigungslöhne nach verschiedenen (Teil-)Betrieben empfiehlt sich insbesondere dann, wenn der Instandhaltungsbetrieb in mehrere Verantwortungsbereiche aufgeteilt ist. Durch die Planung der Fertigungslöhne -differenziert nach Verantwortungsbereichen - wird eine Voraussetzung für eine wirkungsvolle Kontrolle der Lohnkosten geschaffen.
Zuammenfassend veranschaulicht die folgende Graphik nochmals die Planung der Fertigungslöhne für einen Instandhaltungs(teil)betrieb:

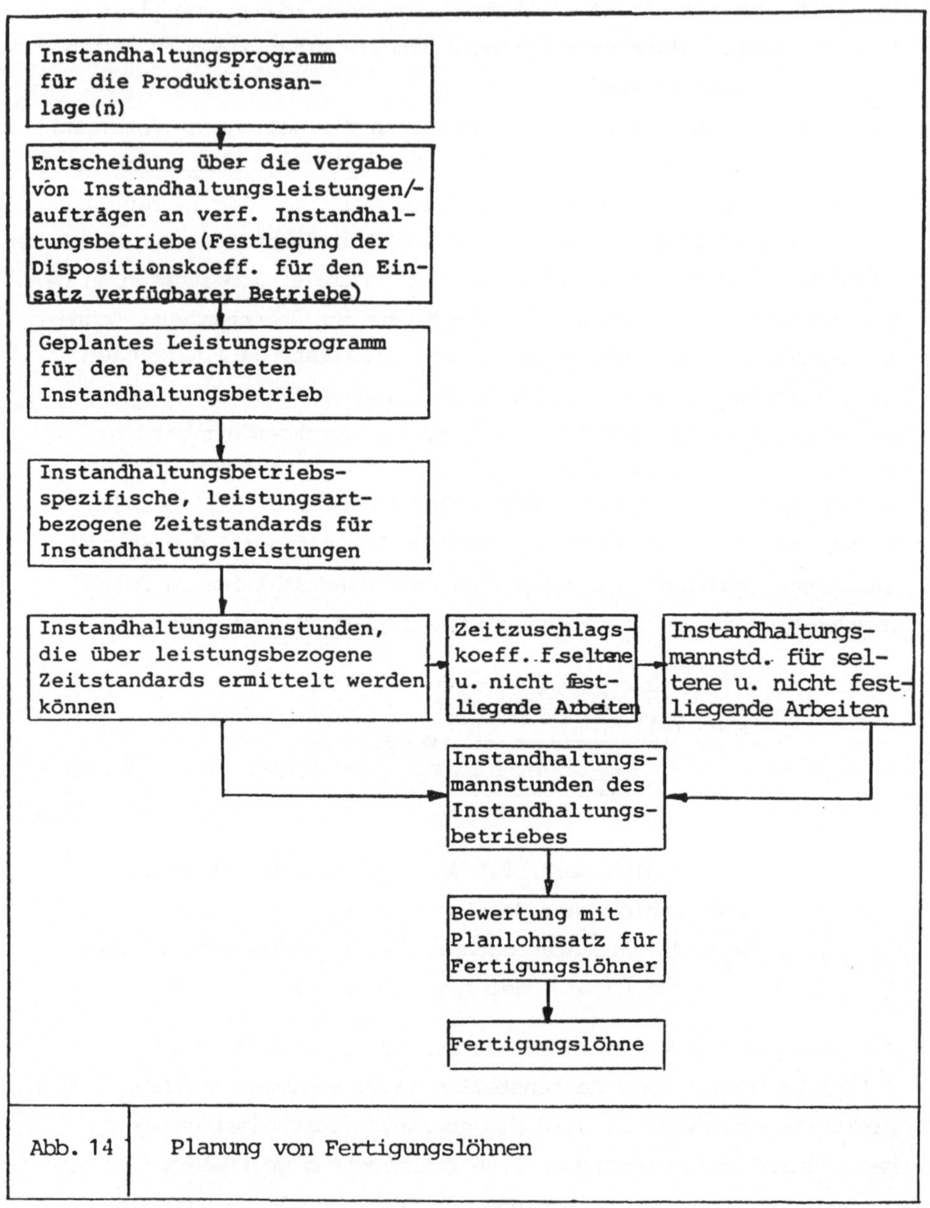

Abb. 14 Planung von Fertigungslöhnen

Neben den Fertigungslöhnen fallen in Instandhaltungsbetrieben noch Hilfslöhne insbesondere für die Überwachung der Durchführung von Instandhaltungsarbeiten an (z.B. Vorarbeiter). Anzahl und Einsatzdauer der Hilfslöhner ergeben sich einerseits aus dem betrieblich festgelegten Einsatzverhältnis von Fertigungs- und Hilfslöhnern (Vergangenheitsgröße) sowie andererseits aus der geplanten Einsatzdauer der Fertigungslöhner. Von daher lassen sich die Hilfslohnstunden eines Instandhaltungs(teil)betriebes als prozentualer Anteil - entsprechend dem Einsatzverhältnis von Fertigungs- und Hilfslöhnern im betreffenden Betrieb - von den geplanten Instandhaltungsstunden ermitteln. Auf der Grundlage der so festgelegten Hilfslohnstunden erfolgt die Ermittlung der Hilfslöhne in der Weise, daß die geplanten Hilfslohnstunden mit einem betriebsspezifischen Plan-Hilfslohnsatz für Normalarbeitszeiten bewertet werden, d.h. in diesem Lohnsatz werden ebenfalls keine Lohnzuschläge berücksichtigt.

Das nachfolgende Schema stellt nochmals zusammenfassend die Ermittlung der Hilfslöhne dar:

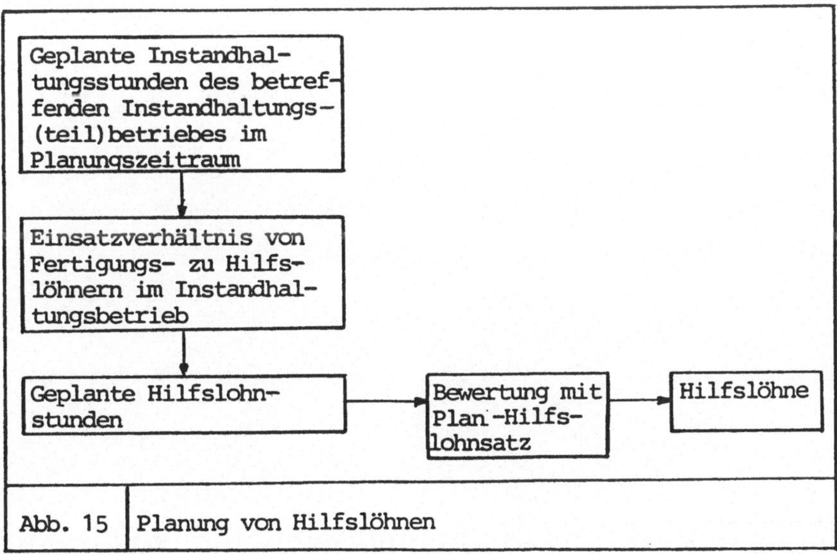

Abb. 15 Planung von Hilfslöhnen

(2) Lohnzuschläge

Aufgrund tarifvertraglicher Vereinbarungen sind den Lohnempfängern für die Erbringung von Arbeitsleistungen innerhalb bestimmter Arbeitszeiten über den Fertigungs- und Hilfslohn hinaus Lohnzuschläge zu zahlen. Hierbei kann es sich um Schichtzuschläge, Sonn- und Feiertagszuschläge, Mehrarbeitszuschläge etc. handeln[1].

Der Einsatz von Mehrarbeit, d.h. der Einsatz betriebseigener Fertigungs- und Hilfslöhner über die regelmäßige betriebliche Arbeitszeit hinaus, hängt von der Disposition des Instandhaltungsbetriebes darüber ab, in welchem Umfang das geplante Leistungsprogramm für eine Produktionsanlage von Fremdunternehmen, zentralen unternehmens- bzw. konzerneigenen Instandhaltungseinheiten oder von betriebseigenen Instandhaltern in Normal- oder Mehrarbeit erbracht werden soll[2]. Von daher hat die Ermittlung der Mehrarbeitszuschläge in der Weise zu erfolgen, daß die disponierten Mehrarbeitsstunden - getrennt nach Fertigungs- und Hilfslohnstunden - mit einem tariflich festgelegten Plan-Zuschlagssatz für Mehrarbeit zu multiplizieren sind:

---

1) Vgl. bspw. § 7 Manteltarifvertrag für die Arbeiter, Angestellten und Auszubildenden in der Eisen- und Stahlindustrie von Nordrhein-Westfalen, Bremen, Georgsmarienhütte, Osnabrück, Dillenburg und Niederschelden, in der Fassung vom 6.1.1979, S. 15.

2) Zur Leistungszuweisung auf einzelne Instandhaltungsbetriebe vgl. S. 126 - 128 und S. 248 - 262.

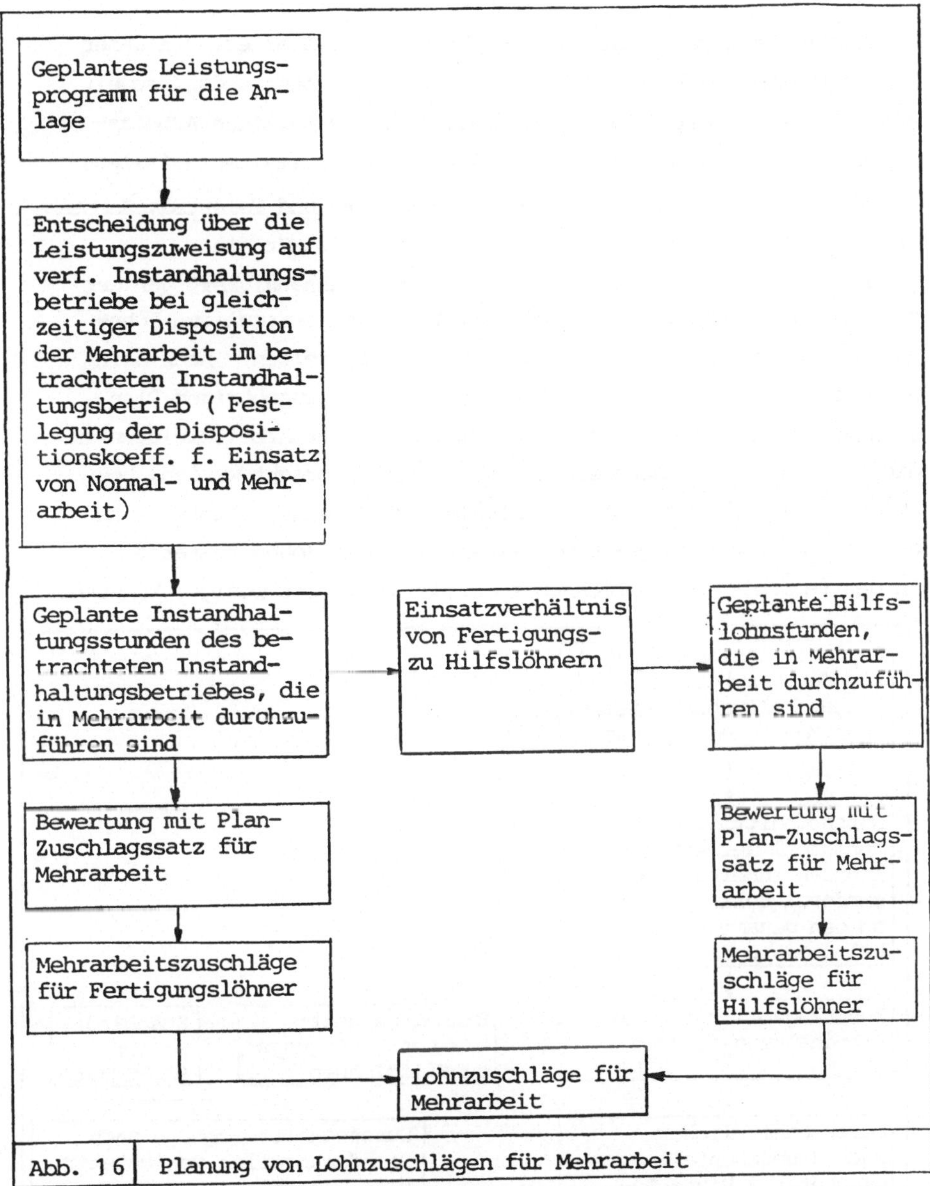

Abb. 16 Planung von Lohnzuschlägen für Mehrarbeit

Samstags-, Sonn- und Feiertagsarbeit sowie Schichtarbeit wird durch die Betriebsweise des betreffenden Instandhaltungsbetriebes veranlaßt. Beispielsweise erstreckt sich die regelmäßige betriebliche Arbeitszeit in Instandhaltungsbetrieben, die für die Funktionsfähigkeit kontinuierlich arbeitender Produktionsanlagen verantwortlich sind, im 3-Schichtbetrieb über 7 Tage in der Woche hinweg. Somit kann davon ausgegangen werden, daß ein fester Anteil der Fertigungs- und Hilfslohnstunden, die während der regelmäßigen betrieblichen Arbeitszeit zu erbringen sind, Samstags-, Sonn- und

Feiertagsarbeit bzw. Spät- oder Nachtarbeit darstellen. Von daher können aus den geplanten Hilfs- und Fertigungslohnstunden, soweit sie nicht Mehrarbeitsstunden darstellen, die anteiligen Arbeitsstunden, die innerhalb dieser besonderen Betriebszeiten anfallen, differenziert nach einzelnen Zeitarten (Sonn- und Feiertag, Samstag, Spät- und Nachtschicht etc.) ermittelt werden. Für die genannten besonderen Arbeitszeiten gelten in Abhängigkeit von der jeweiligen Zeitart unterschiedliche, tariflich festgelegte Lohnzuschlagssätze. Durch Multiplikation der ermittelten - nach Zeitarten differenzierten - Arbeitsstunden mit den zugehörigen Plan-Zuschlagssätzen lassen sich die Lohnzuschläge für Arbeitsleistungen, die innerhalb der besonderen Betriebszeiten erbracht werden, bestimmen. Da jedoch die Stundenanteile der einzelnen Zeitarten an den gesamten Fertigungs- bzw. Hilfslohnstunden (ohne Mehrarbeit) in den verschiedenen Abrechnungsperioden mehr oder weniger konstant

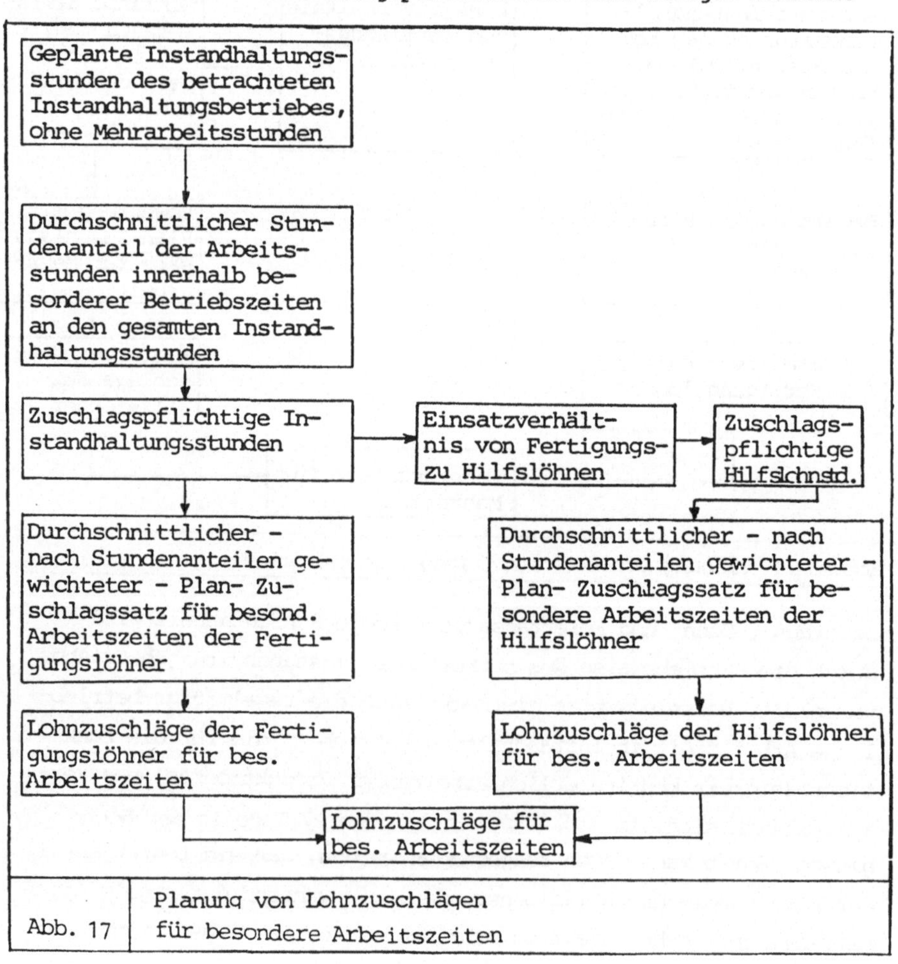

Abb. 17 Planung von Lohnzuschlägen für besondere Arbeitszeiten

sind, lassen sich diese Lohnzuschläge auch in der Weise festlegen, daß die zuschlagspflichtigen Stunden als (über die Zeitarten hinweg) aggregierte Größe ermittelt werden und mit einem nach den durchschnittlichen Stundenanteilen der einzelnen Zeitarten gewichteten Plan-Zuschlagssatz bewertet werden.

(3) Gehälter und Gehaltszuschläge

Neben den Löhnen fallen in Instandhaltungs(teil)betrieben noch Gehälter für den Einsatz von Arbeitskräften an. Bei den Gehaltsempfängern handelt es sich vorrangig um Arbeitskräfte, die dispositive Aufgaben im Instandhaltungsprozeß wahrnehmen. Die Anzahl der eingesetzten Gehaltsempfänger in einem Instandhaltungsbetrieb während einer Planperiode wird durch die getroffenen Dispositionen in den Stellenbesetzungsplänen determiniert. Aus der Einordnung der Gehaltsempfänger in ihre jeweiligen Gehaltsgruppen lassen sich die Gehaltshöhen der einzelnen Mitarbeiter bestimmen. Die Addition der Einzelgehälter ergibt die Gehaltskosten des Instandhaltungsbetriebes. Aufgrund der monatlichen Zahlungsweise der Gehälter stellen die Gehaltskosten periodenabhängige Kosten dar, deren alleinige Kosteneinflußgröße die Länge der Planungsperiode ist.

Gehaltszuschläge für Mehr-, Spät- und Nachtarbeit etc. werden häufig als Pauschalvergütung gezahlt, die "in der Höhe dem Entgelt für die durchschnittlich anfallenden zuschlagspflichtigen Stunden entsprechen soll"[1]. Von daher können die Gehaltszuschläge als prozentualer Anteil von den geplanten Gehaltskosten eines Instandhaltungsbetriebes festgelegt werden.

---

1) § 7, Ziff. 2.2 Manteltarifvertrag für die Arbeiter, Angestellten und Auszubildenden in der Eisen- und Stahlindustrie von Nordrhein-Westfalen, Bremen, Georgsmarienhütte, Osnabrück, Dillenburg und Niederschelden, in der Fassung vom 6.1.1979, S. 17.

(4) Lohn- und Gehaltsnebenkosten

Zusätzlich zu den Entgelten, die den Arbeitnehmern für geleistete Arbeit zu vergüten sind, entstehen den Unternehmen mit dem Einsatz von Arbeitskräften noch weitere Kosten, die als Lohn- und Gehaltsnebenkosten bezeichnet werden. Hierbei handelt es sich um

- Individuelle (personenbezogene) Lohn- und Gehaltsnebenkosten
  = Arbeitsverhinderungs-, Urlaubs- und Feiertagslöhne (Ausfallzeiten)
  = Sonderzahlungen
  = Kosten der betrieblichen Altersversorgung
  = Gesetzliche Sozialabgaben und Lohnsummensteuer
- Kollektive Lohn- und Gehaltsnebenkosten
  = Kosten für Sozialeinrichtungen[1].

Kosten für Ausfallzeiten entstehen aufgrund von Lohnzahlungen an Urlaubs-, Krankheits- und Feiertagen bzw. an Tagen, an denen Arbeitnehmer aus persönlichen Anlässen (z.B. Arztbesuch, Tod des Ehegatten oder der Eltern) keine Arbeitsleistungen für das Unternehmen erbringen. Welche Abwesenheitstage des Arbeitnehmers von seinem Arbeitsplatz als Ausfallzeiten gelten, an denen er Anspruch auf Arbeitsentgelt hat, wird durch Gesetze, Tarifverträge und Betriebsvereinbarungen festgelegt[2].

Sonderzahlungen beinhalten die Zahlung von Urlaubsgeld, Weihnachtsgeld (z.B. 13. Monatsgehalt), vermögenswirksame Leistungen etc. . Die Höhe der Zahlungen für Ausfallzeiten und die der Sonderzahlungen wird zum einen durch die Lohn- bzw. Gehaltshöhe (incl. der Zuschläge) und zum anderen durch die Häufigkeit des Auftretens der genannten Anlässe bestimmt, die zu diesen Zahlungen führen. Da der Anteil von Krankheits-, Urlaubs-, Feier- und sonstigen lohnzahlungspflichtigen Abwesenheitstagen an den geleisteten Arbeits-

---

1) Einen Überblick über die wesentlichen Komponenten der Lohn- und Gehaltsnebenkosten geben u.a. Grünefeld, H.-G.: Personalzusatzaufwand - Begriffe, Inhalt, Berechnungsmethode, in: Zeitschrift für betriebswirtschaftliche Forschung, 30. Jg., 1978, S. 420 - 426 Vogt, A.: Dispositionsgrundlagen von Personalkosten in Industriebetrieben - Analyse der Kostenbestimmungsgrößen und -vergleichskonzepte, Bochum 1983, S. 17f.

2) Vgl. z.B. Feiertagslohnfortzahlungsgesetz, Mutterschutzgesetz etc.; § 9 und §§ 11 - 15 Manteltarifvertrag für die Arbeiter, Angestellten und Auszubildenen in der Eisen- und Stahlindustrie von Nordrhein-Westfalen, Bremen, Georgsmarienhütte, Osnabrück, Dillenburg und Niederschelden, in der Fassung vom 6.1.1979, S. 18 - 28.

tagen im Zeitablauf relativ konstant ist und weiterhin von einer gleichbleibenden Auftrittshäufigkeit der anderen Zahlungsanlässe in einem Zeitabschnitt ausgegangen werden kann, verhält sich die Höhe der Zahlungen für Ausfallzeiten und die der Sonderzahlungen weitgehend proportional zu der Summe aus Lohn- bzw. Gehaltszahlungen und den Lohn- bzw. Gehaltszuschlägen[1). Von daher lassen sich die durch Ausfallzeiten und Sonderzahlungen verursachten Kosten als prozentuale Anteile - ermittelt aus Vergangenheitszahlungen und getrennt nach Lohn- und Gehaltsempfängern - von den Lohn- bzw. Gehaltskosten errechnen.

Die betriebliche Altersversorgung der Mitarbeiter wird häufig in der Weise gesichert, daß für die Arbeitnehmer einkommensabhängige, d.h. abhängig von der Höhe der Löhne bzw. Gehälter incl. der Zuschläge und der Höhe der Zahlungen für Ausfallzeiten sowie der für Sonderzahlungen, Rückstellungen in den einzelnen Abrechnungsperioden gebildet werden. Darüber hinaus können ggf. in einem Zeitraum auch noch Pensionszahlungen für ausgeschiedene Mitarbeiter anfallen, für die keine Rückstellungen gebildet wurden[2). Aufgrund der einkommensabhängigen Bildung von Rückstellungen bzw. evtl. Pensionszahlungen, für die keine Rückstellungen gebildet wurden, ist von einem proportionalen Zusammenhang zwischen den Kosten für die betriebliche Altersversorgung und der Summe aus Lohnkosten und Kosten für Lohnzuschläge, Ausfallzeiten der Lohnempfänger sowie Sonderzahlungen an die Lohnempfänger bzw. der Summe aus Gehaltskosten und Kosten für Gehaltszuschläge sowie Sonderzahlungen an die Gehaltsempfänger auszugehen. Somit lassen sich die Kosten für die betriebliche Altersversorgung als Anteil - ermittelt aus betrieblichen Aufwendungen für Zahlungen an die Gehalts- bzw. Lohnempfänger und

---

1) Vgl. Wittenbrink, H.: Kurzfristige Erfolgsplanung und Erfolgskontrolle mit Betriebsmodellen, Wiesbaden 1975, S. 83f.; Betriebswirtschaftliches Institut der Eisenhüttenindustrie (Bearb): Allgemeine Richtlinien für das betriebliche Rechnungswesen der Eisen- und Stahlindustrie, Hrsg. Wirtschaftsvereinigung Eisen- und Stahlindustrie, Anhang 3: Leitfaden für die Bildung von Richtgrößenfunktionen, Düsseldorf 1976, S. 27.

2) Vgl. Heubeck, G.: Altersversorgung, betriebliche, in: Gaugler, E. (Hrsg.), Handwörterbuch des Personalwesens, Stuttgart 1975, Sp. 13 - 15.

für die betriebliche Altersversorgung in vergangenen Perioden - von den geplanten Lohn- bzw. Gehaltskosten zuzüglich der Kosten für die oben genannten Zuschläge, Sonderzahlungen und Ausfallzeiten festlegen.

Da die Summe der bisher genannten Zahlungen an Lohn- bzw. Gehaltsempfänger Grundlage für die Berechnung der gesetzlichen Sozialabgaben wie z.B. Arbeitgeberanteile an der Kranken-, Arbeitslosen- und Rentenversicherung - unter Beachtung von Beitragshöchstgrenzen - darstellt und die zu entrichtenden Sozialabgaben als prozentuale Anteile von den genannten Zahlungen zu ermitteln sind, können die Kosten für gesetzliche Sozialabgaben als Bruchteil der Lohn- bzw. Gehaltskosten incl. der Lohn- bzw. Gehaltszuschläge und den Kosten für Sonderzahlungen und Ausfallzeiten errechnet werden[1].

Die Kosten für Sozialeinrichtungen (z.B. unternehmenseigene Bibliothek, Sportplätze etc.) werden dem betreffenden Instandhaltungs(teil) betrieb im Wege eines Umlageverfahrens zugeordnet. Hierzu werden die geplanten Kosten für diese Sozialeinrichtungen auf besonderen Hilfskostenstellen gesammelt und dann beispielsweise nach der Anzahl der Mitarbeiter in den einzelnen Unternehmensbereichen auf die betreffenden (Teil-)Betriebe umgelegt[2].

2) Kosten für Werkstatt- und Fremdleistungen

Zur Unterstützung der Personalkapazitäten eines Instandhaltungs(teil)betriebes können vor allem zur Durchführung wiederkehrender Instandhaltungsleistungen auch Fremdunternehmen (Fremdleistungen) sowie Zentralwerkstätten und Einsatzkolonnen (Werkstattleistungen) herangezogen werden[3]. Für welche Arbeiten und in welchem Umfang Fremdunternehmen oder betriebliche Zentraleinheiten (Werkstätten, Einsatzkolonnen) zur Erfüllung des Instandhaltungsprogramms

---

1) Vgl. Schreiber, W. und Allekotte, H.: Sozialversicherungen, in: Gaugler, E. (Hrsg.), Handwörterbuch des Personalwesens, Stuttgart 1975, Sp. 1873 - 1876.

2) Vgl. Kilger, W.: Flexible Plankostenrechnung und Deckungsbeitragsrechnung, 8. Aufl., Wiesbaden 1981, S. 204 und S. 436 - 446; diese Kosten sind in den "Überbetrieblichen Kosten" enthalten, vgl.S.237f.

3) Vgl. S. 249.

für die betreffende Produktionsanlage eingesetzt werden, hängt von der Disposition des Instandhaltungs(gesamt)betriebes in Abstimmung mit dem Kapazitätsbedarf anderer betrieblicher Anlagen und den verfügbaren Personalkapazitäten der übrigen unternehmenseigenen Instandhaltungs(teil)betriebe ab.
Die Entscheidungen über das Instandhaltungsprogramm für die Produktionsanlage(n) und über die Zuordnung von Instandhaltungsleistungen/-aufträgen auf einzelne Betriebe sind auf der Grundlage geplanter Instandhaltungskosten zu treffen[1].

Kosten für Werkstattleistungen

Auf der Grundlage der geplanten Instandhaltungsleistungen, die von Zentralwerkstätten oder Einsatzkolonnen durchgeführt werden sollen, lassen sich die notwendigen Mannstunden für Werkstattleistungen über betriebs- und leistungsartspezifische Zeitstandards ermitteln.
Die Kosten für Werkstattleistungen ergeben sich aus dem Produkt der geplanten Mannstunden der Zentralkolonnen oder -werkstätten und einem durchschnittlichen Verrechnungspreis (Plan-Stundensatz).
Sofern eine Differenzierung der Kosten für Werkstattleistungen nach ausführenden Betrieben wie z.B. nach Schlosser- oder Elektrikerbetrieben erfolgen soll, sind die geplanten Werkstattstunden und Plan-Verrechnungspreise entsprechend differenziert auszuweisen.

Kosten für Fremdleistungen

Zur Ermittlung der Kosten für Fremdleistungen werden die geplanten Instandhaltungsleistungen, die von Fremden durchgeführt werden sollen, mit leistungsartspezifischen Plan-Einstandspreisen multipliziert, wenn die Leistungen von Fremden instandhaltungsleistungsorientiert abgerechnet werden (z.B. Einstandspreis für die Leistungsart " Wechsel eines Elektromotors ").
Werden hingegen die Fremdleistungen stundenweise vergütet, sind die Kosten für Fremdleistungen in analoger Weise zur Ermittlung der Kosten für Werkstattleistungen festzulegen.

---

1) Zur kostenorientierten Planung von Instandhaltungsprogrammen und der Zuordnung von Instandhaltungsleistungen und -aufträgen auf einzelne Betriebe vgl. S. 106- 109 und S. 242 - 248 sowie S. 125 - 128 und S. 248 - 262.

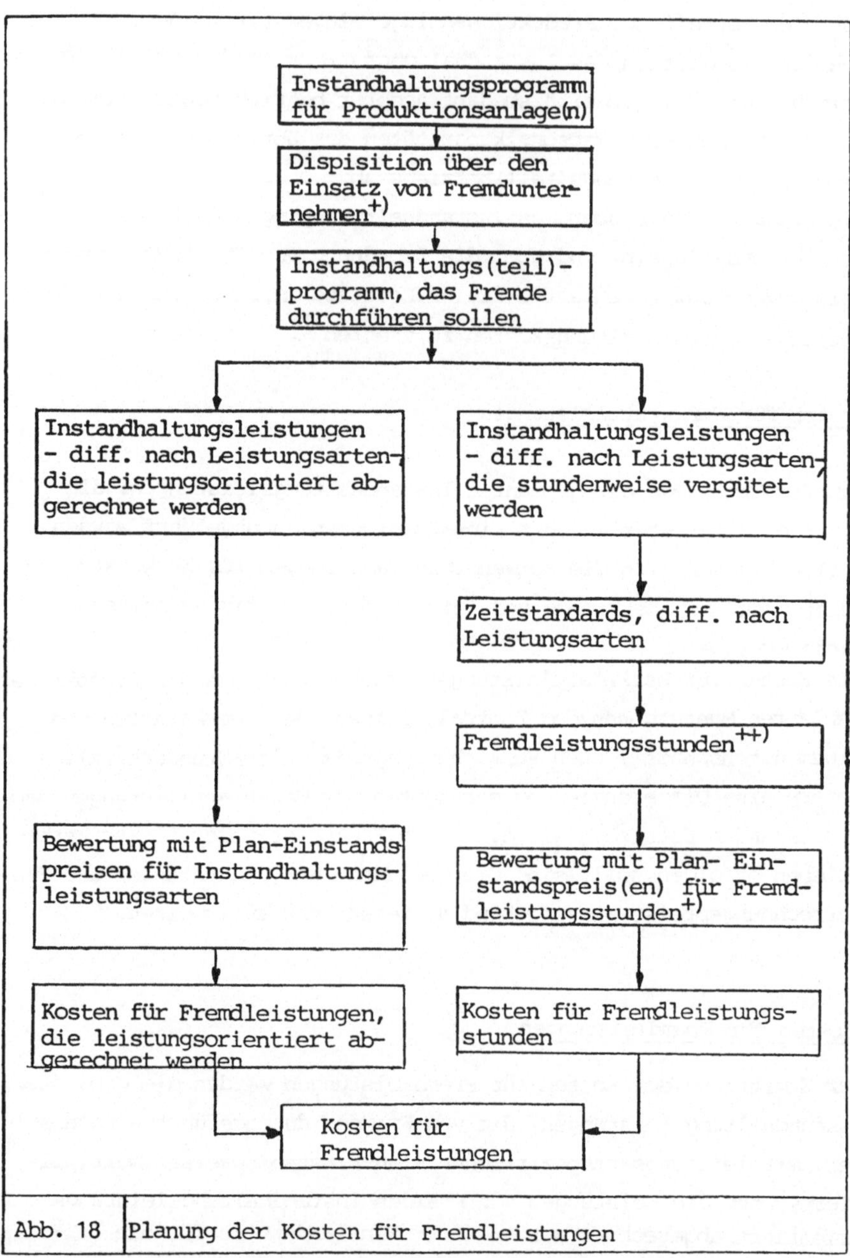

Abb. 18 Planung der Kosten für Fremdleistungen

+) Zur kostengünstigen Festlegung des Einsatzumfanges von Fremdunternehmen vgl. im einzelnen S. 248 - 262.

++) Die Fremdstunden werden mit einem durchschnittlichen Plan-Einstandspreis für Fremdleistungsstunden bewertet. Sofern eine Differenzierung der Kosten für Fremdleistungen nach ausführenden Betrieben erfolgen soll, sind die geplanten Stunden und Plan-Einstandspreise entsprechend gegliedert auszuweisen (z.B. nach Schlosser- oder Elektrikerbetrieben)

Fremdleistungen können auch die Gestellung von Ersatzteilen und sonstigen Materialien umfassen; der Einsatzpreis bezieht sich dann auf die Gesamtleistung - Personal- plus Materialeinsatz. Die bisher dargestellte Vorgehensweise zur Ermittlung der Kosten für Fremdleistungen und auch für den Ersatzteileinsatz ist bei fremd bezogenen Gesamtleistungen nicht zweckgerecht. Sie konnte gewählt werden, weil die Fremdleistungen für die untersuchten Referenzanlagen eines Walzwerkes ausschließlich Personaleinsatz beinhalten. Durch eine entsprechende Modifizierung der Faktoreinsatzfunktionen für Ersatzteile und Fremdleistungen lassen sich allerdings auch bei fremd bezogenen Gesamtleistungen die angesprochenen Kostenarten im Rahmen einer Betriebsplankostenrechnung zweckgerecht ermitteln.

3) Brennstoff- und Energiekosten

Die Kostenartengruppe "Brennstoffe und Energie" umfaßt in Instandhaltungsbetrieben der Eisenhüttenindustrie Kostenarten wie Gase (ohne Schutz- und Flaschengase [1]), Strom, Wasser, Druckluft, Dampf und Heizung. Die eingesetzten Brennstoff- und Energiearten werden i.d.R. als Mengengrößen erfaßt (z.B. Stromzähler, Wärmemesser etc.), so daß sich aus den ermittelten Ist-Verbräuchen Verbrauchsfunktionen für Mengenverbräuche aufstellen lassen.
Die Verbrauchsfunktionen werden zweckmäßigerweise kostenartenweise durch regressionsanalytische Untersuchungen der bestehenden Zusammenhänge zwischen Brennstoff- bzw. Energieverbräuchen und deren Einflußgrößen gebildet.

Sofern die Verbräuche für mehrere Kostenstellen nur durch eine einzige Meßstelle gemessen werden und die Ist-Verbräuche der einzelnen Verbrauchsstellen auf der Grundlage von Umlagefaktoren aus dem gemessenen Gesamtverbrauch ermittelt werden, bilden diese zugerechneten Istwerte die Ausgangsgrößen für den Aufbau von Verbrauchsfunktionen.

1) Schutz- und Flaschengase werden zu den Betriebsstoffen gerechnet; vgl. Betriebswirtschaftliches Institut der Eisenhüttenindustrie (Bearb.): Allgemeine Richtlinien für das betriebliche Rechnungswesen der Eisen- und Stahlindustrie, Hrsg. Wirtschaftsvereinigung Eisen- und Stahlindustrie, Anlage 2: Kostenartenkatalog, Nr. 213.08, Düsseldorf 1976.

Brennstoffe und Energie werden in Instandhaltungsbetrieben unmittelbar zur Durchführung von Instandhaltungsleistungen oder zu Heiz- und Beleuchtungszwecken benötigt.

Sofern sich von daher für einzelne Brennstoff- und Energiekostenarten eine Abhängigkeit von der Höhe des Leistungsniveaus des Instandhaltungsbetriebes (gemessen in Instandhaltungsmannstunden) feststellen läßt, sollten die betreffenden Verbrauchsmengen stundenabhängig ermittelt werden.
Beispielsweise kann die Ermittlung von Stromkosten, deren Mengenkomponente von der Leistungserstellung abhängig ist, wie folgt durchgeführt werden[1]:

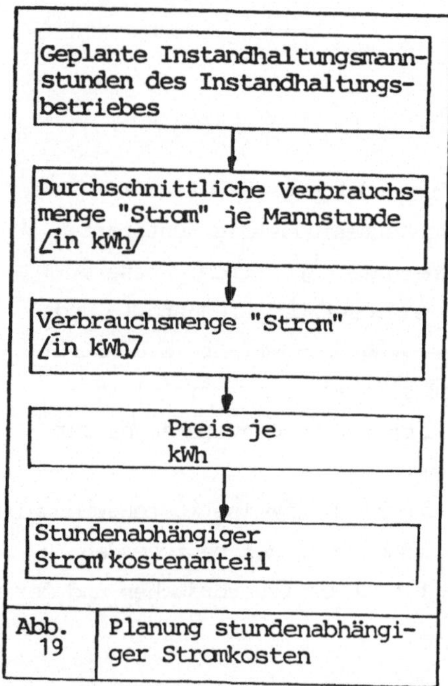

Abb. 19 Planung stundenabhängiger Stromkosten

Zur Bestimmung von Verbräuchen, die vom Niveau der Leistungserbringung unabhängig sind, kann die Periodenlänge als Einflußgröße herangezogen werden. Hierbei bilden Durchschnittsverbräuche aus vergangenen Abrechnungsperioden zweckmäßige Verbrauchsstandards.
Bei Energieverbräuchen für Heizung und Beleuchtung kann der jahreszeitliche Einfluß ggf. durch Sommer- und Winterstandards berücksichtigt werden.

1) Vgl. Middelmann, U.: Planung der Anlageninstandhaltung, Wiesbaden 1977, S. 144-147.

4) Werkzeug-, Betriebsstoff- und Übrige Betriebskosten

Werkzeug-, Betriebsstoff- und Übrige Betriebskosten haben an den Gesamtkosten von Instandhaltungsbetrieben nur einen geringen Anteil. Da sich die einzelnen Verbrauchsfaktorarten dieser Kostenartengruppen aus recht heterogenen materiellen Bestandteilen zusammensetzen, ist eine Trennung dieser Verbräuche in Preis- und Mengenkomponenten nicht möglich bzw. nicht wirtschaftlich. Von daher können sie mit wirtschaftlichem Aufwand nur wertmäßig erfaßt werden und sollten nach Kostenartengruppen geordnet als Sollgrößen ermittelt werden[1].

Werkzeugkosten

Werkzeuge sind Betriebsmittel, die unterstützend zur menschlichen Arbeitsleistung bei der Instandhaltung von Anlagenteilen eingesetzt werden (z.B. elektrische Bohrgeräte, Schweißgeräte etc.)[2]. Empirische Untersuchungen in Instandhaltungsbetrieben der Eisen- und Stahlindustrie haben ergeben, daß die durch den Werkzeugeinsatz verursachten Kosten normalerweise im Zeitablauf sporadisch anfallen (Erfassung bei Lagerabgang). Es läßt sich weiterhin keine Abhängigkeit der Werkzeugkosten von der Höhe der Beschäftigung in den betreffenden Instandhaltungsbetrieben nachweisen.

Die in Abb. 20 dargestellten Wertepaare von empirisch ermittelten Ist-Werten für die Werkzeugkosten und von erbrachten Instandhaltungsstunden eines Betriebes stellen ein repräsentatives Beispiel für die innerhalb eines Jahres anfallenden Werkzeugkosten und Mannstunden in den untersuchten Instandhaltungsbetrieben dar. Kennzeichnendes Merkmal des (wertmäßigen) Werkzeugverbrauches stellen die starken Schwankungen der ermittelten Einzelwerte um einen Mittelwert dar. Von daher ergeben die Auswertungen der durchgeführten Korrelations-

---

1) Vgl. Middelmann, U.: Planung der Anlageninstandhaltung, Wiesbaden 1977, S. 144f.

2) Handwerkzeuge wie Hämmer, Schraubenzieher etc. werden in der Eisen- und Stahlindustrie zu den Betriebsstoffen gerechnet; vgl. Betriebswirtschaftliches Institut der Eisenhüttenindustrie (Bearb.): Allgemeine Richtlinien für das betriebliche Rechnungswesen der Eisen- und Stahlindustrie, Hrsg. Wirtschaftsvereinigung Eisen- und Stahlindustrie, Anlage 2: Kostenartenkatalog, Nr. 213.03 und 213.05, Düsseldorf 1976.

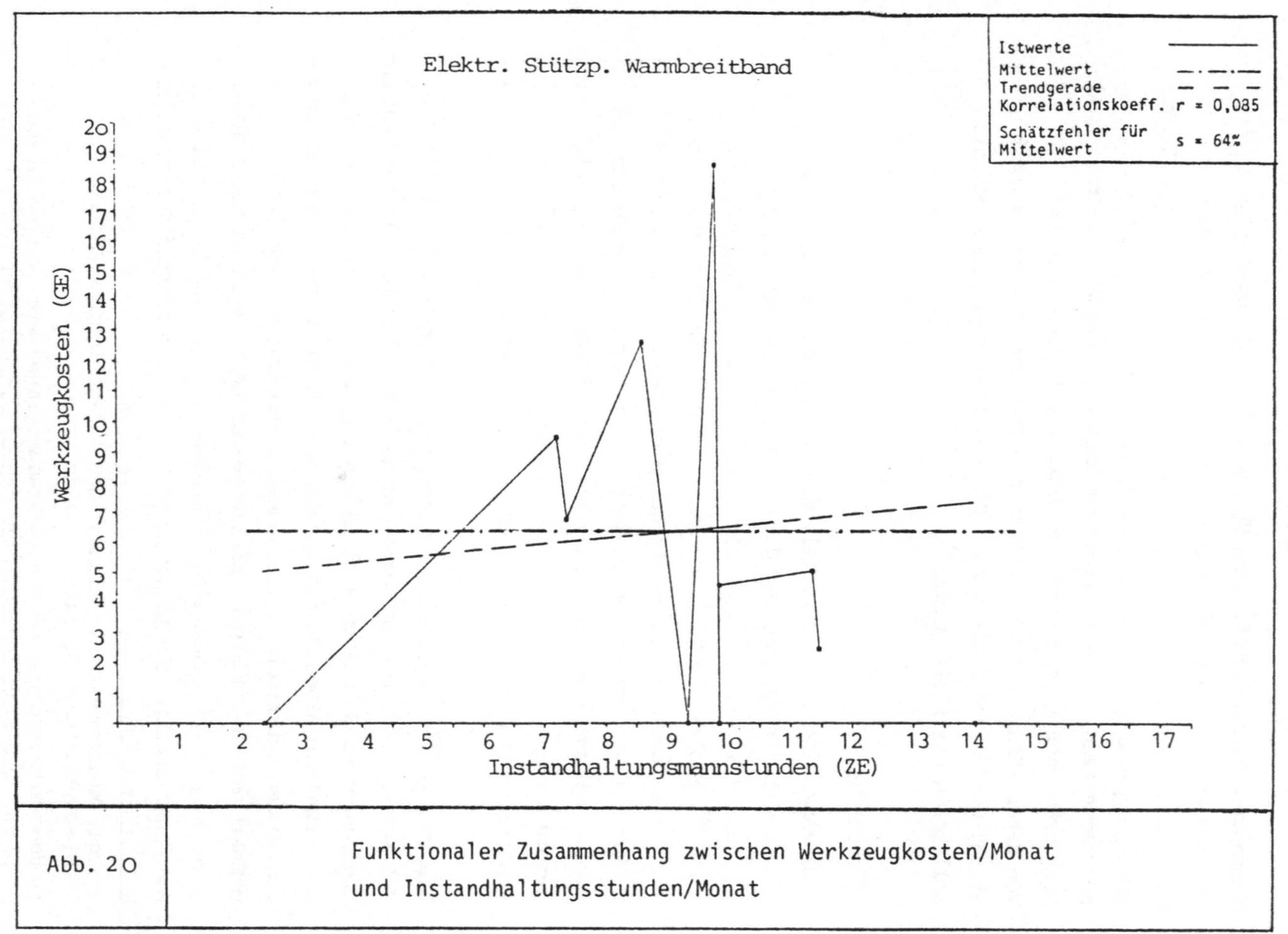

Abb. 20 Funktionaler Zusammenhang zwischen Werkzeugkosten/Monat und Instandhaltungsstunden/Monat

und Regressionsanalysen einerseits Korrelationskoeffizienten[1)], die um den Nullwert schwanken, d.h. es besteht keine Abhängigkeit zwischen den zu erbringenden Instandhaltungsstunden und dem Verbrauch an Werkzeugen. Andererseits weisen die Mittelwerte sehr hohe Schätzfehler auf[2)], so daß die planerische Festlegung der Werkzeugkosten auf der alleinigen Grundlage der Mittelwerte von empirisch festgehaltenen Istverbräuchen nicht mit einer statistisch befriedigenden Genauigkeit erfolgen kann.

Aufgrund des geringen Kostengewichtes erübrigt sich auch eine genauere Verbrauchsanalyse. Von daher ist es zweckmäßig, die Werkzeugkosten nur periodenbezogen auf der Basis von (wertmäßigen) Normalverbräuchen der Vergangenheit unter Berücksichtigung möglicher Preissteigerungen und beabsichtigter betrieblicher Maßnahmen in bezug auf den geplanten Werkzeugbedarf im Rahmen von Kostengesprächen zur Festlegung von Jahresbudgets mit den Verantwortlichen in den Instandhaltungsbetrieben zu ermitteln. In die Quartalsplanung gehen die geplanten Werkzeugkosten dann als ratierlicher Anteil der Werkzeugkosten aus der Jahresplanung ein.

Betriebsstoffkosten

Zu den Betriebsstoffen zählen in der Eisenhüttenindustrie[3)]:

- Allgemeine Betriebsstoffe (z.B. Arbeitskleidung, Reinigungsmittel)
- Besondere Betriebsstoffe (z.B. Schutz- und Flaschengase, Säuren)

Die Auswertungen der empirischen Untersuchungen der Istwerte von (wertmäßigen) Betriebsstoffverbräuchen ergeben nicht über alle untersuchten Betriebe hinweg ein einheitliches Verbrauchsbild, wie es bei den Werkzeugverbräuchen der Fall ist. Für die Mehrzahl der in den Untersuchungen berücksichtigten Instandhaltungsbetriebe gilt zum einen, daß die ermittelten Istwerte der Betriebsstoffkosten regelmäßig um einen Mittelwert schwanken, d.h. es besteht keine Korrelation zwischen der Beschäftigung des Betriebes und

1) Zur Ermittlung und zur Aussagefähigkeit von Korrelationskoeffizienten vgl. u.a. Sachs, L.: Angewandte Statistik, 5.Aufl., Berlin/Heidelberg/New York 1978, S. 315.

2) Zur Berechnung des Schätzfehlers von Mittelwerten vgl. u.a. John, B.: Statistische Verfahren für technische Meßreihen, München Wien 1979, S. 239-243.

3) Vgl. Betriebswirtschaftliches Institut der Eisenhüttenindustrie (Bearb.): Allgemeine Richtlinien für das betriebliche Rechnungswesen der Eisen- und Stahlindustrie, Hrsg. Wirtschaftsvereinigung Eisen- und Stahlindustrie, Anlage 2: Kostenartenkatalog Nr. 213.05 und 213.08, Düsseldorf 1976.

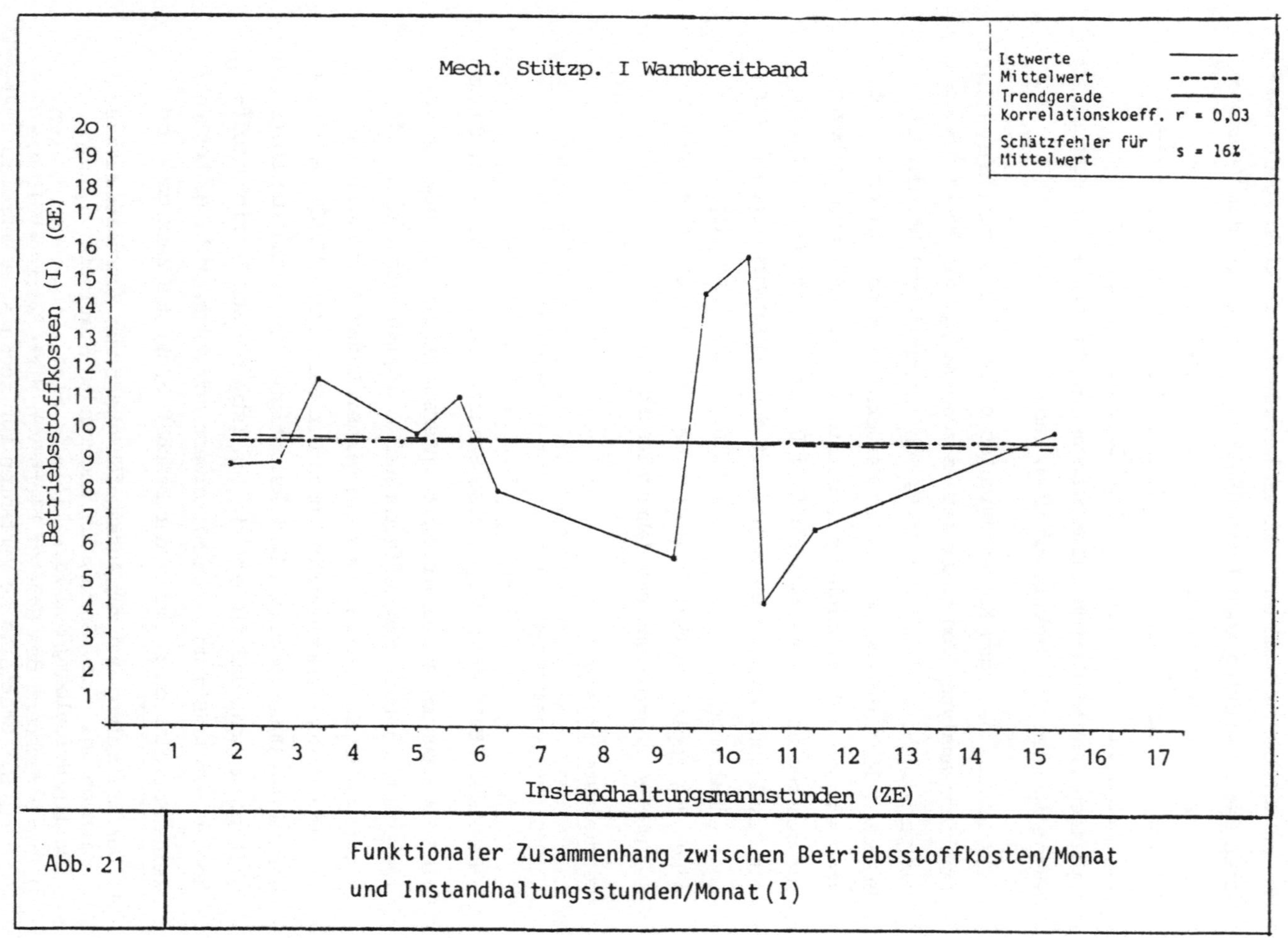

Abb. 21 Funktionaler Zusammenhang zwischen Betriebsstoffkosten/Monat und Instandhaltungsstunden/Monat (I)

der Höhe des Betriebsstoffverbrauches. Zum anderen eignen sich die Mittelwerte der empirisch festgehaltenen Ist-Betriebsstoffverbräuche als Prognosewerte für bevorstehende Planungsperioden, da die Mittelwerte normalerweise nur geringe Schätzfehler aufweisen (vgl. Abb.21).

Für einen geringen Teil der untersuchten Instandhaltungsbetriebe muß jedoch konstatiert werden, daß ihr Verbrauch an Betriebsstoffen mit ihrer Beschäftigung variiert (vgl. Abb.23).

Für die Ermittlung der Betriebsstoffkosten ist es somit i.d.R. ausreichend, nur die Periode als Einflußgröße heranzuziehen. Die Verbrauchsstandards für die einzelnen Instandhaltungsbetriebe ergeben sich aus den durchschnittlichen Betriebsstoffkosten je Abrechnungsperiode der Vergangenheit.

Zur Bewertung der in der beschriebenen Weise ermittelten Betriebsstoffverbräuche ist die Preisgröße 1 zu verwenden. Bei Konstanz der qualitativen und quantitativen Zusammensetzung der Betriebsstoffverbräuche können Wertänderungen der Betriebsstoffkosten durch von 1 abweichende Preisindizes berücksichtigt werden.[1]

Sofern sich in einzelnen Kostenstellen eine Abhängigkeit der Betriebsstoffkosten von der Höhe des Leistungsniveaus des Betriebes (gemessen in Instandhaltungsmannstunden) nachweisen läßt, sind die betreffenden (wertmäßigen) Verbräuche stundenabhängig festzulegen:

Geplante Instandhaltungsmannstunden des Betriebes
↓
Durchschnittlicher wertmäßiger Betriebsstoffverbrauch je Mannstunde
↓
Wertmäßiger Verbrauch an Betriebsstoffen
↓
Preisindex für Betriebsstoffe
↓
Stundenabhängige Betriebsstoffkosten

Abb. 22 Planung von stundenabhängigen Betriebsstoffkosten

1) Zu dieser Vorgehensweise vgl. Laßmann, G.: Die Kosten- und Erlösrechnung als Instrument der Planung und Kontrolle in Industriebetrieben, Düsseldorf 1968, S. 75.

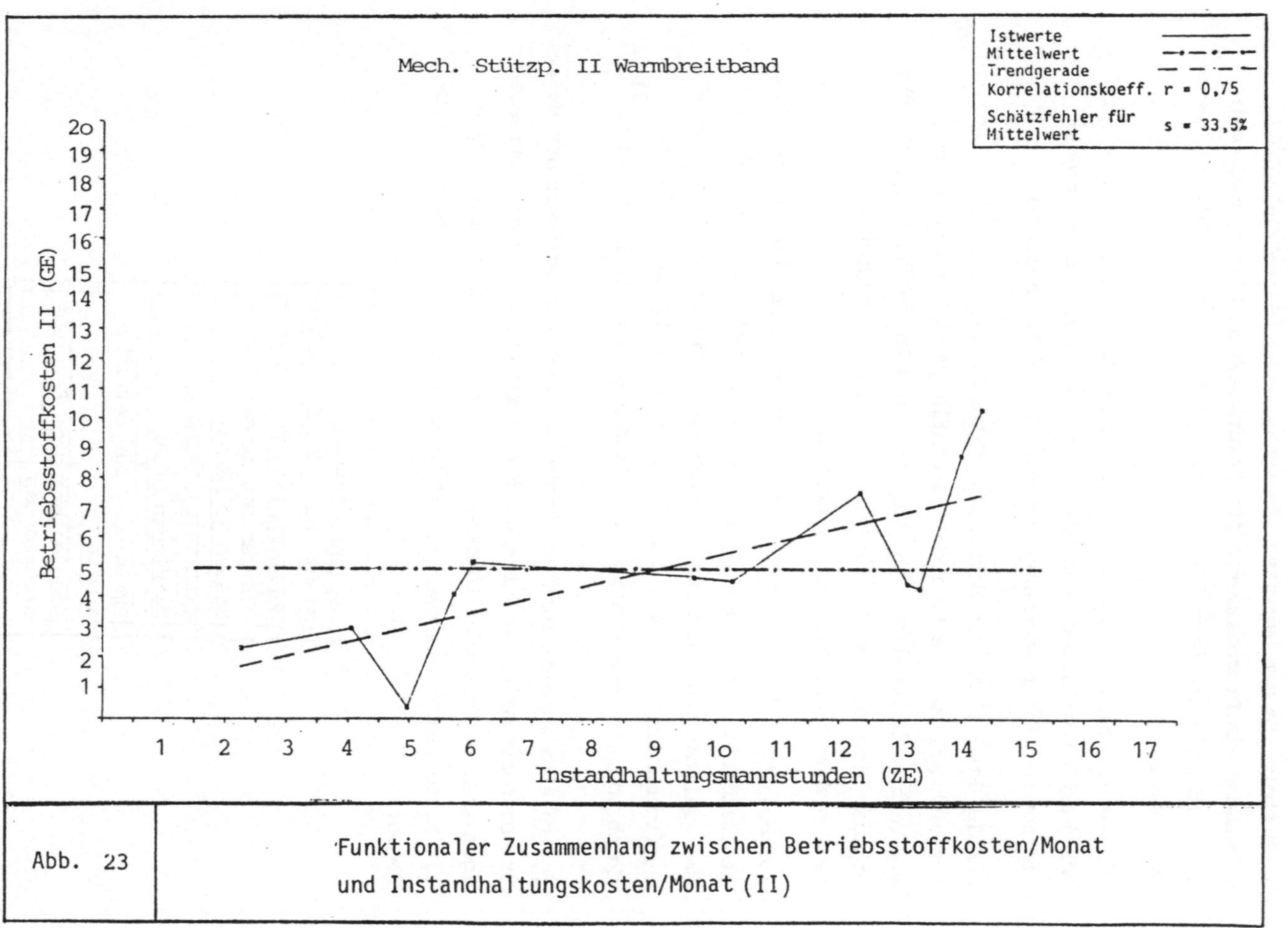

Abb. 23 Funktionaler Zusammenhang zwischen Betriebsstoffkosten/Monat und Instandhaltungskosten/Monat (II)

Übrige Betriebskosten

Die "Übrigen Betriebskosten" bilden eine Sammelgruppe für unterschiedlichste Kostenarten[1]. Hierbei handelt es sich in Instandhaltungsbetrieben vor allem um Transportkosten und Kosten für Versuche.

Die "Übrigen Betriebskosten" fallen - vergleichbar mit den Werkzeugkosten - normalerweise im Zeitablauf unregelmäßig verteilt an. Aus diesem Grunde sollte bei der Bildung der Verbrauchsfunktionen "Übrige Betriebskosten" nur die Periodenlänge als Einflußgröße herangezogen werden. Die Verbrauchsstandards (DM/Quartal) ergeben sich als Raten der Plankosten für die "Übrigen Betriebskosten" aus der Jahresplanung.

5) Kosten der Anlagenerhaltung

Die Erhaltung der Funktionsfähigkeit maschineller Anlagen und baulicher Einrichtungen von Instandhaltungs(teil)betrieben erfordert - wie auch die der Produktionsanlagen - die Durchführung von Instandhaltungsmaßnahmen. Zur Erbringung dieser Instandhaltungsleistungen werden ebenfalls vorrangig Arbeitsleistungen und Ersatzteile eingesetzt.
Die hierdurch verursachten Kosten sind unter die Kostenartengruppe "Instandhaltungskosten für Instandhaltungs(teil)betriebe" zu subsumieren.

Aus der geringen Bedeutung von maschinellen Anlagen für die Durchführung von Instandhaltungsleistungen an Fertigungsanlagen und aus den damit verbundenen geringen Anlagenwerten in den untersuchten Erhaltungsbetrieben resultiert der relativ geringfügige Anteil dieser Kosten an den Gesamtkosten von Instandhaltungsbetrieben. Die Kostenarten-

---

1) Vgl. Betriebswirtschaftliches Institut der Eisenhüttenindustrie (Bearb.): Allgemeine Richtlinien für das betriebliche Rechnungswesen der Eisen- und Stahlindustrie, Hrsg. Wirtschaftsvereinigung Eisen- und Stahlindustrie, Anlage 2: Kostenartenkatalog Nr. 214, Düsseldorf 1976.

gruppe "Kosten der Anlagenerhaltung" besteht auch in Instandhaltungsbetrieben - wie bereits angedeutet - aus verschiedenartigen Kostengüterverbräuchen. Von daher lassen sich diese Kosten mit wirtschaftlichem Aufwand nur wertmäßig planen.

Die statistische Auswertung der in 3 Instandhaltungs(teil)betrieben der Eisenhüttenindustrie innerhalb eines 4-jährigen Beobachtungszeitraumes angefallenen wertmäßigen Verbräuche für die Durchführung von Instandhaltungsleistungen in diesen Betrieben läßt keinen Zusammenhang zwischen den Verbräuchen dieser Kostenart und der Höhe des Leistungsniveaus in den untersuchten Instandhaltungsbetrieben erkennen. Die ermittelten Istwerte der Instandhaltungskosten in den einzelnen Betrieben schwanken normalerweise um einen Mittelwert. Diese Mittelwerte eignen sich auch als Prognosewerte für die planerische Festlegung des (wertmäßigen) Instandhaltungsbedarfs kommender Planungsperioden, da die errechneten Schätzfehler die Durchschnitte als durchaus zur Kostenplanung geeignet erscheinen lassen (vgl. Abb. 24).

Für die Ermittlung der Kosten der Anlagenerhaltung in Instandhaltungsbetrieben sollte von daher i.d.R. nur die Periodenlänge als Einflußgröße herangezogen werden. Verbrauchsstandards stellen die durchschnittlichen Instandhaltungskosten je Abrechnungsperiode der Vergangenheit dar. Zur Bestimmung der Sollkosten für die Anlagenerhaltung sind die Verbrauchsstandards noch mit dem für die Planperiode geltenden Preisindex für Instandhaltungsleistungen zu multiplizieren, um für die Planungsperiode absehbare Preissteigerungen berücksichtigen zu können[1].

1) Vgl. S. 229.

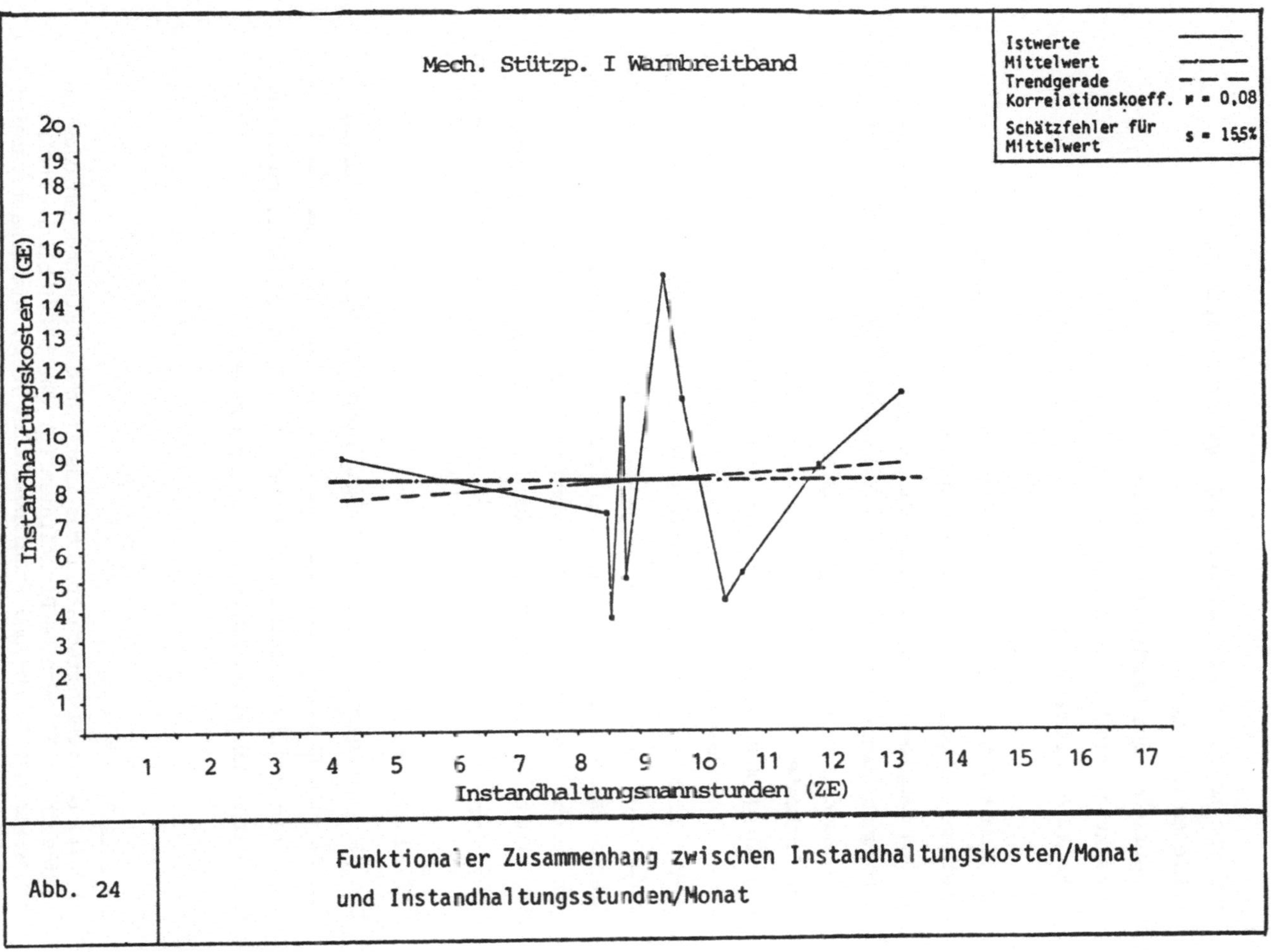

Abb. 24

Funktionaler Zusammenhang zwischen Instandhaltungskosten/Monat und Instandhaltungsstunden/Monat

6) Kosten der Anlagennutzung

Bei den Kosten der Anlagennutzung handelt es sich um[1]:
- Mieten und Pachten
- Betriebs- und Geschäftsausstattung
- Kalkulatorische Abschreibungen
- Kalkulatorische Zinsen.

Zur Ermittlung von Verbrauchsfunktionen für die genannten Kostenarten kann auf die Ergebnisse von Verbrauchsanalysen in den Hauptbetrieben zurückgegriffen werden, da diese Kostengüterverbräuche dort in gleicher Weise anfallen. Der Aufbau dieser Verbrauchsfunktionen erfolgt in Anlehnung an die Vorgehensweise in der Istkostenrechnung[2].
Die Sollgrößen dieser Kostenarten sind nur wertmäßig zu ermitteln. Von daher sind die Verbrauchsfunktionen für diese Kostenarten in Form von DM-Funktionen in das Funktionensystem zur Festlegung der Kostengüterverbräuche in Instandhaltungsbetrieben zu integrieren. Die Bewertung dieser Verbräuche erfolgt mit dem Preis 1,-DM. Preissteigerungen können durch eine indizierte Bewertung berücksichtigt werden.
Zur Ermittlung der Sollkosten für die Kostenarten der Anlagennutzung reicht die Periodenlänge als alleinige Kosteneinflußgröße aus.

Mieten und Pachten

Die periodenbezogenen Verbrauchsstandards für diese Kostenarten lassen sich grundsätzlich aus den vereinbarten Zahlungen der bestehenden Miet- und Pachtverträge ableiten (i.d.R. monatliche, quartalsweise oder jährliche Zahlungsverpflichtungen).

---

1) Vgl. Betriebswirtschaftliches Institut der Eisenhüttenindustrie (Bearb.): Allgemeine Richtlinien für das betriebliche Rechnungswesen der Eisen- und Stahlindustrie, Hrsg. Wirtschaftsvereinigung Eisen- und Stahlindustrie, Anlage 2: Kostenartenkatalog Nr. 216, Düsseldorf 1976.
2) Vgl. u.a. Wittenbrink, H.: Kurzfristige Erfolgsplanung und Erfolgskontrolle mit Betriebsmodellen, Wiesbaden 1975, S. 88-9o; Franke, R.: Betriebsmodelle, Düsseldorf 1972, S. 91.

Betriebs- und Geschäftsausstattung

Die Betriebs- und Geschäftsausstattung beinhaltet in Unternehmen der Eisenhüttenindustrie Gegenstände des Anlagenvermögens, die nicht zu den Anlagengruppen Gebäude, Maschinen und maschinelle Anlagen sowie nicht zu den Gruppen Besondere Betriebsmittel einschließlich Werksgeräte, Werkzeuge, Vorrichtungen oder Reserveteile gerechnet werden[1].
Der Verbrauch der Kostenart "Betriebs- und Geschäftsausstattung" in einer Abrechnungsperiode wird in der Istkostenrechnung durch die Anschaffungs- und Herstellkosten für die genannten Gegenstände in der betreffenden Periode bzw. durch die Abschreibungsrate auf der Basis von Anschaffungs- und Herstellkosten bei aktivierungspflichtigen Gegenständen erfaßt[2].

Aufgrund der beschriebenen Erfassungstechnik fallen die erfaßten Kosten für die Betriebs- und Geschäftsausstattung normalerweise im Zeitablauf sporadisch an. Wegen des geringen Kostengewichtes erübrigt sich eine genaue Verbrauchsanalyse für diese Kostenart. Die Verbrauchsstandards in den Faktoreinsatzfunktionen für die Betriebs-Geschäftsausstattung lassen sich somit zweckmäßigerweise periodenbezogen als Ratenanteile der geplanten Sollkosten aus der Jahresplanung ermitteln (vgl. analoge Ermittlung der Verbrauchsstandards für Werkzeugverbräuche).

Kalkulatorische Abschreibungen

Die kalkulatorischen Abschreibungen einer Kostenstelle setzen sich zusammen aus den Abschreibungen auf Gebäude, Maschinen und maschinelle Anlagen. Als Verbrauchskoeffizienten der Verbrauchsfunktionen zur Ermittlung der kalkulatorischen Abschreibungen finden die Summen der Abschreibungsbeträge der einzelnen Abschreibungsobjekte in den betreffenden Betrieben Berücksichtigung. Der Abschreibungsbetrag eines Objektes je Periode ergibt sich aus der Multiplikation des Abschreibungssatzes (prozentualer Anteil der Planperiode an der gesamten Nutzungsdauer des Anlagenobjektes) mit dem Wiederbeschaffungswert[3].

---

1) Vgl. Betriebswirtschaftliches Institut der Eisenhüttenindustrie (Bearb.): Allgemeine Richtlinien für das betriebliche Rechnungswesen der Eisen- und Stahlindustrie, Hrsg. Wirtschaftsvereinigung Eisen- und Stahlindustrie, Anlage 2: Kostenartenkatalog Nr. 216.02, Düsseldorf 1976.

2) Vgl. ebenda.

3) Vgl. ebenda, Nr. 216.03 und 216.04.

Kalkulatorische Zinsen

Kalkulatorische Zinsen sind die Kosten der Kapitalnutzung für das betriebsnotwendige Kapital.
Die Verbrauchsstandards der Verbrauchsfunktionen zur Ermittlung der kalkulatorischen Zinsen einer Kostenstelle ergeben sich aus der Multiplikation des Kalkulationszinssatzes mit dem betriebsnotwendigen Kapital der betreffenden Kostenstelle[1].

Zu dem betriebsnotwendigen Kapital gehört in Instandhaltungsbetrieben auch das in Reserveteilen, die zur Instandsetzung von Produktionsanlagen bevorratet werden, gebundene Kapital. Die Bevorratung dieser Teile erfolgt in Industriebetrieben häufig in Zentrallägern, die von verschiedenen Instandhaltungs(teil)betrieben in Anspruch genommen werden. Bei den bevorrateten Anlagenbauteilen handelt es sich einerseits um Teile, die ausschließlich von einem einzelnen (Teil-)Betrieb zur Instandsetzung benötigt werden, und andererseits um Teile, die von verschiedenen Betrieben in die jeweils zu betreuenden Anlagen eingebaut werden. Die kalkulatorischen Zinsen auf das in den zuletzt genannten Teilen gebundene Kapital können nur den betreffenden Instandhaltungs(teil)-betrieben gemeinsam angelastet werden. Eine verursachungsgerechte Zuordnung dieser kalkulatorischen Zinsen auf die einzelnen Betriebe ist nicht möglich, da nicht festgelegt werden kann, wieviele Teile für den einzelnen Betrieb bevorratet werden. Denn der durchschnittlich geplante Lagerbestand von Teilearten, die von mehreren Betrieben benötigt werden, hängt u.a. von der notwendigen Höhe des vorzuhaltenden Sicherheitsbestandes für <u>alle</u> in Frage kommenden Produktionsanlagen bzw. Instandhaltungsbetriebe ab. Dieser Sicherheitsbestand ist jedoch nicht identisch mit der Summe der Sicherheitsbestände bei einzelbetrieblicher Bevorratung der Teile, wenn der gleiche Verfügbarkeitsgrad der Teile gewährleistet werden soll. Somit können die kalkulatorischen Zinsen auf das in diesen Reserveteilen gebundene Kapital nur über geeignete Schlüsselgrößen den einzelnen Betrieben

---

1) Zur Ermittlung des betriebsnotwendigen Kapitals vgl. Betriebswirtschaftliches Institut der Eisenhüttenindustrie (Bearb.): Allgemeine Richtlinien für das betriebliche Rechnungswesen der Eisen- und Stahlindustrie, Hrsg. Wirtschaftsvereinigung Eisen- und Stahlindustrie, D. Dokumentationsrechnung, Düsseldorf 1976, TZ D 43 - TZ D 49.

zugerechnet werden (z.B. entsprechend dem Verhältnis der geplanten mengenmäßigen Bedarfe der einzelnen Betriebe nach diesen Bauteilen während der Planungsperiode).

Der aufgezeigten Zurechnungsproblematik bei betriebsbezogener Ermittlung der kalkulatorischen Zinsen auf das in Reserveteilen gebundene Kapital kommt allerdings in dem Unternehmen der Eisenhüttenindustrie, in dem vorrangig die Untersuchungen zur Ermittlung von Verbrauchsabhängigkeiten in Instandhaltungsbetrieben durchgeführt wurden, keine besondere Bedeutung zu, denn in diesen Unternehmen entfallen ca. 94 % - 95 % des in Reserveteilen gebundenen Kapitals auf Bauteile, die nur von einem einzelnen Instandhaltungs(teil)betrieb zur Instandsetzung der von ihm zu betreuenden Produktionsanlage(n) benötigt werden.

7) Überbetriebliche Kosten

Überbetriebliche Kosten fallen für Instandhaltungsbetriebe aufgrund der Inanspruchnahme von Leistungen überbetrieblicher Kostenstellen und aufgrund der Verteilung (überbetrieblicher) finanzieller Belastungen der Gesamtunternehmung (z.B. Steuern, Montanumlage etc.). an. Hierbei wird in der Eisen- und Stahlindustrie zwischen betriebsnahen und betriebsfernen Dienst- bzw. Kostenstellen unterschieden. Betriebsnahe Dienststellen (z.B. Betriebsleitung, Arbeitsvorbereitung) erbringen ihre Leistungen nur für bestimmte Betriebe. Betriebsferne Dienststellen erfüllen Aufgaben für alle Betriebe eines Werkes bzw. einer Unternehmung.

Der Aufbau der Verbrauchsfunktionen für diese Kostenart erfolgt ebenfalls in Anlehnung an die Istkostenrechnung. Die im Rahmen der Jahresplanung festgelegten Sollkosten für betriebsnahe und betriebsferne Dienststellen/Kostenstellen werden hierbei ratierlich mit monatlich gleichbleibenden Beträgen auf der Grundlage von Schlüsselgrößen den einzelnen (Teil-)Betrieben zugerechnet. Schlüsselgröße für die Zuordnung der (Jahres-)Plankosten von betriebsnahen Dienststellen bilden in der untersuchten Unternehmung die geplanten (jährlichen) Mannstunden der einzelnen (Teil-)Betriebe. Die geplanten Kosten der betriebsfernen Dienststellen/Kostenstellen werden hingegen zu 50% nach den Plan-Personalkosten und zu 50% nach den geplanten kalkulatorischen Abschreibungen der (Teil-)Betriebe den einzelnen Betriebseinheiten zugeordnet[1].

Von daher bildet die Periodenlänge die einzige Einflußgröße für die Verbrauchsfunktionen zur planerischen Ermittlung der "Überbetrieblichen Kosten". Als Verbrauchsstandards sind hierbei die anteiligen quartalsbezogenen DM-Beträge der Jahres-Sollkosten heranzuziehen, die den einzelnen (Teil-)Betrieben zugerechnet werden.

8) Überblick über den Aufbau von Verbrauchsfunktionen in Instandhaltungsbetrieben

Die in den vorangegangenen Ausführungen im einzelnen dargestellten Beziehungen von Kosteneinflußgrößen und Kostengüterverbräuchen in Instandhaltungsbetrieben der Eisenhüttenindustrie können zusammengefaßt der folgenden Übersicht entnommen werden:

---

1) Zur Ermittlung des betriebsnotwendigen Kapitals vgl. Betriebswirtschaftliches Institut der Eisenhüttenindustrie (Bearb.): Allgemeine Richtlinien für das betriebliche Rechnungswesen der Eisen- und Stahlindustrie, Hrsg. Wirtschaftsvereinigung Eisen- und Stahlindustrie, D. Dokumentationsrechnung, Düsseldorf 1976, TZ D 99.

Kostenarten/ -artengruppen \ Einflußgrößen	Periode	Inst.-programm f. Anlage	Mannstd. für Anlage	Mannstd. des Instandhaltungsbetriebes	Mannstd. des Instandhaltungsbetriebes in Normalarbeit	Mannstd. des Instandhaltungsbetriebes in Mehrarbeit	Werkstattstunden	Fremdstunden
Ersatzteilkosten		x	x					
Gutschriften - Ersatzteile - Schrott		 x x						
Reparaturmaterialkosten		x	x					
Fertigungslöhne				x				
Hilfslöhne				x				
Lohnzuschläge für Mehrarbeit						x		
Lohnzuschläge für bes. Arbeitszeiten					x			
Lohnnebenkosten				x				
Gehälter	x							
Gehaltszuschläge	x							
Gehaltsnebenkosten	x							
Kosten für Werkstattleistungen							x	
Kosten für Fremdleistungen		x						x
Brennstoff- und Energiekosten	x			(x)				
Werkzeugkosten	x							
Betriebsstoffkosten	x			(x)				
Übr. Betriebskosten	x							
Kosten der Anlagenerhaltung	x							
Kosten der Anlagennutzung	x							
Überbetriebl. Kosten	x							

Tab. 5 Übersicht über Kosteneinflußgrößen von Faktoreinsatzfunktionen in Instandhaltungsbetrieben der Eisen- und Stahlindustrie

Das Ziel der bisherigen Ausführungen zum Aufbau einer Plankostenrechnung für Instandhaltungsbetriebe bestand darin, für Instandhaltungsbetriebe, die im wesentlichen durch die im Kapitel III. A. beschriebenen Betriebsspezifika gekennzeichnet sind[1)], Kostenabhängigkeiten aufzuzeigen und in einem System von linearen Funktionen darzustellen. Diese Systeme linearer Kostenfunktionen bilden die Ausgangsbasis zur Ermittlung von betriebsbezogenen Periodenkosten, die als Bewertungskriterien zur wirtschaftlichen Beurteilung geplanter Handlungsalternativen in einem kurzfristigen Zeitraum (z.B. Quartal) herangezogen werden sollen. Von daher sollen im folgenden die Einsatzmöglichkeiten dieses Rechenmodells zur wirtschaftlichen Steuerung von Instandhaltungsprozessen dargestellt werden.

---

1) Vgl. S. 149 - 151.

E. Anwendungsbereiche der Plankostenrechnung

a) Planungsrechnung

aa) Rahmenbedingungen der Planung

Der sich produktionsbedingt verändernde Instandhaltungsbedarf - insbesondere seine quantitative Komponente[1] - erfordert in den Instandhaltungsbetrieben, die die zur Produktion erforderliche Verfügbarkeit der Anlagen zu gewährleisten haben, Entscheidungen über die Festlegung von Instandhaltungsprogrammen und über den Einsatz von Instandhaltungs(personal-)kapazitäten hinsichtlich Mehrarbeit und Umsetzungen von betriebseigenem Personal sowie Erhöhung oder Verminderung der Inanspruchnahme von Fremd- und Werkstattleistungen. Z.B. erscheint es für Betriebe der Eisenhüttenindustrie aufgrund der dort anzutreffenden kurzfristigen Schwankungen des Instandhaltungsbedarfs von Produktionsanlagen und der erläuterten rechtlichen und faktischen Anpassungsmöglichkeiten beim Personaleinsatz zweckmäßig, die genannten Handlungsalternativen in einem Zeitabstand von 3 Monaten planerisch festzulegen[2] [3]. Die Entscheidungen über Instandhaltungsprogramme und Personaleinsätze sollen anhand ihrer Wirkungen auf die Plan-Instandhaltungskosten für die Produktionsanlage(n) mit Hilfe des Rechenmodells beurteilt werden.

Bei der Festlegung dieser Handlungsalternativen ist - wie bei anderen betrieblichen Entscheidungen auch - eine Reihe von Rahmenbedingungen zu berücksichtigen, die das Entscheidungsfeld und damit den Handlungsspielraum für den Instandhaltungsbetrieb begrenzen. Hierbei handelt es sich einerseits um außerbetriebliche Daten wie z.B. gesetzliche Regelungen der Arbeitszeit[4] und andererseits um mittel- bis langfristig festliegende unternehmerische Dispositionen

---

1) Durch Anlagenkonstruktion, Instandhaltungsstrategie etc. liegen in kurzfristigen Zeiträumen die qualitativen Komponenten von Instandhaltungsprogrammen weitgehend fest; vgl. S. 106.

2) Vgl. z.B. zu Instandhaltungsbedarfsschwankungen an Produktionsanlagen der Eisen- und Stahlindustrie Middelmann, U.: Planung der Anlageninstandhaltung, Wiesbaden 1977, Anhang 1, Abb. 15.

3) Zu den kurzfristigen Anpassungsmöglichkeiten beim Personaleinsatz vgl. S. 111 - 126.

4) Vgl. zum gesetzlichen Rahmen für den Arbeitskräfteeinsatz die Ausführungen auf S. 113 - 126.

Die Anlagenkonstruktion und die Entscheidung über die zu verfolgende Instandhaltungsstrategie für einzelne Anlagen bzw. für einzelne Anlagenteile bestimmen weitgehend, welche Instandhaltungsleistungsarten zur Erhaltung bzw. Wiederherstellung der Funktionsfähigkeit der Anlagen notwendig werden. Die organisatorische Grundsatzentscheidung über die Aufgabenverteilung im Gesamtinstandhaltungsbetrieb eines Unternehmens - verbunden mit entsprechenden personellen und maschinellen Kapazitätsausrüstungen - in den einzelnen Instandhaltungs(teil)betrieben legt darüber hiraus fest, welche Leistungsarten von den jeweiligen (Teil-)Betrieben durchgeführt werden können[1].

Für einen Teil der Instandhaltungsleistungen gilt, daß nur bestimmte Betriebe diese Leistungen erfüllen können und sollen. Von daher sind für diese Instandhaltungsbetriebe in der Planungsrechnung entsprechende Mindeststundenbedarfe zu berücksichtigen. Die Durchführung geplanter Instandhaltungsprogramme für Produktionsanlagen wird weiterhin durch die in einer Planungsperiode zur Verfügung stehenden quantitativen unternehmenseigenen und -fremden Instandhaltungskapazitäten beschränkt (Angabe von Leistungsobergrenzen im Kalkül).

Restriktionen für den Verbrauchsfaktoreinsatz sind in der Planungsrechnung nicht zu berücksichtigen, da i.d.R. davon auszugehen ist, daß die zur Durchführung von Instandhaltungsprogrammen notwendigen Ersatzteile, Hilfs- und Betriebsstoffe etc. in ausreichendem Umfang zur Verfügung stehen bzw. termingerecht beschafft werden können.

ab) Ermittlungsrechnung

1) Programmalternativen

Die in einem Planungszeitraum zu erledigenden Inspektions- und Wartungsleistungen werden bei inspektionsstrategischer Vorgehensweise durch Planvorgaben festgelegt, die sowohl die Häufigkeit als auch den Arbeitsinhalt der Arbeiten genau angeben.

Die geplanten periodenbezogenen Leistungsmengen einer bestimmten Instandsetzungsleistungsart, soweit es sich hierbei um laufende

---

1) Vgl. zu den organisatorischen Möglichkeiten der Aufgabenverteilung im Gesamtinstandhaltungsbetrieb die Ausführungen auf S. 64f.

Instandsetzungsmaßnahmen handelt, lassen sich auf der Grundlage von Vergangenheitsdaten wie Durchschnittsbedarfsmengen, Ist-Standzeiten der Anlagenelemente etc. sowie unter Berücksichtigung des aktuellen Zustands der Anlagenteile und der geplanten produktionsbedingten Nutzung der Anlage(n) bestimmen. Hierbei sind von den für die Funktionsfähigkeit der Anlagen verantwortlichen Ingenieuren im einzelnen die Einflußgrößen auf die benötigten Instandsetzungsleistungsmengen und ihre Gewichte in bezug auf die Höhe der Bedarfsmengen vorzugeben. Da die technologische Beurteilung von Inspektionsergebnissen und die hieraus resultierenden Entscheidungen über die Instandsetzung von Anlagenteilen in gewissem Umfang von der subjektiven Einschätzung des Ausfallrisikos der Bauteile durch die Entscheidungsträger im Instandhaltungsbetrieb abhängen, wird die Anzahl der zu erbringenden Instandsetzungsleistungen in der Planungsperiode auch von der Risikobereitschaft der für die Anlage(n) verantwortlichen Instandhalter mitbestimmt. Von daher sollte ihre Risikobereitschaft bei der Programmfestlegung ebenfalls Berücksichtigung finden.

Zur Festlegung der Leistungsmengen für laufende Instandsetzungsleistungsarten kann die folgende beispielhafte Arbeitsanleitung herangezogen werden. Diese Anleitung enthält die in der Eisen- und Stahlindustrie als besonders gewichtig angesehenen Einflußgrößen auf die Höhe der Instandsetzungsbedarfsmengen[1]. In anderen Industriebranchen können die genannten Einflußgrößen keine oder nur eine geringe Bedeutung für den mengenmäßigen Instandsetzungsbedarf haben, oder auch andere Einflußgrößen können hier auftreten.

Ermittlung der Leistungsmengen für laufende Instandsetzungsleistungsarten

$$x^p = x^{min} + (t.(x^{max} - x^{min})).g_1 + (l.(x^{max} - x^{min})).g_2$$
$$+ (z.(x^{max} - x^{min})).g_3 + x^a \text{ , wobei } g_1+g_2+g_3 = 1$$

x^p : geplante Leistungsmenge der Instandsetzungsleistungsart[2]

x^{min} : Untergrenze des Streubereiches der Leistungsmenge

x^{max} : Obergrenze des Streubereiches der Leistungsmenge

1) Vgl. Middelmann, U.: Planung der Anlageninstandhaltung, Wiesbaden 1977, S. 89f.

2) Vgl. ebenda, S. 66.

t: geplante Produktionsbelastung (z.B. Hauptnutzungszeit), die Angabe erfolgt durch eine Zahl zwischen "0" und "1", wobei die "1" die Obergrenze des Streubereiches möglicher produktionsbedingter Anlagenbelastungen t_{HN}^{max} - gemessen z.B. in Hauptnutzungszeit - bzw. darüberliegende Produktionsbelastungen und die "0" die Untergrenze des Streubereiches t_{HN}^{min} bzw. darunterliegende geplante Produktionsbelastungen angibt.

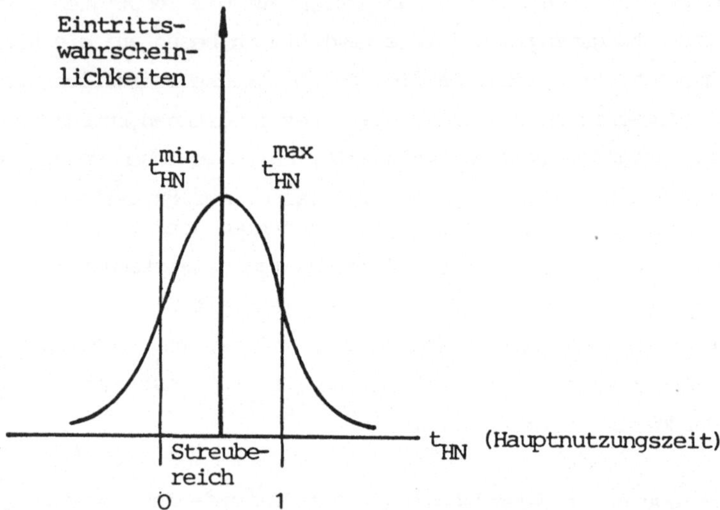

l: durchschnittliche Ist-Laufzeit aller Elemente gleichen Typs an einer Anlage zum Planungszeitpunkt, die Angabe erfolgt durch eine Zahl zwischen "0" und "1", wobei die "1" die Obergrenze des Streubereiches der statistischen Lebensdauer - gemessen in Laufstunden etc. - eines Anlagenelementes t_L^{max} bzw. darüberliegende durchschnittliche Ist-Laufzeiten und die "0" die Untergrenze des Streubereiches der statistischen Lebensdauer t_L^{min} bzw. darunterliegende durchschnittliche Ist-Laufzeiten angibt.

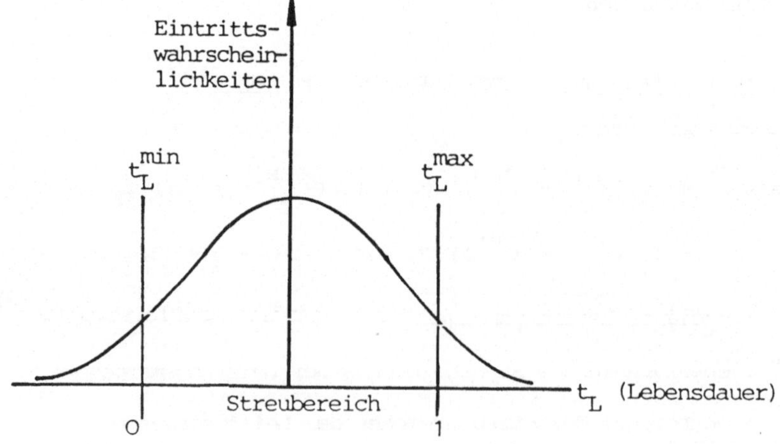

z: Zustand der Bauteile gleichen Typs an einer Anlage, gemessen als Quotienten aus der Anzahl der Elemente mit Meßwerten (Inspektionsergebnisse) außerhalb zulässiger Toleranzgrenzen und der Gesamtzahl von Elementen des gleichen Typs an der betreffenden Anlage; die Angabe erfolgt durch eine Zahl zwischen "0" und "1", wobei die "1" die Obergrenze des Streubereiches der statistisch ermittelten Fehlerquote z^{max} (obiger Quotient in Prozent) und die "0" die Untergrenze z^{min} darstellt.

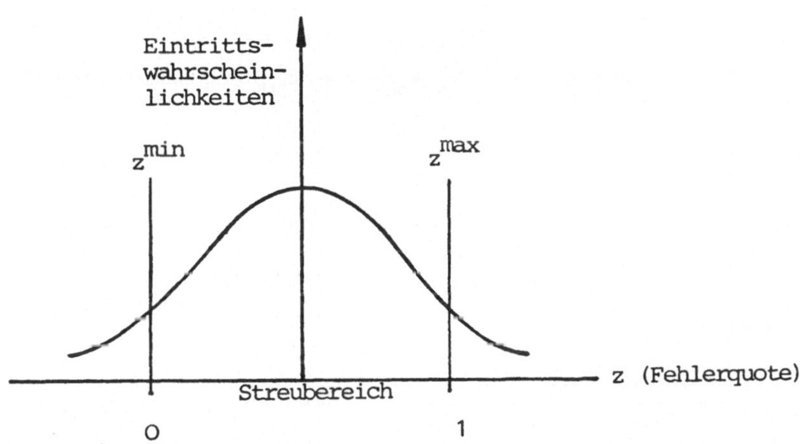

Fehlerquoten außerhalb des Streubereiches werden für die Programmplanung nicht berücksichtigt, da im Rahmen vorbeugender Instandhaltungsstrategien ihre Eintrittswahrscheinlichkeiten außerordentlich gering sind.

$g_{1,2,3}$: Gewichtungsfaktoren, die der für die Funktionsfähigkeit der Anlage verantwortliche Ingenieur den einzelnen Einflußgrößen auf die Leistungsmenge beimißt.

x^a: Risikozu- und abschläge auf die Leistungsmenge durch Entscheidungsträger

Die folgende Graphik illustriert nochmals die Berücksichtigung der einzelnen Bestimmungsgrößen der Leistungsmengen bei der mengenmäßigen Instandsetzungsprogrammplanung für laufend durchzuführende Instandsetzungsmaßnahmen.

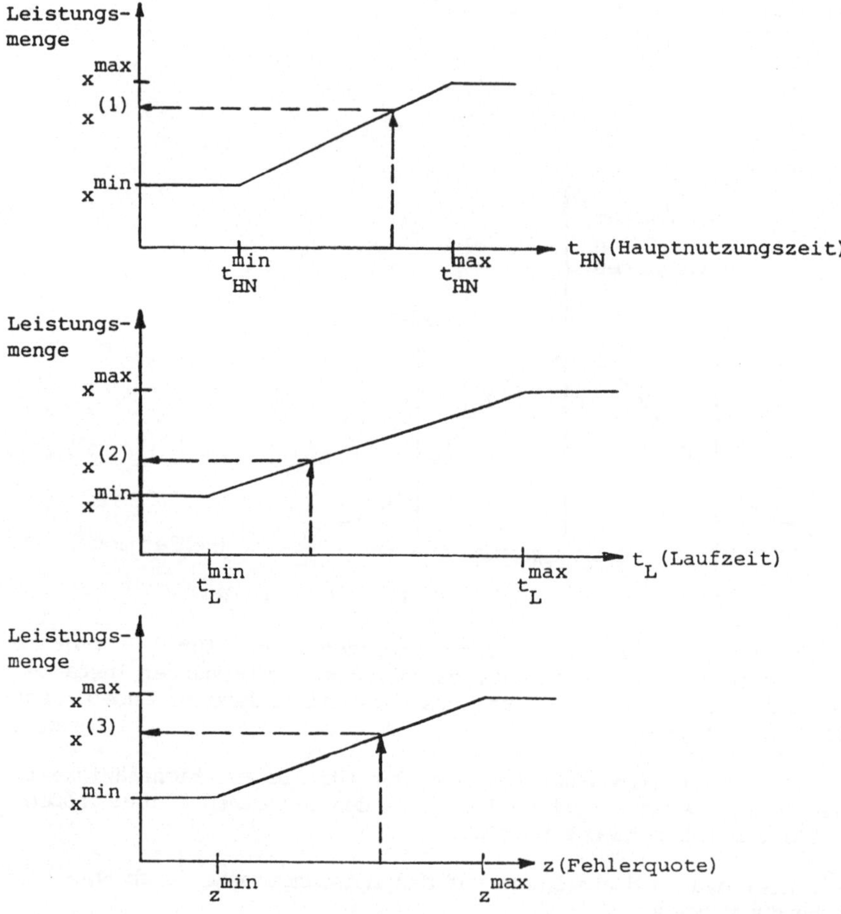

Hieraus ergibt sich als Prognosewert für die Leistungsmenge:

$$x^p = x^{min} + (x^{(1)} - x^{min}) \cdot g_1 + (x^{(2)} - x^{min}) \cdot g_2 + (x^{(3)} - x^{min}) \cdot g_3 + x^a$$

In einem weiteren Planungsschritt ist die Durchführbarkeit aller in der beschriebenen Weise ermittelten mengenmäßigen Bedarfe an Inspektions-, Wartungs- und laufenden Instandsetzungsleistungen von Produktionsanlagen einer Unternehmung unter Berücksichtigung einer durchschnittlichen Kapazitätsinanspruchnahme für seltene, in ihrem Arbeitsumfang nicht festliegende, aber zeitlich nicht verschiebbare Instandsetzungsarbeiten in einem Abgleich mit der verfügbaren unternehmenseigenen und -fremden Instandhaltungskapazität zu überprüfen. Die sich hierbei i.d.R. ergebende restliche Instandhaltungskapazität legt den Entscheidungsraum fest, innerhalb dessen noch außerordentliche, d.h. zeitlich in Grenzen verschiebbare, Instandhaltungsleistungen durchgeführt werden können.

Besteht für die Durchführung einzelner außerordentlicher Maßnahmen die Möglichkeit zur Verschiebung nicht, und übersteigt die insgesamt benötigte Instandhaltungskapazität die zur Verfügung stehende, so ergibt sich die Notwendigkeit, entsprechende Korrekturen an der Menge der geplanten laufenden Instandhaltungsleistungen vorzunehmen.

Die folgendene Graphik gibt einen Überblick über den Planungsablauf zur Festlegung von Instandhaltungsprogrammen:

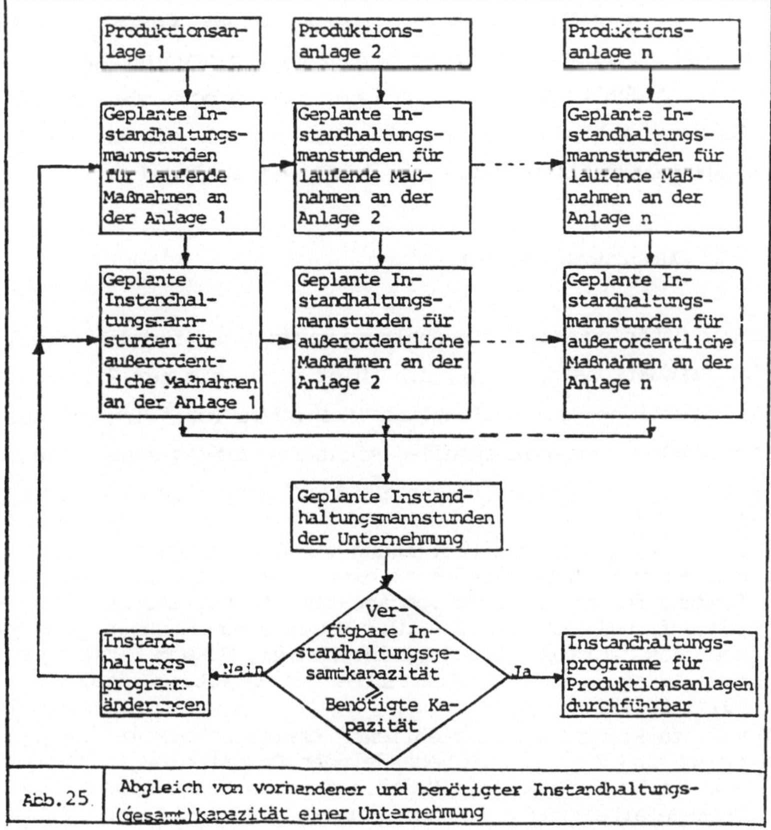

Abb. 25 Abgleich von vorhandener und benötigter Instandhaltungs(gesamt)kapazität einer Unternehmung

Aus den bisherigen Ausführungen zur Festlegung von Instandhaltungsprogrammen resultiert, daß die für die Instandhaltung von Produktionsanlagen verantwortlichen Entscheidungsträger durch unterschiedliche Gewichtung der Einflußgrößen auf den laufenden mengenmäßigen Instandsetzungsbedarf, durch unterschiedliche Risikobereitschaftsgrade und durch sich unterscheidende Leistungsumfänge für außerordentliche Instandhaltungsmaßnahmen alternative Programmvarianten unter Berücksichtigung der verfügbaren Instandhaltungskapazität formulieren können.

Die Entscheidung über das zu erbringende Programm trifft der Instandhaltungsbetrieb, wobei die hierdurch verursachten Kosten als ein Wirtschaftlichkeitsmaßstab zur Beurteilung von Instandhaltungsprogrammen herangezogen werden sollten[1]. Zur wirtschaftlichen Beurteilung verschiedener Programmalternativen läßt sich die in Kapitel III. D. konzipierte Plankostenrechnung heranziehen. Hierbei sind verschiedene Programmvarianten durch entsprechende Mengenvorgaben bei den einzelnen Instandhaltungsleistungsarten zum Ausdruck zu bringen. Auf der Basis bspw. der in der Jahresplanung zugrundegelegten Aufgabenzuordnung auf einzelne Instandhaltungsbetriebe und der Inanspruchnahme von Normal- und Mehrarbeit können dann mit dem Rechenmodell die Kostenwirkungen alternativer Programme ermittelt werden[2].

2) Durchführungsalternativen

Zur Durchführung von Instandhaltungsprogrammen für die jeweilige(n) Produktionsanlage(n), d.h. hier vorrangig zur Erledigung von Inspektions- und Wartungsarbeiten sowie vor allem von Aus- und Einbauten der Anlagenteile, steht regelmäßig eine Reihe von Instandhaltungs(teil)betrieben zur Verfügung. Für eine Vielzahl

---

1) Die Überlegungen zur Festlegung von Instandhaltungsprogrammen weisen Parallelen zu einer praktikablen Entscheidungsfindung für den Einsatz von absatzwirtschaftlichen Instrumenten auf; vgl. Little, J.-D.C.: Modelle und Manager: Das Konzept des decision calculus, in: Köhler, R. und Zimmermann, H.-J. (Hrsg.), Entscheidungshilfen im Marketing, Stuttgart 1977, S. 122 - 147.

2) Vgl. zu Fragen der betrieblichen Realisierbarkeit der Programm- und der noch zu behandelnden Durchführungsplanung - wie z.B. die nach dem Modellumfang oder dem Einsatz von Datenverarbeitung - die Anmerkungen auf den Seiten 300 - 302.

der zu erbringenden Instandhaltungsleistungsarten gilt somit, daß zu ihrer Durchführung aufgrund organisatorischer Grundsatzentscheidungen verschiedene Erhaltungsbetriebe herangezogen werden können und sollen. So stehen z.B. in einem Unternehmen der Eisen- und Stahlindustrie zur Durchführung von Instandhaltungsleistungen für die maschinellen Anlagen eines Warmbreitband-Walzwerkes durchschnittlich vier Betriebe zur Verfügung: produktionsstättenorientierter Instandhaltungsbetrieb (Stützpunkt), Zentralwerkstatt, zentrale Einsatzkolonne und Fremdbetrieb.

Ausführender Betrieb							Instandhaltungsleistungsarten " Auslaufrollgang"		
SM	SE	WM	WE	EM	EE	F			
x	x	x		x	x	x	Inspektion: Kupplungen		
x		x		x		x	Inspektion: Gelenkwellen		
x		x		x		x	Inspektion: Rollen		
x		x		x		x	Inspektion: Audco-Ventile		
x		x		x		x	Inspektion: Kühlwasserrohre		
x		x		x		x	Inspektion: Schwenkzylinder		
	x				x		Inspektion: Motore		
	x		x				Inspektion: Trafozellen		
	x		x				Inspektion: Ankerschalter		
	x		x				Inspektion: Schaltschränke		
	x		x				Inspektion: Schützenraum		
x		x		x		x	Gelenkwellen abschmieren		
x		x		x		x	Schwenkzylinder abschmieren		
x							Audco-Ventile abschmieren		
	x				x		Motore: Lagerstellen abschmieren		
x		x		x		x	Rollenwechsel	Einbauort 1 (S-Rolle)	
x		x		x		x		Einbauort 2 (W-Rolle)	
x		x		x		x		Einbauort 3 (W-Rolle)	
x		x		x		x		Einbauort 4 (T-Rolle)	
x		x		x		x		Einbauort 5 (T-Rolle)	
x		x		x		x		Einbauort 6 (T-Rolle)	
x		x		x		x		Einbauort 7 (T-Rolle)	
x		x		x		x	Gelenkwellen-wechsel	kurz	
x		x		x		x		lang	
x							Ventilwechsel	Audco-Absperr-ventil	klein
x									groß
x		x		x		x		Disco-Rückschlag-Ventil	
x		x		x		x		5/2-Wege-Ventil	
x		x		x		x	Zylinder-wechsel	Drumag Pneumatik	
x		x		x		x		Pneumatik m. Dämpfung	
x		x		x		x	Schlauchwechsel		
x		x		x		x	Düsenwechsel		
x		x		x		x	Ocean-Schieber-Wechsel		
x		x		x		x	Kupplungs-wechsel	komplett	
x		x		x		x		Kuppl.-hälfte(rollenstg.)	
	x						Dämpfungselemente wechseln		
			x				Kupplungs-wechsel	komplett	
			x					Kuppl.-hälfte (motorstg.)	
	x				x		E-Motorwechsel		

Abb. 26 Verfügbare Betriebe zur Instandhaltung des Auslaufrollganges mit Bandkühlung in einem Warmbreitband-Walzwerk

SM: Stützpunkt,+) mechanischer SE: Stützpunkt, elektrotechnischer
WM: Zentralwerkstatt, mech. WE: Zentralwerkstatt, elektrotechn.
EM: Einsatzkolonne, mech. EE: Einsatzkolonne, elektrotechn.
F : Fremdunternehmen

+) Stützpunkte sind in der Eisenhüttenindustrie einzelnen Produktionsanlagen zugeordnet und für deren Funktionsfähigkeit verantwortlich.

Aufgrund der vielfältigen Möglichkeiten zur Substitution von Instandhaltungsbetrieben bei vielen Instandhaltungsleistungsarten besteht für die Einsatzplanung von unternehmenseigenen und -fremden Instandhaltungskapazitäten ein gewisser Spielraum hinsichtlich der einzusetzenden Instandhaltungsbetriebe. Der Einsatz verschiedener Betriebe ist mit unterschiedlichen Auswirkungen auf die Instandhaltungskosten für die betreffende(n) Produktionsanlage(n) verbunden. Denn die Zuordnung von Instandhaltungsaufgaben auf einzelne (Teil-)Betriebe übt einen Einfluß auf die zur Instandhaltung der Anlage(n) notwendige Anzahl von Instandhaltungsmannstunden aus, weil aus unterschiedlichen Anlagenvertrautheits- und Übungsgraden sowie aus unterschiedlichen Einsatzweglängen der jeweiligen Instandhaltungsbetriebe voneinander abweichende betriebsspezifische Zeitbedarfe zur Durchführung gleicher Instandhaltungsleistungsarten resultieren. Des weiteren ergeben sich unterschiedliche Wirkungen auf die Instandhaltungskosten durch die Inanspruchnahme verschiedener Betriebe in der Weise, daß die zu erbringenden Instandhaltungsstunden bzw. Instandhaltungsleistungen in Abhängigkeit vom ausführenden Betrieb und ggf. von dessen Betriebsweise (Normal- und Mehrarbeit) mit verschiedenen Lohnsätzen (mit und ohne Berücksichtigung von Zuschlägen für Mehrarbeit) bzw. mit unterschiedlichen Verrechnungs- oder Einstandspreisen für Werkstatt- oder Fremdleistungen zu bewerten sind.

Zur wirtschaftlichen Beurteilung der Zuweisung von Instandhaltungsleistungen auf Instandhaltungsbetriebe, d.h. der Einsatzplanung verfügbarer Instandhaltungskapazitäten, ist es zweckmäßig, die in Kapitel III. D. dargestellte Plankostenrechnung heranzuziehen. Durch Differenzierung der einzelnen Leistungsarten nach ausführenden Betrieben und durch Berücksichtigung des Einsatzverhältnisses von Normal- und Mehrarbeit werden hierbei die Auswirkungen verschiedener Durchführungsvarianten auf die Höhe der Instandhaltungskosten aufgezeigt. Das Gleichungssystem aus Kosten- und Verbrauchsfunktionen ist hierzu noch um einige Restriktionsgleichungen zu ergänzen, da zum einen die Auswahl der Betriebe nur innerhalb des Kapazitätsrahmens erfolgen kann, der durch die mittelfristige Festlegung der verfügbaren betrieblichen Instandhaltungskapazitäten und der zur Verfügung stehenden Fremdkapazitäten für das jeweilige Anlagenobjekt gegeben ist.

Zum anderen sind für einige grundsätzlich verfügbare Betriebe Mindeststundenbedarfe anzugeben, da bestimmte Instandhaltungsarbeiten nur von ihnen erledigt werden können. Hierzu gehören bspw. Instandhaltungsleistungen, die anlagenspezifische Kenntnisse zu ihrer Durchführung erfordern, zeitkritische Arbeiten (z.B. Instandsetzungen unmittelbar nach Eintritt einer Störung) oder auch Arbeiten, zu deren Ausführung spezifisches Fachwissen notwendig ist. In der Eisen- und Stahlindustrie werden die ersten beiden Gruppen der genannten Arbeiten von produktionsstättenorientierten Betrieben (Stützpunkten) erbracht, während die letzte Gruppe in der Regel von Fremdunternehmen ausgeführt wird[1].

Das um die genannten Nebenbedingungen erweiterte System von Verbrauchs- und Kostenfunktionen läßt sich in der Matrix-Schreibweise wie folgt darstellen. Hierbei werden die vorzugebenden Mindeststundenbedarfe als stundenmäßige Anteile von den insgesamt für die betreffende(n) Produktionsanlage(n) zu leistenden Instandhaltungsmannstunden angegeben.

---

1) Vgl. S. 86 , S. 89f., S. 99 und Wirtschaftsvereinigung Eisen- und Stahlindustrie, Ausschuß Organisation und Datenverarbeitung (Hrsg.), Entscheidungsfindung Eigen- und Fremdleistungen, o.O. 1979, S. 3 (unveröffentlicht).

			Primäre Einflußgrößen (Vorgabegrößen)		
			Periodenzahl	Instandhaltungsprogramm, diff. nach Leistungsarten	Instandhaltungsprogramm, diff. nach Leistungsarten und ausführenden Betrieben
	Dispositionsfunktionen	Instandhaltungsprogramm, diff. nach Leistungsarten und ausführenden Betrieben		Dispositionskoeffizienten für Zuordnung v. Leistungen auf Betriebe	
	Zeitbedarf	Programmbedingte Arbeitszeiten, diff. nach ausführenden Betrieben			Programmbed. Zeitbedarfskoeff., diff. nach Leistungsarten u. ausf. Betrieben
	Zeitbedarf	Arbeitszeiten insgesamt, diff. nach ausführenden Betrieben			
	Zeitbedarf	Instandhaltungsmannstunden insgesamt für Produktionsanlage			
	Dispositionsfunktionen	Arbeitszeiten insgesamt, diff. nach Betrieben und Normal- u. Mehrarbeit			
Preisvektor	Kostengüterbedarf	Verarbeitungskostengüterbedarf nach Kostenarten	Periodenbedingte Verarbeitungskostengüterbedarfskoeffizienten	Programmbedingte Verarbeitungskostengüterbedarfskoeffizienten	
Preisvektor	Kostengüterbedarf	Ersatzteil- u. Reparaturmaterialbedarf nach Teilearten		Programmbed. Bedarfskoeff. f. einzubauende Ersatzteile u. benötigte Reparaturmaterialien	
Preisvektor	Kostengüterbedarf	Gutschriften für ausgebaute Teile		Programmbedingte Bedarfskoeffizienten für auszubauende Anlagenteile	
	Restriktionen	Mindeststundenbedarf, diff. nach ausführenden Betrieben			
	Restriktionen	Personalkapazitäten, diff. nach ausführenden Betrieben und Normal- u. Mehrarbeit			

Abb. 27 Betriebsmatrix für Instandhaltungsbetriebe

Sekundäre Einflußgrößen (Zwischengrößen)					Rechte Seite
Programmbedingte Arbeitszeiten, diff. nach ausführenden Betrieben	Arbeitszeiten insgesamt, diff. nach ausführenden Betrieben	Instandhaltungsmannstunden insgesamt für Produktionsanlage	Arbeitszeiten insgesamt, diff. nach ausführenden Betrieben und Normal- u. Mehrarbeit		
Zeitzuschlagskoeffizienten für seltene bzw. nicht festliegende Arbeiten					
	Einheitsvektor				
	Dispositionskoeffizienten für den Einsatz von Normal- und Mehrarbeit				
			Arbeitszeitbedingte Verarbeitungskostengüterbedarfskoeffizienten		
		Arbeitszeitbedingte Bedarfskoeffizienten f. Ersatzteile u. Reparaturmaterialien			
	Negative Einheitsmatrix	Stundenanteilskoeffizienten		≤	0
			Einheitmatrix	≤	Verfügbare Personalkapazitäten, diff. nach ausf. Betrieben u. Normal- u. Mehrarbeit

als Grundlage für Alternativrechnungen

Grundlage für eine kostenorientierte Zuordnung von Instandhaltungsleistungen auf verfügbare Betriebe bilden die Instandhaltungsprogramme für die betreffenden Produktionsanlagen. Für diese Programme soll gelten, daß die für die Anlagenobjekte insgesamt zur Verfügung stehenden unternehmenseigenen und -fremden Instandhaltungskapazitäten ausreichen, um die geplanten Instandhaltungsprogramme zu realisieren. Der Abgleich von benötigten und vorhandenen Instandhaltungskapazitäten ist hierbei für alle betrieblichen Anlagenobjekte und für die Gesamtheit aller (betriebseigenen und -fremden) Instandhaltungskapazitäten durchzuführen, um hierdurch die gesamte Instandhaltungskapazitätsüber- und-unterdeckung zu ermitteln.

Auf Basis vorgegebener und realisierbarer Programme können dann im Rahmen von Alternativrechnungen in einem ersten Planungsschritt anlagenweise unterschiedliche Leistungszuweisungen auf Instandhaltungsbetriebe im Hinblick auf die jeweils hieraus resultierenden Instandhaltungskosten vorgenommen werden. Alternative Zuweisungen von Instandhaltungsleistungen/-aufträgen auf zur Verfügung stehende Betriebe werden in dem Rechenmodell unter Beachtung von Kapazitätsgrenzen durch Variation der Dispositionskoeffizienten für die Zuordnung von Instandhaltungsleistungen auf Erhaltungsbetriebe und durch Veränderung der Dispositionskoeffizienten für den Einsatz von Normal- und Mehrarbeit berücksichtigt.

Sofern die anlagenweise gefundenen kostengünstigen Aufgabenzuordnungen Schlupfgrößen für ungenutzte unternehmenseigene Personalkapazitäten größer als Null ausweisen, bilden sie ein Indiz dafür, daß bei eigenen Instandhaltungskapazitäten Leerzeiten auftreten. Handelt es sich hierbei um Leerzeiten für unternehmenseigene Normalstundenkapazitäten, ist zu prüfen, ob nicht auch Leistungen, die im ersten Planungsschritt Fremdunternehmen zugewiesen wurden, von eigenen (Teil-)Betrieben durchgeführt werden können. Ist dieses zu bejahen, können in einem zweiten Planungsschritt die ursprünglich angesetzten verfügbaren Fremdkapazitäten um die geplanten Leerzeiten der

eigenen Betriebe gekürzt werden und unter Berücksichtigung der veränderten Rahmenbedingungen erneut kostengünstige Zuordnungen von Instandhaltungsarbeiten auf die betreffenden (Teil-)Betriebe ausgewählt werden.
Die im ersten Planungsschritt ausgewiesenen Leerzeiten für betriebliche Normalstundenkapazitäten liefern auch erste Hinweise dafür, bei welchen betrieblichen Instandhaltungskapazitäten ggf. in mittelfristiger Sicht Anpassungsmaßnahmen anzusetzen hätten.
Die anlagenweise getrennte Ermittlung kostengünstiger Zuordnungen von Instandhaltungsleistungen auf verfügbare Betriebe gewährleistet hierbei, daß die zur Durchführungsplanung benötigten Planungsmodelle rechenbare Systemgrößen besitzen[1]. Von daher kann die gefundene Lösung zur Ermittlung kostengünstiger Aufgabenzuweisung als durchaus in der Praxis realisierbar angesehen werden.

Die Abbildung 28 illustriert nochmals den Ansatz einer Planungsrechnung zur kostengünstigen Zuordnung von erforderlichen Instandhaltungsleistungen auf verfügbare Instandhaltungsbetriebe.

Aufgrund des im Zeitablauf schwankenden Instandhaltungsbedarfs von Produktionsanlagen können Alternativrechnungen zur Festlegung kostengünstiger Durchführungsvarianten in festen periodischen Abständen (z.B. quartalsweise) durchgeführt werden. Weiterhin eignen sich Alternativrechnungen zur wirt-

---

1) Vgl. zur praktischen Realisierbarkeit derartiger Planungsmodelle die Anmerkungen auf S. 300 - 302.

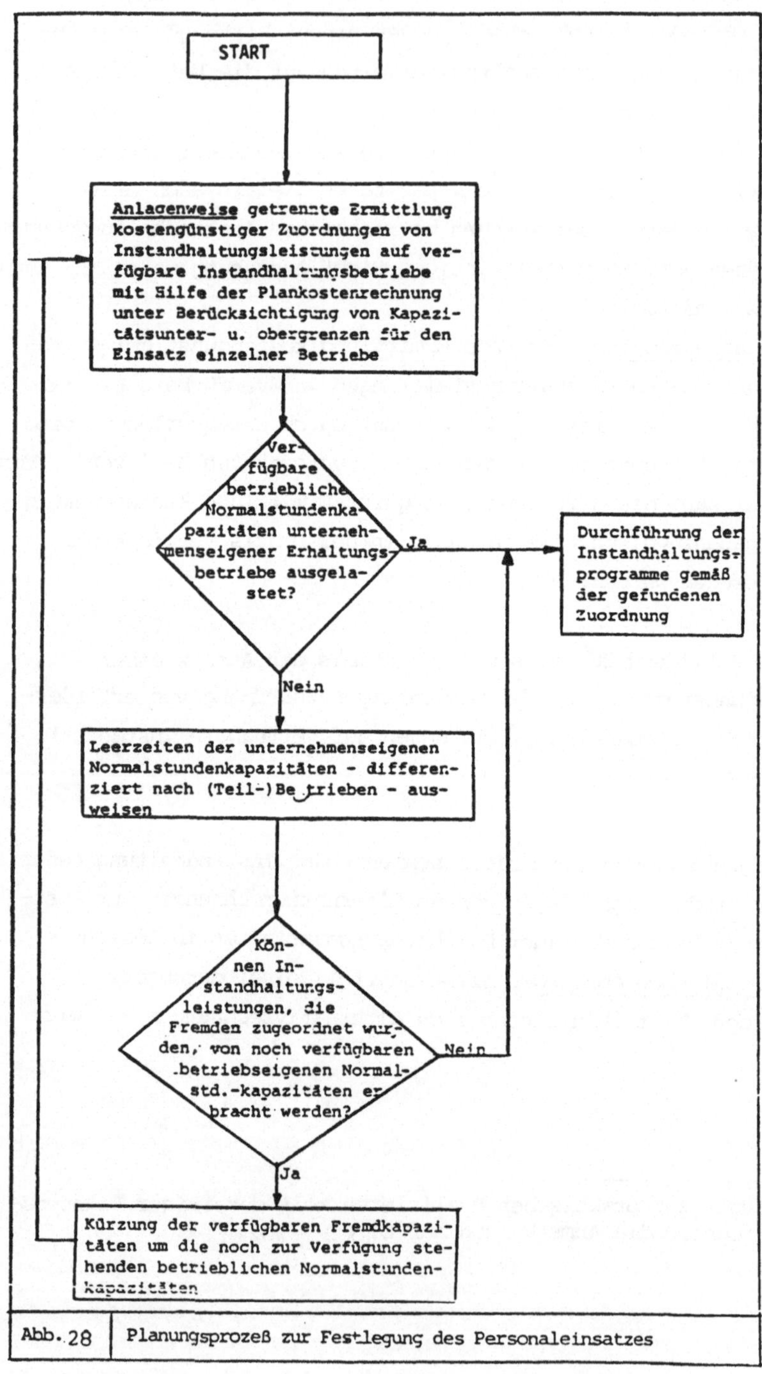

Abb. 28 Planungsprozeß zur Festlegung des Personaleinsatzes

schaftlichen Beurteilung von Einzeldispositionen über den Personaleinsatz, wenn für fallweise auftretende Instandhaltungsbedarfsspitzen kostengünstige Deckungsmöglichkeiten gesucht werden. Bei derartigen fallweise zu treffenden Dispositionen handelt es sich bspw. um die Entscheidung, ob erforderlich werdende außerordentliche Instandhaltungsmaßnahmen durch betriebseigene Überstundenkapazitäten oder durch Fremd- bzw. Werkstattleistungen erbracht werden sollen.

ac) Optimierungsrechnung

Die beschriebenen Alternativplanungen zur Bestimmung kostengünstiger Aufgabenzuordnungen auf verfügbare Instandhaltungsbetriebe zielen auf die planerische Ermittlung von Instandhaltungskosten bei alternativen Durchführungsdispositionen ab. Bei dieser Vorgehensweise werden Dispositionsentscheidungen auf der Basis von Vergleichen geplanter, alternativer Instandhaltungskosten getroffen. Im Gegensatz hierzu wird beim Einsatz von Optimierungsrechnungen zur Festlegung von Durchführungsvarianten die optimale Durchführungsweise simultan mit der Berechnung der Instandhaltungskosten festgelegt. Die Zielsetzung einer auf die Durchführungsplanung gerichteten Optimierungsrechnung besteht in der Suche nach einer Zuordnung von Instandhaltungsleistungen auf verfügbare Instandhaltungskapazitäten, die unter Beachtung vorgegebener Instandhaltungsprogramme und personeller Restriktionen zu minimalen Instandhaltungskosten führt.

Die im vorangegangenen Abschnitt dargestellte, um Kapazitätsgleichungen erweiterte Betriebsstrukturmatrix für Instandhaltungsbetriebe eignet sich auch grundsätzlich zur Durchführung derartiger Optimierungsrechnungen. Hierzu sind allerdings die Dispositionsgleichungen zur Festlegung des Einsatzumfanges verfügbarer Betriebe und zur Bestimmung des Anteils von Normal- und Mehrarbeit durch geeignete Substitutionsgleichungen zu ersetzen. Des weiteren ist das bestehende Gleichungssystem noch um eine Zielfunktion mit dem Zielwert "Instandhaltungskosten für die Produktionsanlage" zu erweitern.

		Primäre Einflußgrößen (Vorgabegrößen)		Sekundäre Einflußgrößen (Zwischengrößen)		
		Periodenzahl	Instandhaltungsprogramm, diff. nach Leistungsarten	Instandhaltungsprogramm, diff. nach Leistungsarten und ausführenden Betrieben	Programmbedingte Arbeitszeiten, diff. nach ausführenden Betrieben	Arbeitszeiten insgesamt, diff. nach ausführenden Betrieben
Substitutionsfunktionen	Instandhaltungsprogramm, diff. nach Leistungsarten und ausführenden Betrieben		Einheitsmatrix	Bündelungskoeffizienten für Instandhaltungsleistungsarten über Betriebe		
Zeitbedarf	Programmbedingte Arbeitszeiten, diff. nach ausführenden Betrieben			Programmbedingte Zeitbedarfskoeffizienten, diff. nach Leistungsarten und ausf. Betrieben		
	Arbeitszeiten insgesamt, diff. nach ausführenden Betrieben				Zeitzuschlagskoeffizienten für seltene bzw. nicht festliegende Arbeiten	
	Instandhaltungsmannstunden insgesamt für Produktionsanlage					Einheitsvektor
Substitutionsfunktionen	Arbeitszeiten insgesamt, diff. nach ausführenden Betrieben und Normal- u. Mehrarbeit					Einheitsmatrix
Kostengüterbedarf	Verarbeitungskostengüterbedarf nach Kostenarten	Periodenbedingte Verarbeitungskostengüterbedarfskoeffizienten	Programmbedingte Verarbeitungskostengüterbedarfskoeffizienten			
	Ersatzteil- und Reparaturmaterialbedarf nach Teilearten		Programmbedingte Bedarfskoeffizienten für einzubauende Ersatzteile und Reparaturmaterialien			
	Gutschriften für ausgebaute Teile		Programmbedingte Bedarfskoeffizienten für auszubauende Anlagenteile			
Restriktionen	Mindeststundenbedarf, nach ausführenden Betrieben					Negative Einheitsmatrix
	Personalkapazitäten, diff. nach ausführenden Betrieben und Normal- und Mehrarbeit					
	Periodenvorgabe	Einheitsvektor				
	Instandhaltungsprogrammvorgabe		Einheitsmatrix			
Zielfunktion	Instandhaltungskosten für Produktionsanlage			Bewertungsvektor für leistungsorientiert abgerechnete Fremdleistungen		

Abb. 29 Betriebsmatrix für Instandhaltungsbetriebe

		Zielgrößen				
		Kostengüterbedarf				Rechte Seite
Instandhaltungsmannstunden insgesamt für Produktionsanlage	Arbeitszeiten insgesamt, diff. nach ausführenden Betrieben und Normal- und Mehrarbeit	Verarbeitungskostengüterbedarf nach Kostenarten	Ersatzteil- und Reparaturmaterialbedarf nach Teilearten	Gutschriften für ausgebaute Teile		
					=	0
					=	0
					=	0
					=	0
	Bündelungskoeffizienten für Normal- und Mehrarbeitsstunden				=	0
	Arbeitszeitbedingte Verarbeitungskostengüterbedarfskoeffizienten				=	0
Arbeitszeitbedingte Bedarfskoeffizienten für Ersatzteile und Reparaturmaterialien					=	0
					=	0
Stundenanteilskoeffizienten					≤	0
	Einheitsmatrix				≤	Verfügbare Personalkapazitäten, diff. nach Betrieben und Normal- und Mehrarbeit
					=	Periodenzahl
					=	Programmvorgabe, diff. nach Leistungsarten

		Bewertungsvektor für Verarbeitungskostengüter	Bewertungsvektor für Ersatzteile und Reparaturmaterialien	Bewertungsvektor für ausgebaute Teile	⟹	M I N !

als Grundlage für Optimierungsrechnungen

Ausgangspunkt der Einsatzplanung von verfügbaren Instandhaltungskapazitäten zur Durchführung von Instandhaltungsleistungen auf der Basis von Optimierungsrechnungen bilden wiederum vorzugebende Instandhaltungsprogramme einzelner Produktionsanlagen. Auf dieser Grundlage und unter Beachtung verfügbarer Personalkapazitäten werden zunächst anlagenweise mit Hilfe des Optimierungsverfahrens die kostengünstigsten Aufgabenzuordnungen auf einzelne Betriebe gesucht.

Die anlagenweise gefundenen Lösungen sind - wie auch bei der Alternativplanung - dahingehend zu untersuchen, ob für einzelne Anlagen verfügbare und unternehmenseigene Normalstundenkapazitäten vollständig ausgelastet sind. Sofern hierbei Leerzeiten auftreten, ist anzustreben, durch innerbetriebliche Umsetzungen des Instandhaltungspersonals und durch Verringerung der verfügbaren Fremdkapazitäten die insgesamt vorhandenen betrieblichen Normalstunden auch einzusetzen. In einem zweiten Planungsschritt sind dann unter Beachtung der veränderten verfügbaren Instandhaltungskapazitäten für die jeweiligen Produktionsanlagen erneut kostenoptimale Durchführungsvarianten zu suchen.

Da viele Instandhaltungsleistungen, insbesondere Instandsetzungen, stochastisch verteilt anfallen, treten u.U. Instandhaltungsbedarfsspitzen auf, deren erforderliche Deckung nicht im Rahmen der als kostenoptimal ermittelten Arbeitsteilung zwischen den Instandhaltungsbetrieben erfolgen kann. Von daher werden in diesen Fällen nach Ablauf der Betrachtungsperiode bei einer Gegenüberstellung von Ist- und Planperiodenkosten Abweichungen auftreten, deren Ursache u.a. in der sich unterscheidenden geplanten und realisierten Leistungszuweisung auf die Instandhaltungsbetriebe begründet ist.
In diesem Zusammenhang ist auch noch anzumerken, daß die (begrenzte) Möglichkeit zur zeitlichen Verschiebung von Instandhaltungsleistungen es erleichtert, die geplante kostengünstige Arbeitszuweisung zu realisieren.

Bei dem dargestellten Ansatz zur Auswahl von kostenoptimalen Durchführungsweisen handelt es sich um ein gemischt-ganzzahliges Optimierungsproblem, bei dem die Leistungsmengen und die Inanspruchnahme der verfügbaren Kapazitäten als ganzzahlige Werte zu bestimmen sind. Zur Lösung derartiger Optimierungsprobleme stehen zwar leistungsfähige, computergestützte Verfahren zur Verfügung, die sich allerdings auch durch hohe Rechenzeiten auszeichnen[1]. Von daher sollten diese Lösungsalgorithmen, die zwar ganzzahlige Lösungswerte gewährleisten, nicht zur Optimierungsrechnung herangezogen werden, sondern es sollten nur die Standardansätze zur Optimierung eingesetzt werden. Denn durch "einfaches Runden" der hiermit gefundenen Lösungswerte für einzusetzende Stunden und für die den einzelnen Betrieben zuzuordnenden Leistungseinheiten lassen sich "fast-optimale" Lösungen sicherstellen, da die Maßeinheiten für einzusetzende Arbeitszeiten (Stunden) und für zu erbringende Leistungseinheiten von Instandhaltungsprogrammen nur geringe Skalierungsabstände aufweisen, so daß die Berücksichtigung der Ganzzahligkeitsbedingung nur einen unwesentlichen Einfluß auf den gefundenen Zielwert hat.

Neben den Optimalwerten liefert die mathematische Optimierungsrechnung auch Opportunitätskosten der jeweils zur Instandhaltung von Produktionsanlagen verfügbaren Betriebe. Aus diesen Werten lassen sich erste Hinweise auf mögliche Kostenwirkungen ableiten, die aus alternativen Anpassungsentscheidungen über Instandhaltungskapazitäten resultieren[2].
Aufgrund der mit der Durchführung von Optimierungsrechnungen verbundenen, nicht unbeträchtlichen Inanspruchnahme von Rechenzeiten auf EDV-Anlagen sollte diese Verfahrensweise zur Zuordnung von Instandhaltungsleistungen/-aufträgen auf zur Verfügung stehende Instandhaltungsbetriebe vorrangig zur <u>periodischen Einsatzplanung</u> von Instandhaltungspersonal herangezogen werden

---

1) Software-Programme zur Lösung gemischt-ganzzahliger Probleme beruhen häufig auf der Anwendung des "Branch and Bound-Verfahrens" zur Ermittlung gemischt-ganzzahliger Lösungen. Bei dieser Vorgehensweise werden in Abhängigkeit von der jeweiligen Modellstruktur eine Vielzahl von "Standard-Optimierungsrechnungen" durchgeführt; vgl. z.B. IBM-Deutschland (Hrsg.), Mathematical Programming System Extended/ 37o (MPSX/37o), Allgemeine Information, IBM-Form GH 12-32o2-2, o.O., 1976, S. 32-36.

2) Vgl. zur begrenzten Aussagekraft von Opportunitätskosten zur wirtschaftlichen Beurteilung von Kapazitätsveränderungen u.a. Busse von Colbe, W. und Laßmann, G.: Betriebswirtschaftstheorie, Bd. 2, Absatz- und Investitionstheorie, Berlin/ Heidelberg/New York 1977, S. 145f.

(z.B. Planungsläufe in vierteljährlichen Abständen).
Diese in der beschriebenen Weise ermittelten kostenoptimalen Aufgabenzuordnungen auf einzelne Instandhaltungsbetriebe bilden dann in bevorstehenden Planungsperioden die Richtlinien für zu treffende Entscheidungen über die Zuordnung von Instandhaltungsaufgaben auf Betriebe bzw. für die Inanspruchnahme der zur Verfügung stehenden Instandhaltungskapazitäten.

b) Kalkulation

Die Aufgabenstellung von Kalkulationsrechnungen besteht darin, auf Erzeugnis- oder Leistungseinheiten der Produktions- oder Hilfsbetriebe bezogene Kostengrößen zu ermitteln. Leistungseinheiten in Instandhaltungsbetrieben können die einzelnen Instandhaltungsleistungsarten oder Instandhaltungsaufträge bilden, wobei Aufträge Zusammenstellungen einer überschaubaren Anzahl von Leistungen zu dispositiven Zwecken darstellen. Die Zusammenstellung von Instandhaltungsleistungen zu Aufträgen kann nach Anlagenobjekten, Arbeitsinhalten, zeitlicher Ausführungsdauer von Leistungen etc. erfolgen[1]. Instandhaltungsaufträge dienen zum einen als Planungseinheiten der Ablaufplanung und -steuerung von Instandhaltungsprozessen, und zum anderen werden sie in der Praxis auch als Abrechnungseinheiten für die Erfassung von Instandhaltungskosten herangezogen[2].

Betriebliche Entscheidungen über die Anpassung des Personaleinsatzes an schwankende Instandhaltungsbedarfe und über die Festlegung von Instandhaltungsprogrammen werden - wie im vorangegangenen Kapitel im einzelnen dargestellt - auf der Grundlage geplanter betriebsbezogener Periodenkosten getroffen. Zur Erfüllung dieser Aufgaben erübrigt es sich, leistungs- oder auftragsbezogene Kostengrößen zu ermitteln. Auch zur Überwachung der Wirtschaftlichkeit betrieblicher Instandhaltungsprozesse werden mit periodenbezogenen Plankosten geeignete Vergleichsgrößen (Sollgrößen) zur Verfügung gestellt.

---

1) In Anlehnung an REFA (Verband für Arbeitsstudien e.V.): Methodenlehre der Planung und Steuerung, Teil 2, Planung, München 1974, S. 195-199.

2) Vgl. u.a. Höhne, E.: Die Instandhaltungs- und Reparaturkosten, in: Stahl und Eisen, 76.Jg., 1956, S.1275; Köbel, H. und Schulze, J.: Wirtschaftlichkeitskontrolle der Instandhaltung in Chemiebetrieben, in: Zeitschrift für Betriebswirtschaft, 35.Jg., 1965, Ergänzungsheft, S.32f.

Allerdings sind leistungsbezogene Kostensätze für die ökonomische Führung von Instandhaltungsbetrieben nicht ganz unentbehrlich. Sie werden z.B. zur Vorkalkulation außerordentlicher Instandhaltungsaufträge (Großreparaturen), zur Verrechnungspreisbildung für Instandhaltungsleistungsarten, zur wirtschaftlichen Beurteilung der Angebote und zur Erbringung von Instandhaltungsleistungen durch Fremdunternehmen benötigt.

Zur Ermittlung von leistungsbezogenen Plankosten eignet sich die im Kapitel III.D. dargestellte Plankostenrechnung. Die Faktoreinsatzfunktionen stellen hierbei das Mengengerüst für die Ermittlung der Plankosten einzelner Instandhaltungsleistungsarten dar. Diese Funktionen bilden alle wesentlichen Beziehungen zwischen Kosteneinflußgrößen und Güterverbräuchen in Instandhaltungsbetrieben quantitativ ab. Hierbei werden die einzelnen Instandhaltungsleistungen als Haupteinflußgrößen auf die Instandhaltungskosten berücksichtigt und explizit als Vorgabegrößen (primäre Einflußgrößen) in das System der Verbrauchsfunktionen integriert. Von daher lassen sich (geplante) leistungsbezogene Mengen- und Zeitverbräuche auf der Grundlage der Verbrauchsstandards und festgelegter Dispositionskoeffizienten für den Einsatz von verfügbaren Instandhaltungsbetrieben sowie von Normal- und Mehrarbeit ermitteln. Durch Bewertung der Mengen- und Zeitverbräuche mit Planpreisen ergeben sich die Plankosten für die einzelnen Instandhaltungsleistungsarten.

Allgemein läßt sich die Kalkulation von Plankostensätzen für Instandhaltungsleistungen wie folgt darstellen:

+ Einzubauendes Ersatzteil		x Plan-Einstandspreis
./. (1./. Schrottkoeffizient)		x Plan-Einstandspreis minus Plan-Reparaturkostensatz
./. Schrottkoeffizient		x Plan-Schrottgutschrift
+ Reparaturmaterialverbrauchsstandard		x Plan-Bewertungssatz

(1) = Plan- Ersatzteil- und Reparaturmaterialkostensatz

+ Zeitstandard f. Werkstatt	x	Dispositionskoeffizient "Werkstatt"	x	Plan-Verrechnungssatz
+ Zeitstandard f. Fremdunternehmen	x	Dispositionskoeffizient "Fremde"	x	Plan-Einstandspreis
+ Zeitstandard f. Fertigungslöhner	x	Dispositionskoeffizient "Instandhaltungsbetrieb"	x	Plan-Lohnsatz plus anteilige Hilfslohn- u.Lohnnebenkosten
+ Zeitstandard f. Fertigungslöhner	x	Dispositionskoeffizient "Mehrarbeit"	x	Plan-Zuschlagssatz für Mehrarbeit
+ Zeitstandard f. Fertigungslöhner	x	Dispositionskoeffizient "Normalarbeit"	x	Plan-Zuschlagssatz für besondere Arbeitszeiten

(2) = Plankostensatz für den Personaleinsatz

(3) = Plan-Einzelkosten (zurechenbare Kosten) / (1) + (2) /

(4) + Verrechnete periodenabhängige Kosten

= Plan-Vollkosten je Instandhaltungsleistungsart / (3) + (4) /

Die zurechenbaren Plankosten je Instandhaltungsleistungsart werden auf der Grundlage der Verbrauchs- und Bewertungsfunktionen von Betriebsstrukturmatrizen in der Weise gebildet, daß einflußgrößenbezogene Kostensätze (z.B. Kostensatz für Instandhaltungsmannstunden) unter Berücksichtigung der Beziehungen zwischen den Kostenträgern und den Kosteneinflußgrößen zu einem Plan-Einzelkostensatz für die jeweilige Leistungsart aggregiert werden. Diese Vorgehensweise gewährleistet eine verursachungsgerechte Kostenzurechnung auf die einzelnen Instandhaltungsleistungen[1]. Zur Verrechnung periodenabhängiger Kosten auf einzelne Instandhaltungsleistungen ist die Betriebsstrukturmatrix noch um geeignete "Verrechnungsgleichungen" zu ergänzen, mittels derer - z.B. auf der Basis der geplanten Beschäftigung des Instandhaltungsbetriebes - diese Kosten den einzelnen Leistungseinheiten zugeordnet werden können. Die Kalkulation von Instandhaltungsleistungen auf der Grundlage dieses

1) Vgl. Franke, R.: Betriebsmodelle, Düsseldorf 1972, S. 132-14o; Wittenbrink, H.: Kurzfristige Erfolgsplanung und Erfolgskontrolle mit Betriebsmodellen, Wiesbaden 1975, S. 117-124.

Funktionensystems bietet weiterhin die Möglichkeit, daß sich die Plankostensätze weitestgehend nach Primärkostenarten oder -artengruppen differenziert angeben lassen. Das obige Kalkulationsschema verdeutlicht anschaulich, aus welchen (Primär-)Kostenarten sich Kostensätze für Instandhaltungsleistungen zusammensetzen. Weiterhin können leistungsbezogene Voll- und Teilkostensätze in jeder gewünschten Abstufung auf der Basis der Verbrauchs- und Bewertungsfunktionen gebildet werden[1]. Als mögliche Teilkostensätze wären bspw. Ersatzteil- und Personalkostensätze je Leistungseinheit in Betracht zu ziehen. Durch Variation der Dispositionskoeffizienten lassen sich darüber hinaus noch alternative Plankosten für Instandhaltungsleistungsarten im Hinblick auf die spezifischen Verwendungszwecke leistungsbezogener Kostensätze ermitteln:

- Beurteilung von Fremdleistungen:
  Dispositionskoeffizienten entsprechend alleiniger Leistungserbringung durch unternehmenseigene Betriebe
- Vorkalkulation von Großreparaturen, Bildung von Verrechnungspreisen:
  Dispositionskoeffizienten entsprechend dem in der Jahresplanung festgelegten Einsatz von verfügbaren Betrieben sowie von Normal- und Mehrarbeit

Die Vorkalkulation von außerordentlichen Aufträgen ist durch eine korrespondierende Nachkalkulation zu ergänzen, um durch Gegenüberstellung von Plan- und Ist-Kalkulationen projektbezogene Kontrollrechnungen durchführen zu können. Die Notwendigkeit zur projektbezogenen Kostenkontrolle resultiert daraus, daß Großreparaturen sich i.d.R. über einen längeren Zeitraum erstrecken und mit hohen Kosten verbunden sind. Zur Gewährleistung einer wirksamen Kostenkontrolle, d.h. frühzeitiges Erkennen und schnelle Beseitigung auftretender Unwirtschaftlichkeiten, ist die Nachkalkulation zeitlich parallel zur Auftragsabwicklung durchzuführen.

---

1) Vgl. Laßmann, G.: Plankostenrechnung auf der Basis von Betriebsmodellen, in: Kilger, W. und Scheer, A.-W. (Hrsg.), Plankosten- und Deckungsbeitragsrechnung in der Praxis, Würzburg/Wien 198o, S. 128.

c) Planungs- und Wirtschaftlichkeitskontrolle

ca) Gegenstand der Kontrollrechnung

Die Zielsetzung von Kontrollrechnungen zum Zwecke der wirtschaftlichen Beurteilung von Instandhaltungsprozessen besteht darin, Abweichungen zwischen geplanten und realisierten Kosten für einen Planungszeitraum zu ermitteln und darzustellen sowie die Ursachen für diese Abweichungen zu untersuchen. Die Kontrollrechnung hat somit die Aufgabe, die Erbringung von Instandhaltungsleistungen anhand von Kostengrößen zu überwachen und (verbesserte) Ansätze für Planungsrechnungen zukünftiger Perioden aufzuzeigen[1]. Hierzu sind die Plankosten den ermittelten Istkosten im Abrechnungszeitraum gegenüberzustellen, und sich ggf. ergebende Abweichungen sind im Hinblick auf Entstehungsorte, Verantwortungsbereiche und Ursachen zu analysieren Eine derartige Analyse von Kostenabweichungen erfordert, daß die Gesamtkostenabweichung eines Instandhaltungsbetriebes für einen Betrachtungszeitraum auf der Grundlage der genannten Kriterien differenziert ausgewiesen wird. Entsprechend den Kostenkomponenten Preis und Menge läßt sich die Gesamtabweichung in eine Preis- und in eine Verbrauchsabweichung aufgliedern. Preisabweichungen ergeben sich aufgrund von Differenzen zwischen den geplanten und tatsächlich angefallenen Preisen für Kostengütereinsätze. Als Verbrauchsabweichungen sollen mit Planpreisen bewertete Differenzmengen von geplanten und tatsächlich verbrauchten Kostengütereinsatzmengen bezeichnet werden[2]. Auftretende Verbrauchsabweichungen können aus der bewußten Revision der planerischen Festlegung von Aktionsparametern resultieren. Handlungsparameter für die Leitung von Instandhaltungsbetrieben innerhalb kurzfristiger Zeiträume stellen vor allem das Instandhaltungsprogramm und die Inanspruchnahme verfügbarer Instandhaltungskapazitäten dar. Aufgrund von Störeinflüssen wie Produktionsprogrammänderungen,

1) Vgl. u.a. Laßmann, G.: Die Kosten- und Erlösrechnung als Instrument der Planung und Kontrolle in Industriebetrieben, Düsseldorf 1968, S. 33 - 35.

2) Vgl. Kilger, W.: Flexible Plankostenrechnung und Deckungsbeitragsrechnung, 8. Aufl., Wiesbaden 1981, S. 169 - 171.

Bedienungsfehlern, Personalausfällen etc., die zum Zeitpunkt der Planung nicht bekannt sind, ist es ständig im Laufe eines Planungszeitraumes erforderlich, die Planvorgaben zu revidieren. Die aus der bewußten Veränderung von Planvorgaben sich ergebenden Verbrauchsabweichungen sollen im folgenden als Planabweichungen oder entscheidungsbedingte Verbrauchsabweichungen bezeichnet werden.
Unabhängig von betrieblichen Umdispositionen können Verbrauchsabweichungen noch durch Nicht-Erreichen bzw. durch Übertreffen des normalerweise erreichbaren Standards an Faktorverbräuchen bei der Durchführung betrieblicher Leistungsprozesse verursacht werden. Diese ausführungsbedingten Abweichungen oder auch Richtabweichungen resultieren in Instandhaltungsbetrieben vorrangig aus dem Verhalten der Arbeitskräfte[1].

Die Verbrauchsmengen einer Reihe von Kostenarten in Instandhaltungsbetrieben sind als im wesentlichen periodenabhängig anzusehen. In den entsprechenden Verbrauchsfunktionen wird von daher die Periodenlänge als alleinige Kosteneinflußgröße berücksichtigt. Für diese Kostenarten gilt, daß hierbei auftretende Verbrauchsabweichungen nur als Gesamtabweichungen

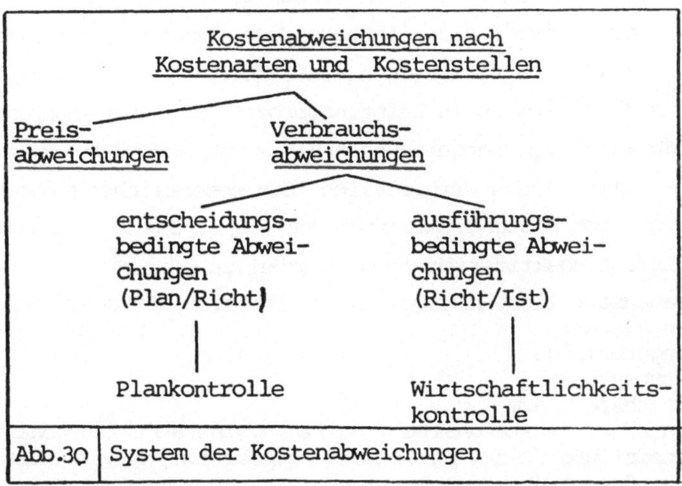

Abb.30 System der Kostenabweichungen

1) Vgl. Laßmann, G.: Plankostenrechnung auf der Basis von Betriebsmodellen, in: Kilger, W. und Scheer, A.-W. (Hrsg.), Plankosten- und Deckungsbeitragsrechnung in der Praxis, Würzburg/Wien 1980, S. 129 -131.

ausgewiesen werden können. Eine Analyse ihrer Ursachen läßt sich somit nur auf der Basis von Sonderrechnungen durchführen. Hierbei ist allerdings zu beachten, daß das geringe Kostengewicht eines Teiles dieser Kostenarten eine wirtschaftliche Abweichungsanalyse nicht erlaubt.

Neben den periodischen Kostenkontrollen können auch noch operative Kontrollen durchgeführt werden[1]. Während bei periodischen Kontrollrechnungen Abweichungen am Ende von Planungszeiträumen ermittelt und analysiert werden, werden bei operativen Kontrollen die während einer laufenden Periode auftretenden Abweichungen mit der Zielsetzung einer unmittelbaren Beeinflussung von Leistungsprozessen zur Beseitigung der Abweichungsursachen erfaßt.

cb) Kostenerfassung in Instandhaltungsbetrieben

1) Grundlagen der Kostenerfassung

Zur Durchführung von Kontrollrechnungen ist es unerläßlich, daß die zur Abweichungsanalyse benötigten Istwerte in gleicher Weise abgegrenzt und untergliedert wie die Plangrößen ermittelt werden. Weiterhin ist die Aktualität der erfaßten Istgrößen sicherzustellen, d.h. die für die jeweiligen Kontrollrechnungen notwendigen Istdaten müssen termingerecht bereitgestellt werden, so daß die insbesondere mit der operativen Kontrolle verfolgte Zielsetzung - kurzfristige Beseitigung von Unwirtschaftlichkeiten in Leistungsprozessen - auch erreicht wird. Für eine ursachengerechte Analyse von Kostenabweichungen ist es darüber hinaus erforderlich, die wesentlichen Merkmale (Kriterien) von Kostengüterverbräuchen zu erfassen. Als wichtigste Erfassungskriterien wären hierbei zu nennen[2]:

- Verbrauchsort (Instandhaltungs(teil)betrieb, Anlagenobjekt)
- Kostengüterart
- Kostengütermenge
- Bewertungsansätze
- Verbrauchszeitraum
- Kostenträger (Instandhaltungsleistung, Instandhaltungsauftrag)
- Kosteneinflußgrößen (Instandhaltungsprogramm, Arbeitszeiten, Entscheidungen über den Personaleinsatz)
- Herkunft der Gütereinsätze und Dienstleistungen (unternehmenseigene Werkstätten/Kolonnen, Fremdunternehmen).

---

1) Vgl. Wittenbrink, H.: Kurzfristige Erfolgsplanung und Erfolgskontrolle mit Betriebsmodellen, Wiesbaden 1975, S.17o; Franke, R.: Betriebsmodelle, Düsseldorf 1972, S. 12of.

2) In Anlehnung an Laßmann, G.: Kostenerfassung, Prinzipien und Technik, in: Kosiol, E.; Chmielewicz, K. und Schweitzer, M. (Hrsg.), Handwörterbuch des Rechnungswesens, 2. Aufl., Stuttgart 1981, Sp. 1021.

Die mit der Durchführung von Instandhaltungsleistungen unmittelbar verbundenen, den einzelnen Leistungseinheiten zurechenbaren Kostengüterverbräuche werden in Instandhaltungsbetrieben zweckmäßigerweise getrennt nach Kostenarten auftrags- und anlagenobjektweise erfaßt, da u.a. Instandhaltungsaufträge und Anlagenobjekte als sachliche Planungseinheiten für die Steuerung des Ablaufes von Instandhaltungsprozessen herangezogen werden und sich damit als Kontrollbezugsgrößen für die operative Kostenkontrolle eignen.

Die den einzelnen Instandhaltungsleistungen nicht zurechenbaren Kosten werden kostenstellen- bzw. betriebsweise erfaßt.

Kostengüterverbrauchsmengen können direkt unmittelbar am Verbrauchsort gemessen oder indirekt über Sollgrößen ermittelt werden. Bei den kalkulatorischen Kostenarten (z.B. kalkulatorische Abschreibungen, Zinsen etc.) und den Kosten aufgrund betrieblicher Umlagen können i.d.R. keine realen Verbrauchsmengen gemessen werden. Von daher werden sie auch in der Istkostenrechnung auf der Grundlage betriebswirtschaftlich fundierter Annahmen als Sollgrößen festgelegt[1]. Indirekt in Form prozentualer Anteile von den Lohn- und Gehaltskosten werden weiterhin regelmäßig Lohn- und Gehaltsnebenkosten ermittelt[2].

Direkt lassen sich die Verbräuche von Ersatzteilen, Hilfs- und Betriebsstoffen sowie von Einsatzzeiten des unternehmenseigenen und -fremden Instandhaltungspersonals erfassen. Aus Gründen einer vereinfachten Erfassung werden die Materialeinsätze in Instandhaltungsprozessen wie auch in anderen betrieblichen Produktionsprozessen häufig über die Lagerabgänge ermittelt. Hierbei entfällt zwar auf der einen Seite der Erfassungsaufwand für die direkt im Betrieb zu erfassenden Verbräuche, aber auf der anderen Seite entstehen hierdurch i.d.R. aufgrund von

---

1) Vgl. Kosiol, E.: Kosten- und Leistungsrechnung, Berlin/ New York 1979, S. 181.

2) Vgl. zu dieser Vorgehensweise Betriebswirtschaftliches Institut der Eisenhüttenindustrie (Bearb.): Allgemeine Richtlinien für das betriebliche Rechnungswesen der Eisen- und Stahlindustrie, Hrsg. Wirtschaftsvereinigung Eisen- und Stahlindustrie, Anlage 2: Kostenartenkatalog, Nr. 211.05/06 und 211.09 - 211.12 , Düsseldorf 1976.

Zwischenlagerungen im Betrieb und Schwund Ungenauigkeiten bei der Verbrauchsmessung. Aufgrund des geringen Kostengewichtes von Werkzeug-, Betriebsstoff-, Reparaturmaterialkosten etc. erübrigt sich gemäß dem Wirtschaftlichkeitsprinzip , das auch für die Kostenerfassung Gültigkeit besitzt[1], für die Messung des Verbrauches dieser Kostenarten eine genaue Erfassung am Verbrauchsort. Der Verbrauch an Ersatzteilen sollte hingegen aufgrund des hohen Kostenanteils der Ersatzteilkosten an den Gesamtinstandhaltungskosten gegliedert nach Teilearten und mit Hinweis auf die Einbauorte der Ersatzteile (Anlagen(teil)systeme) und den jeweiligen Instandhaltungsauftrag am Verbrauchsort genau ermittelt werden - zumal sich diese Verbrauchsmengen durch "einfaches Zählen" festhalten lassen.

Der überwiegende Teil der Kosten für den Einsatz von Instandhaltungspersonal hat als Mengenkomponente die Arbeitszeiten der eingesetzten Instandhalter. Hierzu gehören die Löhne bzw. Gehälter und die zugehörigen Zuschläge sowie die Kosten für Fremd- und Werkstattleistungen. Die Mengenkomponente der Gehaltskosten wird durch den Zeitraum der Abrechnungsperiode festgelegt. Das Mengengerüst der genannten übrigen Kosten für den Einsatz des Instandhaltungspersonals ergibt sich aus den Instandhaltungsmannstunden zur Durchführung von Instandhaltungsleistungen/-aufträgen. Zur Erfassung dieser Personalkosten (als Istwerte) sind in Abhängigkeit von der Entlohnungsform (Zeit- oder Akkordlohn) oder von der Vergütungsform für Werkstatt- und Fremdleistungen, Istzeiten oder Sollzeiten (Vorgabezeiten) festzuhalten, die zur Durchführung von Instandhaltungsleistungen tatsächlich benötigt oder als Vorgabezeiten vereinbart wurden. Istzeiten werden aber auch bei der Vergütung von Personaleinsätzen über Vorgabezeiten benötigt; denn nur durch die Ermittlung benötigter Istzeiten lassen sich Zeitstandards festlegen und ihre Gültigkeit im Zeitablauf überprüfen[2]. Weiterhin bilden Istzeiten die mengenmäßige Basis für die Wirtschaftlichkeitskontrolle des Personaleinsatzes; dieses gilt sowohl für die periodische als auch für die operative Kontrollrechnung.

---

1) Vgl. Schweitzer, M.; Hettich, G.-O. und Küpper, H.-U.: Systeme der Kostenrechnung, 2. Aufl., München 1979, S.136.

2) Vgl. S. 190 und S. 201.

Aus den genannten Verwendungszwecken für ermittelte Istzeiten
- Mengenkomponente der Vergütung von Personaleinsätzen
- Bildung von Zeitstandards für Instandhaltungsarbeiten und Grundlage zur Überprüfung der Gültigkeit dieser Standards
- Basis für die (periodische und operative) Wirtschaftlichkeitskontrolle des Personaleinsatzes

resultieren die Anforderungen, die an die Ermittlung von Istzeiten in Instandhaltungsbetrieben zu stellen sind. Allgemein kann als Grundsatzforderung an die Zeitermittlung aufgestellt werden, daß mit Hilfe der Zeiterfassung, die wesentlichen technischen Ursachen und die personelle Verantwortlichkeit für alle Zeitverbräuche erkennbar werden und daß die zweckbestimmte Weiterverrechnung im Rahmen der Kostendokumentation und -kontrolle sichergestellt wird[1]. Hierzu ist es erforderlich, daß bei der Ist-Zeiterfassung im einzelnen festgehalten werden:

- Instandhaltungsleistungsarten und -mengen
- Arbeitsdauer einzelner Leistungseinheiten (Anfangs- und Endzeitpunkte)
- Instandhaltungsauftrag
- Instandhaltungsobjekt
- Instandhaltungsbetrieb (mit ausführender Gruppe oder ausführendem Facharbeiter)
- Normal- und Mehrarbeit

Die Aufschreibung der Material- und Zeitverbräuche und ihrer o.g. wesentlichen Verbrauchsmerkmale stößt in der betrieblichen Praxis auf nicht unerhebliche Erfassungsschwierigkeiten. Denn in Instandhaltungsbetrieben von Industrieunternehmen wird einerseits zur Erbringung der einzelnen Leistungen eine Vielzahl von Güterarten in unterschiedlichen Mengen und mit verschiedener Herkunft eingesetzt[2]. Andererseits ist es für eine wirksame ökonomische Kontrolle sowie auch für eine fundierte Planung des Gütereinsatzes unerläßlich, daß anfallende Güterverbräuche weitgehend vollständig und möglichst genau

1) Vgl. Laßmann, G.: Kostenerfassung, Prinzipien und Technik, in: Kosiol, E.; Chmielewicz, K. und Schweitzer, M.(Hrsg.), Handwörterbuch des Rechnungswesens, 2. Aufl., Stuttgart 1981, Sp. 1021f.

2) In Instandhaltungsbetrieben von Großunternehmen dürfte die Anzahl der monatlich laufend zu erfassenden Verbrauchsdaten bei 100.000 und höher liegen, vgl. Stocker, G.: Umstellung der Kostenrechnung auf Costing 70 DOS, in: IBM-Nachrichten, 25. Jg., 1975, S. 339f.

erfaßt werden. Weiterhin ist sicherzustellen, daß die festzuhaltenden Verbrauchsdaten im Hinblick auf sich anschließende betriebswirtschaftliche Auswertungen (z.B. für operative Kontrollrechnungen) zeitgerecht zur Verfügung gestellt werden. Für die Ermittlung der Ist-Verbrauchsdaten in Instandhaltungsbetrieben resultiert hieraus, daß große Datenmengen termingerecht und auf geeigneten Datenträgern im Hinblick auf ihre anschließende Verwendung zu erfassen sind.

Die herkömmliche Datenerfassung auf manuell erstellten Belegen (z.B. Lohn- und Materialentnahmescheine) ist aufgrund des großen Umfangs der festzuhaltenden Daten nicht nur mit hohen personellen und finanziellen Aufwendungen verbunden, sondern auch mit mangelnder Genauigkeit und unzureichender Aktualität der zu erfassenden Güterverbräuche[1)]. Denn aufgrund menschlicher Unzulänglichkeit tritt bei manueller Uraufschreibung von Verbrauchsdaten eine Reihe von Fehlerquellen wie z.B. Ablesefehler und Übertragungsfehler auf, die die Richtigkeit der Aufschreibung z.T. erheblich beeinträchtigen. Die manuelle Erfassung ist weiterhin sehr arbeitszeitintensiv. Denn die handschriftlich festgehaltenen Daten müssen regelmäßig auf maschinenlesbare Datenträger übertragen werden, da die weitere Verarbeitung der Daten - z.B. im Rahmen der Auftragsabrechnung (auftragsweise Zusammenstellung der angefallenen Verbräuche) - bei dem heutigen Einführungsgrad von DV-Anlagen zur Kostenabrechnung in Mittel- und Großbetrieben fast ausschließlich maschinell erfolgt[2)]. Von daher muß konstatiert werden, daß die manuelle Ermittlung von Verbrauchsdaten nicht in ausreichendem Maße den Anforderungen einer genauen, vollständigen, aktuellen und wirtschaftlichen Datenerfassung gerecht wird. Zur Erfüllung dieser Anforderungen an die Datenerfassung sind Erfassungssysteme aufzubauen, die an den Verbrauchsorten weitgehend unabhängig vom Menschen die anfallenden Verbrauchsdaten ermitteln und auf maschinenlesbaren Datenträgern festhalten bzw. unmittelbar dem Datenverarbeitungsprozeß zuführen. Diese Aufgabenstellungen der Datenerfassung lassen sich am besten durch den Einsatz elektronischer Datenerfassungssysteme bewältigen.

---

1) Zum Personalaufwand bei der manuellen Erfassung von Lohndaten vgl. u.a. Kleeberg, G.: Datenbringung - Datenverarbeitung, in: Rechnungswesen, Datentechnik, Organisation, 16. Jg., 197o, S.74.

2) Vgl. Mann, D.: Hin zu den Orten der Datenentstehung!, in: Bürotechnik, Automation und Organisation, 22.Jg., 1974, S.147.

2) Einsatz elektronischer Datenerfassungssysteme

Ein Teil der für Zwecke der Kostenrechnung zu erfassenden Daten ist über einen längeren Zeitraum hinweg (z.B. Jahr) nur einmalig festzuhalten. Sie werden jedoch im Laufe dieser Zeitperiode häufig zu kostenrechnerischen Auswertungen und ggf. auch zu anderen Verwendungszwecken (z.B. Lagerbestandsführung, Bestelldisposition etc.) herangezogen. Hierzu gehören in Instandhaltungsbetrieben die Leistungsarten, die Ersatzteilarten, die Sollzeiten für Instandhaltungsarbeiten etc. Aufgrund der zunächst einmaligen Erfassungsnotwendigkeit und ihrer häufigen Verwendung sind diese sog. Stamm- und Strukturdaten[1] zweckmäßigerweise in Dateien (z.B. auf Magnetplatten) zu speichern. Einzelne Stamm- und Strukturdaten sind grundsätzlich nur in einer Datei zu speichern (Vermeidung der Belegung von Speicherkapazitäten mit redundanten Daten), und der Aufbau der Dateien ist so zu strukturieren, daß die einmalig gespeicherten Daten bei möglichst kurzen Zugriffspfaden für mehrere Verwendungszwecke herangezogen werden können (Datenbanksystem)[2].

Neben einmalig festzuhaltenden Daten ist für Planungs-, Dokumentations- und Kontrollrechnungen eine Reihe von Verbrauchsdaten fortlaufend zu erheben. Diese ständig zu erfassenden Daten (auch als Bewegungsdaten bezeichnet[3]) setzen sich zusammen aus: Ist-Arbeitszeiten, Ist-Materialverbräuchen, Auftragsnummern etc. Unter Berücksichtigung der o.g. Anforderungen an die Genauigkeit, Unabhängigkeit und Aktualität der Datenerfassung eignet sich am besten eine automatisierte Erfassung für die laufend aufzuschreibenden Verbrauchsdaten[4].

---

1) Vgl. u.a. Mertens, P. und Puhl, W.: Computereinsatz im betrieblichen Rechnungswesen, in: Journal für Betriebswirtschaft, 31. Jg., 1981, S. 116.

2) Vgl. Wedekind, H. und Ortner, E.: Aufbau einer Datenbank für die Kostenrechnung, in: Die Betriebswirtschaft, 37.Jg., 1977, S. 533-542.

3) Vgl. Hammer, H.: Fertigungssteuerungssystem mit direkter Datenerfassung und -verarbeitung, in: VDI-Zeitschrift, 121 Jg., 1979, S. 471.

4) Vgl. Nestler, W.: Bändigung der Datenflut: Rationelle Datenerfassung muß sein!, in: Rechnungswesen, Datentechnik, Organisation, 19. Jg., 1973, S. 454.

Hierbei werden die von Meßvorrichtungen an den einzelnen Erfassungsorten festgehaltenen Verbrauchsdaten (dezentrale Datenerfassung) in elektrische Impulse umgewandelt und unmittelbar der Datenverarbeitung zugeführt. Erfassungstätigkeiten, die vom Menschen durchzuführen sind, entfallen bei dieser Erfassungstechnik vollständig. Der Einsatzbereich der automatisierten Datenerfassung zur Verbrauchsmessung ist in Instandhaltungsbetrieben erheblich eingeschränkt. Denn es stehen bisher zur automatisierten Datenerhebung geeignete Meßvorrichtungen (Sensoren, Geber) nur für die Erfassung von Prozeßzeiten maschineller Anlagen und von Energieverbräuchen sowie von Meßdaten zur Qualitätssicherung von Produkten und zum Anzeigen der technischen Zustände von Anlagenelementen zur Verfügung[1]. Da jedoch die genannten Verbräuche wie Maschinenzeiten und Energiemengen in Instandhaltungsprozessen aufgrund der Dominanz des Faktors Arbeit nur eine untergeordnete Rolle spielen und diese Erfassungstechnik mit einem erheblichen technischen Aufwand für Meßgeräte verbunden ist, können in weiten Bereichen automatisierte Datenerfassungssysteme aus technischen Gründen nicht eingesetzt werden, bzw. bei bestehender technischer Möglichkeit ist ihr Einsatz nicht wirtschaftlich.
Für die Mehrzahl wichtiger Verbräuche in Instandhaltungsbetrieben wie Arbeitszeiten, Ersatzteile etc. gilt somit, daß ihre Verbrauchsmerkmale (Faktorart, Menge, Auftragsnummern, Bearbeiter usw.[2]) zunächst manuell an den einzelnen Verbrauchsstellen festgehalten werden müssen. Hierzu ist es notwendig, Datenerfassungsstationen (Fernschreiber, Bildschirmterminals etc.) an den Verbrauchsorten einzurichten (dezentrale Datenerfassung).

---

1) Zum begrenzten Einsatzbereich der automatisierten Datenerfassung vgl. Roschmann, K . u.a.: Betriebsdatenerfassung in Industrieunternehmen, München 1979, S. 53f.; Roschmann, K.: Elektronische Fertigungsüberwachung - Betriebsdatenerfassung - , Stuttgart/Wiesbaden 1974, S. 1o7.

2) Vgl. S. 271.

Die laufend zu erhebenden Verbrauchsdaten lassen sich danach unterscheiden, ob es sich hierbei um verbrauchsidentifizierende Daten wie Auftrags- und Ausführungsdaten oder um Ursprungsdaten wie Ist-Arbeitszeiten und Ist-Ersatzteilmengen etc. handelt[1]. Material- und Zeitverbräuche (Ursprungsdaten) fallen in Instandhaltungsprozessen ständig und in unterschiedlichem Ausmaß an. Von daher sind diese Verbräuche laufend zu messen und nur manuell-z.B. mittels der Schreibmaschinentastatur eines Bildschirmterminals-als Verbrauchsdaten zu erfassen. Bei den Auftragsdaten handelt es sich hingegen z.B um Auftrags- oder Anlagenobjekt-Nummern, Angaben über die zu belastenden Kostenstellen oder die zu erbringenden auftragsbezogenen Instandhaltungsleistungsarten und -mengen. Personal- und Kostenstellennummern der Ausführenden können als Beispiele für Ausführungsdaten genannt werden. Ausführungs- und Auftragsdaten werden zur zweckgerechten Weiterverarbeitung (z.B. Kostenverrechnung) der erfaßten Ursprungsdaten benötigt, d.h. sie sind in gleicher Form wiederholend bei der Erfassung von Ursprungsdaten auch festzuhalten. Um den manuellen Erfassungsaufwand möglichst gering zu halten, sind diese verbrauchsidentifizierenden Daten zweckmäßigerweise auf maschinenlesbaren Datenträgern festzuhalten, die bei jedem Erfassungsvorgang erneut genutzt werden können. Auftragsdaten können auf Lochkarten oder anderen maschinenlesbaren Datenträgern, die vor Bearbeitungsbeginn des betreffenden Auftrages zu erstellen sind, festgehalten werden. Plastikausweise und Code-Schlüssel stellen geeignete Datenträger für Ausführungsdaten dar[2].

Die Übertragung der dezentral erfaßten Daten zur Zentraleinheit einer DV-Anlage kann auf direktem (On-line) oder auf indirektem Wege (Off-line) erfolgen. Bei Off-line-Verbindungen werden die mit Verbrauchsdaten beschriebenen Datenträger (z.B. Disketten, Magnetbänder) zur Zentraleinheit transportiert. Hingegen werden

---

1) Vgl. Roschmann, K.: Betriebsdatenerfassung, in: Kern, W. (Hrsg.), Handwörterbuch der Produktionswirtschaft, Stuttgart 1979, Sp.334f.

2) Vgl. Roschmann, K.: Leistungssteigerung und Rationalisierung des betrieblichen Informationsflusses durch bessere Betriebsdatenerfassung, in: Industrielle Organisation, 49.Jg., 198o. S. 314.

bei On-line-Verbindungen die Daten mittels Übertragungsleitungen der Zentraleinheit übermittelt und können dort unmittelbar verarbeitet werden. Bei alleiniger Verwendung der erfaßten Ist-Daten zu Zwecken der Kostenrechnung ist aufgrund hoher finanzieller Aufwendungen (z.B. für Einrichtungen zur Datenfernübertragung) eine On-line-Verbindung abzulehnen. Eine On-line-Verarbeitung der angefallenen Daten ist nur dann sinnvoll, wenn sie auch zur Prozeßsteuerung betrieblicher Leistungsprozesse genutzt werden sollen[1].

Durch die Integration von maschineller Datenverarbeitung und Erfassung von Verbrauchsdaten - wie sie bei elektronischen Datenerfassungssystemen gegeben ist - läßt sich weiterhin der Genauigkeitsgrad der ermittelten Daten im Vergleich zu ausschließlich manuell festgehaltenen Werten durch Formal- und Plausibilitätskontrolle verbessern[2]. Formalkontrollen beinhalten die Überprüfung z.B. der Einhaltung des Datenformats oder der Vollständigkeit der Dateneingaben. Mit Plausibilitätskontrollen soll die Richtigkeit der erfaßten Daten überprüft werden: z.B. Überprüfung von Arbeitszeiten einzelner Personen im Hinblick darauf, ob die betreffende Person überhaupt anwesend war, oder Prüfung von erfaßten Verbrauchsmengen auf Über- oder Unterschreitungen bestimmter Maximal- oder Minimalwerte. Diese Kontrollen können bei "intelligenten" Datenerfassungsstationen (Kopplung der Datenerfassungseinrichtung mit entsprechendem Kleinrechner) bereits während des Erfassungsvorganges durchgeführt werden. Ansonsten können die Daten während der eigentlichen Datenverarbeitung in der Zentraleinheit kontrolliert werden. Die erstere Vorgehensweise gewährleistet in hohem Maße, daß nur fehlerfreie Daten verarbeitet werden bzw. fehlerhafte Daten vor der Verarbeitung ohne größeren Zeitaufwand korrigiert werden können, da die Erfassungsstationen an den Verbrauchsorten installiert sind. Die dezentrale Fehlerkontrolle beinhaltet gegenüber

---

1) Vgl. Laßmann, G.: Kostenerfassung, Prinzipien und Technik, in: Kosiol, E.; Chmielewicz, K. und Schweitzer, M. (Hrsg.), Handwörterbuch des Rechnungswesens, 2. Aufl., Stuttgart 1981, Sp. 1026.

2) Vgl. Roschmann, K. u.a.: Betriebsdatenerfassung in Industrieunternehmen, München 1979, S. 123f.

der zentralen Kontrolle aber auch einen höheren gerätetechnischen Aufwand. Dieser kann insoweit verringert werden, als ein Kontrollrechner von mehreren Datenerfassungsstationen gemeinsam genutzt wird.

Abschließend läßt sich zur Kostenerfassung in Instandhaltungsbetrieben anmerken, daß für die Ermittlung und betriebswirtschaftliche Auswertung angefallener Kostengüterverbräuche geeignete computergestützte Datenerfassungssysteme zur Verfügung stehen. Von daher können auch für Kontrollrechnungen in Instandhaltungsbetrieben genaue und aktuelle Istwerte herangezogen werden, die hierbei den korrespondierenden, geplanten Kostengrößen gegenüberzustellen sind, um auf der Grundlage dieser Vergleiche die Wirtschaftlichkeit von Instandhaltungsprozessen zu beurteilen und ggf. auftretende Unwirtschaftlichkeiten rechtzeitig zu beseitigen. Der wirtschaftliche Einsatz der beschriebenen modernen Datenerfassungstechniken zur Ermittlung von Kostengüterverbräuchen in Instandhaltungsbetrieben ist allerdings nur dann gewährleistet, wenn die Erfassung von Instandhaltungsdaten integrierter Bestandteil eines gesamtbetrieblichen Datenerfassungskonzeptes ist. Dieses beinhaltet zum einen, daß Instandhaltungsdaten auch für andere betriebliche Aufgabenbereiche zur Verfügung stehen (z.B. Prozeßsteuerung der Hauptprozesse unter Berücksichtigung aktueller Fertigmeldungen von Instandhaltungsarbeiten), und zum anderen, daß die Erfassungssysteme zur Ermittlung von Daten aus <u>allen</u> betrieblichen Leistungsprozessen eingesetzt werden.

cc) Periodische Kontrollrechnung

Mit der periodischen Kostenkontrolle sollen kostenstellen- bzw. betriebsweise neben der Gesamtkostenabweichung und den Preisabweichungen für einzelne Kostenarten auch die entscheidungs- und ausführungsbedingten Verbrauchsabweichungen ausgewiesen werden.

Entsprechend dem gewählten Planungszyklus von 3 Monaten sind diese Kontrollrechnungen ebenfalls quartalsweise durchzuführen. Die Gesamtkostenabweichung ergibt sich aus der Differenz zwischen den in der Planungsrechnung auf der Grundlage von Kosten- und Faktoreinsatzfunktionen festgelegten Periodenkosten des Betriebes und den ermittelten Istkosten der Periode. Sie läßt sich in der Untergliederung nach Ersatzteilkosten und -gutschriften sowie nach Verarbeitungskosten wie folgt angeben:

	Plan-Ersatzteilkosten
+	Plan-Ersatzteilgutschriften
+	Plan-Verarbeitungskosten
=	Plan-Periodenkosten (1)
	Ist-Ersatzteilkosten
+	Ist-Ersatzteilgutschriften
+	Ist-Verarbeitungskosten
=	Ist-Periodenkosten (2)
=	Gesamtkostenabweichung / (1) - (2)/

Die Gesamtkostenabweichung kann nach Trennung der Plan- bzw. Istkosten in ihre Mengen- und Preisbestandteile in Preis- und Verbrauchsabweichungen unterteilt werden.

	Ist-Ersatzteilverbrauchsmengen	x (Plan-Preise ./. Ist-Preise)
+	Ist-Anzahl gutgeschriebener Teile	x (Plan-Preise ./. Ist-Preise)
+	Ist-Verarbeitungskostengüter-verbrauchsmengen	x (Plan-Preise ./. Ist-Preise)
=	Preisabweichung (1)	
	(Plan- ./. Ist-Ersatzteilverbrauchsmengen)	x Plan-Preise
+	(Plan- ./. Ist-Anzahl gutgeschriebener Teile)	x Plan-Preise
+	(Plan- ./. Ist-Verarbeitungskostengüterverbrauchsmengen)	x Plan-Preise
=	Verbrauchsabweichung (2)	
=	Gesamtkostenabweichung / (1) + (2) /	

Preisabweichungen ergeben sich aus der Differenz zwischen den mit Plan- bzw. Ist-Preisen bewerteten, tatsächlich angefallenen Kostengüterverbrauchsmengen. Sie werden zweckmäßig kostenartenweise ermittelt, da hierdurch ausgewiesen wird, in welchem kostenmäßigen Umfang Preisänderungen einzelner Einsatzgüterarten das Betriebsergebnis beeinflußt haben. Änderungen von Bewertungsansätzen resultieren zum einen aus Veränderungen von Beschaffungspreisen und zum anderen aus Strukturverschiebungen bei durchschnittlichen Wertansätzen, die sich aus (gewichteten) Einzelpreisen zusammensetzen. Beispielsweise resultieren Unterschiede zwischen Planlohnsätzen zur Bewertung von Instandhaltungsmannstunden und den zugehörigen Istsätzen daraus, daß die geplante Lohngruppenstruktur eines Betriebes von der tatsächlich vorgefundenen abweicht[1].

Verbrauchsabweichungen geben die Differenz zwischen den mit Planpreisen bewerteten Plan- und Istverbrauchsmengen an. Die Ursachen für diese Mengenabweichungen können einerseits in voneinander abweichenden geplanten oder tatsächlich realisierten Dispositionen liegen und andererseits durch Faktorverbräuche begründet sein, die von dem normalerweise erreichbaren Verbrauchsstandard bei der Durchführung von Instandhaltungsleistungen abweichen. Die Analyse dieser Verbrauchsabweichungen und ihrer Ursachen ist Gegenstand der Plan- bzw. der Wirtschaftlichkeitskontrolle.

Zum Ausweis der Kostenabweichungen aufgrund von Planrevisionen werden kostenarten- und -stellenweise den Plankosten korrespondierende Richtkostengrößen gegenübergestellt. Als Plangrößen werden hierzu die auf der Basis von Kostenfunktionen in der Planungsrechnung ermittelten Kostengrößen herangezogen.

---

1) Vgl. zur Bildung von Planlohnsätzen zur Bewertung von Mannstunden S. 211.

Zur Ermittlung der Richtkosten ist das in der Abrechnungsperiode erbrachte Instandhaltungsprogramm vorzugeben. Weiterhin sind die Dispositionskoeffizienten zur Berücksichtigung der Zuordnung von Leistungen auf Betriebe und des Einsatzumfanges von Mehrarbeit in der Weise festzulegen, daß die tatsächlich realisierte Aufgabenverteilung auf die einzelnen Betriebe und der realisierte Mehrarbeitsanteil zum Ausdruck gebracht werden. Ausgehend von diesen Ist-Größen lassen sich dann für alle Instandhaltungsleistungen, deren Mengen- und Zeitverbräuche zu Beginn einer Planungsperiode mittels leistungsbezogener Verbrauchsstandards planbar sind, Richtverbrauchsmengen - vor allem für Ersatzteil- und Arbeitszeitverbräuche - auf der Grundlage der entsprechenden Verbrauchsfunktionen der Betriebsstrukturmatrix festlegen. Richt-Ersatzteilmengen und Richt-Arbeitszeiten können für einen Teil der Leistungen, deren Verbräuche nicht ex ante leistungsbezogen ermittelbar sind, ex post (nach Ablauf der Abrechnungsperiode) geplant werden. Bei diesen Arbeiten ist davon auszugehen, daß nach Inspektion und/oder Demontage der betreffenden Anlagenbauteile unmittelbar vor Arbeitsbeginn festgelegt werden kann, welche Ersatzteil- und Zeitverbräuche bei wirtschaftlichem Verhalten aller Arbeitskräfte anfallen dürfen. Für die verbleibenden restlichen Arbeiten können Richtverbräuche weder ex ante noch ex post bestimmt werden, so daß bei der Durchführung dieser Instandhaltungsleistungen angefallene Ist-Verbrauchsmengen und Ist-Zeiten auch als Richtgrößen in der Kontrollrechnung Verwendung finden müssen. Durch Bewertung der Richtverbräuche mit Planpreisen ergeben sich dann - kostenartenweise gegliedert - die Richtkosten.

Bei den Instandhaltungsleistungen, deren Arbeitszeitbedarf nicht ex ante geplant werden kann, handelt es sich zum einen um Leistungen, deren Arbeitsinhalte im Planungszeitpunkt nicht bekannt sind, und zum anderen um Instandhaltungsarbeiten, die selten durchzuführen sind.

Für selten anfallende Instandhaltungsleistungsarten können aufgrund der geringen Auftrittshäufigkeit keine betrieblich ermittelten Sollzeiten (mit befriedigender statistischer Genauigkeit) festgelegt werden. Dieses gilt sowohl für die Festlegung von Zeitstandards für die Planungsrechnung als auch für die Ex-post-Bestimmung von Richtzeiten. Darüber hinaus ist die Ermittlung von Richtzeiten für diese Arbeiten auf der Grundlage von Zeitbausteinen der Systeme vorbestimmter Zeiten i.d.R. nicht zweckmäßig, da bei Verwendung dieser Sollzeiten nicht a priori gewährleistet ist, daß sie unter den spezifisch betrieblichen Arbeitsbedingungen anwendbar sind. Die Einsatzfähigkeit von Zeitvorgaben auf der Basis überbetrieblicher Zeitbausteine kann nur durch die Erfassung und statistische Auswertung angefallener Istzeiten überprüft werden. Hierzu ist jedoch eine ausreichende Anzahl angefallener Istzeiten erforderlich; bei selten durchzuführenden Arbeiten ist diese geforderte Auftrittshäufigkeit nicht gegeben.

Die Unbekanntheit des Arbeitsumfanges zu Beginn einer Planungsperiode läßt sich bei einem Teil der zu erbringenden Instandhaltungsleistungsarten zum einen auf die (spezielle) Art der Arbeitsaufgabe und zum anderen auf nicht im Planungszeitpunkt bekannte und sich in wesentlichen arbeitszeitbestimmenden Merkmalen verändernde Zustände der betreffenden Arbeitsgegenstände zurückführen. Für Arbeitsaufgaben wie z.B. Fehlersuche, Regulier-, Richt- oder Einpaßarbeiten gilt, daß auch nicht unmittelbar vor Beginn dieser Arbeiten die Häufigkeit der Durchführung hierzu erforderlicher Arbeitsvorgänge festgelegt werden kann und/oder daß bestimmt werden kann, welche Arbeitselemente im einzelnen zu erbringen sind. Z.B. kann bei der Fehlersuche nicht vorab angegeben werden, welche Prüfvorgänge im einzelnen durchgeführt werden sollen. Denn eine schematische Fehlersuche in der Weise, daß auftretende Fehlerquellen mittels einer festliegenden Checkliste zu suchen sind, würde zu unnötig hohen Arbeitszeiten bei der Erfüllung dieser Arbeitsaufgabe führen. Von daher muß es bei diesen Arbeiten dem Instandhalter überlassen bleiben, welche Vorgehensweise er bei der Fehlersuche aufgrund seiner Erfahrung im konkreten Einzelfall für zweckmäßig erachtet. Für diese Arbeiten lassen sich somit keine Richtzeiten festlegen, da der "kürzeste Prüfweg" zum Auffinden eines Fehlers und die hierzu notwendige Arbeitszeit sich erst nach Kenntnis der Fehlerquelle angeben lassen, so daß hieraus keine Richtschnur für die Bewertung des wirtschaftlichen Verhaltens des Fehlersuchenden abgeleitet werden kann.

Instandhaltungsleistungen, deren Arbeitsumfang aufgrund unbekannter Zustände der jeweiligen Arbeitsgegenstände im Planungszeitraum nicht bestimmbar ist, lassen sich im Hinblick auf die Ermittlung von Richtzeiten danach unterscheiden, ob zur Durchführung dieser Leistungen Routinetätigkeiten erbracht werden müssen oder ob es sich hierbei um selten durchzuführende Arbeitsvorgänge handelt. Für die Instandhaltungsleistungen, zu deren Durchführung Routinearbeiten zu erbringen sind, können - nach Inspektion und/oder Demontage der betreffenden Anlagenbaugruppe - Zeitvorgaben unmittelbar vor Arbeitsbeginn festgelegt werden, die als Richtgrößen zur Beurteilung des wirtschaftlichen Verhaltens der Instandhalter herangezogen werden können. Treten hingegen z.B. Schäden an Anlagenbauteilen auf, die nicht durch Routinetätigkeiten beseitigt werden können, lassen sich für diese Instandsetzungsleistungen aufgrund ihres geringen (evtl. sogar einmaligen) Auftretens keine Richtzeiten angeben.

Zusammenfassend läßt sich sagen, daß für den weitaus überwiegenden Teil von Instandhaltungsleistungen Richtzeiten festgelegt werden können. Nur für selten durchzuführende Leistungen oder für spezielle Arbeitsaufgaben wie Fehlersuche etc. sind Richtzeiten nicht ermittelbar.
Die folgende Abbildung gibt nochmals einen Überblick über die Vorgehensweisen zur Ermittlung von Richtzeiten für Kontrollrechnungen bei verschiedenen Instandhaltungsleistungsarten(-gruppen).

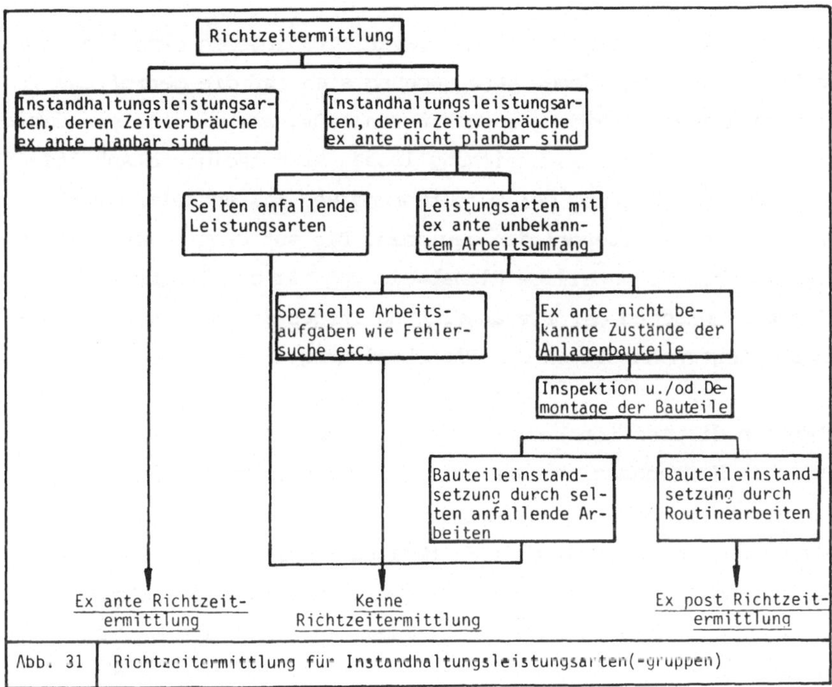

Abb. 31 Richtzeitermittlung für Instandhaltungsleistungsarten(-gruppen)

Die durch Gegenüberstellung von Plan- und Richtkosten errechneten Planabweichungen resultieren aus gewollten Änderungen des Instandhaltungsprogramms und der Zuordnung von Leistungen auf Betriebe bzw. der Inanspruchnahme von Mehrarbeitsstunden. Im Sinne einer ursachengerechten Analyse von Kostenabweichungen lassen sich von daher die ermittelten dispositionsbedingten Abweichungen (Planabweichungen) noch nach Programm- und Durchführungsabweichungen unterscheiden.

  Programmabweichung
\+ Durchführungsabweichung
= Planabweichung (dispositionsbedingte Abweichung)

Zur Ermittlung von Durchführungsabweichungen sind für das realisierte Ist-Programm mit Hilfe der in Kapitel III. E. dargestellten Optimierungsrechnung die kostengünstigste Durchführungsalternative und die sich unter Berücksichtigung dieser optimalen Durchführungsvariante ergebenden Kosten zu bestimmen. Durch Vergleich der Richtkosten bei kostenoptimaler Durchführung mit den Richtkosten unter Berücksichtigung der tatsächlich realisierten Durchführungsvariante ergeben sich die Anteile der Planabweichung, deren Verursachung sich auf die getroffene Durchführungsentscheidung zurückführen läßt. Aus der Analyse der ermittelten Durchführungsabweichung lassen sich geeignete Anhaltspunkte für die Planung der Durchführung von Instandhaltungsprogrammen in den Folgeperioden gewinnen. Die auf Programmänderungen zurückzuführende anteilige Planabweichung ist das Ergebnis der Differenz zwischen der Planabweichung insgesamt und dem durchführungsbedingten Anteil an der Planabweichung.

Neben den dispositionsbedingten Abweichungen treten zusätzlich noch Kostenabweichungen auf, die durch Mehr- oder Minderverbräuche an Verbrauchsgütern vor allem aufgrund des Verhaltens der Arbeitskräfte (z.B. Mehrverbräuche beim Ausführen von Instandhaltungsarbeiten) verursacht werden. Die Kostenwirkungen der Abweichungen vom Standardverbrauch des Kostengütereinsatzes (Richtabweichungen) werden in Rahmen der Wirtschaftlichkeitskontrolle, d.h. durch kostenarten- und -stellenweisen Vergleich von Richtkosten und mit Planpreisen bewerteten Ist-Verbrauchsmengen, näher analysiert.

Richtabweichung	=	Planpreis	x	Richtverbrauchsmenge	./.	Istverbrauchsmenge

Auf die Ermittlung der Ausgangsgrößen zur Bestimmung von Richtabweichungen wie Planpreise und Richt- bzw. Istverbrauchsmengen wurde bereits im Rahmen der Planungsrechnung, der Kostenerfassung und -dokumentation sowie bei der Ableitung von Planabweichungen eingegangen. Von daher können sich die folgenden Ausführungen auf die Erläuterung und Darstellung einer ursachengerechten Analyse von Richtabweichungen in Instandhaltungsbetrieben beschränken. Ausführungsbedingte Kostenabweichungen sollten insbesondere für arbeitszeitabhängige Kosten des Personaleinsatzes und für programmabhängige Ersatzteil- und Reparaturmaterialkosten ausgewiesen und auf ihre Ursachen und Verantwortlichkeit hin untersucht werden.

Werden die Istverbrauchsmengen dieser Kostenarten gemäß den genannten Erfassungskriterien festgehalten[1], lassen sich die Abweichungsursachen, Entstehungsorte und die Verantwortlichkeit detailliert nachhalten. Denn beispielsweise können kostenstellenweise dargestellte, ausführungsbedingte Fertigungslohnabweichungen danach untersucht werden, für welche Instandhaltungsleistungen an bestimmten Anlagenobjekten Mehrverbräuche an Instandhaltungsmannstunden angefallen sind und durch welche Instandhalter diese Abweichungen vom Normalzeitstandard verursacht wurden.

cd) Operative Kontrollrechnung

Mit dem periodischen Ausweis von Richtabweichungen werden nach Ursachen, Entstehungsorten und Verantwortlichkeit detaillierte Unterlagen zur Aufdeckung und Untersuchung von Unwirtschaftlichkeiten bei der Erbringung von Instandhaltungsleistungen zur Verfügung gestellt. Die Wirksamkeit von Kostensenkungsmaßnahmen, die auf Erkenntnissen dieser Abweichungsanalysen beruhen, wird dadurch zum Teil begrenzt, daß die Kontrollen erst am Ende einer Planungsperiode (z.B. Quartal) durchgeführt werden. Eine Verbesserung der Wirksamkeit von Richt/Ist-Vergleichen läßt sich durch eine Verkürzung der zeitlichen Abstände von Kontrollen erreichen[2]. Zielsetzung dieser operativen Kontrollrechnungen ist es, die während einer laufenden Periode auftretenden Richtabweichungen in kurzen Zeitabständen (schicht-, tage - oder wochenweise) zu erfassen, um unmittelbar Instandhaltungsprozesse im Hinblick auf die Beseitigung von Abweichungsursachen beeinflussen zu können. Das ständige Festhalten und Auswerten von Istverbrauchsmengen beinhaltet allerdings auch einen Erfassungsmehraufwand gegenüber der periodischen Abweichungsanalyse. Von daher sollte sich die operative Kontrolle nur auf gewichtige Kostenarten beschränken. Für Instandhaltungsbetriebe resultiert hieraus, daß vorrangig Arbeitszeiten von unternehmenseigenem und -fremdem Personal und Ersatzteilverbrauchsmengen ständig zu erfassen und auszuwerten sind.

---

1) Vgl. zu den Erfassungskriterien für Kostengütereinsätze in Instandhaltungsbetrieben S. 268.

2) Vgl. Kilger, W.: Flexible Plankostenrechnung und Deckungsbeitragsrechnung, 8. Aufl., Wiesbaden 1981, S. 538.

Des weiteren sind operative Kontrollen im Gegensatz zu periodischen nicht betriebs- oder kostenstellenbezogen durchzuführen, sondern nur punktuell für einzelne Instandhaltungsaufträge, -objekte oder -vorgänge. In dem untersuchten Hüttenwerk erfolgen operative Kontrollen schwerpunktmäßig

1. für Instandsetzungen an Anlagen, die einen relativ hohen Beitrag zum Unternehmenserfolg leisten, um vor allem hierdurch eine hohe Nutzungszeit dieser Anlagen zu erreichen

2. für Instandsetzungen mit einem großen Arbeitsumfang, um auch bei derartig komplexen und vielschichtigen Arbeitsvorgängen eine termingerechte und kostengünstige Durchführung zu gewährleisten und

3. für vergebene Instandhaltungsaufträge an Fremdfirmen, um deren qualitäts- und termingerechte sowie kostengünstige Durchführung zu überwachen[1].

Kontrollbezugsgrößen für operative Kontrollen sollten weiterhin Anlagenobjekte darstellen, die sich durch ein relativ hohes Instandhaltungskostenvolumen auszeichnen.

Aufgrund der gewollten Beschränkungen auf bestimmte Kostenarten und einzelne Instandhaltungsvorgänge können operative Kontrollen nicht den periodischen Soll-Ist-Kostenvergleich ersetzen, weil hierbei nur ein Teil der Kostenabweichungen erfaßt wird[2]. Aber für die wirtschaftliche Steuerung vielschichtiger und unter wechselnden Rahmenbedingungen wie z.B. variierenden Anlagenzuständen durchzuführender Instandhaltungsvorgänge stellen diese äußerst flexiblen und gezielt auf einzelne Schwerpunktvorgänge gerichteten Kontrollen mehr als nur eine geeignete Ergänzung zu periodischen Abweichungs-

---

1) Vgl. Becker, E.: Netzplantechnik in der Instandhaltung, in: Schmalenbach Gesellschaft (Hrsg.), Instandhaltung-Ein Managementproblem der Anlagenwirtschaft, 2.Aufl., Köln 1978, S. 149 und S. 162.

2) Vgl. Kilger, W.: Flexible Plankostenrechnung und Deckungsbeitragsrechnung, 8. Aufl., Wiesbaden 1981, S. 538.

analysen dar. So können aufgrund der Beschränkung der Kontrollobjekte gezielt für den Einzelfall umfassende Analysen durchgeführt und detaillierte Aussagen über aufgetretene Unwirtschaftlichkeiten und deren Ursachen geliefert werden. Periodenbezogene Soll-Ist-Vergleiche basieren hingegen mit zunehmender Dauer der Planungsperiode in immer stärkerem Maße auf nivellierten Durchschnittswerten. Dagegen können für operative Kontrollen die Sollgrößen unter Berücksichtigung der Individualität des Einzelfalles zeitnah festgelegt werden. Auf der Basis dieser Sollgrößen und der kurzfristigen Erfassung entsprechender Istgrößen läßt sich vor allem eine effiziente Personalsteuerung im Hinblick auf die termingerechte Erfüllung von Instandhaltungsaufgaben und auf eine gleichmäßig hohe Auslastung der vorhandenen Personalkapazität realisieren.

Als methodisches Hilfsmittel zur Terminplanung und -überwachung sowie zur Personaleinsatzsteuerung in Instandhaltungsprozessen hat sich vor allem in der Praxis der Einsatz der Netzplantechnik bewährt[1]. Von daher sollte die operative Überwachung von Zeit- und Mengenverbräuchen auf der Grundlage von Netzplänen erfolgen. So bezieht sich auch der größte Teil der Netzpläne in dem untersuchten Hüttenwerk auf Arbeiten mit einer Durchführungsdauer von zwei bis fünf Tagen, aber auch in Ausnahmefällen mit 3oo und 3o Minuten[2].

Netzpläne bilden hierbei die Struktur der zu erledigenden Instandhaltungsarbeiten durch die Angabe der einzelnen Arbeitsvorgänge, deren zeitlicher Dauer, ihrer Beginn- und

---

1) Vgl. Voigt, J.-P.: Termin- und Kapazitätsplanung für Instandsetzungs- und Montageprojekte durch Netzplantechnik, in: Stahl und Eisen, 91. Jg., 1971, S. 1121; Becker, E.: Netzplantechnik in der Instandhaltung, in: Schmalenbach Gesellschaft (Hrsg.), Instandhaltung - Ein Managementproblem der Anlagenwirtschaft, 2. Aufl., Köln 1978, S. 145-162.

2) Vgl. Becker, E., ebenda, S. 16o.

Abschlußzeitpunkte sowie ihrer Anordnungsbeziehungen in Tabellen oder Grafiken ab[1]. Ein Netzplandiagramm besteht aus Pfeilen und Knoten, wobei die Knoten durch Kreise oder Rechtecke dargestellt werden. Einzelne Methoden der Netzplantechnik unterscheiden sich vor allem in der Art der Abbildung von Vorgängen. In der Praxis haben sich weitgehend Vorgangsknoten-Netzplandiagramme wie z.B. MIM durchgesetzt[2]. Hierbei werden die Vorgänge durch Knoten dargestellt, die Pfeile bilden die Anordnungsbeziehungen der Knoten (die Reifolge der Vorgänge) ab.

Mit dem Einsatz der Netzplantechnik soll in einer ersten Stufe der zeitliche Ablauf von Instandhaltungsvorgängen geplant und überwacht werden. Hierzu wird die minimale Dauer der gesamten Instandhaltungsarbeit, den Endtermin nicht gefährdende Beginn- und Abschlußzeitpunkte für einzelne (Teil-) Vorgänge sowie die Schlupfzeiten der Vorgänge planerisch festgelegt. Für die Zeitplanung des Netzplanes werden neben der Reihenfolge der (Teil-)Vorgänge somit auch deren zeitliche Dauern benötigt. Zeitstandards aus der Plankostenrechnung eignen sich aufgrund ihrer Größe nicht zur Zeitermittlung von (Teil-)Vorgängen in Netzplänen. Regelmäßig können jedoch Zeitbausteine, aus denen die Standards in der Kostenrechnung gebildet werden, für die Zeitplanung der Vorgänge herangezogen werden, soweit es sich hierbei um Wiederholarbeiten handelt. Diese Zeitbausteine beruhen allerdings z.B. auf

---

1) Vgl. Brand, R.: Erfolgsorientierte Projektablaufplanung bei Baustellenfertigung auf der Grundlage von Netzplänen, Bochum 198o, S.46.

2) Vgl. Voigt, J.-P.: Termin- und Kapazitätsplanung für Instandsetzungs- und Montageprojekte durch Netzplantechnik, in: Stahl und Eisen, 91.Jg., 1971, S. 1122; Becker, E.: Netzplantechnik in der Instandhaltung, in: Schmalenbach-Gesellschaft (Hrsg.), Instandhaltung - Ein Managementproblem der Anlagenwirtschaft, 2. Aufl., Köln 1978, S.147f.

einem durchschnittlichen Zustand der Anlagenbauteile, so daß sie ggf. bei Kenntnis des Bauteilezustandes im Zeitpunkt der Zeitplanung entsprechend zu modifizieren sind. Ist die Zeitplanung auf diesem Wege nicht möglich, kann die Dauer der Vorgänge nur durch analytische Zeitschätzung ermittelt werden.
Ergänzt wird die Zeitplanung noch um eine Auflistung der zur Aufgabenerfüllung notwendigen Ersatzteile, Hilfs- und Betriebsstoffe.

Im Anschluß an die Zeitplanung sind in einer zweiten Stufe die benötigten (Personal-)Kapazitäten festzulegen. Denn die Zeitplanung verliert ihre Aussagekraft, wenn aufgrund von Kapazitätsmangel Vorgänge nicht oder nur verzögert ausgeführt werden können. Kapazitätsmangel führt dazu, daß zeitlich parallel auszuführende Vorgänge zeitlich-sukzessiv durchzuführen sind. Für die Aufstellung des Netzplanes resultiert hieraus, daß zusätzliche Reihenfolgebeschränkungen für die Vorgänge berücksichtigt werden müssen. Zielsetzung in dieser Planungsstufe ist, die zeitliche Abfolge der Vorgänge so zu planen, daß die Instandhaltungskosten - vor allem die Personalkosten - für die Erfüllung der anstehenden Arbeiten unter Berücksichtigung des geforderten Fertigstellungstermins und in engen Grenzen zeitlich variierbarer Vorgangsdauern sowie der verfügbaren fremden und unternehmenseigenen Instandhaltungskapazitäten minimiert werden. Bewertungsansätze für den Personal- und sonstigen Faktoreinsatz können der Plankostenrechnung entnommen werden.

Praktikable exakte Lösungen existieren für diese Optimierungsaufgabe nicht[1]. Von daher strebt man in der Praxis auf heuristischem Wege Lösungen an, die die geforderten Fertig-

1) Vgl. Brand, R.: Erfolgsorientierte Projektablaufplanung bei Baustellenfertigung auf der Grundlage von Netzplänen, Bochum 198o, S. 196-21o; Voigt, J.-P.: Termin- und Kapazitätsplanung für Instandsetzungs- und Montageprojekte durch Netzplantechnik, in: Stahl und Eisen, 91.Jg., 1971, S.1124.

stellungstermine beachten und eine gleichmäßig hohe Auslastung der eigenen Personalkapazitäten gewährleisten[1].

Die in der aufgezeigten Weise erstellten Netzpläne bilden die Grundlage für die Ablaufsteuerung ausgewählter Instandhaltungsarbeiten. Nach Beginn dieser Arbeiten sind die Ist-Anfangs- und -Endtermine der Vorgänge und die zugehörigen Mengenverbräuche festzuhalten. Der Stand der zeitlichen Entwicklung der gesamten Instandhaltungsarbeit und der Verbräuche ist zweckmäßigerweise bei Schichtwechsel zwischen den Verantwortlichen zu besprechen. Hierbei sollen auch die Ursachen für mögliche Abweichungen festgehalten und ggf. Umdispositionen eingeleitet werden, um z.B. den Endtermin einhalten zu können. Der Netzplan gewährleistet hierbei, daß die zu treffenden Maßnahmen gezielt an zeitkritischen Vorgängen ansetzen, und er zeigt auch die hierzu notwendigen Mehrverbräuche, wie vor allem Instandhaltungsmannstunden, auf. Nach Beendigung der gesamten Arbeit sollte eine abschließende Auswertung der vorgenommenen Änderungen und deren Begründung erfolgen, um hierdurch zu immer treffsicheren Netzplänen zu kommen.

Die Frage nach dem Einsatz von Datenverarbeitung und moderner Erfassungstechnik zur Planung, Ist-Aufschreibung und zur Abweichungsanalyse ist wie folgt zu beantworten: Die Entscheidung dazu wird im wesentlichen beeinflußt

- durch die Anzahl der mit Hilfe der Netzplantechnik gesteuerten Instandhaltungsarbeiten,
- durch die Zahl und den Vermaschungsgrad der (Teil-)Vorgänge der einzelnen Arbeiten,

---

1) Vgl. Voigt, J.-P.: Termin- und Kapazitätsplanung für Instandsetzungs- und Montageprojekte durch Netzplantechnik, in: Stahl und Eisen, 91. Jg., 1971, S. 1126; Becker, E.: Netzplantechnik in der Instandhaltung, in: Schmalenbach-Gesellschaft (Hrsg.), Instandhaltung - Ein Managementproblem der Anlagenwirtschaft, Köln 1978, S. 15o, 159 und 162.

- durch die Anzahl notwendiger Alternativrechnungen in der Planungsstufe und bei Umdispositionen und
- durch den gewünschten Detaillierungsgrad der Abweichungsanalysen.

Bei Entscheidung aufgrund der genannten Kriterien für den Einsatz dieser technischen Hilfsmittel sollten wegen der gewünschten Aktualität, d.h. wegen der schichtweise durchzuführenden Abweichungsanalysen und Umdispositionen, die Zeit- und Mengenverbräuche dezentral mit geeigneten Erfassungssystemen festgehalten und unmittelbar dem Datenverarbeitungsprozeß zugeführt werden. Aus gleichem Grunde sollte die Zeit- und Kapazitätsplanung anstehender und bei Änderungen bereits angefangener Arbeiten im Dialog erfolgen.

Schlußbetrachtung

Das Ziel der vorliegenden Untersuchung bestand darin, ein betriebswirtschaftliches Rechensystem zu entwickeln, das der Leitung von Instandhaltungsbetrieben ökonomische Daten liefert, die eine zielgerichtete Lenkung des Gütereinsatzes in Instandhaltungsprozessen ermöglichen sollen. Die Instandhaltungsleitung benötigt diese Daten zur Vorbereitung von Entscheidungen über die Durchführung von Instandhaltungsmaßnahmen (Planung), zur wirtschaftlichen Ex-Post-Beurteilung durchgeführter Maßnahmen (Dokumentation) und zur Ermittlung mengen- und wertmäßiger Abweichungen zwischen Plan- und Istgrößen aufgrund entscheidungs- oder ausführungsbedingter Abweichungsursachen (Kontrolle).

Zur wirtschaftlichen Steuerung von betrieblichen Produktionsprozessen in Hauptbetrieben mit Wiederholfertigung haben sich zeitraumbezogene Planungs- und Kontrollrechnungen als zweckmäßig erwiesen. Für Zwecke der kurzfristigen Planung, Dokumentation und Kontrolle dieser betrieblichen Leistungsprozesse werden betriebsbezogene Periodenerfolgsrechnungen - basierend auf Kosten- und Erlösgrößen - eingesetzt. Ergänzend zu den für die Hauptbetriebe entwickelten Betriebsplankostenrechnungen stehen den Unternehmen keine geeigneten kurzfristigen Planungs- und Kontrollrechnungen für die Instandhaltungsbetriebe zur Verfügung.

In Instandhaltungsbetrieben bilden für kurzfristige Planungsperioden (Monat oder Quartal) vor allem die Festlegung des Instandhaltungsprogramms nach Leistungsarten und -mengen und der Einsatz verfügbarer Personalkapazitäten Gegenstände betrieblicher Entscheidungsfindung. Von daher wurde in dieser Untersuchung eine Betriebsplankostenrechnung entwickelt, mit deren Hilfe Kosten für Instandhaltungsprogramme unter Berücksichtigung ihrer Durchführungsweise ermittelt und gegenübergestellt werden können. Dieses Rechensystem beruht auf linearen Dispositions-, Verbrauchs- und Bewertungsfunktionen, die die Abhängigkeiten zwischen den Instandhaltungskosten und ihren wesentlichen Einflußgrößen erfassen und als rechenbare Beziehungen abbilden. Für den Aufbau dieses Funktionensystems erwies es sich als notwendig, den Anlagenverbrauch, die Instandhaltungs- und Modernisierungsmaßnahmen sowie die Handlungsmöglichkeiten bei der Durchführung von Instandhaltungsleistungen zu analysieren, da hierdurch zum einen die Rahmenbedingungen für die Ableitung der Funktionen festgelegt werden und zum anderen das Spektrum der Handlungsalternativen sichtbar wird, deren Einsatz auf der Grundlage geplanter Instandhaltungskosten beurteilt werden soll.

Der Einsatz von Fertigungsanlagen in Produktionsprozessen ist u.a. gekennzeichnet durch auftretende Wertminderungen während ihrer Nutzungsdauer. Dieser Anlagenverbrauch resultiert aus dem technischen Anlagenverschleiß (Veränderung der Leistungsfähigkeit und/oder des anlagenspezifischen Verbrauchsverhaltens) und aus der wirtschaftlichen Anlagenentwertung als Folge des technischen Fortschritts, Änderungen des Konsumverhaltens der Nachfrager etc. Zur Vermeidung negativer Auswirkungen des Anlagenverbrauchs auf den wirtschaftlichen Erfolg führen Unternehmen Instandhaltungsmaßnahmen,die zur Erhaltung und Wiederherstellung der Leistungsfähigkeit von Anlagen dienen, und Modernisierungsmaßnahmen durch, die die konstruktiven Merkmale der Anlagen entsprechend dem technischen Fortschritt, den geänderten Marktdaten etc. anpassen. Die wirtschaftliche Beurteilung von Modernisierungsmaßnahmen, die nachhaltig die Konstruktionsmerkmale von Anlagen verändern, kann nicht auf der Basis von Plankosten erfolgen, da diese langfristig wirksamen Maßnahmen Güterverbräuche verursachen, die nach Art und Umfang nur einmalig während der Nutzungsdauer einer Anlage anfallen und daher grundsätzlich mit investitionstheoretischen Methoden zu beurteilen sind. Instandhaltungsmaßnahmen setzen sich hingegen zum größten Teil (ca. 80%)[1] aus ständig wiederkehrenden Arbeitsleistungen zusammen, die regelmäßig nach Art und Umfang gleiche Güterverbräuche verursachen. Von daher stellen Plankosten

1) Der %-Wert bezieht sich auf Untersuchungen in Unternehmen der Eisenhüttenindustrie.

geeignete wirtschaftliche Bewertungsgrößen für die Durchführung von Instandhaltungsprozessen dar.

Mit der entwickelten Betriebsplankostenrechnung für Instandhaltungsbetriebe sollen vorrangig kurzfristige Planungs- und Kontrollrechnungen durchgeführt werden. Für kurzfristige Planungsperioden von einem Monat bis zu einem Quartal liegt bereits eine Vielzahl von Handlungsmöglichkeiten bei der Durchführung von Instandhaltungsmaßnahmen fest. Diese mittel- bis längerfristig festliegenden Handlungsalternativen waren von daher zum einen beim Aufbau der Plankostenrechnung (z.B. Ableitung der Faktoreinsatzfunktionen) zu berücksichtigen und zum anderen bei der Vorgabe von Restriktionen im Rahmen von kurzfristigen Wirtschaftlichkeitsrechnungen. Bei diesen für kurzfristige Zeiträume festliegenden Handlungsmöglichkeiten handelt es sich insbesondere um die gewählten Strategiealternativen, um die festgelegte organisatorische Eingliederung und Strukturierung von Instandhaltungs(teil)betrieben, um die gewählte Art des Instandhaltungsvollzugs und um die verfügbaren unternehmenseigenen und -fremden Personalkapazitäten bzw. um Mindeststundenansprüche an einzelne Erhaltungsbetriebe zur Durchführung erforderlicher Instandhaltungsmaßnahmen für die betreffende(n) Produktionsanlage(n).

Die Untersuchung strategischer Vorgehensweisen in der industriellen Anlageninstandhaltung und der Bestimmungsgrößen für ihren Einsatz ergaben, daß sich in vielen Industriebetrieben unterschiedlicher Branchenzugehörigkeit die Inspektionsstrategie als dominierende Strategiealternative herauskristallisiert hat. Diese vorrangige Stellung der Inspektionsstrategie resultiert aus den i.d.R. großen Streubereichen möglicher Standzeiten einzelner Anlagenteile gleicher Bauart, die eine wirtschaftliche Festlegung von vorbeugenden Instandsetzungszeitpunkten verhindern. Die Inspektionsstrategie impliziert weiterhin, daß betriebliche Instandhaltungsprozesse sich vorrangig aus vorbeugenden Instandhaltungsleistungen zusammensetzen, deren Arbeitsinhalte weitgehend festliegen und die sich im Zeitablauf ständig wiederholen, wie Untersuchungen der Instandhaltungsleistungen für Produktionsanlagen in der Grundstoffindustrie ergaben. Im Hinblick auf den Aufbau und die Anwendung einer Betriebsplankostenrechnung im Instandhaltungsbereich bildet diese strategische Vorgehensweise somit eine wesentliche Voraussetzung für einen großen Umfang planbarer Arbeiten und für genaue Verbrauchsstandards je Instandhaltungsleistung.

Untersuchungen der organisatorischen Strukturierung von Instandhaltungsbetrieben und des Instandhaltungsvollzugs in der Chemischen Industrie, in der Eisenhüttenindustrie und im Bergbau ergaben weiterhin, daß die Teilereparatur in Zentralwerkstätten, die ausschließlich bei austauschender Instandsetzung durchführbar ist, in den einzelnen Instandhaltungs(teil)betrieben darüber hinaus das Auftreten einer begrenzten Anzahl sich häufig wiederholender, gleichartiger Instandhaltungsarbeiten unter gleichen Arbeitsbedingungen fördert. Hieraus resultiert für die Planung von Kostengüterverbräuchen: relativ genaue Verbrauchsstandards, häufige Verwendbarkeit der Standards und eine begrenzte Anzahl von benötigten Standards für einzelne Instandhaltungs(teil)betriebe.

Die Untersuchungen der verfolgten Instandhaltungsstrategien, der Organisationsstruktur des Instandhaltungs(gesamt)betriebes und des Instandhaltungsvollzuges in verschiedenen Unternehmen der Grundstoffindustrie machen deutlich, daß die vorgefundenen spezifischen Ausprägungen dieser Größen eine wesentliche Voraussetzung für einen hohen Wiederholungsgrad weitgehend gleichartiger Arbeiten in Instandhaltungs(teil)betrieben bilden. Diese sich wiederholenden gleichartigen Arbeitsabläufe sind eine wichtige Grundlage für den Aufbau und die Anwendung einer Plankostenrechnung zur wirtschaftlichen Beurteilung von Leistungsprozessen in Instandhaltungsbetrieben.

In Unternehmen der untersuchten Branchen werden auf der Basis dieser längerfristig wirksamen Entscheidungen i.d.R. im Rahmen von Jahresplanungen die Größe von Instandhaltungs(gesamt)kapazitäten unter Berücksichtigung des zu erwartenden Instandhaltungsbedarfs für die zu betreuende(n) Produktionsanlage(n) festgelegt. Da in diesen Unternehmen regelmäßig zur Durchführung von Instandhaltungsarbeiten an den Anlagen mehrere (Teil-)Betriebe wie anlagenobjektorientierte Betriebe, Zentralkolonnen oder Fremdunternehmen zur Verfügung stehen, gehört zur Kapazitätsplanung auch die wirtschaftliche Wahl des Verhältnisses von Eigen- und Fremdinstandhaltung und die Festlegung der eigenen Personalstruktur hinsichtlich Normal- und Mehrarbeit. Die Untersuchungen ergaben weiterhin, daß sich diese Personalkapazitäten sowohl unter rechtlichen als auch unter technologisch-organisatorischen Aspekten durch den Einsatz von Mehrarbeit, Umsetzungen, Variation der Inanspruchnahme von Fremdleistungen etc. an kurzfristig schwankende Instandhaltungsbedarfe anpassen lassen.

Der sich aufgrund von kurzfristigen Produktionsschwankungen verändernde Instandhaltungsbedarf erfordert in den Instandhaltungsbetrieben, die die zur Produktion erforderliche Verfügbarkeit der Anlagen zu gewährleisten haben, ständig Entscheidungen über die Festlegung von Instandhaltungsprogrammen und über den Einsatz von Instandhaltungs(personal)kapazitäten hinsichtlich der Durchführung von Mehrarbeit, Umsetzung, Variation der Leistungsinanspruchnahme von Fremdunternehmen und Zentralkolonnen. Der Einsatz unterschiedlicher Betriebe ist mit voneinander abweichenden betriebsspezifischen Zeitverbräuchen für gleiche Instandhaltungsleistungsarten und mit unterschiedlichen Bewertungsgrößen für erbrachte Instandhaltungsmannstunden verbunden. Von daher wurde zur wirtschaftlichen Beurteilung dieser kurzfristigen Handlungsmöglichkeiten die Konzeption einer Betriebsplankostenrechnung entwickelt, die neben anderen wesentlichen Beziehungen zwischen Kosten und deren Einflußgrößen auch die Abhängigkeiten der Kostengüterverbräuche von den genannten Handlungsalternativen berücksichtigt.

Der Kern der entwickelten Plankostenrechnung besteht aus einem System linearer Funktionen, das die Abhängigkeiten der Kostengüterverbrauchsmengen von ihren Einflußgrößen abbildet (Faktoreinsatzfunktionen, Verbrauchsfunktionen). Diese Funktionen dienen zur Ermittlung von periodenbezogenen Planverbrauchsmengen der eingesetzten Kostengüterarten. Durch Bewertung der ermittelten Verbrauchsmengen mit Plan-Einstandspreisen oder Plan-Verrechnungspreisen ergeben sich die Plan-Periodenkosten je Kostenart. Einflußgrößen auf die Verbrauchsmengen von Güterarten, die in Instandhaltungsbetrieben eingesetzt werden, sind zum einen Vorgabegrößen wie Instandhaltungsprogramme, differenziert nach Leistungsarten, sowie die Periodenlänge und zum anderen Zwischengrößen wie Instandhaltungsmannstunden, differenziert nach ausführenden Betrieben und Normal- und Mehrarbeit. Vorgabegrößen sind Aktionsparameter innerhalb der Planungsrechnungen, während Zwischengrößen sich aus den Vorgabegrößen ableiten lassen. Instandhaltungsprogramme sind nach Leistungsarten zu differenzieren, weil Mengen- und Zeitbedarfe für die Durchführung von Instandhaltungsleistungen von der jeweiligen Leistungsart abhängig sind. Die Arbeitsstunden werden differenziert nach Betrieben bzw. nach Normal- und Mehrarbeit ausgewiesen, weil die Bewertung von Zeitverbräuchen davon abhängt, welcher Betrieb die Leistungen ausführt bzw. ob es sich hierbei um Normal- oder Mehrarbeitsstunden handelt.

Mit Hilfe von Dispositionsfunktionen wird weiterhin in diesem Rechensystem der Einfluß der Entscheidung über den Einsatzumfang von verfügbaren Betrieben bzw. von Normal- und Mehrarbeit auf die Kostengüterverbrauchsmengen (z.B. Fremdstunden, Mehrarbeitsstunden etc.) berücksichtigt.

Nach der Formulierung der Grundkonzeption einer Betriebsplankostenrechnung im Bereich der industriellen Anlageninstandhaltung erfolgte die Darstellung des Aufbaus von Plankostenfunktionen für wesentliche in Instandhaltungsbetrieben anfallende Kostengüterarten. Die Ermittlung der Ansätze für Plankostenfunktionen basiert im wesentlichen auf Untersuchungen von Verbrauchsabhängigkeiten in Betrieben der Eisen- und Stahlindustrie und z.T. der Chemischen Industrie. Die methodische Vorgehensweise zum Aufbau der Plankostenfunktionen hat jedoch allgemeingültigen Charakter, da die bereits dargestellten Rahmenbedingungen für die Ableitung der Funktionen auch in anderen Betrieben mit anderer Branchenzugehörigkeit nachweislich ebenso Gültigkeit besitzen. Die betriebsspezifisch ermittelten Mengen- und Zeitstandards oder Verbrauchsfunktionen sind allerdings nur gültig für den speziellen Erhebungsbereich.

Die Verbrauchsmengen wichtiger Kostenarten wie Fertigungs- und Hilfslöhne, Lohnzuschläge oder Hilfs- und Betriebsstoffkosten etc. werden vor allem von den zu leistenden Instandhaltungsmannstunden bestimmt, die zur Durchführung von Instandhaltungsprogrammen benötigt werden. Hieraus ergab sich auch die Notwendigkeit im Rahmen der Ableitung der Ansätze für Plankostenfunktionen, auf die Möglichkeiten der Zeitvorgabe für Instandhaltungsarbeiten einzugehen und ihre Anwendungsbereiche und -grenzen aufzuzeigen. Im Mittelpunkt stand hierbei zum einen die kritische Analyse von Verfahren zur Planzeitermittlung für Instandhaltungsarbeiten hinsichtlich ihrer Einsatzbereiche und Einsatzfähigkeit zur Ermittlung von Sollzeiten für die Planung von Instandhaltungskosten. Zum anderen war der Anteil der Tätigkeitsarten an den gesamten Instandhaltungsarbeiten zu ermitteln, für die Zeitstandards je Leistungseinheit festgelegt werden können (Erfassungsgrad). Die Untersuchung zur Verfügung stehender Zeitermittlungsverfahren ergab, daß betriebliche Zeitaufnahmen für voll oder bedingt vom Menschen beeinflußbare Instandhaltungsarbeiten bei sich wiederholenden gleichen oder ähnlichen Arbeitsabläufen geeignet sind. Die betrieblich ermittelten Zeitstandards weisen hohe Genauigkeitsgrade auf, allerdings ist ihre Ermittlung mit erheblichen finanziellen und personellen Aufwendungen verbunden. Bei der Anwendung von Systemen vorbestimmter Zeiten oder dem UMS-Verfahren entfällt zumindest für einen Teil der voll beeinflußbaren Tätigkeiten die Ermittlung von Zeitstandards auf der Basis betrieblicher Zeitaufnahmen. Jedoch müssen diese überbetrieblichen Sollzeiten an die unternehmensspezifischen Verhältnisse (z.B. Methodenniveau, Zustand der Anlagenteile) angepaßt und durch betriebliche Zeitaufnahmen stichprobenweise im Hinblick auf ihre Prognosegüte überprüft werden. Weiterhin ergaben Untersuchungen in der Eisenhüttenindustrie und in der Chemischen Industrie, daß der Erfassungsgrad von Instandhaltungstätigkeiten mit Planzeiten, die auch eine zur Kostenplanung befriedigende Genauigkeit aufweisen, bei ca. 7o % der Gesamtinstandhaltungstätigkeit (gemessen in Instandhaltungsmannstunden) liegt. Dieses Untersuchungsergebnis bewegt sich am unteren Rand des in der Literatur genannten Bereichs möglicher Erfassungsgrade von ca. 7o % - 9o %.

Der entwickelte Ansatz einer Betriebsplankostenrechnung für Instandhaltungsbetriebe auf der Grundlage empirisch ermittelter Plan-Verbrauchs- bzw. Plankostenfunktionen kann zum einen zur Kostenplanung und -kalkulation und zum anderen zur Kostenüberwachung herangezogen werden:

- Kostenplanung
  = Alternativrechnungen zur Festlegung kostengünstiger Instandhaltungsprogramme und Durchführungsvarianten bzgl. der Inanspruchnahme von verfügbaren Instandhaltungs(teil)betrieben und Normal- und Mehrarbeit
  = Optimierungsrechnungen zur Auswahl der kostengünstigsten Durchführungsalternative bei gegebenen Instandhaltungskapazitäten und für ein vorgegebenes Instandhaltungsprogramm
- Kostenkalkulation
  = Ermittlung von Plankostensätzen für Instandhaltungsleistungsarten zur Verrechnungspreisbildung, zur Beurteilung von Fremdleistungen, zur Vorkalkulation von Großreparaturen etc.
- Kostenüberwachung
  = Periodische Kontrollrechnungen zur Ermittlung von Kostenabweichungen in festen Zeitabständen, differenziert nach Kostenarten, Ursachen, Entstehungsorten und Verantwortungsbereichen
  = Operative Kontrollrechnungen zum auftrags- oder anlagenobjektweisen Ausweis von Soll-/Istabweichungen der Mengenkomponenten wichtiger Kostenarten wie Ersatzteilverbrauchsmengen oder Instandhaltungsmannstunden nach Ablauf einer Schicht oder eines Tages mittels Netzplänen; soweit Standards der Betriebsplankostenrechnung als operative Sollvorgaben geeignet sind, sollten sie zur operativen Überwachung herangezogen werden.

Mit der dargestellten Konzeption einer Betriebsplankostenrechnung für Instandhaltungsbetriebe wurde ein Ansatz gefunden, mit dessen Hilfe der Instandhaltungsleitung ökonomische Daten zur Verfügung gestellt werden können, die eine wirtschaftliche Lenkung von Instandhaltungsprozessen ermöglichen sollen. Darüber hinaus wurde mit der Formulierung dieses Rechensystems in der Matrizenschreibweise eine Darstellungsform gewählt, die es erlaubt, Planungs- und Kontrollrechnungen mit Hilfe von DV-Anlagen durchzuführen.

Mit rund 15oo Zeilen bzw. Spalten und ca. 2ooo Standards liegt z.B. der Systemumfang des Planungsmodells für den untersuchten Instandhaltungsbereich, der für die Erhaltung der Anlagen eines Walzwerkes verantwortlich ist, an der unteren Grenze ähnlicher auf Matrizenbasis entwickelter Plankostenrechnungen[1]. Beispielhaft sei hier nur der Einsatz eines derartigen Rechensystems mit ca. 16oo Zeilen und 35oo Spalten für die Planung und Kontrolle in einem Hüttenwerk erwähnt[2]. Da mit diesem und ähnlichen Modellen seit Jahren vergleichbare Planungs- und Kontrollaufgaben erfüllt werden, kann davon ausgegangen werden, daß sich die hierzu adäquate Form der dargestellten Plankostenrechnung für Instandhaltungsbetriebe auch in der Praxis realisieren läßt, zumal die erforderliche DV-Software heute weitgehend am Markt erhältlich ist[3].

Die i.d.R. in vierteljährlichen Zeitabständen durchzuführenden Planungs- und Kontrollrechnungen sollten nicht im "Dialogbetrieb" mit einem Rechner abgewickelt werden. Denn Rechenprogramme mit Matrizen der genannten Größenordnung belasten die Kapazität einer Datenverarbeitungsanlage in erheblichem Maße, so daß parallel zu bearbeitende Dialogprogramme in ihrem Antwortzeitverhalten wesentlich beeinträchtigt werden[4]. Darüber hinaus ist eine sofortige Bearbeitung z.B. alternativer Planungsrechnungen nicht erforderlich. Vielmehr sind die Planungsdaten über "intelligente" Terminals, die auch die Plausibilität der eingegebenen Daten überprüfen können, zu erfassen. Die eigentliche Verarbeitung dieser Daten, d.h. der Planungslauf, sollte dann zeitlich unabhängig von der Erfassung zu Tageszeiten erfolgen, an denen der Rechner durch die Bearbeitung anderer Programme nicht in hohem

---

1) SM-Stahlwerk: ca. 4ooo Zeilen bzw. Spalten; Feinwalzwerk: ca. 1ooo Zeilen und 98oo Spalten; diese Angaben sind entnommen aus: Pohl, M.: Methoden der mehrperiodischen Unternehmensplanung bei Sortenfertigung, Bochum 1978, S. 194.

2) Vgl. Bleuel, B.: Untersuchungen des (kosten-)optimalen Anpassungsverhaltens in einem Hüttenwerk bei Veränderung interner oder externer Einflußgrößen mit Hilfe linearer parametrischer Optimierung, in: Zeitschrift für betriebswirtschaftliche Forschung (Kontaktstudium), 32.Jg., 198o, S. 674.

3) Vgl. Wartmann, R.; Steinecke, V. und Sehner, G.: System für Plankosten- und Planungsrechnung mit Matrizen, IBM-Schrift "Grundlagen für Anwendungsprogrammierung", IBM-Form GE 12-1344, Anwendungsbeschreibung, o.O., 1975, S.2o.

4) Vgl. Pohl, M.: Methoden der mehrperiodischen Unternehmensplanung bei Sortenfertigung, Bochum 1978, S. 194f.

Maße beansprucht wird.

Vor allem Änderungen von Anlagenkonstruktionen bewirken eine Modifikation der qualitativen und quantitativen Komponenten von Instandhaltungsprogrammen sowie von Faktorverbräuchen in Instandhaltungsprozessen. Diese Veränderungen müssen in der Plankostenrechnung Berücksichtigung finden, d.h. Verbrauchsstandards, Faktoreinsatzarten und/oder Programmkomponenten sind diesen Wandlungen anzupassen. Von daher besteht die Notwendigkeit einer ständigen Pflege der Strukturelemente der Plankostenrechnung für Instandhaltungsbetriebe. Diese Pflege ist bei der großen Anzahl von Standards und Variablen mit einem nicht unerheblichen personellen Aufwand verbunden. Zur Reduzierung des Aufwandes kann die Anpassung von Standards maschinell unterstützt und im Rahmen der Abweichungsanalyse durchgeführt werden. Hierzu sollten vom DV-System die einzelnen Standards sowie die Zeitreihen der erfaßten zugehörigen Ist-Daten - möglichst grafisch - ausgewiesen werden. Die so abgebildeten Abweichungen sind von einem Sachbearbeiter zu beurteilen. Bei systematischen Abweichungen sind die Standards auf der Grundlage der letzten Ist-Werte entsprechend zu modifizieren, wobei die Berechnung von der DV-Anlage durchgeführt werden sollte.

Mit der gefundenen Konzeption für eine Plankostenrechnung in Instandhaltungsbetrieben und den abschließenden Anmerkungen zu ihrer betrieblichen Implementierung sind noch nicht alle Einzelanforderungen für den praktischen Einsatz des Modells erfüllt. Diese beinhalten insbesondere organisatorische und datenverarbeitungstechnische Detailfragen wie z.B. die Gestaltung der Berichtserstattung oder die benutzerfreundliche Eingabe von Planungsparametern. Zur Beantwortung dieser Fragen sei hier auf die bereits angeführte Spezialliteratur verwiesen, da in dieser Arbeit vor allem die Grundlagen und Anwendungsvoraussetzungen für den Aufbau einer Plankostenrechnung für Instandhaltungsbetriebe erarbeitet werden sollte. Die gemachten Erfahrungen mit dem Einsatz von Betriebsplankostenrechnungen in anderen Unternehmensbereichen zeigen darüber hinaus, daß die angesprochenen Fragen in der Praxis bereits zufriedenstellend gelöst wurden.

A N H A N G 1

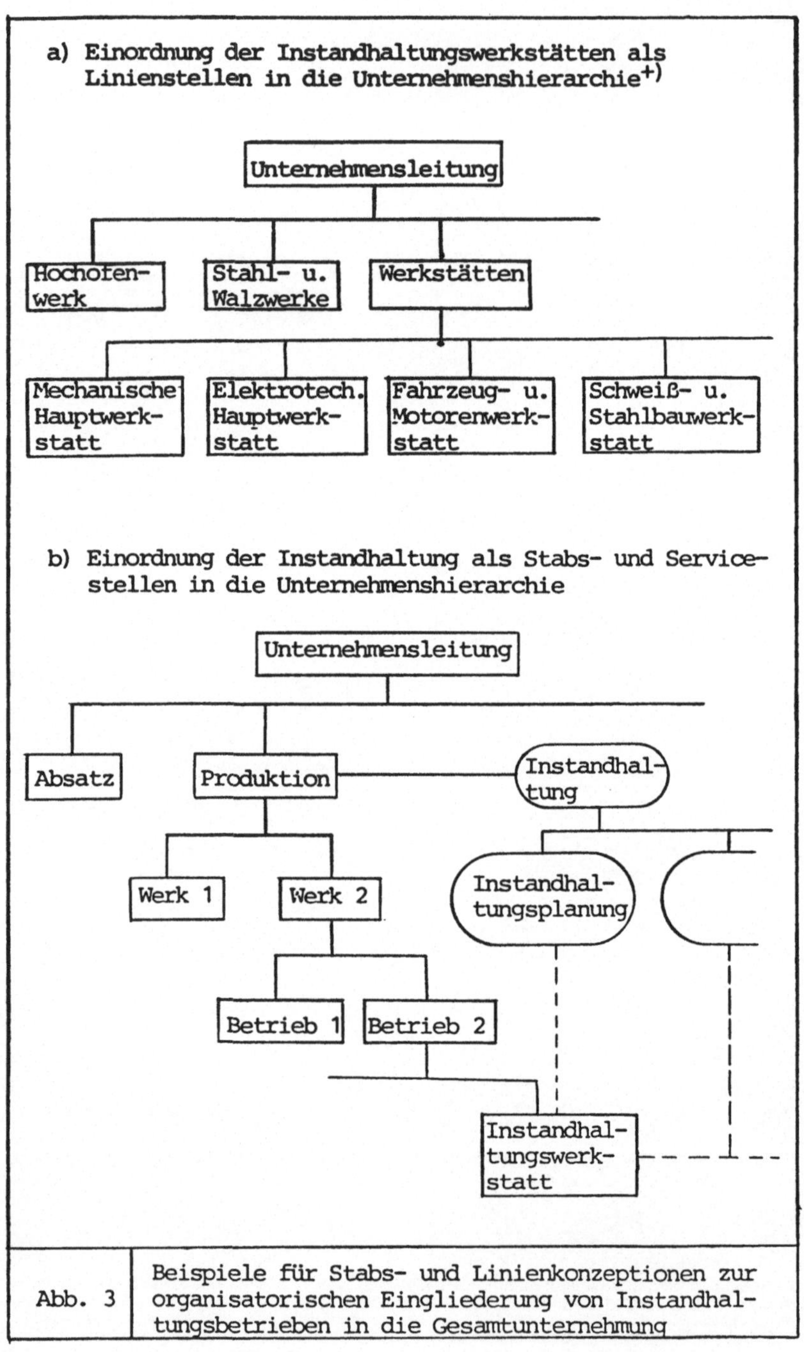

Abb. 3 Beispiele für Stabs- und Linienkonzeptionen zur organisatorischen Eingliederung von Instandhaltungsbetrieben in die Gesamtunternehmung

+) In Anlehnung an Preinfalk, F.H.: Die Werkstätten für die Instandsetzung von Hüttenwerksanlagen, in: Technische Mitteilungen, 67.Jg., 1974, S.301.

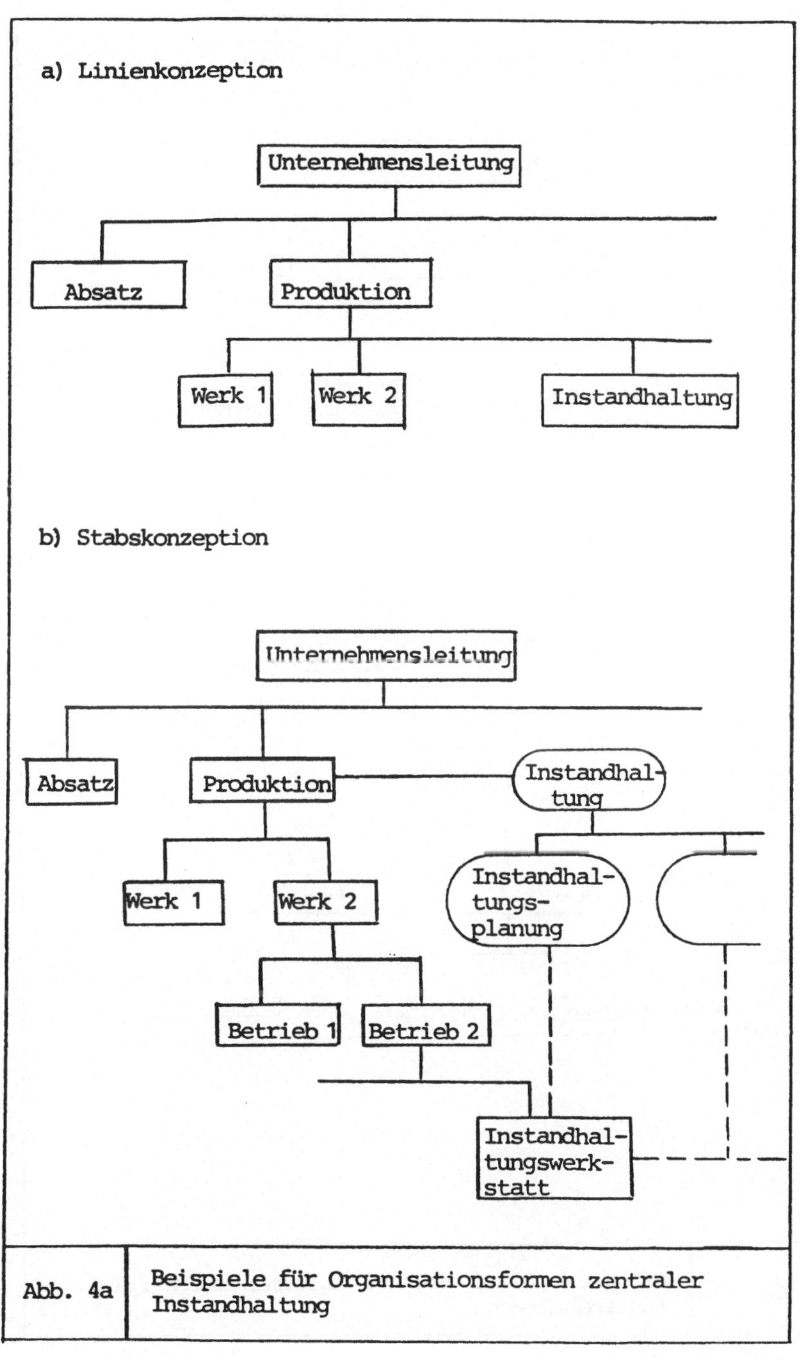

Abb. 4a Beispiele für Organisationsformen zentraler Instandhaltung

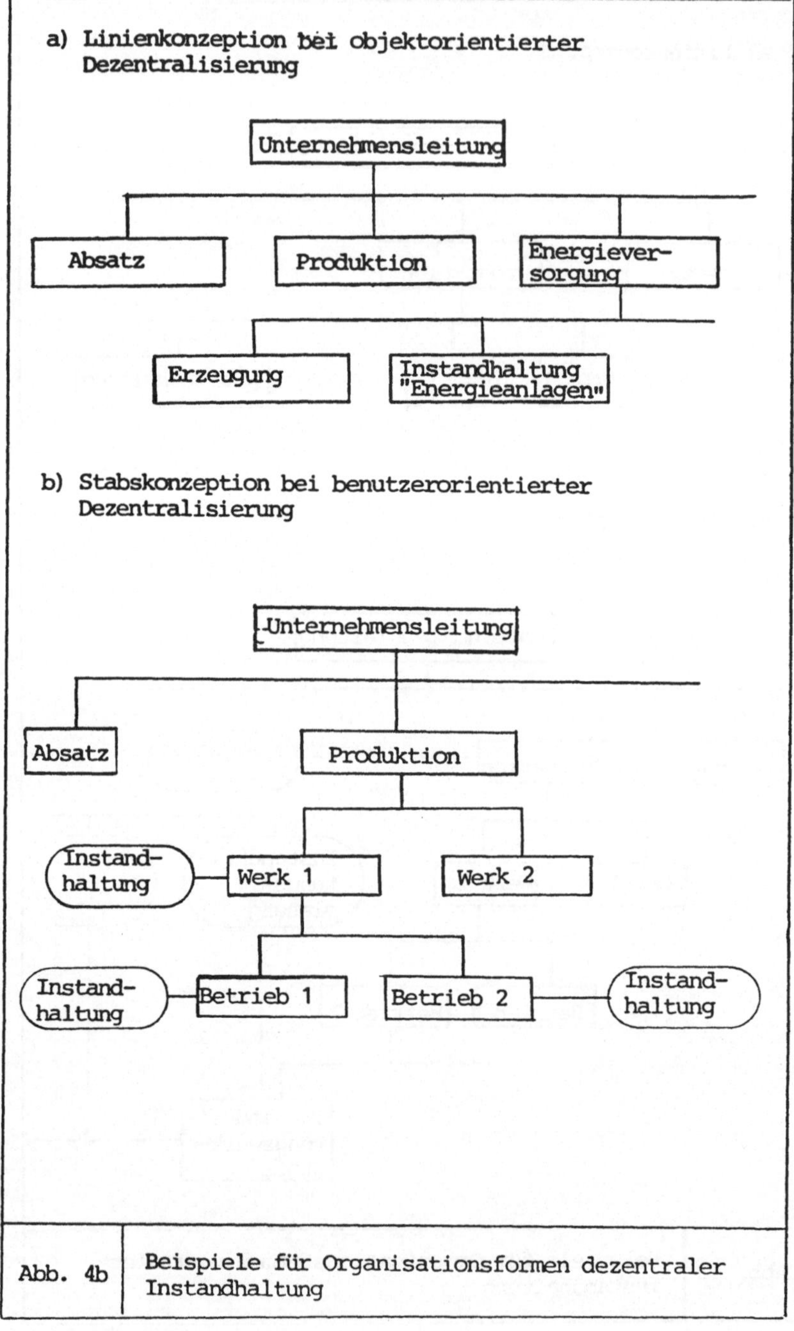

Abb. 4b Beispiele für Organisationsformen dezentraler Instandhaltung

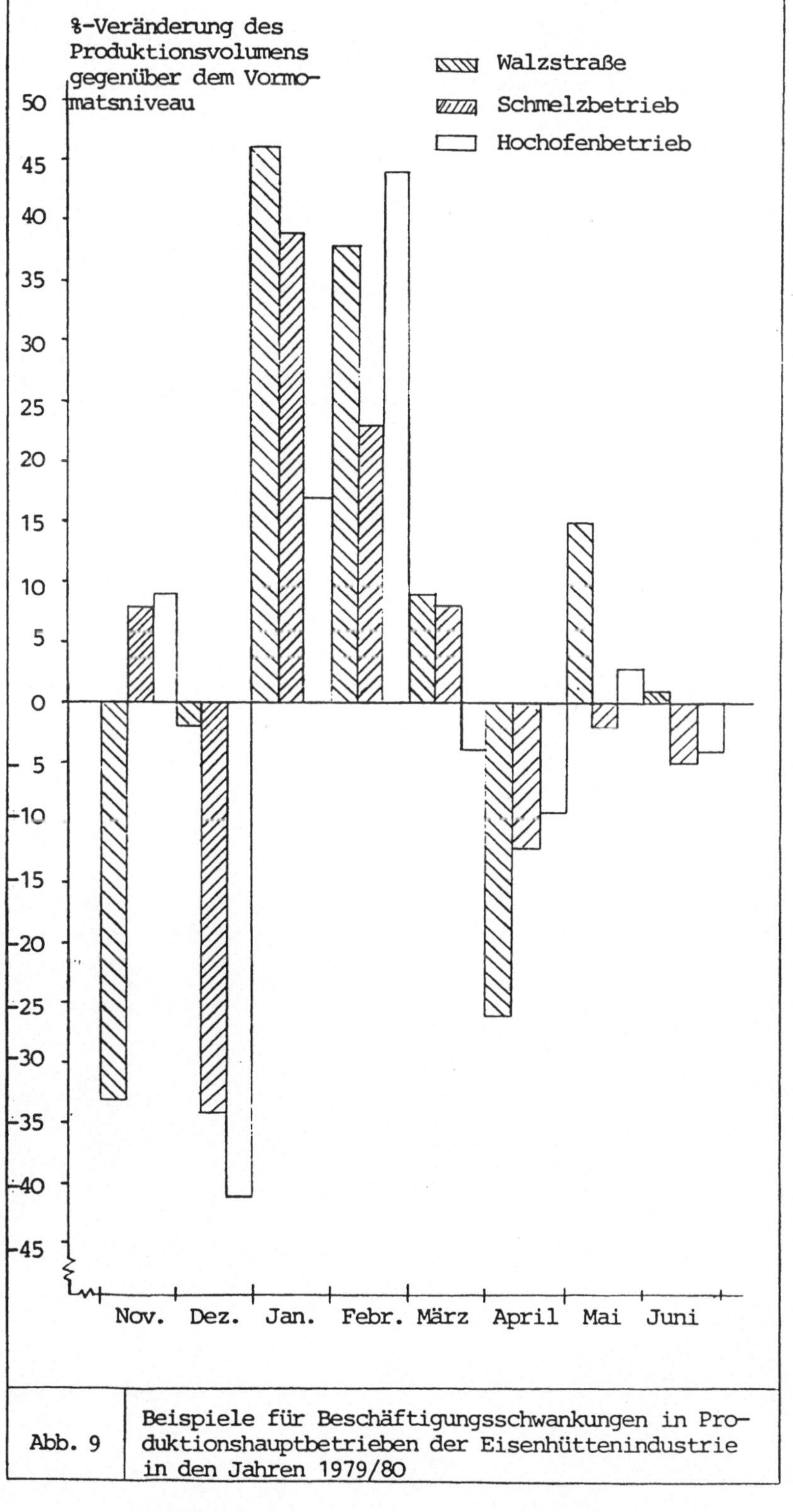

Abb. 9 Beispiele für Beschäftigungsschwankungen in Produktionshauptbetrieben der Eisenhüttenindustrie in den Jahren 1979/80

A N H A N G 2

Tab. 1 Inspektions- und Wartungsplan für den Auslaufrollgang mit Bandkühlung eines Warmbreitband-Walzwerkes

A. Inspektionen

Instandhaltungs-objekte		Häufigkeit	Ausführungs-zeit
Kupplungen			
S 249, T 250	(2 Kupplungen)	6m	4 Min.
T 403 - T 438a	(37 ")	6m	74 Min.
V 439 - V 485	(47 ")	6m	94 Min.
486 - 493	(8 ")	6m	16 Min.
494 - 501	(8 ")	6m	16 Min.
alle Kupplungen		6m	232 Min.
Gelenkwellen			
T 251 - 260	(10 Gelenkw.)	3m	10 Min.
W 261 - W402	(142 "	3m	142 Min.
Rollen			
S 249, T 250 - 260	(12 Rollen)	1w	4 Min.
W 261 - W 402	(142 ")	1w	30 Min.
T 403 - T 438a	(37 ")	1w	12 Min.
V 439 - V 485	(47 ")	1w	15 Min.
486 - 493	(8 ")	1w	8 Min.
486 - 493	(8 ")	1w	2 Min.
494 - 501	(8 Rollen)	1w	8 Min.
494 - 501	(8 Rollen)	1w	2 Min.
Audco-Ventile			
untere Bandkühlung, Undichtigkeiten suchen	(36 Hähne)	3m	36 Min.
obere Bandkühlung, Undichtigkeiten suchen	(32 Hähne)	3m	32 Min.

Instandhaltungs-objekte	Häufigkeit	Ausführungs-zeit
Kühlwasserrohre		
untere Bandkühlung, Undichtigkeiten suchen	1w	10 Min.
Stickstoff-Flaschen auffülen	3m	6 Min.
obere Bandkühlung, Undichtigkeiten suchen	1w	10 Min.
Stickstoff-Flaschen auffüllen	3m	6 Min.
Schwenkzylinder		
obere Bandkühlung	3m	36 Min.
Antriebsmotoren	1j	2640 Min.
Trafozellen		
Stromrichtertrafos	2j	150 Min.
Gerätetafeln	2j	20 Min.
1600 KVA-Trafo	1m	60 Min.
	2j	70 Min.
	4j	40 Min.
Ankerschalter	3m	600 Min.
Schalterschränke		
Thyristoreneinschübe	4j	6300 Min.
Motorschutzschalter	1j	1008 Min.
	2j	48 Min.
Sonstiges	1m	21 Min.
	3m	45 Min.
	6m	680 Min.
	2j	4 Min.
Schützenraum	3m	90 Min.
	1m	20 Min.

B. Wartung

Instandhaltungs-objekte		Häufigkeit	Ausführungs-zeit
Gelenkwellen			
T 251 - T 260	(10 Gelenkw.)	1m	10 Min.
W 261 - W 402	(142 Gelenkw.)	1m	142 Min.
Audco-Ventile			
(Druckluftwartungseinheiten)			
	(36 Hähne)	6m	72 Min.
	(36 Hähne)	6m	18 Min.
	(36 Hähne)	2w	72 Min.
	(50 Hähne)	6m	100 Min.
	(50 Hähne)	2w	100 Min.
	(32 Hähne)	6m	16 Min.
	(15 Hähne)	6m	30 Min.
		1m	15 Min.
Schwenkzylinder			
obere Bandkühlung	(18 Zylinder)	3m	36 Min.
Antriebsmotoren	(237 Motoren)	1j	1290 Min.

w: wöchentlicher Inspektions- oder Wartungsabstand
m: monatlicher Inspektions- oder Wartungsabstand
j: jährlicher Inspektions- oder Wartungsabstand

Instandsetzungsleistung	Prognosewerte (quartalsbezogen	Schätzfehler bei 95% Aussagewahrscheinlichkeit (Streuzahl-Verf.)
Rollen wechseln	6-7	48 %
Gelenkwellen wechseln	11	28 %
Audo-Ventiele wechseln	3-4	43 %
5/2-Wege-Magnetventile wechseln	5-6	46 %
E-Motoren wechseln	13	33 %

Tab. 2 Prognosewerte für Instandhaltungsleistungsarten auf der Grundlage in der Vergangenheit erbrachter Leistungsmengen

Tab. 4a Übersicht über die Wiederholhäufigkeit und den Erfassungsgrad von Instandhaltungsleistungsarten für den Auslaufrollgang eines Warmbreitband-Walzwerkes

A. Mechanische Instandsetzungen

Im Jahre 1977 aufgewendete Stunden für mechanische Instandsetzungen

Instandsetzungen (mech.)	Iststunden	Wiederholung im Quartal (W)	Planzeiten liegen vor (P)
Rollen-u.Gelenkwellenwechsel und Rollenrahmen befestigen	744	W	P
Laminarkühlung Gr.1 instand setzen	6		
Luftdüsen angebracht	3		
Audco-Fettanlage instand setzen	4		
Rolle wechseln	36	W	P
Rolle wechseln,Gelenkwellen abschmieren	16	W	P
Kupplungen wechseln	16	W	P
Rolle wechseln,Rahmen befestigen	448	W	P
Rolle wechseln,Rahmen befestigen,Kupplungen wechseln	32	W	P
2 Rollen,Gehäuse und Lager abziehen	31	W	P
Rollgangsrahmen befest. Gelenkwellenwechsel	27	W	P
Rollenrahmen befestigen	32	W	
Wasserabblasung instand s.	8		
Stützen umsetzen	16		
Rollen-u.Gelenkwellenwechsel	64	W	P
Schelle für Gelenkwelle anfertigen	8		
Rollen ausbauen	48	W	P
Rollen einbauen	76	W	P
Rollen einbauen,Winkelstücke anbauen	24	W	P
Bolzen anfertigen	16		
Rolle einbauen u.Führungsstück aufbauen	4	W	P

Instandsetzungen (mech.)	Iststunden	Wiederholung im Quartal (W)	Planzeiten liegen vor (P)
Rolle instand setzen	16	W	P
Abdeckung instand setzen	8		
Rollen ausbauen, Bohrungen in Rahmen, wieder einbauen	16	W	P
Spritzgalgen anfertigen	33		
Ventile, Zylinder u. Schläuche wechs. Düsen wechs.	112	W	P
Laminarkühlung Gr1 instand setzen	6		
Aufhängung z. Luftzylinder instand s. (Buchsen u. Bolzen anfertigen)	8		
Ventile, Zylinder u. Schläuche kontr., ggf. wechseln	48	W	P
Aufhängung u. Konsole instand s. (Buchsen+Bolzen anfertigen)	16		
Ventile, Zylinder u. Schläuche wechseln	416	W	P
Schlauchablage anfert.	24		
Spritzgalgen instand s.	331	W	
Ventile kontrol. und instand setzen	6	W	
Ventile, Zylinder u. Schläuche wechs. Laminar, Ventile u. Schieber instand s.	24	W	P
Rückschlagventile instand setzen	6	W	
Ocean-Schieber wechs.	48	W	P
Laminar, Ocean-Schieber wechs. Ventile, Zylinder u. Schläuche wechs.	56	W	P
Düsen wechs. bzw. ausbauen u. Rohre spülen	16	W	P
Schutzkasten f. Absperrventile anfert. u. anbringen	96		
Schieber wechseln	24	W	P
Spritzgruppe wechs.	?		
Fettleitung f. Audco-Schieber instand setzen	4		
Düsen wechseln	14	W	P

Instandsetzungen (mech.)	Iststunden	Wiederholung im Quartal (W)	Planzeiten liegen vor (P)
Ventile,Zylinder u.Schäuche wechs.,Stoßdämpfer wech.	24	W	P
Ventile, Zylinder, Schläuche, Stoßdämpfer wechs.; Stickstoff auffüllen	24	W	P
Stoßdämpfer wechs.	8	W	
Spritzrohr ausbauen	4		
Ventile,Zylinder u.Schläuche wechs.,(Audco) Schieber wechs.	72	W	P
Kühlbalken u.Zylinder wechs.	24	W	P
Ventile instand setzen	8	W	
Ventilschutz anbringen	32		
Adco-Schieber f.untere Bandkühlung,Mutter versplinten	4o		
Schutzkappen anfert.	8		
Audco-Schieber abbauen Rohrleitungen u.Spritzrohre kontrollieren	?	W	P
Audco-Schieber Laminarkühlung Drosselventile richtig einbauen	16	W	P
Spritzrohre instand s. u. Spritzversuche	16	W	
Ventile,Zylinder u. Schläuche wechseln, Spritzgruppe 22 u.25 wechs., Audco-Schieber wechs.	32	W	P
Gruppe 62,Flansch abdicht.	4		
Ventile,Zylinder u. Schläuche wechs.,unten: Düsen reinig.bzw.wechs., Rohre richten	24	W	P
Ventile,Zylinder,Schläuche wechs.,Gruppe 4o-47 Disco-Ventile wechs.	16	W	P
Düsen reinig.u.Rohre richten,ggf.wechs.	16		
Kühlbalken öffnen u. reinigen,Ventile,Zylinder u.Schläuche wechs., Audco-Schieber wech.u. Düsen reinigen	32	W	P
Rohrflansche abdichten	6		

Instandsetzungen (mech.)	Iststunden	Wiederholung im Quartal (W)	Planzeiten liegen vor (P)
Ventile, Zylinder u. Schläuche wechs., Kühlbalken öffn. u. reinig.	12o	W	P
Düsen reinig. u. richten	16		
Audco-Schieber abdicht.	2		
Ventile, Zylinder u. Schläuche wechs., Schieber instand setzen	24	W	P
Disco-Ventile instand s.	42	W	P
Schläuche wechs.	2o	W	P
Schläuche demontieren	48	W	P
Magnetventile wechs.	4	W	P
Spritzgalgen-Kippwelle Lager aufziehen	6		
Spritzdüsen	16		
Düsen wechseln, Disco-Ventile einbauen, Ventile, Zylinder u. Schläuche wechseln	4o	W	P
Dichtung erneuern	6		
Ventile, Zylinder u. Schläuche wechs., Balkenaufhänging instand s., Stickstoffspeicher auffüllen	32	W	P
Bandkühlung instand s.	8		
Ventile, Zylinder u. Schläuche wechs., Druckrohr östl. Abschlußdeckel abbauen	24	W	P
Ventile, Zylinder, Schläuche wechs., 5 Disco-Ventile ausbauen	16	W	P
Steuerleitung erneuern	8		
Audco-Schieber instand s.	12	W	
Luftdüsen m. Halterung anfertigen	4o		
Leitung z. Audco-Schieber instand setzen	4		
Bolzen, Büchsen f. Zylinder anfertigen	24		
Mech. Instandsetzungsstd.	3905	3397	2948
Prozentanteile	100%	87%	76%

B. Elektrotechnische Instandsetzungen

Im Jahre 1977 (1.2.77 - 31.12.77) aufgewendete Stunden für elektrotechnische Instandsetzungen für den "Auslaufrollgang mit Bandkühlung" (ohne Einsatzkolonne)

Instandsetzungen	Iststunden	Wiederholung im Quartal (W)	Planzeit liegen vor (P)
Ampermeter einbauen	172	-	-
Motorenwechseln	285,5	W	P
Dämpfungselemente wechs.	62	W	P
Arbeiten an Beleuchtung	248	-	-
sonstige	26o	-	-
	1o27,5	347,5	

mech. u. elektr. Instandsetzungsstunden im Jahre 1977	4932,5 (1oo%)
Instandsetzungsstunden für wiederkehrende Arbeiten	3744,5 (76%)

Anlagenelement	Jan.	Feb.	März	April	Mai	Juni	Juli	Aug.	Sept.	Okt.	Nov.	Dez.	Summe
Rollenwechsel[1)]	1		4	2	2	1	2	1	8	5	4	2	32
Gelenkwellenwechsel 2)													
kurz	1o	5	2	1	1	2		2	2	2	2	4	33
lang	8		5	1	1	2	3	2	2		1		25
Ventilwechsel 2)													
Audco			2	5	3	2	1	2		2	1		18
Disco					2	4	3				5	4	18
Herion Magnet					4								4
5/2 Wege Magnet	2	2		3	1		2	4	2	6	2	2	26
Zylinderwechsel 2)													
Drumag Pneumatik	3		1	2			1	1	1			1	1o
Pneumatik m.Dämpfung		2	1		1								4
Schlauchwechsel 2)	9		6	3	19		5	7	6	2		3	6o
Düsenwechsel 3)	3	1	1	2		2	1						1o
Ocean.Schieber-Wechsel[4)]			2								3		5
Kupplungswechsel													
komplette Kupplung	15						8						23
Kupplungshälfte													
- motorseitig			4				1	1		1		2	9
- rollenseitig			2						2				4
Dämpfungselemente wechseln 3)		2			2	3	2	1	1			1	13
E-Motor-Wechsel 2)	8	7	8	8	4	1	3	3	3	17	2	1	65

1) Entnommen: "Rollenwechselkartei" des mechanischen, produktionsstättenorientierten Instandhaltungsbetriebes (SM)
2) Entnommen: Objektabrechnung 1977 (Obj.-Nr. 25o5, 6953, 6954, 6955)
3) Entnommen: Instandhaltungsprogramme 1977 von SM und SE (elektrotechnischer, produktionsstättenorientierter Instandhaltungsbetrieb); die Werte geben nur die Anzahl der Arbeitsaufträge "Düsen wechseln" bzw. "Dämpfungselemente wechseln" im Jahre 1977 an und nicht die Anzahl der gewechselten Düsen bzw. der gewechselten Dämpfungselemente
4) Entnommen: Instandhaltungsprogramm 1977 von SM

Tab. 4b Häufigkeit des Wechsels von Bauteilen des Auslaufrollganges mit Bandkühlung eines Warmbreitband-Walzwerkes

Literaturverzeichnis

Arbeitsförderungsgesetz vom 25.6.1969 zuletzt geändert durch Gesetz vom 18. 8. 1980, Bundesgesetzblatt I, S. 1469 (AFG)

Arold, K.H.; Mürmann, W. und Schulte, H.: Einführung und Erfolg eines Systems planmäßiger Instandhaltung in Tagesbetrieben und Kokereien, in: Glückauf, 1o6.Jg., 197o, S. 9o1-9o8

Barlow, R.E. und Hunter, L.C.: Optimum Preventive Maintenance Policies, in: Operations Research, Vol.8, 196o, S. 9o-1oo

Bartels, G.: Wirtschaftliches Instandhalten von Meß-, Steuer- und Regelanlagen in Chemiebetrieben, Leverkusen 1977 (unveröffentlicht)

Baumann, P.: Zeitwirtschaft, Leistungslohn, in: REFA (Verband für Arbeitsstudien e.V.) (Hrsg.), Lehrgangsunterlagen zum REFA-Sonderseminar "Rationalisierung der Instandhaltung durch Planung, Steuerung und Kontrolle", Darmstadt 1977

Baur, W.: Neue Wege der betrieblichen Planung, Berlin/Heidelberg/New York 1967

Becker, E.: Netzplantechnik in der Instandhaltung, in: Schmalenbach-Gesellschaft (Hrsg.), Instandhaltung - Ein Managementproblem der Anlagenwirtschaft, 2. Aufl., Köln 1978, S. 145-162

Becker, F.: Arbeitnehmerüberlassungsgesetz - Kommentar zum Arbeitnehmerüberlassungsgesetz, Neuwied 1973

Becks, C.: Arbeitsorganisation und Zeitwirtschaft mit MTM im handwerklichen Dienstleistungsbereich, in: REFA-Nachrichten, 3o.Jg., 1977, S. 163-168

Becks, C.: Das neue Datensystem MTM-UAS, in: REFA-Nachrichten, 32.Jg. 1979, S. 3-8

Beichelt, F.: Prophylaktische Erneuerung von Systemen, Berlin 1976

Beichelt, F.: Effektive Planung prophylaktischer Maßnahmen in der Instandhaltung, Berlin 1979

Bensinger, G.: Kurzarbeit, in: Gaugler, E. (Hrsg.), Handwörterbuch des Personalwesens, Stuttgart 1975, Sp. 1143-115o

Bendeich, E.: Datenerfassung im Produktionsbereich, Mainz 1977

Bendix, P.H. und Seitz, U.: Fremdkräfte in der Maschinenwartung und -reinigung, in: Instandhaltung, 1978, S. 19 - 21

Berka, G.: Wirtschaftliche Instandhaltung, in: Technische Mitteilungen, 67.Jg., 1974, S. 327-328

Betriebswirtschaftliches Institut der Eisenhüttenindustrie (Bearb.): Allgemeine Richtlinien für das betriebliche Rechnungswesen der Eisen- und Stahlindustrie, Hrsg. Wirtschaftsvereinigung Eisen- und Stahlindustrie, Düsseldorf 1976

Bleuel, B.: Untersuchungen des (kosten-)optimalen Anpassungsverhaltens in einem Hüttenwerk bei Veränderung interner oder externer Einflußgrößen mit Hilfe linearer parametrischer Optimierung, in: Zeitschrift für betriebswirtschaftliche Forschung (Kontaktstudium), 32.Jg., 198o, S. 669-68o

Böhmer, K.F.: Instandhaltungsdaten auf MTM-2-Basis, in: REFA-Nachrichten, 27.Jg., 1974, S. 199-21o

Bökelmann, M.: Die Reserveteile in anlagenintensiven Industriebetrieben, Diss. Freiburg (Schweiz) 1955

Bokranz, R.: Das MTM-Bürodaten System, in: REFA-Nachrichten, 31.Jg., 1978, S. 363-373

Bokranz, R. und John, B.: Arbeitsdatenermittlung, Gräfelfing/München 1978

Borges, A.; Bondroit, U. und Pfaffenholz, B.: Entwicklung eines universell gültigen Regressionsmodells zur Ermittlung von Planzeitwerten bei überwiegend manuellen Arbeiten, in: Forschungsbericht des Landes NRW, Nr. 2216, Opladen 1971

Bormann, D.: Störungen von Fertigungsprozessen und die Abwehr von Störungen bei Ausfällen von Arbeitskräften durch Vorhaltung von Reservepersonal, Berlin 1978

Bouche, Ch.: Maschinenteile, in: Sass, F; Bouche, Ch. und Leitner, A. (Hrsg.), Dubbels Taschenbuch für den Maschinenbau, Bd.1, 12. Aufl., Berlin/Heidelberg/New York 1966, S. 678-796

Bracht, W.: Wie wird ein Instandhaltungsetat ermittelt und begründet, in: Aktuelle Probleme der Instandhaltung, VDI-Berichte Nr. 215, Düsseldorf 1974, S. 59-71

Brand, R.: Erfolgsorientierte Projektablaufplanung bei Baustellenfertigung auf der Grundlage von Netzplänen, Bochum 198o

Braun, E.; Kottsieper, H. und Schönert, D.: Die Auswirkung systemtechnischer Denkweisen auf Betrieb und Instandhaltung, in: Stahl und Eisen, 99.Jg., 1979, S. 47o-477

Brink, H.J.: Vorgabezeitermittlung mit Systemen vorbestimmter Zeiten, in: Kern, W. (Hrsg.), Handwörterbuch der Produktionswirtschaft, Stuttgart 1979, Sp. 2186-22o2

Brink, H.J. und Fabry, P.: Die Planung von Arbeitszeiten unter besonderer Berücksichtigung der Systeme vorbestimmter Zeiten, Wiesbaden 1974

Brocker, H.: Planzeitermittlung für handwerkliche Tätigkeiten, in: Arbeitsvorbereitung, 12.Jg., 1975, Teil 1, S. 1oo-1o5 und Teil 2, S. 139-143

Brocker, H.: Optimierung der Instandhaltungskosten, in: Arbeitsvorbereitung, 15.Jg., 1978, Teil 1, S. 44-46 und Teil 2, S. 75-78

Brox, H.: Allgemeines Schuldrecht, 3. Aufl., München 1972

Bruhn, E.-E.: Die Bedeutung der Potentialfaktoren für die Unternehmungspolitik, Berlin 1965

Buchner, H.: Direktionsrecht, in: Gaugler, E. (Hrsg.), Handwörterbuch des Personalwesens, Stuttgart 1975, Sp. 777-782

Bürger, H.: Die planmäßige Instandhaltung von Grubenlokomotiven, in: Glückauf, 1o5. Jg., 1969, S. 35o-352

Busse von Colbe, W. (Hrsg.), Das Rechnungswesen als Instrument der Unternehmungsführung, Bielefeld 1969

Busse von Colbe, W. und Laßmann, G.: Betriebswirtschaftstheorie, Bd. 1, Grundlagen, Produktions- und Kostentheorie, Berlin/Heidelberg/New York 1975

Busse von Colbe, W. und Laßmann, G.: Betriebswirtschaftstheorie, Bd. 2, Absatz- und Investitionstheorie, Berlin/Heidelberg/New York 1977

Bussmann, K.F. und Mertens, P. (Hrsg.), Operations Research und Datenverarbeitung bei der Instandhaltungsplanung, Stuttgart 1968

Bussmann, K.F.; Kress, H. und Kuhn, M.: Übersicht über die Strategien und deren Anwendung auf Fertigungsaggregate, in: Bussmann, K.F. und Mertens, P. (Hrsg.), Operations Research und Datenverarbeitung bei der Instandhaltungsplanung, Stuttgart 1968, S. 31-4o

Chmielewicz, K.: Betriebliches Rechnungswesen, Bd.1, Finanzrechnung und Bilanz, Reinbek 1973

Chmielewicz, K. (Hrsg.), Tagungsbericht der 3. Arbeitstagung der Kommission Rechnungswesen im Verband der Hochschullehrer fur Betriebswirtschaft e.V. über Entwicklungslinien der Kosten- und Erlösrechnung, Stuttgart (in Vorbereitung)

Coenenberg, G.A.: Möglichkeiten des Wirtschaftlichkeitsvergleichs zwischen Eigenfertigung und Fremdbezug von Vorratsgütern, in: Zeitschrift für Betriebswirtschaft, 37.Jg., 1967, S. 268-284

Dahmen, U.: Die wirtschaftliche Nutzungsdauer von Anlagen unter Berücksichtigung von Instandhaltungsmaßnahmen, Meisenheim 1975

Deem, R.E.: Richtwerte aufgrund von Vorgabezeiten, in: Kurt-Hegner--Institut für Arbeitswissenschaft des Verbandes für Arbeitsstudien - REFA e.V. (Hrsg.), Arbeitsstudium und Instandhaltung, Bd.1, Berlin/Köln/Frankfurt 1963, S. 65-76

de Heer, B.: Mehrjahrespläne für die Abteilung Technische Dienste eines niederländischen Stahlwerkes, in: Stahl und Eisen, 92.Jg., 1972, S. 57-63

Deutsches Komitee Instandhaltung (Hrsg.), Entwurf DKIN-Empfehlungen, Nr.3, Düsseldorf 197o

Deutsches Komitee Instandhaltung (Hrsg.), Instandhaltung - Partner der Produktion, Stuttgart 1973

Deutsches Komitee Instandhaltung (Hrsg.), Anlagenwirtschaft/Anlagenwesen, Wiesbaden 1977

Deutsches Komitee Instandhaltung (Hrsg.), Inspektion, Wiesbaden 1978

Dielmann: Vorgabezeitermittlung für Handwerkerarbeiten in Chemischen Betrieben, in: afa-Information, 1965. Nr.5/6, S. 93-1o3

Distler, J.; Gorius, L.; Hoffmann, H.-B. und Sandhöfer, K.-H.: Das Kostenrechnungssystem der Stahlwerke Röchling - Burbach als Hilfsmittel der Betriebssteuerung unter besonderer Berücksichtigung der Richtgrößenrechnung, in: Stahl und Eisen, 97.Jg., 1977, S. 342-349

Eichler, C.: Grundlagen der Instandhaltung am Beispiel landtechnischer Arbeitsmittel, Berlin 197o

Engelhardt, H.W.: Betriebliche Absatz- und Beschaffungspolitik, 3. Aufl., Bochum 1975 (internes Manuskript)

Erdmann, W.: Möglichkeiten und Grenzen der Zeitvorgabe bei Instandhaltungsarbeiten, in: REFA-Nachrichten, 22. Jg., 1969, S.3o9-318

Erdmann, W.: Zeitvorgabe bei Instandhaltungsarbeiten, Berlin/Köln/Frankfurt 197o

Erdmann, W.: Bedeutung und Möglichkeiten der Instandhaltung, in: REFA (Verband für Arbeitsstudien e.V.) (Hrsg.), Lehrgangsunterlagen zum REFA-Sonderseminar "Rationalisierung der Instandhaltung durch Planung, Steuerung und Kontrolle", Darmstadt 1977

Ernst, F.: Die Anwendung von Bereitschaftsstrategien bei der planmäßigen Instandhaltung, in: Bussmann, K.F. und Mertens, P. (Hrsg.), Operations Research und Datenverarbeitung bei der Instandhaltungsplanung, Stuttgart 1968, S. 63-73

Faller, S.: Aufbauorganisation der Instandhaltung, in: Schmalenbach-Gesellschaft (Hrsg.), Instandhaltung - Ein Managementproblem der Anlagenwirtschaft, 2. Aufl., Köln 1978, S. 63-8o

Felscher, A.: Kostenerfassung und Budget, in: Technische Mitteilungen, 67.Jg., 1974, S. 323-325

Ferner, W.; Lindner, K. und Straesser, H.: Eigenfertigung oder Fremdbezug - ein Praxisfall, gelöst mit linearer Programmierung, in: Zeitschrift für Betriebswirtschaft, 38.Jg., 1968, 1. Ergänzungsheft, S. 45-58

Fitting, K.; Auffarth, F. und Kaiser, H.: Betriebsverfassungsgesetz - Handkommentar, 13. Aufl., München 1981

Franke, R.: Betriebsmodelle, Düsseldorf 1972

Fremgens, G.-J.: Normen als Grundlage der wirtschaftlichen Instandhaltung, in: Deutsches Komitee Instandhaltung (Hrsg.), Instandhaltung - Partner der Produktion, Stuttgart 1973, S. 9/1-9/21

Fried. Krupp Hüttenwerke AG (Hrsg.), Bericht über das Geschäftsjahr 1979, Bochum 1980

Gauhl, K.: Arbeitsorganisation und Zeitwirtschaft mit MTM, in: REFA-Nachrichten, 3o.Jg., 1977, S. 17-24

Gebhardt, G.: Organisation der Instandhaltungswerkstätten, in: Mildner, G. (Hrsg.), Instandhaltung chemischer und artverwandter Industrieanlagen, Berlin 1969, S. 93-1o5

Gehart, H.: MTM-Kalkulationsblätter in der Einzel- und Kleinserienfertigung unter Berücksichtigung des Methodenniveaus, in: REFA-Nachrichten, 3o.Jg., 1977, S. 283-291

Gertsbakh, J.B.: Models of preventive maintenance, Amsterdam/New York/Oxford 1977

Giesbert, H.: Instandhaltungskostenplanung, in: Kostenrechnungspraxis, 1962, Teil 1, S. 115-122, Teil 2, S. 163-168, Teil 3, S. 219-225, und Teil 4, S. 277-284

Giesbert, H.: Erfassen und Überwachen von Instandhaltungskosten, München 1969

Glatz, H.: Das MEK-Datensystem für Einzel- und Kleinserienfertigung, in: REFA-Nachrichten, 31.Jg., 1978, S. 273-281

Götzfried, F.: Materialwirtschaft, in: Aktuelle Probleme der Instandhaltung, VDI-Berichte Nr. 215, Düsseldorf 1974, S. 43-47

Gräfenstein, J.: Die Durchführung der planmäßig vorbeugenden Instandhaltung im Bauwesen durch mobile Einrichtungen, in: Bergbautechnik, 2o.Jg., 197o, S. 6o8-61o

Grochla, E.: Grundlagen der Materialwirtschaft, 3. Aufl., Wiesbaden 1978

Grothus, H.: Der Anschaffungswert als Bezugsgrundlage für die Instandhaltungskosten, in: Das Industrieblatt, 196o, S. 545-546

Grothus, H.: Die Integration der Schadensabwehr - das neue Verständnis von der Vorbeugenden Instandhaltung, in: REFA-Nachrichten, 29.Jg., 1976, S. 281-29o

Grünefeld, H.-G.: Personalzusatzaufwand - Begriffe, Inhalt, Berechnungsmethode, in: Zeitschrift für betriebswirtschaftliche Forschung, 3o.Jg., 1978, S. 413-43o

Gutenberg, E.: Grundlagen der Betriebswirtschaftslehre, Bd.1, Die Produktion, 19. Aufl., Berlin/Heidelberg/New York 1972

Haase, D.: Reparaturlosabhängige Anlagenerhaltung, in: Betriebswirtschaftliche Forschung und Praxis, 29.Jg., 1977, S. 33-49

Hahn, D.: Industrielle Fertigungswirtschaft in entscheidungs- und systemtheoretischer Sicht, in: Zeitschrift für Organisation, 41. Jg., 1972, Teil 1, S. 269-278, Teil 2, S. 369-38o und Teil 3, S. 427-439

Hammer, H.: Fertigungssteuerungssystem mit direkter Datenerfassung und -verarbeitung, in: VDI-Zeitschrift, 121.Jg., 1979, S. 471-475

Harling, K. und Schürger, K.: Optimierung der Instandhaltung von Fluggerät, in: Flug - Revue + flugwelt international, 4.Jg., 1972, S. 27-31

Hartmann, W.: Instrumente zur Risikoabschätzung in der Instandhaltung, in: Industrielle Organisation, 44.Jg., 1975, S. 216-218

Heinen, E.: Betriebswirtschaftliche Kostenlehre, 5.Aufl., Wiesbaden 1978

Heiserich, O.-E.: Arbeitswissenschaftliche Methoden in der Kostenrechnung und Kostenplanung, Berlin 1978

Herzig, N.: Die theoretischen Grundlagen betrieblicher Instandhaltung, Meisenheim 1975

Heubeck, G.: Altersversorgung, betriebliche, in: Gaugler, E. (Hrsg.), Handwörterbuch des Personalwesens, Stuttgart 1975, Sp. 8-22

Hill, W.; Fehlbaum, R. und Ulrich, P.: Organisationslehre 1, Bern/Stuttgart 1974

Hoch, P.: Betriebswirtschaftliche Methoden und Zielkriterien der Reihenfolgeplanung bei Werkstatt- und Gruppenfertigung, Frankfurt/Zürich 1973

Hochstrate, H.: Die Vorteile eines zentralen Wartungs-, Instandsetzungs- und Werkstattdienstes bei hohem Grad der mechanischen Gewinnung, in: Glückauf, 97.Jg., 1961, S. 12o5-121o

Höfle-Isophording, U.: Zuverlässigkeitsrechnung, Berlin/Heidelberg/New York 1978

Höhne, E.: Die Instandhaltungs- und Reparaturkosten, in: Stahl und Eisen, 76.Jg., 1956, S. 1273-1283

Hölscher, K.: Eigenfertigung oder Fremdbezug, Wiesbaden 1971

Hunold, W.: Wirtschaftlicher Personaleinsatz in der Betriebspraxis, Herne/Berlin 1979

Hüser, K.H.: Die Erhaltungsarbeit im Hüttenwerk und ihr Einfluß auf die Kosten, in: Stahl und Eisen, 74.Jg., 1954, S. 1-9

IBM-Deutschland (Hrsg.), Mathematical Programming System Extended/37o (MPSX /37o), Allgemeine Information, IBM-Form GH 12 - 32o2 - 2, o.O. 1976

Ifo-Institut für Wirtschaftsforschung e.V.: Ifo-Spiegel der Wirtschaft 198o/81, Frankfurt/New York 1979

Jakob, H. (Hrsg.), Schriften zur Unternehmensführung, Bd. 21, Neuere Entwicklungen in der Kostenrechnung (I), Wiesbaden 1976

John, B.: Zwei statistische Verfahren der Genauigkeitsbeurteilung von Zeitaufnahmen einschließlich deren Nomogramme, Sonderdruck aus: Zeitschrift für Führungskräfte im Arbeitsstudium und im Industrial Engineering, Folge 4, 197o

John, B.: Statistische Verfahren für Technische Meßreihen, München/ Wien 1979

Jorgenson, D.W.; Mc.Call, J.J. und Radner, R.: Optimum Replacement Policy, Amsterdam 1967

Kammann, U. und Meisel, P.G.: Arbeitsrechtliche Grundzüge für die betriebliche Praxis, 2. Aufl., Köln 1973

Kieser, A. und Kubicek, H.: Organisation, Berlin/New York 1977

Kilger, W.: Entscheidungskriterien zur Wahl zwischen Eigenerstellung und Fremdbezug, in: Busse von Colbe, W. (Hrsg.), Das Rechnungswesen als Instrument der Unternehmungsführung, Bielefeld 1969, S. 78-1o6

Kilger, W.: Die Entstehung und Weiterentwicklung der Grenzplankostenrechnung als entscheidungsorientiertes System der Kostenrechnung, in: Jakob, H. (Hrsg.), Schriften zur Unternehmensführung, Bd. 21, Wiesbaden 1976, S. 9-39

Kilger, W.: Kostentheoretische Grundlagen der Grenzplankostenrechnung, in: Zeitschrift für betriebswirtschaftliche Forschung, 28.Jg., 1976, S. 679-693

Kilger, W.: Einführung in die Kostenrechnung, Opladen 1976

Kilger, W.: Flexible Plankostenrechnung und Deckungsbeitragsrechnung, 8. Aufl., Wiesbaden 1981

Kilger, W. und Scheer, A.-W. (Hrsg.), Plankosten- und Deckungsbeitragsrechnung, Würzburg/Wien 198o

Kleeberg, G.: Datenbringung - Datenverarbeitung, in: Rechnungswesen, Datentechnik, Organisation, 16.Jg., 197o, S. 73-78

Klix, J.: Instandhaltung in der Härterei, in: Härtereitechnische Mitteilungen, 32.Jg., 1977, S. 122-134

Kloock, J.: Kurzfristige Produktionsplanungsmodelle auf der Basis von Entscheidungsfeldern mit den Alternativen Fremd- und Eigenfertigung (mit variablen Produktionstiefen), in: Zeitschrift für betriebswirtschaftliche Forschung, 26.Jg., 1974, S. 671-682

Köbel, H. und Schulze, J.: Wirtschaftlichkeitskontrolle der Instandhaltung in Chemiebetrieben, in: Zeitschrift für Betriebswirtschaft, 35.Jg., 1965, Ergänzungsheft S. 29-52

Kortzfleisch, G.v.: Zur mikroökonomischen Problematik des technischen Fortschritts, in: Kortzfleisch, G.v. (Hrsg.), Die Betriebswirtschaftslehre in der zweiten industriellen Evolution, Berlin 1969, S. 323-349

Kosiol, E.: Kosten- und Leistungsrechnung, Berlin/New York 1979

Kruschwitz, L.: Eigenerzeugung oder Beschaffung? Eigenverwendung oder Absatz?, Berlin 1971

Kügler, F.: Die Steuerung dynamischer Instandhaltungs-Vorgehensweisen mit Betriebskennzahlen, Diss. Leoben 1978

Kund, J.: Optimierung des Arbeitskräfteeinsatzes in der Instandhaltung, Leipzig 197o

Kunz, R.: Der Instandhaltungsbetrieb aus der Sicht der Unternehmensleitung, in: Stahl und Eisen, 91.Jg., 1971, S. 959-961

Küpper, W.: Planung der Instandhaltung, Wiesbaden 1974

Laßmann, G.: Die Produktionsfunktion und ihre Bedeutung für die betriebswirtschaftliche Kostentheorie, Köln/Opladen 1958

Laßmann, G.: Die Kosten- und Erlösrechnung als Instrument der Planung und Kontrolle in Industriebetrieben, Düsseldorf 1968

Laßmann, G.: Gestaltungsformen der Kosten- und Erlösrechnung im Hinblick auf Planungs- und Kontrollaufgaben, in: Die Wirtschaftsprüfung, 26.Jg., 1973, S. 4-17

Laßmann, G.: Produktionsplanung, in: Grochla, E. und Wittmann, W. (Hrsg.), Handwörterbuch der Betriebswirtschaft, 4. Aufl., Stuttgart 1975, Sp. 31o2-3121

Laßmann, G.: Plankostenrechnung auf der Basis von Betriebsmodellen, in: Kilger, W. und Scheer, A.-W. (Hrsg.), Plankosten- und Dekkungsbeitragsrechnung in der Praxis, Würzburg/Wien 198o,S.117-135

Laßmann, G.: Kostenerfassung, Prinzipien und Technik, in: Kosiol, E., Chmielewicz, K. und Schweitzer, M. (Hrsg.), Handwörterbuch des Rechnungswesens, 2. Aufl., Stuttgart 1981

Laßmann, G.: Einflußgrößenrechnung, in: Kosiol, E., Chmielewicz, K. und Schweitzer, M. (Hrsg.), Handwörterbuch des Rechnungswesens, 2. Aufl., Stutgart 1981

Laßmann, G.: Betriebsmodelle, in: Chmielewicz, K. (Hrsg.), Tagungsbericht der 3. Arbeitstagung der Kommission Rechnungswesen im Verband der Hochschullehrer für Betriebswirtschaft e.V. über Entwicklungslinien der Kosten- und Erlösrechnung, Stuttgart (in Vorbereitung)

Laub, K.: Eigenleistung - Fremdleistung, eine Führungsentscheidung, in: Deutsches Komitee Instandhaltung (Hrsg.), Instandhaltung-Partner der Produktion, Stuttgart 1973, S. VII/1 -. VII/1o

Little, J.-D.C.: Modelle und Manager: Das Konzept des decision calculus, in: Köhler, R. und Zimmermann, H.-J. (Hrsg.), Entscheidungshilfen im Marketing, Stuttgart 1977, S. 122-147

Loef, C.: Organisationsformen der Instandhaltung, in: Aktuelle Probleme der Instandhaltung, VDI-Berichte Nr. 215, Düsseldorf 1974, S. 29-31

Lohnrahmenabkommen für die gewerblichen Arbeitnehmer in der Eisen-, Metall- und Elektroindustrie Nordrhein-Westfalens in der Fassung vom 1.1.1975

Löser, H.: Bestimmung der effektiven Nutzung von Grundmitteln mit Hilfe der Reparaturkosten - ein Beitrag zur Erhöhung der Effektivität der Grundfondsökonomie durch Intensivierung, Diss. Universität Jena 1976

Luke, W.-R.: Die Ermittlung kalkulatorischer Abschreibungen von Maschinen und maschinellen Anlagen, Berlin 1971

Mahlert, A.: Die Abschreibungen in der entscheidungsorientierten Kostenrechnung, Opladen 1976

Mann, D.: Hin zu den Orten der Datenentstehung!, in: Bürotechnik, Automation und Organisation, 22.Jg., 1974, S. 146-151

Männel, W.: Wirtschaftlichkeitsfragen der Anlagenerhaltung, Wiesbaden 1968

Männel, W.: Die Wahl zwischen Eigenfertigung und Fremdbezug, 2. Aufl., Stuttgart 1981

Männel, W.: Grundprobleme der Wahl zwischen Eigenfertigung und Fremdbezug im Industriebetrieb, in: Betriebliche Forschung und Praxis, 21.Jg., 1969, S. 76-97

Männel, W.: Kostengünstige Bearbeitungsreihenfolge für Instandhaltungs-Projekte, in: Kostenrechnungspraxis, 1973, S. 21-28

Männel, W.: Die Wahl zwischen Eigenfertigung und Fremdbezug, in: Zeitschrift für wirtschaftliche Fertigung, 66.Jg., 1973, S. 154-157

Männel, W.: Wirtschaftliche Vorteile und Möglichkeiten einer Koordination von Reparaturterminen, in: Zeitschrift für wirtschaftliche Fertigung, 69.Jg., 1974, Teil 1, S. 19o-193 und Teil 2, S. 264-265

Männel, W.: Eigenfertigung und Fremdbezug, in: Grochla, E. und Wittmann, W. (Hrsg.), Handwörterbuch der Betriebswirtschaft, 4. Aufl., Stuttgart 1974, Sp. 1231-1238

Männel, W.: Abgrenzung und organisatorische Einordnung der Anlagenwirtschaft im Industriebetrieb, in: Zeitschrift für betriebswirtschaftliche Forschung (Kontaktstudium), 3o.Jg., 1978, S.51-59

Männel, W.: Die Stellung der Instandhaltung im Rahmen der Anlagenwirtschaft, in: Schmalenbach-Gesellschaft (Hrsg.), Instandhaltung - Ein Managementproblem der Anlagenwirtschaft, 2. Aufl., Köln 1978, S. 17-61

Manteltarifvertrag für die Arbeiter, Angestellten und Auszubildenden in der Eisen- und Stahlindustrie von Nordrhein-Westfalen, Bremen Georgsmarienhütte, Osnabrück, Dillenburg und Niederschelden in der Fassung vom 6. Januar 1979

Marx, H.-J.: Materialsparende Instandhaltung, in: VDI-Berichte Nr. 277, Düsseldorf 1977, S. 89-98

Maynard, H.B. und Stegemerten, G.J.: Universelle Instandhaltungsrichtwerte (UMS), in: Kurt-Hegner-Institut für Arbeitswissenschaft des Verbandes für Arbeitsstudien - REFA e.V. (Hrsg.), Arbeitsstudium und Instandhaltung, Bd.1, Berlin/Köln/Frankfurt 1963, S. 167-186

Mc.Call, J.J.: Maintenance Policies for stochastically failing Equipment - A. Survey, in: Management Science, 11.Jg., 1965, S. 493-524

Mellerowicz, K.: Kostenpolitik und Kostentransparenz bei der Instandhaltung von Maschinenanlagen, in: Schmiertechnik, 15.Jg., 1968, S. 7o-76

Mertens, P.: Die gegenwärtige Situation der betriebswirtschaftlichen Instandhaltungstheorie, in: Zeitschrift für Betriebswirtschaft, 38. Jg., 1968, S. 8o5-836

Mertens, P.: Die Auswahl einer Instandhaltungsstrategie, in: Zeitschrift für Organisation, 41.Jg., 1972, S. 297-3o2

Mertens, P. und Puhl, W.: Computereinsatz im betrieblichen Rechnungswesen, in: Journal für Betriebswirtschaft, 31.Jg., 1981, Teil 1, S. 53-64 und Teil 2, S. 113-125

Meyer, F.W.: Die vorbeugende Instandhaltung in der chemischen Industrie, Köln 1978

Middelmann, U.: Aufbau und Anwendungsmöglichkeiten eines Rechensystems zur Planung und Kontrolle der Instandhaltungskosten auf der Grundlage von Einflußgrößenfunktionen, in: Stahl und Eisen, 97.Jg., 1977, S. 455-463

Middelmann, U.: Planung der Anlageninstandhaltung, Wiesbaden 1977

Mildner, G. (Hrsg.), Instandhaltung chemischer und artverwandter Industrieanlagen, Berlin 1969

Müller-Oehring, H. und Herzig, N.: Wirtschaftlichkeitsprobleme der Instandhaltung, in: Schmalenbach-Gesellschaft (Hrsg.), Instandhaltung - Ein Managementproblem der Anlagenwirtschaft, 2. Aufl., Köln 1978, S. 219-244

Nestler, W.: Bändigung der Datenflut: Rationelle Datenerfassung muß sein!, in: Rechnungswesen, Datentechnik, Organisation, 19.Jg., 1973, S. 452-458

Nordhoff, G.: Instandhaltung von Flugzeugen bei der Deutschen Lufthansa AG, in: Werkstattstechnik, 63.Jg., 1973, S. 11-16

Ordelheide, D.: Instandhaltungsplanung, Wiesbaden 1973

Preinfalk, F.H.: Die Werkstätten für die Instandsetzung von Hüttenwerksanlagen, in: Technische Mitteilungen, 67.Jg., 1974, S. 3oo-3o2

Pohl, M.: Methoden der mehrperiodischen Unternehmensplanung bei Sortenfertigung, Bochum 1978

Prüß, D.; Renkes, D.; Steinhauser, A. und Simon, H.: Der Instandhaltungs- und Reparaturbetrieb im Hüttenwerk, in: Stahl und Eisen, 84.Jg., 1964, S. 1o75-1o81

Redeker, G.: Technische und betriebswirtschaftliche Grundlagen für die Methodenwahl bei der Erhaltung betrieblicher Anlagen, Diss. TH Hannover 1969

Redeker, G.: Bestimmung des optimalen Lagerbestandes an Instandhaltungsmaterial und Ersatzteilen, Berlin/Köln/Frankfurt 1973

REFA (Verband für Arbeitsstudien e.V.): Methodenlehre der Planung und Steuerung, Teil 2, Planung, München 1974

REFA (Verband für Arbeitsstudien e.V.): Methodenlehre der Planung und Steuerung, Teil 3, Steuerung, München 1974

REFA (Verband für Arbeitsstudien e.V.): Methodenlehre des Arbeitsstudiums, Teil 1, Grundlagen, 4. Aufl., München 1975

REFA (Verband für Arbeitsstudien e.V.): Methodenlehre des Arbeitsstudiums, Teil 2, Datenermittlung, 4. Aufl., München 1975

REFA (Verband für Arbeitsstudien e.V.)(Hrsg.), Lehrgangsunterlagen zum REFA-Sonderseminar "Rationalisierung der Instandhaltung durch Planung, Steuerung und Kontrolle", Darmstadt 1977

Rehwinkel, G.: Optimale Bearbeitungsreihenfolge von Instandhaltungsprojekten, in: Kostenrechnungspraxis, 1976, S. 125-13o

Renkes, D.: Organisation und Planung der Instandhaltung in Hüttenwerken, in: Stahl und Eisen, 89.Jg., 1969, S. 1226-1231

Renkes, D.: Reserveteilwirtschaft, in: Stahl und Eisen, 94.Jg., 1974, S. 87-93

Renkes, D.: Arbeitsplanung in der Instandhaltung, in: Stahl und Eisen, 96.Jg., 1976, S. 1o21-1o26

Renkes, D.: Grundlagen der Inspektion, in: Deutsches Komitee Instandhaltung (Hrsg.), Inspektion, Wiesbaden 1978, S. I/1-I/12

Riebel, P.: Einzelkosten- und Deckungsbeitragsrechnung, 3.Aufl., Wiesbaden 1979

Roschmann, K.: Elektronische Fertigungsüberwachung - Betriebsdatenerfassung, Stuttgart/Wiesbaden 1974

Roschmann, K.: Betriebsdatenerfassung, in: Kern, W. (Hrsg.), Handwörterbuch der Produktionswirtschaft, Stuttgart 1979, Sp. 33o-34o

Roschmann, K.: Leistungssteigerung und Rationalisierung des betrieblichen Informationsflusses durch bessere Betriebsdatenerfassung, in: Industrielle Organisation, 49.Jg., 198o. S. 313-319

Roschmann, K. u.a.:Betriebsdatenerfassung in Industriebetrieben, München 1979

Sachs, L.: Angewandte Statistik, 5. Aufl., Berlin/Heidelberg/New York 1978

Sanfleber, H.; Ollenschläger, G. und Schumacher, J.: Kosten der Instandhaltung, in: Schmalenbach-Gesellschaft (Hrsg.), Instandhaltung - Ein Managementproblem der Anlagenwirtschaft, 2. Aufl., Wiesbaden 1978, S. 163-2o5

Scheer, A.-W.: Instandhaltungspolitik, Wiesbaden 1974

Schelo, S.J.: Integrierte Instandhaltungsplanung und -steuerung mit elektronischer Datenverarbeitung, Berlin 1972

Schmalenbach-Gesellschaft (Hrsg.), Instandhaltung - Ein Managementproblem der Anlagenwirtschaft, 2. Aufl., Köln 1978

Schneider, D.: Investition und Finanzierung, 5. Aufl., Wiesbaden 198o

Schreiber, W. und Allekotte, H.: Sozialversicherungen, in: Gaugler, E. (Hrsg.), Handwörterbuch des Personalwesens, Stuttgart 1975, Sp. 1869-1889

Schuster, G.: Vorgabezeiten für Instandhaltungsarbeiten nach UMS, in: afa-Informationen, 1965, Nr.5/6, S. 79-92

Schuster, G.: Vorgabezeiten für Instandhaltungsarbeiten nach Universal Maintenance Standards (UMS), in: Pornschlegel, H. (Hrsg.), Verfahren vorbestimmter Zeiten, Köln 1968, S. 8o-93

Schweitzer, M.; Hettich, G.-D. und Küpper, H.-U.: Systeme der Kostenrechnung, 2. Aufl., München 1979

Schwinn, R.: Analytische Modelle zur Lösung von Problemen der Anlagenerhaltungswirtschaft, Meisenheim 1977

Seelbach, H.: Ablaufplanung bei Einzel- und Serienproduktion, in: Kern, W. (Hrsg.), Handwörterbuch der Produktionswirtschaft, Stuttgart 1979, Sp. 13-28

Stahlwerke Bochum AG (Hrsg.), Bericht über das 33. Geschäftsjahr vom 1. Januar 1978 bis zum 31. Dezember 1978, Bochum 1979

Statistik der Kohlenwirtschaft e.V.: Der Kohlenbergbau in der Energiewirtschaft der Bundesrepublik im Jahre 1976, Essen 1977

Stech, W. und Bien, J.: Wann lohnt sich der Einsatz von Fremdleistungen in der Instandhaltung?, in: Aktuelle Probleme der Instandhaltung, VDI-Berichte Nr. 215, Düsseldorf 1974, S. 73-78

Steffen, R.: Analyse industrieller Elementarfaktoren in produktionstheoretischer Sicht, Berlin 1973

Steffen, R.: Ermittlung von Anlagenkosten auf der Grundlage betriebswirtschaftlicher Instandhaltungsstrategien, in: Zeitschrift für wirtschaftliche Fertigung, 69.Jg., 1974, S. 3o3-3o6

Steffen, R.: Die Bestimmung von Kapazitäten und ihre Nutzung in der industriellen Fertigung, in: Zeitschrift für betriebswirtschaftliche Forschung (Kontaktstudium), 32.Jg., 198o, S. 173-19o

Steinhauser, H. und Schultz, K.: Kalkulation und Leistungsentlohnung in der Werkserhaltung, in: Stahl und Eisen, 87.Jg., 1967, S. 97-1o3

Stocker, G.: Umstellung der Kostenrechnung auf Costing 7o DOS, in: IBM-Nachrichten, 25.Jg., 1975, S. 339-342

Tarifvertrag über die Lohn- und Gehaltssicherung für Arbeitnehmer der Eisen- und Stahlindustrie in der Fassung vom 17.2.78

Taubert, D.: Erfassung und Auswertung der Instandhaltungskosten, in: Aktuelle Probleme der Instandhaltung, VDI-Berichte Nr. 215, Düsseldorf 1974, S. 49-57

ter Schüren, H. und Wartmann, R.: Richtkosten und Planungsrechnung mit Matrizen für den Hochofenbereich eines gemischten Hüttenwerkes, in: Jakob, H. (Hrsg.), Schriften zur Unternehmensführung, Bd.21, Wiesbaden 1976, S. 141-162

Thyssen Aktiengesellschaft (Hrsg.), Bericht über das Geschäftsjahr vom 1. Oktober 1979 bis zum 30. September 1980, Duisburg 1980

Thyssen Edelstahlwerke AG (Hrsg.), Bericht über das Geschäftsjahr vom 1. Oktober 1979 bis zum 30. September 1980, Düsseldorf 1980

Verband der Chemischen Industrie e.V.: Planmäßige Instandhaltung in der Chemischen Industrie, Frankfurt 1975

Vieregge, G.: Rationalisierung der Dienstleistungsbetriebe im Bereich Ost der Ruhrkohle AG, in: Glückauf, 112.Jg., 1976, S. 91o-915

Vogt, A.: Dispositionsgrundlagen von Personalkosten in Industriebetrieben - Analyse der Kostenbestimmungsgrößen und -vergleichskonzepte, Bochum 1983

Voigt, J.-P.: Termin- und Kapazitätsplanung für Instandsetzungs- und Montageprojekte durch Netzplantechnik, in: Stahl und Eisen, 91. Jg., 1971, S. 1121-1129

Voigt, J.-P.: Erfassung, Auswertung und Nutzung von Schadendaten in der Eisen- und Stahlindustrie, Diss. TU Braunschweig 1973

Wagner, H.: Modelle für organisatorische Lösungen zur Anlagenwirtschaft, in: Deutsches Komitee Instandhaltung (Hrsg.), Anlagenwirtschaft/Anlagenwesen, Wiesbaden 1977, S. III/1 - III/18

Warlich, R.: Anlagenkosten, in: Deutsches Komitee Instandhaltung (Hrsg.), Anlagenwirtschaft/Anlagenwesen, Wiesbaden 1977, S. VII/1 - VII/18

Warnecke, H.-J.: Instandhaltungsgerechte Konstruktion, in: Industrial Engineering, 4.Jg., 1974, S. 315-324

Wartmann, R.: Rechnerische Erfassung der Vorgänge im Hochofen zur Planung und Steuerung der Betriebsweise sowie der Erzauswahl, in: Stahl und Eisen, 83.Jg., 1963, S. 1414-1426

Wartmann, R.; Steinecke, V.und Sehner, G.: System für Plankosten- und Planungsrechnung mit Matrizen, IBM-Schrift "Grundlagen für Anwendungsprogrammierung", IBM-Form GE 12-1343 bis 1345 -, o.O., 1975

Wedekind, H. und Ortner, E.: Aufbau einer Datenbank für die Kostenrechnung, in: Die Betriebswirtschaft, 37.Jg., 1977, S.533-542

Wesemann, K.-F.: Kostentransparenz und Anwendung der elektronischen Datenverarbeitung in der Instandhaltung, in: Stahl und Eisen, 91.Jg., 1971, S. 113o-1135

Westermann, H.: Grundsätze und Verfahren bei wiederkehrenden Instandsetzungen, in: REFA-Nachrichten, 28.Jg., 1975, S. 273-279

Westermann, H.: Möglichkeiten und Grenzen der Instandsetzung von Betriebsmitteln in Typenwerkstätten, in: REFA-Nachrichten, 28.Jg., 1975, S. 339-342

Wieczorek, H.: M.A.N.-Reparaturzentrum in Hamburg, in: Hansa-Schiff-fahrt-Schiffbau-Hafen, 115. Jg., 1978, S. 571f

Wiegel, H.: Der Instandhaltungsbetrieb, in: Stahl und Eisen, 85. Jg., 1965, S. 1441-1446

Wiegel, H.: Transparenz der Instandhaltungskosten - ein Mittel zur Betriebsführung, in: Stahl und Eisen, 88.Jg., 1968, S. 172-176

Wiegel, H.: Modell einer geplanten Instandhaltung, in: Werkstatts-technik, 63.Jg., 1973, S. 3-6

Wiegel, H.: Instandhaltung von Hüttenwerksanlagen, in: Technische Mitteilungen, 67.Jg., 1974, S. 321-323

Wilke, F.L.: Bestimmung von Ausfällen und Störungen an Baugruppen der im Metallerzbergbau eingesetzten Fahrlader, Untersuchung ihrer Charakteristiken und Auswirkungen auf die Kosten des Gesamt-betriebs, Forschungsvorhaben Nr. 4397 der Arbeitsgemeinschaft industrieller Forschungsvereinigungen e.V., Clausthal-Zellerfeld 1981 (unveröffentlicht)

Wirtschaftsvereinigung Eisen- und Stahlindustrie, Ausschuß Organisation und Datenverarbeitung (Hrsg.), Entscheidungsfindung Eigen- und Fremdleistung, o.O. 1979 (unveröffentlicht)

Wittenbrink, H.: Kurzfristige Erfolgsplanung und Erfolgskontrolle mit Betriebsmodellen, Wiesbaden 1975

Wolfbauer, J.: Instandhaltungskosten, in: Deutsches Komitee Instand-haltung (Hrsg.), Anlagenwirtschaft/Anlagenwesen, Wiesbaden 1977, S. V /1 - V /14

Wolff, M.: Optimale Instandhaltungspolitiken in einfachen Systemen, Berlin/Heidelberg/New York 197o

Wollnik, M.: Einflußgrößen der Organisation, in: Grochla, E. (Hrsg.), Handwörterbuch der Organisation, 2. Aufl., Stuttgart 198o, Sp. 592-613

Zimmer, Th.J.M.: Instandhaltung - mehr als ein notwendiges Übel, in: Industrie-Anzeiger, 99.Jg., 1977, S. 1197-1199